系统综合评价与数据包络分析方法：建模与应用

Comprehensive Evaluation and Data Envelopment Analysis

王 科 著

科 学 出 版 社

北 京

内 容 简 介

数据包络分析(DEA)方法是一种应用广泛的效率评价方法。本书结合作者近年来的研究成果，将数据包络分析方法进行扩展与集成，使之成为一种开展系统综合评价的有效方法。本书重点介绍DEA公共权重配置和DMU完全排序方法、DEA中DMU结构分析和效率分解方法、不确定信息条件下的鲁棒DEA方法、径向和非径向DEA集成效率测度方法、基于DEA的资源配置和目标分解方法等DEA领域的前沿建模方法。同时本书还介绍了DEA方法在能源与环境绩效评价、银行和供应链效率分析中的应用。

本书可供经济管理领域的本科生、研究生和教师使用，也可供从事系统综合评价、效率和生产力分析领域的研究人员和工作人员参考。

图书在版编目(CIP)数据

系统综合评价与数据包络分析方法：建模与应用=Comprehensive Evaluation and Data Envelopment Analysis / 王科著.—北京：科学出版社，2018

ISBN 978-7-03-056599-0

Ⅰ. ①系… Ⅱ. ①王… Ⅲ. ①包络-系统分析 Ⅳ. ①N945.12

中国版本图书馆CIP数据核字(2018)第036247号

责任编辑：刘翠娜 / 责任校对：彭 涛
责任印制：吴兆东 / 封面设计：无极书装

科 学 出 版 社 出版
北京东黄城根北街16号
邮政编码：100717
http://www.sciencep.com
北京厚诚则铭印刷科技有限公司 印刷
科学出版社发行 各地新华书店经销
*
2018年2月第 一 版 开本：720×1000 1/16
2024年3月第六次印刷 印张：21
字数：400 000
定价：158.00元
(如有印装质量问题，我社负责调换)

作 者 简 介

王科，博士，北京理工大学管理与经济学院副教授，博士生导师，管理工程系主任，北京理工大学能源与环境政策研究中心能源建模与系统开发研究室负责人。北京航空航天大学与美国的伊利诺伊大学香槟分校联合培养博士。美国伊利诺伊大学、密歇根大学，瑞典麦拉达伦大学，挪威奥斯陆大学等访问学者。致力于能源经济系统建模、系统综合评价方法、能源经济与气候政策等领域的研究。在 *European Journal of Operational Research*、*Omega*、*Energy Economics*、*Applied Energy*、*Journal of Industrial Ecology* 等管理科学与能源经济领域重要期刊发表录用 SCI/SSCI 论文 30 余篇，《中国能源报告》系列作者之一。主讲《管理系统工程》《项目风险管理》《能源环境政策专题》等课程。主持国家自然科学基金等多项重要科研项目，参与国家重点研发计划、国家自然科学基金创新研究群体、世界银行、中国低碳发展宏观战略研究等多项重要科研课题。霍英东教育基金会高等院校青年教师基金获得者，入选北京理工大学优秀青年教师资助计划。中国“双法”研究会能源经济与管理分会常务理事、副秘书长。学术刊物 *Annals of Operations Research*、*Natural Hazards* 的特刊客座主编，*Journal of Modelling in Management* 的主编助理和副主编，*Frontiers of Engineering Management* 副主编。

前　言

评价问题在社会、经济和科技活动中普遍存在，一般与选优或排序相关的问题都会涉及对所研究对象的评价，同时科学评价往往又是正确决策的依据和基础。从广义层面讲，可以认为没有评价就没有决策；而从具体方法研究层面讲，决策和评价的共通性非常强，在某种意义下甚至可以认为多属性综合评价方法就是多属性决策方法。因此，研究评价问题对科学管理具有十分重要的意义。

目前从研究内容上分析，国内外对评价问题的研究大致可分为两类：一类是对不同评价问题的评价指标体系的研究，其针对具体的评价问题，一般由特定专业领域的专家参与完成；另一类是对综合评价方法的研究，其一般不涉及对具体的评价对象进行研究，而是一种更广义的方法论层面的研究，一般由系统评价科学领域的专家完成。本书涉及的内容属于后一类，是立足于方法论层面的研究。

关于综合评价方法的研究应该说是评价研究领域更加重要的方向，因为它不是为了解决某类具体的评价问题，而是针对评价中的共性问题。综合评价问题在现实生活中广泛存在，综合评价方法的科学性是合理、客观评价的基础，因此对综合评价方法进行研究具有广泛的意义；另外，综合评价又是一个十分复杂的问题，其所面临的评价系统往往是社会、经济、科技、教育、管理等一些复杂的系统，目前在综合评价方法方面还有许多理论问题和实践问题尚未解决，因此综合评价方法的研究空间十分广阔。

由于数据包络分析（DEA）方法与许多其他的多属性综合评价方法相比，具备诸多优势，在系统评价中得到了广泛的应用，同时 DEA 方法和多属性决策方法具有广泛的联系，利用 DEA 方法进行多属性综合评价不仅具有可行性，而且采用基于 DEA 的综合评价方法进行评价，有助于获得更合理的评价结论和更丰富的评价信息。但是，DEA 方法本身也具有一些缺陷，为提高基于 DEA 的综合评价方法的科学性，还需要对其进行改进和完善，这种改进和完善可以沿三条主线进行。

一是扩展建模问题，即借鉴和引进其他评价思想和概念，对基于 DEA 的系统综合评价方法进行修正，使该方法本身更加完善合理。本书涉及的扩展问题包括以下四个方面：①对 DEA 公共权重的形成和权重约束的设置进行研究，进而增强 DEA 评价方法的合理性和提升 DEA 方法的评价质量，与此同时，对提升 DEA 评价方法的区分能力进行研究，进而给出更加合理和广泛适用的对所有被评价对象或决策单元（DMU）进行完全排序的方法；②对 DEA 决策单元内部结构进行细化研究，使 DEA 模型能够更好地适用于不同类型、不同结构的评价对象的效率测度，也使得 DEA 投入、产出指标的确定更加灵活、更加符合评价的实际情况，进而提升评价者对 DEA 方法的认知和对 DEA 理论的理解；③对在输入、输出数据不确定的情况下利用 DEA 方法进行评价的有效性问题进行研究，结合鲁棒优化思想，对 DEA 模型进行改进，进而提升在信息不确定条件下 DEA 评价结果的可信性和稳健性；④将市场竞争和环境规制等外部容量约束纳入建模过程，对传统 DEA 模型进行改进，使之不仅可以对企业进行传统的运作效率评价，还可以开展有效性评价，即对企业完成特定市场目标时的运作效率和完成特定减排目标时的环境效率进行评价，从而丰富评价结果的管理和政策内涵。

二是集成建模问题，即基于 DEA 方法的组合评价和群组评价问题的研究。本书涉及的集成问题主要包括以下三个方面：①利用基于 DEA 的系统综合评价方法，确定个人评价信息在集结为群体综合评价信息时的重要程度，以获取更全面、合理的群组评价结论；②围绕基于 DEA 的系统综合评价方法，选取其他可取长补短的评价方法（如层次分析方法、模糊综合评价方法、灰色系统类综合评价方法等），与之组合，以构造更全面、合理和适用性强的评价方法；③将统计误差的影响考虑到建模过程中，在 DEA 模型中通过引入凸性非参数最小二乘法估计技术无效项和随机误差项，进而将 DEA 方法发展成为一个具有随机分析属性的半参数模型，即随机非参数数据包络方法。

三是创新应用问题，即如何将传统的和改进的 DEA 方法创新性地与经济管理理论、现实评价需求有机结合，除了获取典型的效率水平评价结果外，还可以进一步获得有关效率模式、规模报酬、替代性、边际成本、资源配置等更加丰富的经济分析结论和管理决策建议。本书涉及的创新应用问题主要包括以下五个方面：①基于径向和非径向 DEA 的能源环境集成效率指数的构建；②投入、产出自由处置性不同假设下评价对象规模收益和规模损失的测度；③基于 DEA 的资源优化配置模型的构建；④借助方向距离函数的投入、产出影子价格的参数与非参数估计；⑤上述方法模型和分析过程在能源经济和环境管理中的应用。

综上所述，本书将沿着三条主线对基于 DEA 的系统综合评价方法进行建模扩展、集成与应用研究。本书的主要内容分为以下 13 个方面，并对应第 2 章～第 14 章，各部分的内容结构安排如下所述。

前言和第 1 章，系统综合评价与 DEA 概论。确定系统综合评价扩展、集成与应用问题的研究范畴，概述 DEA 的理论与方法及其与系统综合评价的联系，分析利用 DEA 进行系统综合评价的特性，论述本书的研究背景和意义，提出涉及的主要研究内容。

第 2 章，基于 DEA 的系统综合评价体系。论证 DEA 和多属性综合评价的密切联系，分析 DEA 方法的评价特性和用于系统综合评价的优缺点，提出 DEA 模型扩展、集成与应用问题的研究方向，构建包括评价要素、流程和检查单在内的基于 DEA 的系统综合评价体系架构模型。

第 3 章，DEA 系统综合评价中的公共权重和完全排序。针对公共权重配置和 DMU 完全排序问题，从以下三个方面对 DEA 方法进行扩展研究，即比较现有的 DEA 公共权重配置和完全排序方法的优劣和适用条件，借鉴博弈交叉效率概念，提出基于博弈交叉效率 DEA 的系统综合评价方法；分析现有区间 DEA 评价方法的不足，将效率值判别分析（DR）方法引入区间 DEA，提出区间 DR/DEA 方法；从同时合理配置权重和充分利用信息的角度出发，提出三参数区间交叉效率 DEA 评价方法。

第 4 章，DEA 中 DMU 结构分析和效率分解。对 DEA 决策单元结构分析研究进行分类，针对多阶段串行结构 DEA 模型进行以下三个方面的扩展研究，即综合考虑各种类型中间投入、产出的处理和非期望产出的处理，提出两阶段串行 DEA 扩展模型，并用于中国银行业两阶段效率评价的研究；考虑多阶段模型在阶段数量上的扩展，提出一般化的三阶段串行 DEA 模型，结合三阶段供应链效率分析问题，给出三种不同评价顺序结构下 DMU 整体效率的计算方法和各阶段效率的分配方法；总结具有代表性的多阶段串行 DEA 模型的一般化表示形式。

第 5 章，基于 DEA 的系统综合评价集成问题。针对群组评价中的专家赋权问题和围绕 DEA 的组合评价问题，对 DEA 系统综合评价方法进行集成研究，提出基于评价有效性确定专家权重的 DEA 方法，以及群组统一偏好锥 DEA 方法，并将相关方法应用于供应商评价。

第 6 章，不确定信息条件下的鲁棒 DEA 方法。分析信息不确定性对 DEA 评价结果的影响，结合鲁棒优化的思想，提出对投入、产出数据不确定性具有免疫作用的鲁棒 DEA 方法，根据投入、产出数据受到不确定性影响的两种不同情况，以及表征不确定性的两种不同假设，具体给出四种鲁棒 DEA 模型，最后将该方法应用于能源效率评估。

第 7 章，径向 DEA 集成效率测度方法与应用。根据能源环境效率评价问题的特性，提出径向调节和松弛调节的联合调节 DEA 集成效率测度模型，基于该模型构造三类用于能源效率、排放效率和能源环境集成效率评估的指数，进一步将上述模型和对应指数扩展到动态分析中，最后运用提出的模型和指数对中国区域能源环境效率进行比较分析。

第 8 章，非径向 DEA 集成效率测度方法与应用。从另一个视角对能源环境效率评价问题开展建模研究，基于范围调节测度方法和多方向效率测度方法，构建两类能源环境集成效率测度模型，并类似地构造评估指数，利用上述模型和指数，对中国工业部门开展投入、产出的自然可自由处置性和管理可自由处置性两类视角下的评估，并给出效率水平、效率模式、规模收益和规模损失等决策支撑信息。

第 9 章，基于 DEA 的资源配置和目标分解方法与应用。将 DEA 方法应用于资源优化配置问题，结合零和博弈思想，构建受控资源配置的 DEA 模型，结合中国 CO_2 排放的历史信息和预测信息，以及相关社会经济发展情景，开展 CO_2 排放配额分配应用研究，给出一种可供参考的 CO_2 排放配额区域分配方案。

第 10 章，市场与环境容量约束下的 DEA 绩效评价建模与应用。针对传统的运作绩效评价和环境绩效评价模型没有充分考虑到市场竞争和环境规制的约束，因而难以充分有效地评价特定行业完成特定目标条件下的效率评价这一问题，提出了市场与环境容量约束下的 DEA 绩效评价模型，并运用该模型开展了中国电力行业运作绩效和环境绩效测算。

第 11 章，方向距离函数和影子价格估算建模与应用。介绍了距离函数和方向距离函数的主要特性，给出了借助方向距离函数开展投入、产出影子价格估算的参数方法与非参数方法，应用该方法对中国钢铁行业 CO_2 排放的边际减排成本进行了估算和分析。

第 12 章，改进的影子价格估算非参数建模方法与应用。介绍了一个基于非参数前沿面模型的污染排放外部性内部化建模机制，以及一个规避负向影子价格测算的方向向量修正机制，构建了一个改进的能源与 CO_2 排放效率测度模型，以及期望和非期望产出共同边际转移率寻优模型，应用该方法对中国 30 个主要城市工业部门能源效率和排放绩效进行了评估，并对其 CO_2 边际减排成本进行了估算。

第 13 章，考虑误差项影响的半参数效率评价建模。回顾了参数和非参数效率评价的基本模型，分析了其各自的优势和存在的缺陷，然后介绍了半参数效率评估模型的特性，在此基础上进一步详细介绍了在 DEA 模型的基础上通过引入凸性非参数最小二乘法估计技术无效项和随机误差项的机理和过程，以及借助上述过程将 DEA 方法发展成为一个具有随机分析属性的半参数模型，即随机非参数数据包络方法的建模过程。

第 14 章，方向距离函数的方向向量选取方法。对基于 DEA 的效率测度方法中方向距离函数的方向向量选取技术进行了系统的梳理和分类，详细介绍了七种较为典型的方向向量选取技术，并将各类技术统一转化为考虑非期望产出的无导向模型，比较分析了各类技术的优缺点，最后指出了 DEA 框架下方向距离函数中方向向量选取的研究方向。

本书涉及的内容对于完善 DEA 的理论方法体系，提升 DEA 方法的评价质量，拓展 DEA 方法的使用范围，增强对 DEA 方法机理的理解，降低 DEA 方法的计算复杂性，丰富 DEA 方法评价结果的经济管理和政策含义，提升 DEA 方法评价结论的决策支撑作用等，具有重要的理论价值和实际意义。

目　　录

图 目 录

表 目 录

第1章　系统综合评价与DEA概论

本章是本书的绪论部分，主要界定系统综合评价扩展、集成与应用问题的研究范畴，概述数据包络分析(data envelopment analysis，DEA)的理论与方法及其与系统综合评价的联系，分析利用DEA进行系统综合评价的特性，论述本书的研究背景和意义，提出涉及的主要研究内容。

1.1　系统综合评价扩展与集成问题概述

系统综合评价是对研究对象价值的综合评估，是对研究对象进行系统分析的重要环节。系统综合评价是系统分析和决策(decision making)活动的结合点，系统分析和综合评价提供的结论是决策者进行决策的基础和依据，系统综合评价是决策的前提。系统综合评价对评价对象，从政治、经济、社会、科学、技术、环境等方面进行综合考察，全面分析、权衡利弊得失，为系统决策提供科学的依据。

用于系统综合评价的评价方法模型类型众多，大致可以将常见的综合评价方法分为以下几类：定性类综合评价方法、效用函数类综合评价方法、多元统计(multivariate statistic)类综合评价方法、模糊数学类综合评价方法、灰色系统类综合评价方法、决策运筹类综合评价方法、智能化综合评价方法等。

以决策运筹类、多元统计类、模糊数学类和灰色系统类综合评价方法为例，比较分析它们的方法特点和应用范围，见表1-1。由表1-1可以看出，可应用于具体综合评价活动的各种方法都有其优缺点和适用条件，并不存在一个普遍适用的方法，一般情况下，针对一个特定评价问题，虽然许多方法都是可行的，但是无论在理论还是实践中，往往很难给出一个普遍接受的标准去判定何种方法是最优的。

在选择合适的评价方法解决特定评价问题时，人们往往采取两种思路：一是根据对方法的熟悉程度和偏好，以及评价问题的特点，选择某一种方法作为主体评价方法，然后针对该主体方法的劣势和不足，借鉴或引入一些其他的评价思想或概念，对该主体方法进行修正完善，进而利用修正后的方法进行评价，获得最终评价结论。二是根据评价问题的特点，以及不同评价方法的优缺点和适用条件，选择多种可以相互取长补短的评价方法进行评价，而后将多种评价方法所得结果进行组合，形成最终的评价结论，该方法也被称为组合评价方法。

表 1-1　各种综合评价方法比较分析

方法类别	方法名称	方法描述	方法特点	主要应用范围
决策运筹类综合评价方法	数据包络分析(DEA)方法	决策运筹类综合评价方法是将决策和运筹中方案排序和优化的思想应用于综合评价。DEA 方法通过设计投入、产出指标体系，计算评价对象的相对有效性并据之排序；MCDM 方法包括 TOPSIS、ELECTRE 和 PROMETHEE 等，可以对多方案进行排序；AHP 方法通过对层次结构的定性指标体系分别量化，合成评价对象排序	DEA 方法可以找出评价对象的薄弱环节并给出改进方向；只反映评价对象的相对水平；指标有投入、产出之分；计算量大	生产系统的投入产出效率评价；各类组织的效益、有效性评价
	多准则决策(multiple-criteria decision making method，MCDM)方法		MCDM 方法对评价对象的描述比较精确；可处理多决策者、多指标、动态评价对象；刚性的评价	优化系统的评价与决策，在其他领域也应用广泛
	层次分析(analytic hierarchy process，AHP)方法		AHP 方法在特定条件下的评价结论可靠度较高；评价对象因素较多时两两比较难度大	定性指标系统的评价
多元统计类综合评价方法	数据降维方法	统计方法众多，相应的评价模型也多样化，主成分分析、因子分析等降维技术可用于排序评价；聚类分析、判别分析、典型相关分析可用于分类评价	数学依据充分，借助统计软件计算方便；评价具有全面性、客观合理性、可比性；有时函数的含义不明确，结论机械；需要大量统计数据；没有反映客观发展水平	有足够多评价对象的多指标定量综合评价；反映评价对象的依赖关系；对评价对象进行分类
	分类方法		数学依据充分，借助统计软件计算方便；可以解决相关程度高的对象的分类评价；需要大量统计数据	
模糊数学类综合评价方法	模糊综合评价方法	利用对评价对象价值等级的评语等级论域，构造各指标对各等级的隶属度，计算并利用模糊合成对评价对象分类或进一步计算排序	方法有数学依据；数学形式复杂化；主观性强；符合决策者思维特点；隶属度确定、模糊合成算子等方法众多，相应评价方法可选择性大	定性或定量指标构成的评价指标体系均可采用该评价方法；不要求有大量样本
灰色系统类综合评价方法	灰色白化权函数评价方法 灰色关联度评价方法	思想类似于模糊数学，通过划分灰类，确定白化函数，计算标定权再合成，据之排序和分类，或设计参考序列，计算关联度序列及相应关联系数，据之排序和分类	方法有一定的科学依据；能处理信息不明确、部分明确的对象的评价；不需要大量数据；可以解决相关程度高的对象的分类评价；白化权函数过于简单，标定权理论不足	定性或定量指标构成的评价指标体系均可采用该评价方法；关联度评价需要多个样本

资料来源：根据苏为华等(2007)和陈国宏等(2007)提供的信息，作者整理。

另外，综合评价通常是一种群体评价而非个人评价，只有将个人评价的信息组合成群体评价的综合信息，才能真正全面合理地反映评价对象的情况，所以将个体意见合成为群体意见的群组评价方法也应运而生。

本书将对某种主体评价方法进行修正完善，形成新的修正方法，用于综合评价的研究(即上述思路一)定义为系统综合评价的扩展问题；将围绕某一种评价方法，选取其他可取长补短的评价方法与该方法组合(即上述思路二组合评价方法的特例）的研究，以及利用某一种评价方法，确定个人评价信息在合成为群体综合评价信息过程中的重要程度（即上述群组评价方法的研究问题之一）的研究，共同定义为系统综合评价的集成问题。

1.2　DEA 概述

DEA 是评价具有多个输入和输出的决策单元（decision making unit，DMU）之间相对效率的数学规划方法，是数学、运筹学、管理科学、数理经济学和管理科学交叉研究的一个领域（魏权龄，1988），它将单输入、单输出的工程效率概念推广到多输入、特别是多输出的同类型 DMU 的有效性评价中。

DEA 的研究对象是一组同质的 DMU，通过对各 DMU 的观察数据来判断其是否有效，本质是判断其是否位于生产可能集的前沿面上。应用 DEA 可以确定生产前沿面的结构，进而确定生产函数。DEA 可被视为一种广义的数理统计方法，但和回归分析不同，回归分析确定生产函数采取最小方差准则（Bardhan et al.，1998），而 DEA 采取前沿产出准则。因此，DEA 也被看作是一种非参数的统计估计方法（魏权龄，2004）。当 DEA 被用于研究多输入和多输出生产函数理论时，不需要预先估计参数，因而在避免主观因素、简化算法、减少误差等方面有着巨大的优势（段永瑞，2006）。利用 DEA 进行效率评价也可以获得许多有用的管理信息。

DEA 自 1978 年由 Charnes、Cooper 和 Rhodes 三位学者提出至今的近 40 年来（Charnes et al.，1978），已经有数以千计的关于 DEA 的研究论文发表。国外很多运筹学或经济学的重要刊物都出版了 DEA 研究的特刊；中国学者从事 DEA 研究始于 1986 年，早期的两本关于 DEA 的专著（盛昭瀚等，1996；魏权龄，1988）分别出版于 1996 年和 1988 年，魏权龄、朱乔（Joe Zhu）等在 DEA 理论方法、应用模型等方面的许多研究成果均在国际上受到好评。

1.3　系统综合评价与 DEA 的联系

已有文献中有不少关于 DEA 与 MCDM 的相互关系，以及将 DEA 作为一种 MCDM 的研究，Bouyssou（1999）指出 DEA 在效率评价领域的成功及 DEA 与 MCDM 在形式上的诸多相似点（例如，用可选择方案代替 DMU，用最大化属性代替输出，用最小化属性代替输入等），导致许多研究者提出将 DEA 作为 MCDM 的一种工具。较早的关于 DEA 和 MCDM 相互关系的研究可见 Doyle 和 Green（1993）、Belton 和 Vickers（1993）及 Stewart（1994）的论文。

Stewart（1996）详细分析了 DEA 和 MCDM 各自的特点后指出，DEA 关注多个具有不同投入、产出的 DMU 之间的相互比较，其目标是：①识别出非有效的

DMU 并分析这些非有效 DMU 产生的根源；②估计生产函数(构造生产前沿面)；③各 DMU 以生产前沿面为标杆进行相互比较，进而得到各 DMU 的某种形式的排序。MCDM 关注在多个具有不同属性或目标的可选择方案中做出选择，其目标是：①为决策者在多方案中做出选择提供支持；②可能需要设计产生一个“最优”方案；③可能需要产生某种形式的偏好排序。虽然 DEA 与 MCDM 的目标不同，但从方法层面上考虑，如果将 DEA 的投入、产出视为对 DMU 进行评价的属性或指标，则两者就可以联系在一起。另外，该文也指出 DEA 中的效率概念和 MCDM 中的帕累托(Pareto)最优性是可比的。

Sarkis(2000)也通过将 MCDM 中的效益型指标等价于 DEA 中的输出，将 MCDM 中的成本型指标等价于 DEA 中的输入，将 DEA 与 MCDM 从方法层面上联系到一起。本书采用实际数据对五种 DEA 模型同四种常见的 MCDM 评价技术进行了比较分析，从实证的角度对 DEA 和 MCDM 之间的联系给出了一些较有价值的结论，并指出在一定条件下，将 DEA 用作 MCDM 评价的方法能够得到与现有比较成熟的 MCDM 评价技术相类似的评价结果。

Stewart(1996)、Bouyssou(1999)和 Sarkis(2000)等在对 DEA 和 MCDM 之间的联系进行研究时也指出，常用的 MCDM 方法在进行评价时不可避免地都需要决策者提供关于指标权重和价值判断的主观偏好信息，而一般的 DEA 方法在评价时不需要决策者提供关于指标权重的信息，因此，可能会产生权重偏好信息不同而造成两种方法的评价结果出现较大差异的情况。不过该问题可以通过在 DEA 中加入一定的决策者偏好，即对权重变量进行某种限制而得到较好的解决。上述文献也指出，在 DEA 中加入某种权重限制也是将 DEA 与 MCDM 更合理地联系在一起的必要手段。事实上，DEA 从最大化每个 DMU 自身效率的角度而采取的完全客观的赋权方式，也是 DEA 方法用于综合评价时备受质疑的一点，而在 DEA 中加入一定的决策者主观偏好以对权重进行一些限制，即将主观赋权和客观赋权结合起来，往往能使评价结果更具合理性。

将 DEA 方法用于多属性综合评价时显示出的特性主要表现在以下四个方面。

(1) DEA 方法和其他多属性综合评价方法一样，也可以处理多种类型的属性或指标(效益型、成本型、固定型、区间型等)，并且不受属性值测量单位改变的影响，即 DEA 方法不需要预先对各属性值进行无量纲化处理，避免了其他多属性综合评价方法在无量纲化过程中可能产生的偏差，同时也简化了评价的预处理过程。

(2) DEA 方法评价时不需要事先确定生产函数，即评价数学模型的具体形式，而其他需要根据决策者提供主观偏好以构建数学模型的评价方法往往需要预先设置数学模型的形式，然后再确定其中的参数。

(3) 从生产过程投入、产出的角度看，DEA 方法不仅可以评价相对效率，指出效率有待改进的对象，还可以为决策者提供各种改进效率的途径，即使不从投入、产出的角度考虑评价问题，利用 DEA 方法进行综合评价时，也可以给出各评价对象在各属性值上的改进目标，即给各评价对象提供改善经营管理的建议，而其他多属性综合评价方法往往不能直接进行该方面的探讨。

(4) DEA 方法可以同时处理不同 DMU 的多个投入、产出属性，并用一个总体的效率指标来表达各 DMU 的评价结果，即 DEA 方法的评价过程既提供了不同属性的权重，又给出了各属性值的集结模式，实质上同其他多属性综合评价方法一样，利用汇总模式得到总评价值来衡量评价对象，但从决策者或评价者操作的角度看，利用 DEA 方法进行评价比其他多属性综合评价方法简便。

综上所述，利用 DEA 方法进行系统综合评价具有较高的可行性，采用结合 DEA 方法优势的系统综合评价方法，不仅有助于获得更合理的评价结论、更丰富的评价信息，而且从使用者的角度看，这样的方法也更易操作。当然由于 DEA 方法本身也存在一些不足，结合 DEA 的系统综合评价方法也有许多需要改进和完善的地方，这正是基于 DEA 方法的系统综合评价扩展与集成问题进一步的研究方向。

第 2 章　基于 DEA 的系统综合评价体系

本章先论证 DEA 和多属性综合评价的密切联系，进而分析 DEA 方法的评价特性和用于系统综合评价的优缺点，提出 DEA 模型扩展、集成与应用问题的研究方向，在此基础上构建包括评价要素、流程和检查单在内的基于 DEA 的系统综合评价体系架构模型。本章同时也对 DEA 基础模型进行介绍。

2.1　系统综合评价概述

2.1.1　多属性综合评价和多准则决策

评价(evaluation)是指根据确定的目的来测定对象系统的属性，并将这种属性变为客观定量的价值或者主观效用的行为，即明确价值的过程(顾基发，1990)。系统评价是指根据明确的系统目标、结构和系统属性，用有效的标准测定出系统的性质和状态的活动(郝海和踪家峰，2007)。系统评价以社会经济系统的问题为主要研究对象，借助科学的方法和手段，综合系统的目标、结构、环境、输入和输出、功能、效益等要素，构建指标体系，建立评价模型，经过计算和分析，对系统的经济性、社会性、技术性、可持续性等方面进行综合评价，为决策提供科学依据(叶义成等，2006)。

综合评价(comprehensive evaluation，CE)是指对以多属性体系结构描述的对象系统做出全局性、整体性的评价，即对评价对象的全体，根据所给出的条件，采用一定的方法给每个评价对象赋予一个评价值，再据此择优或排序(王宗军，1998)。影响评价对象的因素往往是众多且复杂的，如果仅从单一指标对评价对象进行评价不尽合理，因此，往往需要将反映评价对象的多项指标的信息加以汇总，形成一个综合指标，以此从整体反映评价对象的状况，这就是多指标综合评价的概念(杜栋和庞庆华，2006)。因为综合评价是对评价对象所进行的客观、公正、合理的全面评价，所以，若把评价对象视为一个系统，则综合评价可以表述为：在若干个(同类)系统中，如何评判哪个系统的运行或发展状况好，哪个系统的运行或发展状况差，这类常见的综合评判问题也被称为多属性(或多指标)综合评价(multiple attribute comprehensive evaluation)问题(郭亚军，2007；陈国宏等，2007)。

多属性综合评价是对多指标进行综合的一系列有效方法的总称，其具备以下三个特点：①评价包含若干指标，多个不同的评价指标分别说明评价对象的多个不同的方面。②评价最终要给评价对象一个综合性的整体评判，用一个总体指标来说明评价对象的一般水平。③在多属性综合评价中，属性或指标间的度量单位往往是不可公度的，各属性间的权益是相互矛盾、相互竞争的，在问题的优化解中不可能同时获得各个属性的绝对最优解。多属性综合评价的理论和方法在管理科学与工程领域中占有重要地位，已成为经济管理、工业工程及决策领域中不可缺少的重要内容，具有重要的实用价值和广泛的应用前景。

虽然决策思想源远流长，决策行为贯穿于人类文明产生和发展的始终，但决策一词的正式出现并为学术界所普遍研究探讨则开始于 20 世纪中叶。1966 年，Howard 将系统分析方法和以效用理论为主体的统计决策理论结合起来进行研究，在第四届国际运筹学联合会议上发表了 *Decision analysis*：*applied decision theory* 一文，首次提出了决策分析(decision analysis，DA)一词(Howard，1966)，并在后来的研究中进一步阐述了决策分析的概念(Howard，1988)。此后，决策分析一词被广泛接受，决策分析方面的研究与应用也越来越广泛和深入，不仅涉及统计学领域，也涉及经济学、运筹学、心理学等学科领域，成为一个不断发展充实的交叉学科领域。目前，决策分析的研究内容已经扩展到包括多准则决策(multiple criterion decision making，MCDM)、群决策、模糊决策、序贯决策、决策支持系统等诸多方面，而多准则决策是决策分析中研究最广泛的核心内容(郭亚军，2007)。按照 Hwang 和 Masud 及 Hwang 和 Yoon 分别在其 1979 年和 1981 年两部著作里的分类方式，多准则决策可以分为多目标决策(multiple objective decision making，MODM)(Hwang and Masud，1979)和多属性决策(multiple attribute decision making，MADM)(Hwang and Yoon，1981)两类。

多目标决策问题是在 20 世纪六七十年代发展起来的一门学科。最早提出多目标问题的是经济学家 Pareto，他提出了帕累托最优概念，将很多本质上不可比的目标转换为一个单一目标去寻优，该思想是指导实现由单目标决策向多目标决策转变最关键的一环(叶义成等，2006)。1944 年，Von Neumann 和 Morgenstern 从对策论角度提出多人决策、彼此相互矛盾的多目标决策问题，多目标决策问题的理论和方法从此开始发展起来(郭亚军，2007)。1951 年，Koopmans 将有效点的概念引入决策领域，首次提出了有效向量的概念(Koopmans，1951)。同时，Kuhn 和 Tucker 又引入向量优化的概念，并推导出有效解存在的最优条件，即 Kuhn-Tucker 定理(Kuhn and Tucker，1950)。20 世纪 60 年代是多目标决策理论研究取得较大进展的时期，该期间比较有代表性的研究包括 Charnes 和 Cooper 在目标规划方面的研究(Charnes and Cooper，1961)，以及 Roy 提出的 ELECTRE 方法(Roy，1968)。1972 年，第一次专门讨论多目标规划的学术会议在南卡罗来纳大学召开，被普遍认为是多目标决策问题开始发展的标志(Cochrane and Zeleny，1973)。

多属性决策问题是多准则决策问题的一种类型。最常用的多准则决策问题的分类法是按照决策问题中备选方案的数量来划分的，一类是多目标决策问题，这类问题中的决策变量是连续型的，即备选方案数有无限个，这类问题也被称为无限方案多目标决策问题(multiple objective decision making problems with infinite alternative)，求解这类问题的主要工作是向量优化，即数学规划问题。另一类是多属性决策问题，这类问题中的决策变量是离散型的，即备选方案数为有限个，这类问题也被称为有限方案多目标决策问题(multiple objective decision making problems with finite alternative)，求解这类问题的主要工作是对各备选方案进行评价后，按照评价结果的优劣对各备选方案排序并从中择优(岳超源，2003)。

多准则决策问题一般具有以下四个共同点：①决策问题具有多个准则。每个问题的目标或属性多于一个，决策者需要根据具体的问题环境提出或找到相关的目标或属性。②决策问题各准则间不可公度(non-commensurable)，即各目标没有统一的衡量标准或计量单位，因而难以进行比较。③决策问题各准则之间相互矛盾。绝大部分多准则决策问题的各备选方案在各准则之下存在某种矛盾，即如果采用一种方案去改进某一准则下的值，则可能会使另一准则下的值变坏。④解决决策问题的归宿是设计出最好的方案，或在已确定的方案中选出最好的方案。

多属性决策和多目标决策的区别见表 2-1。

表 2-1　多属性决策和多目标决策的区别

特征项	多属性决策	多目标决策
准则定义	属性	目标
目标	隐含的	清晰的
属性	清晰的	隐含的
约束条件	不变动的	变动的
方案	有限数目、离散、预定方案	无限数目、连续、方法运行中产生
与决策者的交互	不多	很多
使用范围	选择、评价	设计

资料来源：郭亚军(2007)。

多目标决策通常与事先预定方案无关，其模型的目的是在设计好的约束下，通过达到一些量化目标可以接受的水平寻找出决策者最为满意的方案，产生或设计方案是多目标决策的归宿(Hwang and Masud，1979; 陈珽，1987; 胡毓达，1994; 徐玖平和李军，2005)。而多属性决策通常是方案已预先确定，决策者需要在各方案的不同属性之间进行价值判断并选出最好的方案或对所有方案进行排序(岳超源，2003；郭亚军，2007)。

明确准则、目标和属性等的含义、特征，以及其相互之间的关系，对于研究决策问题至关重要，在众多的决策文献中，多准则、多目标和多属性等经常出现并交替使用，对这三个概念目前尚未形成通用的定义，只是在使用过程中形成了一般的理解(岳超源，2003; 叶义成等，2006)：

(1) 属性(attribute)。英文 attribute 一词意为 characteristic 和 essential quality，是指系统中备选方案的特征、品质或性能参数等，具有可测度性。

(2) 目标(objective)和目的(goal)。英文 objective 一词意为 final aim，是系统中决策者所感觉到的比现状更优的系统客观存在，用以表示决策者的愿望或决策者所希望达到的努力方向。而目标是在系统特定时间、特定空间状态下，决策者所期望的事情。目标是给出的预期的方向，目的是给出的希望达到的水平或具体数值。实际上目标和目的两词的区别比较模糊，许多研究文章中常不加以严格区分。

(3) 准则(criterion)。英文 criterion 一词意为 standard of judgment 或 principle by which something is measured for value，是系统中判断标准或度量事物价值的原则及检验事物接受性的规则，可以兼指属性及目标，在决策评价问题中表现为备选方案有效性的度量。

评价或评估大致可以分为两类：一类是对已有系统或评价对象进行的，根据一定的标准去测量和判定评价对象的性能和质量，该类评价一般称为评价或后评价；另一类是针对待建系统或评价对象进行的，通常是对某拟建项目或待开发系统的若干个不同的设计方案进行分析和评价，该类评价一般称为评估或前评价。从决策的过程看，评价是多目标决策过程中的重要步骤或关键环节，评价的结果用作决策的依据，有时评价也可以作为独立的活动存在，不直接导致决策。

多属性综合评价与多属性决策由于有着不同的特定研究对象，在本质概念上存在一定区别，二者的区别见表 2-2。

表 2-2　多属性综合评价与多属性决策的区别

特征项	多属性综合评价	多属性决策
研究对象	评价对象	备选方案
目标实现	指标	属性
环境的性质	过去、已发生、较确定	将来、未发生、不确定
功能	排序为主、分类、判别、选择	择优为主、排序、分类、判别
主要原则	公平性	可预见性
对象的处理	一般不可删减	可以筛选删减

资料来源：郭亚军(2007)。

郭亚军(2007)认为多属性综合评价面向过去已经发生的环境，而多属性决策面向未来尚未发生的环境，这是二者根本的区别，郭亚军(2007)对二者进行了进一步的比较：

(1)从数据观测收集的角度，多属性综合评价面向已发生的环境，是过去的、比较确定的，客观上较少存在信息不充分或不确定的情况，而多属性决策面向未发生的环境，是未来的、不太确定的。

(2)多属性决策较多属性综合评价面对的环境不确定性更高，因此，在解决问题时需要引入更多的外部知识、经验以弥补信息的不充分和不确定。

(3)多属性综合评价的目的是对评价对象进行定位，实际尚没有一个公认的用以判断评价结论与客观实际相符合程度的标准，所以“公平性”原则成为多属性综合评价应当遵循的主要原则。多属性决策的目的是选择或设计出最优或最满意的方案以极大化决策目标，决策目标及目标重要性的设定带有预测性，所以“可预见性”原则成为多属性决策应当遵循的主要原则。

(4)多属性综合评价中的评价对象是客观存在的实体，评价时一般不能删减，需要从整体上区分出各评价对象的优劣，因此，排序成为多属性综合评价最主要的功能，能排序就能择优，但反之则不行，这说明排序较择优需要的信息更多，过程更复杂。多属性决策中为降低决策难度，可以对备选方案进行预先筛选，淘汰明显劣等的方案(劣解)，再运用交互式方式或相关方法提出其余不理想的方案(不理想解)，以获得最终的满意方案，对于多属性决策，如果能择优便不需要排序。

从目前比较成熟的综合评价理论和方法的研究成果来看(顾基发，1990; 胡永宏和贺思辉，2000; 秦寿康，2003; 徐泽水，2004; 徐玖平和吴巍，2006)，多属性综合评价与多属性决策在思想本质上也有着天然的联系，二者互通性很强，在以理论方法创新为主体的研究中，多属性评价、多指标评价、多目标评价、多属性决策、多指标决策、多目标决策等概念几乎是混同使用的(郭亚军，2007)，选择某个具体的名词展开研究往往依据研究者的偏好或根据学科背景而定。统计学上用“评价”“指标”概念的较多；信息学上用“决策”“属性”概念的较多；经济学上从风险投资角度探讨问题用“决策”“属性”概念的较多，从经济发展角度探讨问题用“评价”“指标”概念的较多；而在管理研究方面，从系统工程角度探讨问题多使用“评价”“指标”概念，从管理决策角度探讨问题多使用“决策”“属性”概念。多属性综合评价与多属性决策在方法上共通性很强，从方法研究的角度看，二者在方法本身上的差别要远小于在应用范围上的差别，在某种意义上甚至可以认为多属性综合评价方法就是多属性决策方法，随着研究的不断发展，二者方法之间的界限可能会更加模糊。

2.1.2 多属性综合评价的要素和过程

一般来说，构成多属性综合评价的要素包括评价目的、评价对象、评价指标、权重系数、综合评价模型、评价结果和评价者(杜栋和庞庆华，2006)。

(1) 评价目的。评价目的是开展评价的根本指导方针，评价目的明确评价的原因、范围、要求等。

(2) 评价对象。评价对象通常是同类事物(横向)或同一事物在不同时期的状态(纵向)。一般来说，评价对象的数目大于 1，评价才有意义。评价对象的确定直接决定评价的内容和方法。同类评价对象可以表示为 $s_1, s_2, \cdots, s_n (n>1)$。

(3) 评价指标。评价指标是根据评价对象和评价目的确定的，能够反映评价对象某方面的状况或某种特征的度量，每个评价指标都从不同的侧面刻画评价对象的状态。评价指标体系是由一系列相互联系的指标所构成的整体，它能够反映出评价目的所要求的评价对象各方面的情况。评价指标体系的确定不仅受评价对象实际状况的客观制约，也受评价者价值观念和评价目的的主观影响。建立指标体系时一般应遵循系统性、科学性、可观测性、可比性和相互独立性等原则。如果有 m 项评价指标，可以用向量 $\boldsymbol{X} = (x_1, x_2, \cdots, x_m)^{\mathrm{T}}$ 表示评价指标体系。

(4) 权重系数。各评价指标相对于特定评价目的的重要性是不同的，评价指标之间的相对重要性的大小可以用权重系数来刻画。评价指标的权重系数(可简称权重)是评价指标对评价目的贡献程度。当评价对象和评价指标(值)确定时，评价的结果就依赖于权重系数的设置。权重系数确定得是否合理，直接关系到评价结果的可信程度。若 $\boldsymbol{U}$ 是与评价指标向量 $\boldsymbol{X}$ 对应的权重向量，则权重系数可以表示为 $u_1, u_2, \cdots, u_m$，一般权重系数应满足非负性和归一化要求。

(5) 综合评价模型。多属性或多指标综合评价就是通过一定的数学模型或算法，将多个评价指标值合成或集结成一个整体性的综合评价值，可用于集结的数学模型就是综合评价模型。在获得 n 个评价对象 s_j 各自的评价指标值 $\{x_{ij}\}$ $(i=1,\cdots,m;$ $j=1,2,\cdots,n)$ 的基础上，选用或构造集结模型 $z=f(\boldsymbol{U}, \boldsymbol{X})$，其中 $\boldsymbol{U}$ 和 $\boldsymbol{X}$ 分别是权重向量和评价指标向量，z 是综合评价值。$z_j=f(\boldsymbol{U}, \boldsymbol{X}_j)$ 是第 j 个被评价对象的综合评价值，其中 $\boldsymbol{X}_j=(x_{1j}, x_{2j}, \cdots, x_{mj})^{\mathrm{T}}$ 为该评价对象的评价指标值向量，根据 z_j 的大小就可以对这 n 个评价对象进行排序、分类或择优。

(6) 评价结果。评价结果可以用上面的 z 值表示。输出评价结果并解释其含义，进而可以根据评价结果进行决策。应该正确看待评价结果，其只具有相对意义，即只能用于同性质或同类评价对象之间的比较和排序。

(7) 评价者。评价者可以是某个人(专家)或某个组织团体(专家组、评价机构)。评价目的的确定、评价指标体系的构建及评价指标值的测量收集，综合评价模型的选择或构造、权重系数的设置，都与评价者有关，评价者在评价过程中的作用非常重要。

多属性综合评价问题经典的处理过程是：明确评价目的；确定评价对象，建立评价指标体系；收集评价指标原始值并对其进行若干预处理；确立与各项评价指标相对应的权重系数；选择或构造综合评价模型；计算各评价对象的综合评价值并对其进行解释；根据综合评价值对各评价对象进行排序、分类或择优(顾基发，1990；郭亚军，2007)。

2.2 DEA 基 础

2.2.1 DEA 的主要概念

1. 决策单元及其输入输出

决策单元是输入转化为输出的实体，DEA 效率即当前被评价的决策单元相对于其他决策单元的生产能力的效率(魏权龄，1988，2004)。研究中，可将一组具有同性质的实体作为一组决策单元(横向)，也可将某一实体在不同时点的状态值作为一组决策单元(纵向)。

决策单元具有同质性是指构成一组决策单元的实体具有以下特征：①具有相同的目标或任务；②具有相同的外部环境；③具有相同的输入、输出指标，且同一指标下的数据量纲相同。决策单元若不具有同质性，也可以采取各种方式使同质性假设成立：①若不具有同样的目标，则可将决策单元划分为若干子集，使各子集内的决策单元具有相同的目标以满足同质性假设；②若不具有相同的外部环境，则可将外部环境视为一种投入指标。

输入(input)和输出(output)是系统科学上的术语，在生产过程中可称为投入与产出。输入和输出一般都多于一个，通常用向量表示输入和输出。一般来说，输入、输出满足以下性质：①可处置性。一方面是输入、输出要素可以自由处置或部分自由处置，另一方面是输入增加不会导致输出减少，即不发生拥堵现象(congestion)。②输入消极性和输出积极性。输入表示有用资源的消耗或者利用，而输出是具有价值的产出，如果输出物无积极价值，则应以其倒数(或相反数等其他处理方式)作为输出量，另外根据研究目的的不同，有时同一类决策单元，其输入和输出也会有所不同，这时要根据实际情况确定输入、输出。③量纲无关性。DEA 效率与输入和输出的量纲选取无关，但不同决策单元的同一输入或输出应选用同一量纲。

2. 生产可能集(production possibility set)和生产前沿面(production frontier 或 production surface)

某一决策单元的输入和输出用输入向量和输出向量表示，一对输入、输出向量称为一个参考点，所有参考点的集合称为参考集(魏权龄，1988，2004)。设有 n 个决策单元，对于 DMU_j，其输入和输出向量分别为：$\boldsymbol{X}_j=(x_{1j}, x_{2j}, \cdots, x_{mj})^{\mathrm{T}}$，$\boldsymbol{Y}_j=(y_{1j}, y_{2j}, \cdots, y_{sj})^{\mathrm{T}}$，$j=1, 2, \cdots, n$，则参考集为：$\hat{T}=\{(x_1, y_1), (x_2, y_2), \cdots, (x_n, y_n)\}$。

设某个 DMU_j 在一项经济(生产)活动中的输入向量和输出向量分别为 $\boldsymbol{X}_j$ 和 $\boldsymbol{Y}_j$，称集 $T=\{(\boldsymbol{X},\boldsymbol{Y})|$投入 $\boldsymbol{X}$ 可以产出 $\boldsymbol{Y}\}$为所有可能的生产活动构成的生产可能集。一般假设生产可能集满足以下公理。

(1)平凡公理：任一$(\boldsymbol{X}_j,\boldsymbol{Y}_j)\in T$，$j=1,2,\cdots,n$。

(2)凸性公理：对任意$(\boldsymbol{X},\boldsymbol{Y})\in T$ 和$(\boldsymbol{X}',\boldsymbol{Y}')\in T$，以及$\lambda\in[0,1]$，有$\lambda(\boldsymbol{X},\boldsymbol{Y})+(1-\lambda)(\boldsymbol{X}',\boldsymbol{Y}')\in T$。

(3)A 锥性公理：对$(\boldsymbol{X},\boldsymbol{Y})\in T$ 及$k\geqslant 0$，有$k\times(\boldsymbol{X},\boldsymbol{Y})=(k\boldsymbol{X},k\boldsymbol{Y})\in T$；B 当$k\geqslant 1$时为扩张性公理。C 当$k\in[0,1]$时为收缩性公理。

(4)无效性公理：设$(\boldsymbol{X},\boldsymbol{Y})\in T$，若$\boldsymbol{X}'\geqslant\boldsymbol{X}$、$\boldsymbol{Y}\leqslant\boldsymbol{Y}'$，则$(\boldsymbol{X}',\boldsymbol{Y}')\in T$。

(5)最小性公理：生产可能集 T 是满足上述公理的所有集合的交集。

四个主要的 DEA 生产可能集为：

$$T_{\mathrm{CCR}}=\left\{(\boldsymbol{X},\boldsymbol{Y})\left|\sum_{j=1}^{n}\boldsymbol{X}_j\lambda_j\leqslant\boldsymbol{X},\sum_{j=1}^{n}\boldsymbol{Y}_j\lambda_j\geqslant\boldsymbol{Y},\lambda_j\geqslant 0,j=1,2,\cdots,n\right.\right\}$$ 满足公理(1)、(2)、(3)A、(4)、(5)；

$$T_{\mathrm{BCC}}=\left\{(\boldsymbol{X},\boldsymbol{Y})\left|\sum_{j=1}^{n}\boldsymbol{X}_j\lambda_j\leqslant\boldsymbol{X},\sum_{j=1}^{n}\boldsymbol{Y}_j\lambda_j\geqslant\boldsymbol{Y},\sum_{j=1}^{n}\lambda_j=1,\lambda_j\geqslant 0,j=1,2,\cdots,n\right.\right\}$$ 满足公理(1)、(2)、(4)、(5)；

$$T_{\mathrm{FG}}=\left\{(\boldsymbol{X},\boldsymbol{Y})\left|\sum_{j=1}^{n}\boldsymbol{X}_j\lambda_j\leqslant\boldsymbol{X},\sum_{j=1}^{n}\boldsymbol{Y}_j\lambda_j\geqslant\boldsymbol{Y},\sum_{j=1}^{n}\lambda_j\leqslant 1,\lambda_j\geqslant 0,j=1,2,\cdots,n\right.\right\}$$ 满足公理(1)、(2)、(3)B、(4)、(5)；

$$T_{\mathrm{ST}}=\left\{(\boldsymbol{X},\boldsymbol{Y})\left|\sum_{j=1}^{n}\boldsymbol{X}_j\lambda_j\leqslant\boldsymbol{X},\sum_{j=1}^{n}\boldsymbol{Y}_j\lambda_j\geqslant\boldsymbol{Y},\sum_{j=1}^{n}\lambda_j\geqslant 1,\lambda_j\geqslant 0,j=1,2,\cdots,n\right.\right\}$$ 满足公理(1)、(2)、(3)C、(4)、(5)；

设$\hat{\boldsymbol{\omega}}\geqslant 0$、$\hat{\boldsymbol{\mu}}\geqslant 0$，$L=\{(\boldsymbol{X},\boldsymbol{Y})|\hat{\boldsymbol{\omega}}^{\mathrm{T}}\boldsymbol{X}-\hat{\boldsymbol{\mu}}^{\mathrm{T}}\boldsymbol{Y}=0\}$，满足$T\subset\{(\boldsymbol{X},\boldsymbol{Y})|\hat{\boldsymbol{\omega}}^{\mathrm{T}}\boldsymbol{X}-\hat{\boldsymbol{\mu}}^{\mathrm{T}}\boldsymbol{Y}\geqslant 0\}$及$L\cap T\neq\varnothing$，则称 L 为生产可能集 T 的弱有效面，$L\cap T$ 为生产可能集 T 的弱生产前沿面，特别地，如果$\hat{\boldsymbol{\omega}}\geqslant 0$、$\hat{\boldsymbol{\mu}}\geqslant 0$，则称 L 为生产可能集 T 的有效面，$L\cap T$ 为生产可能集 T 的生产前沿面。

设 DMU_j 的输入和输出为$(\boldsymbol{X}_j,\boldsymbol{Y}_j)$，其 DEA 效率为$\theta_j$，令$\hat{\boldsymbol{X}}_j=\theta_j\boldsymbol{X}_j$、$\hat{\boldsymbol{Y}}_j=\boldsymbol{Y}_j$，则称$(\hat{\boldsymbol{X}}_j,\hat{\boldsymbol{Y}}_j)$为该决策单元对应的$(\boldsymbol{X}_j,\boldsymbol{Y}_j)$在生产前沿面上的投影。

3. DEA 的主要模型和有效性判断

Charnes、Cooper 和 Rhodes 于 1978 年创建了第一个 DEA 模型，即 CCR 模型

(Charnes et al.，1978)，标志着 DEA 方法正式诞生。在 CCR 模型之后相继出现的 DEA 模型有 BCC 模型(Banker et al.，1984)、FG 模型(Färe and Grosskopf，1985)、ST 模型(Seiford and Thrall，1990)、CCGSS 模型(Charnes et al.，1985)、CCW 模型(Charnes et al.，1987)、CCWH 模型(Charnes et al.，1989)、综合 DEA 模型(Yu et al.，1996a，1996b)、逆 DEA 模型(Wei et al.，2000)等。DEA 方法也和其他决策评价方法相结合，产生了一系列新的模型，如随机 DEA 模型(Sengupta，1982，1990)、模糊 DEA 模型(Lai and Hwang，1992；Kao and Liu，2000)、超效率(supper efficiency，SE) DEA 模型(Andersen and Petersen，1993)、交叉效率 DEA 模型(Doyle and Green，1994)、动态 DEA 模型(Färe and Whittaker，1995)、网络 DEA 模型(Färe and Grosskopf，2000)、区间 DEA 模型(Entani et al.，2002)、灰色 DEA 模型(Kuo et al.，2008)等。

以下以输入导向型 DEA(input-orientation DEA)为例简要介绍几个基础的 DEA 模型。

设有 n 个决策单元 DMU_j, $j=1, 2, \cdots, n$。$\boldsymbol{X}_j=(x_{1j}, x_{2j}, \cdots, x_{mj})^{\mathrm{T}}$ 和 $\boldsymbol{Y}_j=(y_{1j}, y_{2j}, \cdots, y_{sj})^{\mathrm{T}}$，$j=1, 2, \cdots, n$，分别是决策单元 DMU_j 的输入向量和输出向量，$\boldsymbol{U}$ 和 $\boldsymbol{V}$ 分别是与输入和输出相对应的权重向量，当前被评价的决策单元为 DMU_{j0}(简称为 DMU_0)。

1) CCR 模型(规模收益不变，constant returns to scale，CRS)

分式规划 G-CCR：

$$
\begin{aligned}
\max\ & \frac{\boldsymbol{U}^{\mathrm{T}}\boldsymbol{Y}_0}{\boldsymbol{V}^{\mathrm{T}}\boldsymbol{X}_0} = V_{\text{G-CCR}} \\
\text{s.t.}\ & \frac{\boldsymbol{U}^{\mathrm{T}}\boldsymbol{Y}_0}{\boldsymbol{V}^{\mathrm{T}}\boldsymbol{X}_0} \leqslant 1 \\
& \boldsymbol{U}^{\mathrm{T}}, \boldsymbol{V}^{\mathrm{T}} \geqslant 0 \\
& j = 1, 2, \cdots, n
\end{aligned}
\tag{2-1}
$$

通过 C-C 变换得到线性规划 P-CCR：

$$
\begin{aligned}
\max\ & \boldsymbol{\mu}^{\mathrm{T}}\boldsymbol{Y}_0 = \boldsymbol{V}_{\text{P-CCR}} \\
\text{s.t.}\ & \boldsymbol{\mu}^{\mathrm{T}}\boldsymbol{Y}_j \leqslant \boldsymbol{\omega}^{\mathrm{T}}\boldsymbol{X}_j \\
& \boldsymbol{\omega}^{\mathrm{T}}\boldsymbol{X}_0 = 1 \\
& \boldsymbol{\mu}^{\mathrm{T}}, \boldsymbol{\omega}^{\mathrm{T}} \geqslant 0 \\
& j = 1, 2, \cdots, n
\end{aligned}
\tag{2-2}
$$

P-CCR 的对偶规划 D-CCR：

$$
\begin{aligned}
&\min \theta = \boldsymbol{V}_{\text{D-CCR}} \\
&\text{s.t.}\ \sum_{j=1}^{n} \lambda_j \boldsymbol{X}_j \leqslant \theta \boldsymbol{X}_0 \\
&\quad \sum_{j=1}^{n} \lambda_j \boldsymbol{Y}_j \leqslant \theta \boldsymbol{Y}_0 \\
&\quad \lambda_j \geqslant 0 \\
&\quad j = 1,2,\cdots,n
\end{aligned}
\tag{2-3}
$$

2) BCC 模型(规模收益可变，variable returns to scale，VRS)

线性规划 P-BCC：

$$
\begin{aligned}
&\max \boldsymbol{\mu}^{\mathrm{T}} \boldsymbol{Y}_0 + \mu_0 = \boldsymbol{V}_{\text{P-BCC}} \\
&\text{s.t.}\ \boldsymbol{\mu}^{\mathrm{T}} \boldsymbol{Y}_j + \mu_0 \leqslant \boldsymbol{\omega}^{\mathrm{T}} \boldsymbol{X}_j \\
&\quad \boldsymbol{\omega}^{\mathrm{T}} \boldsymbol{X}_0 = 1 \\
&\quad \boldsymbol{\mu}^{\mathrm{T}}, \boldsymbol{\omega}^{\mathrm{T}} \geqslant 0 \\
&\quad j = 1,2,\cdots,n
\end{aligned}
\tag{2-4}
$$

P-BCC 的对偶规划 D-BCC：

$$
\begin{aligned}
&\min \theta = \boldsymbol{V}_{\text{D-CCR}} \\
&\text{s.t.}\ \sum_{j=1}^{n} \lambda_j \boldsymbol{X}_j \leqslant \theta \boldsymbol{X}_0 \\
&\quad \sum_{j=1}^{n} \lambda_j \boldsymbol{Y}_j \leqslant \boldsymbol{Y}_0 \\
&\quad \sum_{j=1}^{n} \lambda_j = 1 \\
&\quad \lambda_j \geqslant 0 \\
&\quad j = 1,2,\cdots,n
\end{aligned}
\tag{2-5}
$$

若线性规划 P-CCR 的解 $\boldsymbol{\mu}^*$、$\boldsymbol{\omega}^*$ 满足 $\boldsymbol{V}_{\text{P-CCR}} = \boldsymbol{\mu}^{*\mathrm{T}} \boldsymbol{Y}_0 = 1$，则称 DMU_0 为弱 DEA 有效(CCR)。若线性规划 P-CCR 的解中存在 $\boldsymbol{\mu}^* > 0$、$\boldsymbol{\omega}^* > 0$，并且 $\boldsymbol{V}_{\text{P-CCR}} = \boldsymbol{\mu}^{*\mathrm{T}} \boldsymbol{Y}_0 = 1$，则称 DMU_0 为 DEA 有效(CCR)，若 DMU_0 为 DEA 有效(CCR)，则它也是弱 DEA 有效(CCR)。

若线性规划 P-BCC 的最优解 $\boldsymbol{\mu}^*$、$\boldsymbol{\omega}^*$、μ_0^* 满足 $\boldsymbol{V}_{\text{P-BCC}} = \boldsymbol{\mu}^{*\mathrm{T}} \boldsymbol{Y}_0 + \mu_0^* = 1$，则称 DMU_0 为弱 DEA 有效(BCC)。若线性规划 P-BCC 的解中存在 $\boldsymbol{\mu}^* > 0, \boldsymbol{\omega}^* > 0$，并

且 $V_{\text{P-BCC}} = \boldsymbol{\mu}^{*\mathrm{T}}\boldsymbol{Y}_0 + \mu_0^* = 1$，则称 DMU_0 为 DEA 有效(BCC)。若 DMU_0 为 DEA 有效(BCC)，则它也是弱 DEA 有效(BCC)。

2.2.2 DEA 的应用简述

自从 DEA 方法产生以来，它吸引了学术和应用领域的许多人，是运作研究中最具有活力和富有成果的领域。DEA 方法开始被应用于公共事业评价，如教育、医疗等，之后随着 DEA 方法研究的深入，其逐渐应用于各行各业的评价，如银行、工业企业、电信、交通等(Charnes et al.，1984；魏权龄，1988，2004；Sinuany-Stern et al.，1994；盛昭瀚，1996；Torgersen et al.，1996；Cooper et al.，2000；段永瑞，2006)。应用 DEA 方法对学校进行评价。例如，Avkiran 应用 DEA 方法对澳大利亚 36 所高等院校分别从总体上、教学上和留学生 3 个角度进行了研究(Avkiran，2001)。Chen(1997)对台北 23 所大学的图书馆资源的利用情况进行了评价，结论中 11 所大学的图书馆是相对有效的，而现实中这 11 所大学中有 9 所的科研水平是公认比较高的，这从另一角度说明运用 DEA 方法进行评价的可行性。应用 DEA 方法对银行进行评价。例如，Resti(1998)应用两种不同的 DEA 模型对合并前后的意大利银行 3 年的运作情况进行了分析；Mukherjee 等(2001)应用 DEA 并结合 Malmquist 指数对美国大型商业银行解除管制后最初 7 年的运行情况进行了整体评价。应用 DEA 方法对医院进行评价。例如，Chang(1998)结合 DEA 方法和回归分析对台湾地区 6 家医院 5 年的运作状况进行了分析；Puig-Junoy(1998)较全面地对 94 家急性病医疗机构进行了评价；Grosskopf 等(2001)应用 DEA 方法对美国 213 家医院的运作管理进行了评价。另外 Zhou 等(2008)、Cook 和 Seiford(2009)等还整理总结了 DEA 方法应用的其他方面，包括运筹学领域的应用、有关交通和电信部门的效率评价、产品质量的评估、决策管理的分析、宏观经济状况的评估、不同产业的发展评价、环境问题的评价等。

2.2.3 DEA 方法的评价特性

根据各评价单元的观测数据判断 DMU 是否为 DEA 有效的本质是判断 DMU 是否位于生产可能集的生产前沿面上。生产前沿面是经济学中生产函数向多产出情况的一种推广，使用 DEA 方法可以确定生产前沿面的结构，因此，可以将 DEA 方法视为一种非参数的统计方法。使用 DEA 方法对 DMU 进行效率评价时，DEA 方法对输入、输出指标有较大的包容性，可以接受一些在一般意义上很难定量的指标，因此，DEA 方法在处理评价问题时比一般常规统计方法更有优越性。DEA 方法的评价特性主要表现在以下几个方面(叶义成等，2006；简祯富，2007；Wang，2016)。

(1)非参数模型——DEA 方法致力于对每个 DMU 的优化而非对整体集合的

统计回归优化。与传统的计量经济学方法相比较，DEA方法不需要一个预先已知带有参数的生产函数形式。也就是说，假定DMU的每个输入都关系到一个或多个输出，而且输入与输出之间确实存在某种关系，使用DEA方法不必确定这种关系的显示表达式。

(2)确实有效的生产前沿面——计量经济学中采用的长期趋势外推统计方法是对整个生产前沿面所进行的平均意义上的操作，得到的分析结论是平均意义上的统计结果；DEA方法改变了过去评价方法中将有效与非有效混为一谈的局面，估计出确实有效的生产前沿面。

(3)多指标综合评价——DEA方法和其他多属性决策方法一样，可以同时考虑多项投入与产出属性，用单一总体衡量指标来表达DMU或方案的相对效率。

(4)量纲无关性——在实际评价中，投入和产出指标都有不同的量纲，但这并不构成使用DEA方法时的障碍，DMU的最优效率指标与投入和产出指标的量纲选取无关，也就是说，投入和产出属性的测量单位改变，尽管会造成该属性值的改变，但并不会影响DEA方法的评价结果，这是因为DEA方法不直接对指标数据进行综合。因此，使用DEA方法前无需对数据进行无量纲化处理(当然也可以在建模前先做无量纲化处理)，从而使数据处理更具有弹性。

(5)自评的相对客观性——DEA方法以各DMU输入、输出的权重为变量，从最有利于DMU的角度进行评价，避免了确定各指标在优先意义下权重的设定，也就是说，DEA方法可以让各DMU找到对自己最有利的权重，以尽可能提升该DMU的效率。因此，一般情况下DEA方法无需任何权重假设，每一输入、输出的权重不是根据评价者的主观认定，而是由DMU实际数据求得的最优权重，从而使得DEA方法排除了很多主观因素，具有很强的客观性。

(6)改进效率的方向——DEA方法不仅可以确定各DMU的DEA有效性(技术有效性和规模有效性)，区分出有效的DMU和效率有待改进的DMU，而且还可以计算出各DMU在生产前沿面上的投影，结合松弛变量分析和敏感性分析，为决策者提供各种改进效率值(提高生产水平和管理水平)的可行途径。

(7)评价效率相对性——DEA方法是一种采用实际数据的标杆比较方法，不与理论上的绝对标准进行比较，因此，评价结果是相对效率而非绝对效率。

(8)丰富评价信息——应用DEA方法还能得到一些其他评价信息：对各DMU进行分类和排序；分析各DMU的有效性对各输入和输出指标的依赖情况，了解其在输入和输出方面的优势和劣势；分析各DMU之间DEA有效性的依赖关系；辅助设计出科学的效率评价指标体系等。

(9)使用DEA方法时必须注意的问题：DEA方法的效率边界的确定要使用极端点，输入、输出测量误差的干扰值会影响DEA模型的正确性；DEA方法获得的某DMU的效率值只能和其他在同一个被评价群组中的DMU的效率值做比较，而不能和一个理论上的最大值做比较，也不能和另外一个被评价群组中的 DMU 的效率值做比较；DEA 模型可以通过转化为线性规划的方式来求解各 DMU 的相对效率，但是当评价问题规模大到一定程度时，其计算的复杂程度较高，求解可能会变得比较困难。

2.3　基于 DEA 的系统综合评价体系构建

2.3.1　DEA 方法作为系统综合评价工具的比较分析

现有文献中有不少关于将 DEA 方法用作 MCDM 工具的研究，这些研究将 DEA 模型与一些常见的 MCDM 方法，特别是基于多目标线性规划的 MCDM 方法进行比较分析，得出了一些将 DEA 方法与系统综合评价方法联系在一起的有价值的结论。

传统的 DEA 方法的评价目标是通过计算一个投入、产出系统或称为 DMU 将投入转化为产出的能力，测度其生产效率（productive efficiency），并利用该生产效率值对各 DMU 进行评价和排序，同时给出各 DMU 改进生产效率的方向和策略。而常见的 MCDM 方法源自将一组具有多种相互冲突的评价指标值（属性值）的评价对象（待选方案）进行综合比较，进而进行排序和选优。虽然两种方法的出发点不同，但在方法论上是完全可以将两者联系起来的：将 DEA 方法中的产出定义为 MCDM 方法中的效益指标（指标值越大越好的指标），同时将 DEA 方法中的投入指标定义为 MCDM 方法中的成本指标（指标值越小越好的指标）（Doyle and Green，1993；Stewart，1996）。这种在方法论上的联系使得 DEA 方法能够适用于对多指标离散对象进行评价的 MCDM 问题。

使用 DEA 方法时不需要事先确定评价模型（生产函数）的具体形式，使得该方法的使用变得十分简便，因此当被用作 MCDM 工具时，DEA 方法也被视为一种“偷懒”的方法：方法使用者不需要在评价时给出他们对各评价指标的偏好信息，即评价者在对评价对象进行评价排序时几乎不发挥作用。也正是这种使评价者在评价过程中处于被动地位的方法，使得基于 DEA 方法的 MCDM 方法也被视为一种较少从评价者处获取信息的“客观”的评价方法。当然，如果评价者愿意积极介入评价过程，通过使用如保证域（assurance region）方法和偏好锥（preference cone）方法等，也可以使评价者的偏好信息很好地融入基于 DEA 方法的 MCDM 评价过程，即评价者对不同指标的价值判断（偏好）可以通过对不同指标赋予不同的权重限制的方法融入到基于 DEA 方法的 MCDM 方法评价中。

在现实的评价问题中，评价者往往认为利用传统的 MCDM 方法时，给出全部指标或部分指标的权重信息较为困难，评价者在这个问题上花费的时间很多，而且不同评价者最终给出的权重判断往往又很难达成一致，由此得出的评价结果往往也难以获得一致的认可，此外，评价者往往希望通过利用 MCDM 方法能获得不同评价对象或待选方案之间的差距信息，而不仅仅是它们的排序情况。DEA方法在权重配置上的“自主性”和运算上的“便利性”，以及评价结果以效率值的形式给出(同时还给出效率值的改进建议)，可以用于具体差异的比较，因此，基于 DEA 方法的 MCDM 方法在一定程度上可以克服上述问题，为评价者提供便利的同时也给予评价者更多的评价结论信息。

传统的 DEA 方法的评价过程是各 DMU 进行自我评价和相互比较的过程，是一种数据驱动的评价过程，各 DMU 寻找使自身效率最大化的特定权重，并利用该权重计算自身的效率值。不同的 DMU 在各指标下的效率值大小不同，因此，不同的 DMU 选取的最有利于自己的权重也各不相同。在 MCDM 评价环境下，不同的指标权重意味着对不同评价对象的评价标准不一致，从而得出的评价结果缺乏横向比较的基础，因此，在利用 DEA 方法进行系统综合评价时，需要解决权重不一致的问题，即需要获取一组统一的公共权重，为全体评价对象所共同使用，作为统一的评价标准。交叉效率 DEA 方法(Sexton et al.，1986；Doyle and Green，1994)是在 DEA 方法中获取公共权重的一种较好的方法，该方法利用求解 n 个线性规划(共有 n 个 DMU)所得到的最优解(权重向量)对每个 DMU 计算 n 次效率值，即采用一种自评与互评相结合的机制对每个 DMU 进行效率判断。较传统的 DEA方法的效率值，交叉效率值更好地反映了 DMU 的效率情况：一方面，每个 DMU在计算效率时不仅考虑自己选取的权重，也考虑了其他 DMU 选取的权重，广泛使用了所有 DMU 的权重信息；另一方面，所有 DMU 最终都使用一组公共权重以获取各自的效率值，使得不同 DMU 的效率值具有横向可比性。因此，将 DEA方法用于 MCDM 评价问题时的一个障碍，可以通过获取和采用公共权重的途径加以克服。

公共权重的获取不仅使得利用 DEA 方法进行系统综合评价时的评价标准得以统一，而且还在一定程度上克服了传统的 DEA 方法使用时的另一个问题——被评为有效的 DMU 过多而使得评价结果的区分能力不强。这一问题的克服，同样有利于在使用 DEA 方法进行系统综合评价时获取区分度更为明显的评价结果。除了交叉效率方法外，增强 DEA 方法评价结果区分能力的方法还有很多：超效率DEA 方法(Andersen and Petersen，1993; Hashimoto，1997 ; Sueyoshi，1999)、判别分析(discriminant analysis of ratios，DR)DEA方法(Zhu，1996)、典型相关分析(canonical correlation analysis，CCA)DEA 方法(Friedman and Sinuany-Stern，1997)等。不同方法的理论基础和适用环境不同，在基于 DEA 方法进行系统综合评价的环境下，可以认为交叉效率 DEA 方法、多元统计分析 DEA(典型相关分析和判别分析 DEA)方法是比较适用的，因为它们在增强 DEA 方法评价结果区分能力的同时都采用了使 DMU 效率值横向可比的公共权重，由上面的分析可知，公共权重的设定意味着评价标准的统一，这在系统综合评价中至关重要。本书后面章节的基于DEA方法的系统综合评价扩展问题的研究也将围绕这几类能够获取DEA方法公共权重的方法展开。

目前较为常见的能够对评价对象进行比较和排序的 MCDM 方法主要有 ELECTRE 方法、PROMETHEE 方法和 SMART 方法等。ELECTRE 方法最早由 Roy 于 1971 年提出，该方法通过构建一种方案间的弱次序关系——级别高于关系(outranking relation)对评价对象进行排序(Roy，1968)，早期的 ELECTRE-Ⅰ和 ELECTRE-Ⅱ方法在给出各方案之间的级别高于关系后，要确定方案的优先顺序较为困难，而 Roy 后来提出的 ELECTRE-Ⅲ方法对级别高于关系进行了赋值，从而得到了定量化的二元优先次序，为方案的最终排序提供了便利(Roy，1990)。类似于 ELECTRE 方法，Brans 于 1984 年提出的 PROMETHEE 方法也是建立在级别高于关系之上的方案排序方法，但不同于 ELECTRE 方法的是 PROMETHEE 方法通过引入优先函数描述不同方案在某个目标上的优先程度，即根据各方案属性值之间的差距大小判断方案之间的优劣程度，PROMETHEE-Ⅰ方法可以得到各方案比较的偏序，而 PROMETHEE-Ⅱ方法则可以给出各方案的完全排序(Brans and Vincke，1985; Brans et al.，1986)。SMART 方法是一种简化的多属性排序方法，利用该方法可以将无法直接以数量形式表示的评价对象的属性进行量化赋值和权重确定，进而在多属性评价中搜寻相对占优的方案(Von Winderfelt and Edwards，1986)。

Sarkis(2000)在其研究中利用统计方法分析了几种 DEA 模型同一些传统的多属性综合评价模型针对同一个问题的评价结果，他在比较研究中采用的 DEA 模型包括传统的 CCR 模型、交叉效率模型(配以两种特定的二级目标规划以获取唯一的权重)、超效率模型(加入权重约束)，以及 GTR(generalized Tchebycheff radius of classification preservation)模型；用于对比的 MCDM 模型包括 PROMETHEE-Ⅰ、PROMETHEE-Ⅱ模型、ELECTRE-Ⅲ模型及 SMART 模型。从前面的分析可知，在系统综合评价环境下，为保证评价标准的一致性和评价结果的可比性，需要采用能获取公共权重的 DEA 模型作为 MCDM 方法的工具，同时进行对比的 MCDM 模型需要具备给出完全排序的能力，在此前提下对 Sarkis 的研究结果进行提炼，选取普通交叉效率模型(SXEF)、排他型交叉效率(AXEF)模型、PROMETHEE-Ⅱ(PROM2)模型、ELECTRE-Ⅲ(ELEC3)模型及 SMART 模型进行比较，可以得到如下结论：从完全排序结果来看，PROM2 模型同 SMART 模型具有显著的一致性，SXEF 模型同 ELEC3 模型具有显著的一致性，AXEF 模型同 PROM2 模型、ELEC3 模型和 SMART 模型都具有显著的一致性；从各种方法排序的前 5 名和末 5 名评价对象来看，DEA 方法和 MCDM 方法在前 5 名评价对象的确认上不一致程度较高，但在末 5 名评价对象的确认上几乎完全一致，其中 AXEF 同 ELEC3

最为一致。

此外，本书进一步分析表明，以 MCDM 方法使用的权重为基准，在交叉效率模型中加入权重约束后，DEA 模型的评价结果同 PROM2 模型、ELEC3 模型和 SMART 模型的评价结果都较为一致，且在一定范围内放宽权重约束，二者的一致性没有明显地降低。

上述分析表明，在评价对象（备选方案）为离散型且具备多属性（多个评价指标）的评价环境下，DEA 方法能够与 MCDM 方法很好地联系在一起，特别是当考虑在 DEA 方法中使用统一的评价标准，即公共权重，以及融入评价者对不同指标的偏好信息，即权重约束时，能够有效地增强 DEA 方法和多种 MCDM 方法的评价结果的联系。但是要对二者进行具体的相关性比较分析和评价，却很难找到一个被普遍接受的方法，也就是说，想要对包括 DEA 方法在内的各种 MCDM 方法进行相互比较并从中找出一种“最好”或“最合适”的评价方法是很困难的，也是不现实的。类似于 Sarkis (2000) 的研究思路，现有的研究往往只能将基于 DEA 方法的综合评价方法的评价结果同已有的 MCDM 方法所得的评价结果进行相关性分析，进而评估该 DEA 方法的有效性。

Ozernoy (1992) 在其研究中从一种“启发式”评价的角度提出了评估“最合适”的 MCDM 方法应考察的三个特征：①决策者应该能够感知并理解该方法的基本原理和假设，并且自觉地接受这些原理和假设；②决策者可以不太困难地给出该方法所需的偏好信息；③使用该方法能够对备选方案或评价对象给出满足需要的排序结果。基于这三个特征，对 DEA 方法进行分析可以发现，特征②和③是 DEA 方法可以基本满足的，即一方面使用 DEA 方法进行系统综合评价时，决策者既可以不事先给出任何关于评价指标的偏好信息，也可以在评价过程中融入决策者的偏好，从而使得评价者不需要花费很大精力、不太困难地给出评价的权重信息；另一方面利用如超效率模型、交叉效率模型等多种改进的 DEA 模型可以给出区分度较高的评价结果，减少评价排序中出现“结”的可能性，同时在 DEA 评价中融入评价者偏好信息也有利于获取满足评价者需要的、能获得多数评价者认可的评价对象的排序结果。

但是对于特征①，利用基于 DEA 方法的系统综合评价方法时会面临一些问题，即使用 DEA 方法进行评价时，视 DMU 为一个黑箱 (black box)，多投入和多产出之间被认为存在某种联系，但具体的联系形式不需要在评价之前给出显示的表示，这一方面简化了评价，但另一方面也增加了评价者感知并理解 DEA 方法背后隐含的逻辑的难度，增加了评价者接受 DEA 方法的原理和假设的难度。不过，如果将 DEA 方法视为考察生产效率的工具，其背后的逻辑可以理解为，用一个比率来表示将投入转化为产出的效率，即一个组织运营或管理的绩效；而如果将 DEA 方法视为一种系统综合评价方法，其背后的逻辑可以理解为，通过数学规划的方法，采用评价对象自评与互评相结合的机制，对评价对象的各属性进行赋权，并将各评价对象的属性值进行集结，最终获得一个衡量评价对象好坏的综合评价值。

但从根本上讲，真正理解 DEA 方法背后隐含的逻辑，还需要将 DMU 这个“黑箱”打开，对其内部的各种不同结构进行进一步研究，细化分析内部各子单元的效率情况，识别和评价产生非有效的真正根源，从而为决策管理提供更具有针对性的指导，同时也加深评价者对所采用的基于 DEA 方法的综合评价方法的理解，给出更合理的偏好信息，形成更科学的评价结论。本书后面章节的基于 DEA 方法的系统综合评价扩展问题的研究的一条路径就是分析DMU内部结构为串行（链型）情况下系统整体效率评估和内部各阶段效率分解问题。

综上所述，通过比较分析 DEA 方法与多种 MCDM 方法，可以得知两类方法是高度相关的，在对各种 DEA 模型进行改进的基础上研究构建基于 DEA 方法的系统综合评价方法是可行的。本章后续部分将研究构建基于 DEA 方法的系统综合评价体系，本书后面章节将在此基础上探讨基于 DEA 方法的系统综合评价三个方面的扩展问题研究和两个方面的集成问题研究。

2.3.2　DEA 系统综合评价体系

作为一种有较为成熟的软件辅助计算的非参数评价方法，DEA 方法表面上看是一种易行的对决策者来说“偷懒”的评价方法（“lazy” DM’s methodology）或简便的“一键搞定”的评价技术（simple “push-bottom” technology），但想真正应用好 DEA 方法，获得合理、可靠的评价结果，却并非易事，尤其是在现代管理实践中经常遇到的复杂大规模系统的评价问题中应用 DEA 方法。因此，构建一个内容规范、步骤明确的 DEA 系统综合评价体系非常必要，它将有利于提升评价的有效性，增强评价结果的可靠性和再现性，提高评价速度的同时降低评价成本，更好地发挥评价结果对管理决策的支持作用。

随着计算机硬件和软件技术的飞速发展，计算速度的不断提升，复杂、大规模系统评价问题在具体计算上的困难越来越不明显，而这类复杂评价的瓶颈往往出现在研究者、评价者、决策者等评价相关人员的评价操作过程中，由于问题的复杂化和数据的海量化，评价相关人员在评价时需要付出更多的努力，才可能对评价问题本身的结构和涉及的数据有一个全面、合理的整体把握，这一点对 DEA 方法的普通用户或初涉 DEA 方法的研究人员来说是一个很大的挑战。因此，构建一个标准化、系统化的 DEA 系统综合评价体系十分必要，这个体系能帮助评价相关人员更好地理解和掌控评价过程。对普通用户和初涉研究人员来说，这个体系为他们提供了使用 DEA 的“手把手”指导，告诉他们评价每一步的具体工作，这就使得他们所构建的 DEA 系统综合评价模型更加科学，评价结果更加可靠；对经验丰富的 DEA 方法的操作人员和研究专家来说，这个体系就是一张详尽的“检查表”，保证每一次的评价或研究过程中的重要工作项目不被遗漏。总之，构建这样一个体系，使人们能够以系统的思维去对待每一个基于 DEA 方法的系统综合评价问题。

DEA 系统综合评价体系应主要包括评价的要素和评价的流程，以及相关的指导说明。现有文献中有一些涉及构建 DEA 方法分析框架的研究。Golany 和 Roll(1989)给出了使用 DEA 方法进行效率评价的 4 个步骤：①问题定义和 DMU 的选取；②投入、产出指标的选取；③DEA 模型的选择；④评价及结果分析。简祯富(2007)结合紫式决策分析框架，给出了 DEA 方法的多属性决策分析框架：问题定义，投入、产出指标选取，DMU 选取，方案在各属性上的衡量，汇总模式的选取，评价结果分析。Avkiran(1999)为 DEA 初学者提供了一个指南，该指南以提问的方式给出了一张检查表，其中包括 12 个环节：组织内的 DMU 是什么及数量有多少；使组织获得成功的关键产出是什么；导致这些关键产出的投入又是什么；组织是否定期收集这些产出与投入的数据且保持数据一致性；要对组织哪方面的效率进行评价；被评为无效的 DMU 是哪些；这些无效的 DMU 一贯都是无效的吗；在其他模型下这些无效的 DMU 也同样无效吗；在所有 DMU 中谁是“领跑者”；无效的 DMU 的参考集中的有效的 DMU 是哪些；哪些有效的 DMU 被参考的次数最多；无效 DMU 的效率改进的潜力何在。Dyson 等(2001)总结了 DEA 方法使用中可能出现的 5 个方面共 17 项缺陷(pitfalls)，进而给出了相应的参考解决办法/协定(protocols)，这 5 个方面可能出现的缺陷对应 DEA 方法的 4 个评价要素过程：DMU 选择的同质性(homogeneity)假设；投入、产出项的确定；相关数据的度量；涉及权重的假设及权重约束的考虑。

Emrouzenjad 和 De Witte 提出的 COOPER 架构(COOPER-framework)，可以看做是对之前关于 DEA 方法分析框架、评价要素和分析流程研究的一个总结提炼(Emrouznejad and De Witte，2010)，该架构包括 6 个内部相互联系的阶段：①概念和目标(concepts and objectives)；②数据结构化(on structuring data)；③运作模型(operational models)；④绩效比较模型(performance comparison model)；⑤评价(evaluation)；⑥结果和扩展(result and development)。很有意思的是，COOPER 架构的提出者刻意构造 6 个阶段的名称，使其英文首字母恰好组成 COOPER 字样，以此方式纪念 DEA 方法创建者之一的 Copper 教授的同时也吸引了对 DEA 方法感兴趣的人们的眼球。

本书借鉴上述针对 DEA 方法的分析框架的研究成果，构建了一个 DEA 系统综合评价体系(图 2-1)，为采用 DEA 模型进行系统综合评价提供了一个规范的架构。

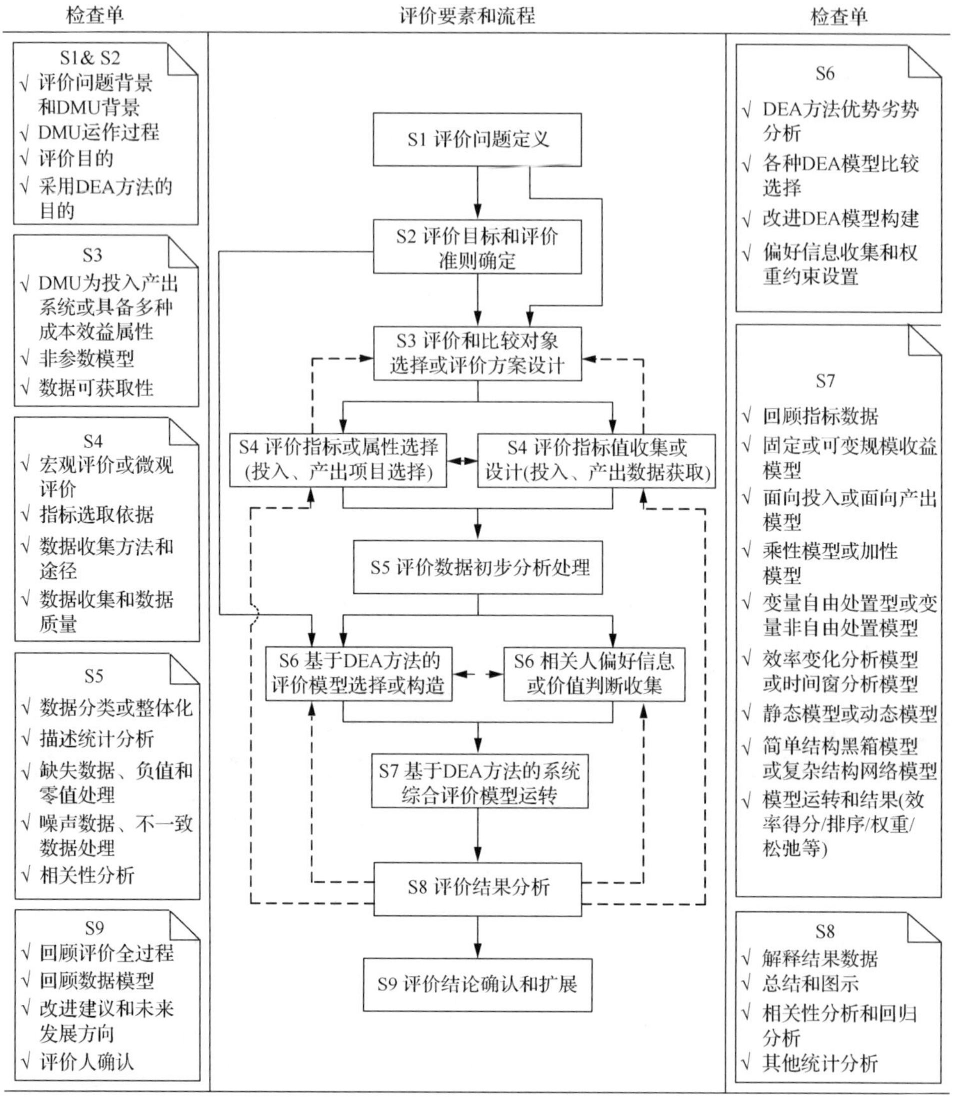

图 2-1　DEA 系统综合评价体系

该体系是利用 DEA 的系统综合评价方法，进行评价工作时，可以考虑采用具有较强的规范性和系统性的架构模型，是对相关评价人员和 DEA 研究人员使用该方法的一个具体指导和操作说明，体系包括评价要素和流程及检查单。其中，评价要素包括 11 项内容，对应流程的 9 个阶段，每个阶段对应有操作检查单。

在第一阶段首先要明确评价问题定义，了解评价问题的本质，认清评价问题背景和评价对象的特点，然后在第二阶段确定评价目标和评价准则，特别是要明确针对该问题为何要采用 DEA 系统综合评价方法，问题和方法的联系何在。

在已经确定的评价目的和评价准则的指导下，在第三阶段选择或产生具有同构性的 DMU，作为评价和比较对象，在第四阶段确立评价指标并收集相应的投入、产出或成本效益实际数据。

DMU 的选取必须考虑各评价对象的同构性，即各评价对象是否有相同的根本目标，是否处在相同的决策环境中，是否具有相同的评价属性。DMU 的数量不能太少，否则会使 DEA 方法失去鉴别能力，在满足同构性的前提下，应该尽可能在评价中包含更多的 DMU。

在第四阶段评价指标选取时要根据评价目标和评价准则确定，具体化的评价准则即构成评价指标，不同的评价指标是评价目标不同的表现方面。投入、产出指标的确定一方面要由评价对象运作过程的因果关系推演产生，另一方面也要从评价指标与评价目标的正相关性或负相关性角度进行考察。评价指标的选择还要考虑数据的可获取性、完整性和不重复性，评价指标不能太少，否则不能有效地描述问题，还可能降低评价结果的区分度；评价指标也不能太多，太多的属性会增加模型的复杂程度和结果的解释难度。根据经验法则，Golany 和 Roll（1989）指出评价指标的个数应不超过评价对象个数的二分之一，而 Dyson 等（2001）给出的参考更加严格，DMU 的个数不能低于投入、产出项目个数乘积的两倍。

在使用评价模型进行分析之前，在第五阶段要对评价数据进行必要的分析处理，主要是数据分类或整体化、描述统计分析、特殊数据的处理及相关性分析。数据分类或整体化和描述统计分析主要为解决数据缺失的情况，以及由特异值造成 DMU 中出现离散点的情况。特殊数据的处理主要包括零值和负值的修正处理，区间数据、模糊数据、灰色数据、随机数据等不精确、不确定数据的精确化处理，名义数据和排序数据的代理化处理，以及为避免计算中的舍入误差而对不同量纲数据的归一化处理等。

第六阶段或选择已有的传统的 DEA 方法进行评价，或针对问题的特点，采用修正的 DEA 方法进行评价，或构造一种新的特定的 DEA 方法进行评价，或将成熟的 DEA 方法与其他 MCDM 方法进行组合评价，同时为使基于 DEA 的系统综合评价方法满足评价者要求，还需要收集评价者的主观偏好和价值判断信息，以构造权重保证域、偏好锥等方式将其融入评价模型中。

在第七阶段运行模型时要综合考虑多种模型假设，基于不同的假设多次运行模型，进行试验和分析，以获取最合理、最可靠的评价结果。不同假设下的模型有：规模收益不变 CCR 模型（CRS 模型）或规模收益可变 BCC 模型（VRC 模型）、面向投入（input-orientation）模型或面向产出（output-orientation）模型、乘性（multiplicative）模型或加性（additive）模型、变量自由处置（discretionary）模型或变量非自由处置（non-discretionary）模型、静态（static）模型（只考虑一个时间节点的效率）或动态（dynamic）模型（考虑不同时间节点的效率）、简单结构黑箱（black-box）

模型(单阶段、单层次)或复杂结构网络(network)模型(链型/串行结构、并行/平行结构、嵌套/层次结构、树形结构、环形结构、网络结构等)、可以分析效率变化情况的 Malmquist index 模型、时间窗分析(window analysis)模型。这一阶段可以得到的原始评价结果包括：DMU 效率得分即综合评价值、相应的排序情况、不同 DMU 在不同指标上的权重分配、指示效率改进方向和大小的松弛变量等。

在第八阶段需要对评价结果进行解释说明：根据各种假设下的效率得分分析各 DMU 的具体效率情况和规模收益情况；根据效率得分和松弛变量识别造成无效率的根源及未来改进的方向；通过权重的分配情况分析各项评价指标对综合评价值的贡献情况；通过有效的 DMU 被参照的次数分析该评价目标评价结果的稳健性等。同时还应该对不同模型假设下的评价结果及不同时期数据集下的评价结果进行基于统计方法的横向和纵向比较，以获取更丰富、更全面的评价信息。

第九阶段检讨回顾评价全过程和在与评价参与者充分沟通协调的基础上，确认最终的评价结论，提出政策建议和未来的改进发展方向。

第3章　DEA系统综合评价中的公共权重和完全排序

第2章分析指出，获取DEA系统综合评价的公共权重以统一的评价标准，对DMU进行完全排序以提升DEA系统综合评价的区分能力，以及在DEA系统综合评价时融入评价者对不同评价指标的偏好信息(权重约束)使评价结果更加合理等问题，是构建基于DEA的系统综合评价方法的关键。本章将针对DEA系统综合评价中的公共权重配置和DMU完全排序问题，从三方面对DEA方法进行扩展研究：比较现有的DEA系统综合评价中的公共权重配置和DMU完全排序方法的优劣和适用条件，借鉴博弈交叉效率概念，提出基于博弈交叉效率DEA的系统综合评价方法；分析现有区间DEA评价方法的不足，将效率值判别分析方法引入区间DEA评价方法中，提出区间DR/DEA方法；从同时合理配置权重和充分利用信息的角度出发，提出三参数区间交叉效率DEA方法*。

3.1　DEA公共权重配置和DMU完全排序方法研究综述

采用DEA方法进行综合评价时，一般情况下仅识别出最好的评价对象或给出各评价对象好坏的分组情况是不够的，评价者还希望获得评价对象的排序信息，对DEA系统综合评价中的完全排序问题的研究就是基于这样的考虑。另外，研究DMU完全排序问题，也是将DEA方法同MCDM方法联系在一起的重要环节，是提升DEA方法在综合评价时有效性的重要问题。目前国内外对该问题的研究已经形成了DEA研究领域的一个重要分支。

传统的DEA模型仅能将DMU分为两个集合：处于生产前沿面上的有效的DMU集合和位于生产前沿面以内的无效的DMU集合。而决策者往往希望获得更多的评价信息，如各DMU的排序情况。但是DEA方法本身的一个缺陷是其对DMU的评价区分能力有限，特别是在DMU数量较少，而输入、输出项相对DMU数量较多时，为了对所有DMU进行完全排序，还需要结合其他方法进行进一步分析，或对传统的DEA模型进行修正改进。另外，Adler等(2002)也指出对评价

---

* 本章的部分内容曾发表于以下文章：

王科，魏法杰．2009．基于博弈交叉效率 DEA 的装备设计方案评审．北京航空航天大学学报，35(10)：1278-1282.

王科，魏法杰. 2010. 三参数区间交叉效率DEA评价方法. 工业工程, 13(2)：19-22.

王科，魏法杰. 2010. 区间DEA决策单元排序方法改进研究. 北京航空航天大学学报(社会科学版), 23(2)：79-82.

对象进行完全排序是综合评价和决策分析中的一项基本要求。

为解决这个问题以改善 DEA 系统综合评价的效果，国外学者已经进行过许多研究，提出了许多 DEA 模型修正方法，或结合其他决策分析或多元统计概念的新的 DEA 评价模型方法。这些方法大致可以分为五个类别：基于交叉效率的 DEA 改进方法、基于超效率的 DEA 改进方法、考虑 DMU 标杆情况的 DEA 改进方法、综合多元统计分析的 DEA 改进方法及综合多准则决策概念的 DEA 改进方法。

3.1.1 基于交叉效率的 DEA 改进方法

交叉效率的概念最初由 Sexton 等(1986)提出，开创了 DEA 系统综合评价中的 DMU 排序问题研究的分支领域，后来 Doyle 和 Green(1994)又指出，因为决策者并不总是能合理地给出对于 DEA 权重向量偏好约束，所以建议采用交叉效率方法来给 DMU 排序。交叉效率方法利用求解 n 个线性规划所得到的最优解(权重向量)对每个 DMU 计算 n 次效率值，即采用一种自评与互评相结合的评价体系对每个 DMU 进行效率判断，该方法的模型如式(3-1)所示，规划如式(3-2)和式(3-3)所示。设 DMU_j 的输入向量和输出向量分别为 $\boldsymbol{X}_j=(x_{1j}, x_{2j}, \cdots, x_{mj})$ 和 $Y_j=(y_{1j}, y_{2j}, \cdots, y_{sj})$，$j=1,2,\cdots,n$。$\boldsymbol{V}=(v_1, v_2, \cdots, v_m)$ 和 $\boldsymbol{U}=(u_1, u_2, \cdots, u_s)$ 分别是输入和输出对应的权重向量。模型(3.1)求解得到各 DMU 的最优权重为 $(v_{1d}^*, v_{2d}^*, \cdots, v_{md}^*)$ 和 $(u_{1d}^*, u_{2d}^*, \cdots, u_{rd}^*)$，效率值为 E_{dd}^*。基于该最优权重，利用 DMU_d 的权重定义 DMU_j 的交叉效率如式(3-2)所示。交叉效率矩阵见表 3-1。矩阵中对角线上元素 E_{dd} 表示 DMU_d $(d=1,2,\cdots,n)$ 进行自评的效率值，对于 DMU_j $(j=1,2,\cdots,n)$，将第 j 列中所有元素 E_{dj} $(d=1,2,\cdots,n)$ 求平均值，即得到 DMU_j 的平均交叉效率 E_j 如式(3-3)所示：

$$\max \frac{\sum_{r=1}^{s} u_r y_{rd}}{\sum_{i=1}^{m} v_i x_{id}} = E_{dd}$$

$$\begin{aligned} \text{s.t.}\quad & \frac{\sum_{r=1}^{s} u_r y_{rj}}{\sum_{i=1}^{m} v_i x_{ij}} \leqslant 1, j=1,2,\cdots,n \\ & u_r, v_i \geqslant 0 \\ & r=1,2,\cdots,s \\ & i=1,2,\cdots,m \end{aligned} \tag{3-1}$$

$$E_{dj}=\frac{\sum_{r=1}^{s}u_{rd}^{*}y_{rj}}{\sum_{i=1}^{m}v_{id}^{*}x_{ij}},d,j=1,2,\cdots,n \tag{3-2}$$

$$\overline{E}_{j}=\frac{1}{n}\sum_{d=1}^{n}E_{dj} \tag{3-3}$$

表 3-1　交叉效率矩阵

DMU	1	2	…	n
1	E_{11}	E_{12}	…	E_{1n}
2	E_{21}	E_{22}	…	E_{2n}
⋮	⋮	⋮	E_{dd}	⋮
n	E_{n1}	E_{n2}	…	E_{nn}
平均交叉效率	$\overline{E}_1$	$\overline{E}_2$	…	$\overline{E}_n$

按照平均交叉效率$\overline{E}_j$的大小，即可对所有 DMU 进行评价和排序。模型(3-1)的最优解可能不唯一，导致由式(3-2)和式(3-3)确定的平均交叉效率值可能不唯一，为弥补这一缺陷，Doyle 和 Green(1994)及 Sexton 等(1986)又在其文章中给出了两阶段交叉效率模型，该模型第一阶段通过传统的 CCR 模型确定各 DMU 的自评效率值；第二阶段通过引入二级规划，给出确定的用于计算交叉效率的权重，引入不同的二级规划代表了不同的赋权策略。两种截然相反的赋权策略是：在最大化当前 DMU 自评效率值的同时，选择尽可能使其他 DMU 的交叉效率值最大的权重，该策略称为仁慈型(benevolent)策略(或利他型策略)；在最大化当前 DMU 自评效率值的同时，选择尽可能使其他 DMU 的交叉效率值最小的权重，该策略称为进攻型(aggressive)策略(或排他型策略)。

交叉效率方法下除了可以采用平均交叉效率对 DMU 进行排序外，还可以采用交叉效率的中位数、最小值、离差值等(Green et al.，1996)。可以认为交叉效率值较传统的 CCR 模型的效率值更好地反映了 DMU 的效率情况，一方面，每个 DMU 在计算效率时不仅考虑自己选取的权重，也考虑了其他 DMU 选取的权重，即广泛使用了交叉效率矩阵中的所有信息；另一方面，所有 DMU 最终都使用了一套相同的权重向量以获取各自的效率值。

为了使求解的交叉效率值具有唯一性，可以引入一个二级规划对权重的计算加以约束，除了上述提到的仁慈型和进攻型二级规划外，还可以有其他多种不同的方式，如 Liang 等(2008a)提到的最小化总的加权输出和加权输入离差、最小化最大的加权输出和加权输入离差、最小化加权输出和加权输入离差的标准差等方式。另外，Doyle 和 Green（1994）基于交叉效率矩阵还提出了一个“独立指数”的概念，该指数衡量 DMU 自评得分和互评得分之间的差距，指数越高表明差距越大，反映相应的 DMU 越“独立”于其他的 DMU，该指数也可以作为对 DMU 排序的参考。

中国学者在 DEA 交叉效率领域的研究也获得了许多具有较高影响力的成果，近期最重要的成果是 Liang 等（2008b）对 DEA 博弈交叉效率评价问题的研究，该研究将各 DMU 追求最适合各自偏好的权重体系视为一种合作博弈，DMU 是合作博弈的参加人，可选择的权重体系构成策略集，各 DMU 的交叉效率即为合作博弈的收益。该研究证明了上述合作博弈至少存在一个纳什（Nash）均衡，给出了合作博弈均衡求解算法，并证明了该算法得出的结果是 Nash 均衡解。Liang 等的研究成果消除了交叉效率 DEA 方法评价的主观特征，使这一效率评价方法能够获得最大限度的认同。

3.1.2　基于超效率的 DEA 改进方法

超效率 DEA 方法最初由 Andersen 和 Petersen（1993）提出，该方法在计算效率值时将当前被评价的 DMU 排除在参考集合之外，被评价为有效的 DMU 会以自身为参考点，而相对无效的 DMU 则会以其他有效的 DMU 为参考点，不会参考自身，所以将当前被评价的 DMU 排除在参考集合外将使得原本相对效率值为 1 的 DMU 的效率值可能变得大于 1，而原来效率值小于 1 的 DMU 的效率值则不变。超效率 DEA 模型如式（3-4）所示：

$$
\begin{aligned}
&\max \sum_{r=1}^{s} u_r y_{rd} \\
&\text{s.t.}\ \sum_{i=1}^{m} v_i x_{ij} - \sum_{r=1}^{s} u_r y_{rj} \geqslant 0, j = 1,2,\cdots,n, j \neq d \\
&\qquad \sum_{i=1}^{m} v_i x_{id} = 1 \\
&\qquad u_r, v_i \geqslant 0 \\
&\qquad r = 1,2,\cdots,s \\
&\qquad i = 1,2,\cdots,m
\end{aligned}
\tag{3-4}
$$

一般情况下，根据超效率 DEA 模型求得的效率值就可以对全体 DMU 进行完全排序。然而一些学者的研究表明，该模型至少存在三个方面的缺陷：①该方法计算不同 DMU 效率值所采用的权重向量各不相同，这就造成对 DMU 评价的标准不一致；②该方法可能会对一些“特立独行”的 DMU 给出过分高的排序；③该方法在某些情况下可能会使 CCR 模型没有可行解。尽管如此，由于超效率

DEA 模型的概念明确，方法容易理解，还是有许多研究采用了该模型，并通过加入权重约束的方式，修正了超效率 DEA 模型(Hashimoto，1997；Sueyoshi，1999)。

3.1.3　考虑 DMU 标杆情况的 DEA 改进方法

考虑 DMU 标杆(benchmarking)情况的 DEA 方法是出于这样的考虑，对于同样都是相对有效的 DMU，可以比较其被其他 DMU 参考(即被其他 DMU 作为效率比较的标杆)的次数，被参考的次数越多，表示该 DMU 被衡量为相对有效的稳健度(robustness)越高。Sinuany-Stern 等(1994)的研究提出，若一个有效的 DMU 被其他非有效的 DMU 选择作为比较标杆的次数越高，则该 DMU 排序应该越靠前，在其文章中，将 DMU 排序问题分为两个步骤：第一步是根据记录有效的 DMU 在无效的 DMU 参考集中出现的次数，直接对有效的 DMU 排序，实际上这一方法最早是由 Charnes 等(1984)提出的；第二步则是通过记录那些在被评价为有效之前需要在分析中被移除的 DMU 的数目，来对非有效的 DMU 进行排序。但是上述方法不是总能给出所有 DMU 的完全排序，因为可能会有一些 DMU 获得相同的被记录次数。

Torgersen等(1996)的研究给出了一个通过衡量有效的DMU作为无效的DMU标杆的重要程度，以对有效的 DMU 进行完全排序的方法。在其文章中，对标杆的重要程度的计算分两步进行：第一步计算目标函数为最小化松弛变量和在对偶模型下，各 DMU 的最小松弛变量，最小松弛变量为零的为有效的 DMU；第二步利用输出导向型对偶模型计算各 DMU 的效率值，并利用文中定义的衡量标杆重要程度的公式计算各有效的 DMU 的重要性，根据各重要性数值即可对有效的 DMU 进行完全排序。

3.1.4　综合多元统计分析的 DEA 改进方法

在进行评价时，多元统计分析一般采用长期趋势外推的统计方法，是对整个生产前沿面所进行的平均意义上的操作，得到的分析结果是平均意义上的统计结果，而 DEA 方法致力于对每个 DMU 进行优化而非对整个集合的统计回归进行优化，以构造出生产前沿面，在这个意义上多元统计分析方法和 DEA 方法是有一定差别的。但是在对 DMU 排序问题上，由于要获得横向可比的效率值，要求对各 DMU 设置一组公共的权重向量，这时为求得这样的公共权重，将多元统计分析方法同 DEA 方法相结合，就可以发挥良好的作用，并且可以通过非参数统计检验方法验证综合多元统计分析的 DEA 改进方法所得到的排序结果同传统的 DEA 方法下的分类结果的一致性。

(1)综合 CCA 的 DEA。CCA 是研究两组变量间相关关系的一种多元统计方法，采用 DEA 的变量表示方法，可以将两组评价指标表示为如式(3-5)和式(3-6)

所示的形式，设有 n 个评价对象，m 个输入指标和 s 个输出指标。

$$\boldsymbol{X}_j = (x_{ij}) = (x_{1j}, x_{2j}, \cdots, x_{mj})^{\mathrm{T}} \tag{3-5}$$

$$\boldsymbol{Y}_j = (y_{rj}) = (y_{1j}, y_{2j}, \cdots, y_{sj})^{\mathrm{T}} \tag{3-6}$$

式中，x_{ij} 为第 j 个对象在第 i 个输入指标上的取值；y_{rj} 为第 j 个对象在第 r 个输出指标上的取值。$\boldsymbol{X}$ 与 $\boldsymbol{Y}$ 的协方差矩阵为

$$\operatorname{cov}\begin{pmatrix}\boldsymbol{X}\\ \boldsymbol{Y}\end{pmatrix} = \boldsymbol{S} = \begin{pmatrix}\boldsymbol{S}_{xx} & \boldsymbol{S}_{xy}\\ \boldsymbol{S}_{yx} & \boldsymbol{S}_{yy}\end{pmatrix} \tag{3-7}$$

为研究 $\boldsymbol{X}$ 和 $\boldsymbol{Y}$ 之间的关系，考虑线性组合：

$$\boldsymbol{Z}_j = \boldsymbol{V}^{\mathrm{T}}\boldsymbol{X}_j = v_1 x_{1j} + v_2 x_{2j} + \cdots + v_m x_{mj} \tag{3-8}$$

$$\boldsymbol{W}_j = \boldsymbol{U}^{\mathrm{T}}\boldsymbol{Y}_j = u_1 y_{1j} + u_2 y_{2j} + \cdots + u_s y_{sj} \tag{3-9}$$

选取 $\boldsymbol{V}$ 和 $\boldsymbol{U}$，使输入综合变量 $\boldsymbol{Z}$ 与输出综合变量 $\boldsymbol{W}$ 之间的相关系数 r_{ZW} 达到最大，由于变量 $\boldsymbol{Z}$ 和 $\boldsymbol{W}$ 乘以任意常数不改变它们之间的相关系数，不妨限定取标准化的 $\boldsymbol{Z}$ 和 $\boldsymbol{W}$，即规定其方差均为 1，建立相关系数优化模型：

$$\begin{aligned} \max r_{ZW} &= \frac{\boldsymbol{V}^{\mathrm{T}}\boldsymbol{S}_{xy}\boldsymbol{U}}{\sqrt{(\boldsymbol{V}^{\mathrm{T}}\boldsymbol{S}_{xx}\boldsymbol{V})(\boldsymbol{U}^{\mathrm{T}}\boldsymbol{S}_{yy}\boldsymbol{U})}} \\ \text{s.t.}\ \ & \boldsymbol{V}^{\mathrm{T}}\boldsymbol{S}_{xx}\boldsymbol{V} = 1 \\ & \boldsymbol{U}^{\mathrm{T}}\boldsymbol{S}_{yy}\boldsymbol{U} = 1 \end{aligned} \tag{3-10}$$

Friedman 和 Sinuany-Stern（1997）在 CCA 和 DEA 分析方法的基础上提出了 CCA/DEA 模型：

$$T_j = \frac{\boldsymbol{W}_j}{\boldsymbol{Z}_j} = \frac{\sum_{r=1}^{s} u_r y_{rj}}{\sum_{i=1}^{m} v_i x_{xj}}, j = 1, 2, \cdots, n \tag{3-11}$$

式中，$\boldsymbol{X}_j$ 和 $\boldsymbol{Y}_j$ 的权重 $\boldsymbol{V}$ 和 $\boldsymbol{U}$ 根据 CCA 方法得出；T_j 为 DMU_j 的综合输出变量与综合输入变量的比值，如果 $\boldsymbol{V} \geqslant 0$，$\boldsymbol{U} \geqslant 0$，则该模型符合 DEA 的建模思想，可以根据 T 值对各 DMU 定级排队。Friedman 和 Sinuany-Stern（1997）证明了在 CCA 模型中，至少存在一组解（$\boldsymbol{V}$,$\boldsymbol{U}$），其向量分量严格为正，假如 $\boldsymbol{V}$ 或 $\boldsymbol{U}$ 出现负分量，

在符合实际情况的条件下，可将其对应的评价指标取消，重新计算以找到$\boldsymbol{V} \geqslant 0$，$\boldsymbol{U} \geqslant 0$。

(2)综合比例值判别分析的 DEA。CCA/DEA 方法在求解公共权重时，可能出现无可行解的情况，为了避免该问题的发生，Sinuany-Stern 等(1994)研究提出了一种综合比例值判别分析(discriminant analysis of ratios)的 DEA 方法，该方法首先定义一个如式(3-12)所示的比例值 T_j，该值为 DMU_j 输出及其权重的线性组合与输入及其权重的线性组合的比值：

$$T_j = \frac{\sum_{r=1}^{s} u_r y_{rj}}{\sum_{i=1}^{m} v_i x_{ij}}, j = 1, 2, \cdots, n \tag{3-12}$$

从形式上看，比例值 T_j 与 DMU_j 的效率值是类似的，但 DMU_j 效率值的计算所采用的输入和输出的权重向量因 DMU 不同而变化，而该函数的计算所采用的输入和输出权重向量对所有 DMU 都是相同的，即采用了一组公共的权重 u_r 和 v_i。

为了找到一组公共的权重 u_r 和 v_i，需要进一步求解如式(3-13)所示的优化模型，其优化目标是使DEA有效和非DEA有效两个集合的T值的集合间差距$SS_B(T)$尽可能大，而集合内差距 $SS_W(T)$ 尽可能小。

$$\begin{aligned}
&\max_{\mu_r,\omega_i} \lambda = \max_{\mu_r,\omega_i} \frac{SS_B(T)}{SS_W(T)} \\
&\text{s.t.}\quad SS_B(T) = n_1(\bar{T}_1 - \bar{T})^2 + n_2(\bar{T}_2 - \bar{T})^2 \\
&\qquad SS_w(T) = \sum_{j=1}^{n_1}(T_j - \bar{T}_1)^2 + \sum_{j=n_1+1}^{n}(T_j - \bar{T}_2)^2 \\
&\qquad \bar{T}_1 = \sum_{j=1}^{n_1}\frac{T_j}{n_1}; \bar{T}_2 = \sum_{j=n_1+1}^{n}\frac{T_j}{n_2}; \bar{T} = \frac{n_1\bar{T}_1 + n_2\bar{T}_2}{n}
\end{aligned} \tag{3-13}$$

式中，T_j 为 DMU_j 的 T 值；n_1 和 n_2 分别为利用 CCR 模型求解得到的 DEA 有效集合和非 DEA 有效集合的 DMU 的个数；$\bar{T}_1$ 和 $\bar{T}_2$ 分别为 DEA 有效集合和非 DEA 有效集合的 DMU 的平均 T 值；$\bar{T}$ 为所有 DMU 的平均 T 值。利用求解该优化模型所得公共权重向量 u_r 和 v_i 计算各个 DMU 的 T 值，此时由于不同 DMU 的 T 值各不相同，可根据其大小对相应的 DMU 进行完全排序。该优化模型属于分式规划问题，需要利用非线性寻优方法进行求解，因此，不能保证总可以求得全局最优解。

3.1.5 综合多准则决策概念的 DEA 改进方法

利用多准则决策分析中的一些概念和方法，也可以实现对 DEA 系统综合评价中 DMU 的排序目的，MCDA 方法的使用一般需要决策者事先提供一些关于不同评价指标的重要性的偏好信息，将这些信息结合到 DEA 方法中，往往也能起到增强评价结果区分度的目的。一种结合的途径是在使用 DEA 方法的过程中对 DMU 的投入、产出设定一些期望的目标值，或在模型中引入一个虚拟的理想 DMU，Zhu(1996)和 Halme 等(1999)都在其研究中采用过这样的方法；另一种结合的途径则是通过保证域或锥比率模型对 DMU 的权重向量进行约束，Green 和 Doyle(1995)及 Talluri 和 Yoon(2000)的研究均涉及这样的方法。上述两种途径基本上都可以保证对 DMU 进行完全排序。

也有学者将 DEA 方法同模糊评价相结合，通过将专家的偏好信息引入 DEA 模型实现对 DMU 的完全排序。例如，Hougaard(1999)的研究提出了一个两步方法：第一步，通过 DEA 方法识别出有效的 DMU；第二步，利用基于专家知识和 DEA 客观结果的模糊评价信息对有效的 DMU 进行排序。还有的学者将 DEA 方法同多目标线性规划结合起来，通过在传统的 DEA 模型中加入最小化最大松弛变量的目标函数，或最小化所有松弛变量之和的目标函数的方式，增强不同 DMU 之间的区分度(Li and Reeves，1999)。另外，Liang 等(2008a)的研究也涉及将 DEA 方法同多目标线性规划相结合。

综合上述对五种 DEA 决策单元排序的改进方法的分析总结，从将 DEA 作为一种系统综合评价方法的角度看，可以认为基于交叉效率的 DEA 改进方法、综合多元统计分析的 DEA 改进方法、综合多准则决策概念的 DEA 方法是比较合理地增强 DEA 评价区分能力，进而获取 DMU 完全排序的改进方法，因为这些方法都采用了使 DMU 效率值横向可比的公共权重，而公共权重的设定意味着评价标准的统一，这一点在综合评价中是至关重要的。但是上述方法都还存在不足，可以研究改进的空间还很大，尤其是基于交叉效率的 DEA 改进方法，由于其赋权的过程可以被视为各 DMU 博弈的过程，对其进行研究是近年来的一个热点问题。3.2 节将借鉴博弈交叉效率 DEA 概念，给出一种基于博弈交叉效率 DEA 的系统综合评价方法，该方法是对现有的交叉效率 DEA 方法的一种有效扩展。

3.1.6 DEA 权重选取和输入、输出处理有关问题

DEA 系统综合评价中 DMU 完全排序问题的实质是通过选取合适的指标权重向量以增强 DEA 系统综合评价结果的区分度，该问题主要关注采取何种方式对传统的 DEA 模型进行改进以获取公共权重。而 DEA 权重选取的合理性与评价的主、客观相结合问题的探讨范围则要宽泛一些，不只限于公共权重的获取，还关注通

过加入主、客观偏好信息对权重向量进行各种形式的约束问题。对权重向量进行约束的目的是避免DEA系统综合评价中产生一些不合理的、“过分”的结论，而使得DEA系统综合评价的结果更加科学合理。

对权重进行约束的方式一般可以分为三种(Cook and Seiford，2009)：直接约束(absolute multiplier restrictions)、锥比率约束(cone rativ restrctions)和保障域约束(assurance regions)。直接约束是对某项或某几项投入、产出对应的权重直接加以上下界限制，如式(3-14)所示：

$$P_{1r} \leqslant u_r \leqslant P_{2r}, Q_{1i} \leqslant v_i \leqslant Q_{2i} \tag{3-14}$$

Cook 等(1990)及 Roll 等(1991)都采用过这样的约束方法，使用这样的约束较直观，但是确定特定输入、输出对应的权重的上下界是比较困难的，这些上下界与权重变量的变化范围相关，而只有当DEA模型在没有权重约束条件下运行之后，才能知道权重变量可能的变化范围。

锥比率约束最早由 Charnes 等(1989，1990)在研究发现产生不合理的权重是DEA方法的常见问题后所提出的，为使模型能够提供更加合理的权重，他们提出在模型中加入一组被定义为凸锥的线性约束，该凸锥又被称为偏好锥(包括偏好锥和偏袒锥)，进而构成锥比率DEA模型(CCWH)，该模型不仅能够对权重进行约束，而且还能够体现决策者的偏好，其中的偏好锥体现了决策者对输入、输出指标之间重要性的偏好，偏袒锥体现了决策者对DMU的偏好侧重。偏好锥的设置方式如下，设输入项对应的权重 $\boldsymbol{V}=(v_1,v_2,\cdots,v_m)^{\mathrm{T}}$ 由式(3-15)所定义，其中 $\boldsymbol{d}=(d_1, d_2, \cdots, d_k)^{\mathrm{T}}$ 为 k 维的非负方向向量，则输入权重向量 v_i 属于一个凸多面锥。

$$v_i = \sum_{l=1}^{k} \alpha_i d_l, \alpha_i \geqslant 0, \forall i \tag{3-15}$$

吴育华等(1999)和张涛等(2003)给出了另一种偏好锥构造方法，为了反映决策者对各指标重要性的偏好，应用AHP法分别对DEA投入和产出指标建立两个互反判断矩阵 $\overline{\boldsymbol{C}}_m=(c_{ij})_{m\times m}, \overline{\boldsymbol{B}}_s=(b_{ij})_{s\times s}$，检验并调整使其满足一致性之后，分别求解两矩阵的特征值 λ_C 和 λ_B，并令 $\boldsymbol{C}=\overline{\boldsymbol{C}}_m-\lambda_C\boldsymbol{E}_m$ 和 $\boldsymbol{B}=\overline{\boldsymbol{B}}_s-\lambda_B\boldsymbol{E}_s$ ($\boldsymbol{E}_m$ 和 $\boldsymbol{E}_s$ 分别为 m 维和 s 维单位矩阵)，进而由 $\boldsymbol{CV}\geqslant 0$，$\boldsymbol{V}=(v_1,v_2,\cdots,v_m)^{\mathrm{T}}\geqslant 0$ 和 $\boldsymbol{BU}\geqslant 0$，$\boldsymbol{U}=(u_1,u_2,\cdots,u_s)^{\mathrm{T}}\geqslant 0$ 构成偏好约束锥。

使用上述方法对权重选择加以一定的偏好限制，即可构造出偏好约束锥DEA模型：

$$
\begin{aligned}
&\max \theta_0 = \boldsymbol{U}^{\mathrm{T}}\boldsymbol{Y}_0 \\
&\text{s.t.}\ \ \boldsymbol{V}^{\mathrm{T}}\boldsymbol{X}_j - \boldsymbol{U}^{\mathrm{T}}\boldsymbol{Y}_j \geqslant 0, j=1,2,\cdots,n \\
&\qquad \boldsymbol{V}^{\mathrm{T}}\boldsymbol{X}_0 = 1 \\
&\qquad \boldsymbol{V} \in \boldsymbol{V}', \boldsymbol{U} \in \boldsymbol{U}' \\
&\qquad \boldsymbol{V}' = \{\boldsymbol{V} \mid \boldsymbol{C}\boldsymbol{V} \geqslant 0, \boldsymbol{V} \geqslant 0\} \\
&\qquad \boldsymbol{U}' = \{\boldsymbol{U} \mid \boldsymbol{B}\boldsymbol{U} \geqslant 0, \boldsymbol{U} \geqslant 0\}
\end{aligned}
\tag{3-16}
$$

保障域约束的概念最早由 Thompson 等(1990)提出，目的是防止不同输入输出项对应的权重之间的差异过大，并对这些权重加以一定的限制。如式(3-17)所示，对两个输入项的权重的比值加以一定的约束，其中 $\boldsymbol{L}$ 和 $\boldsymbol{U}$ 分别为权重比值的下界和上界。

$$
\boldsymbol{L}_{12} \leqslant v_2 / v_1 \leqslant \boldsymbol{U}_{12} \tag{3-17}
$$

权重比值的上下界的确定或者根据决策者对各输入、输出项的主观偏好，或者直接来源于特定评价问题的具体变量值(Cook et al.，2000)。还有一种约束的设置方式是根据决策者认为的某项输入或输出在所有输入或输出中的重要程度对该项输入或输出的加权值同总的输入或输出的加权和值的比值进行约束(Allen et al.，1997)。另外，也可以事先对 DMU 进行分组，为不同组内的 DEA 的输入、输出权重比值设置不同的约束(Cook and Zhu，2008)，该约束被称为“境况依赖的”保障域约束(context-dependent assurance region，CAR)。例如，有 K 组不同的 DMU，为每组 DMU 的输出对应的权重比值加以不同的约束，如式(3-18)所示：

$$
\begin{aligned}
&c_{rL}^{k} \leqslant u_1 / u_r \leqslant c_{rU}^{k} \\
&k = 1,2,\cdots,K \\
&r = 2,3,\cdots,s
\end{aligned}
\tag{3-18}
$$

将 DEA 同多属性综合评价联系在一起的一个重要问题是 DEA 中的输入、输出项和综合评价中的各类型指标的对应问题，Stewart(1996)、Bouyssou(1999)和 Sarkis(2000)都指出，可以将综合评价中的越大越好的效益性指标同 DEA 中的输出相对应，将综合评价中的越小越好的成本型指标同 DEA 中的输入相对应，这是一种最直观的处理方式。吴杰和石琴(2006)又给出了对综合评价中的越接近于某固定值越好的固定型指标进行处理，进而同 DEA 中的输入相对应的方法。吴文江和刘亚俊(2000)从 DEA 有效和多目标规划的帕累托有效解等价的角度，给出了确定 DEA 中输入和输出指标的根据。

如果从输入、输出的角度考虑评价指标的选取问题，则输入应该表示的是有用资源的消耗或利用，而输出应该表示的是有价值的产出，对于输出物为无积极价值的情况，如伴生污染物等，则处理的方式有一定分歧，有的研究认为其为越小越好的量，但仍当输出看待；有的研究将其求倒数(或求相反数，或以其他方式处理)后作为输出量(Färe and Grosskopf，2004)；还有的研究分别将污染物排放作为非期望输出和输入两个角度来考虑，分别用 DEA 进行评价(张炳等，2008)。关于输入、输出处理的另一个问题是对仅有输出或仅有输入的 DEA 求解的探讨(何静，1995; 李光金等，2001)。

3.2　基于博弈交叉效率 DEA 的系统综合评价方法

3.2.1　博弈交叉效率 DEA 模型的提出

通过 3.1 节对各种 DEA 改进排序方法进行分析可以得知，基于交叉效率的 DEA 改进方法是一种较好的增强排序结果区分度，以及获取公共权重的方法，借鉴交叉效率的概念构造的基于 DEA 的系统综合评价模型能够尽可能充分地利用各种评价信息，因而具有良好的性质，其获得的结果更能为各 DMU 所广泛接受。

交叉效率模型采用了各 DMU 自评与互评相结合的机制，给出的权重对所有 DMU 都是统一公平的，但计算交叉效率的原始 DEA 模型产生的权重可能不唯一，影响了评价结果的可信度，因而还需要引入二级目标函数对权重加以限制，不同的二级目标函数代表了不同的赋权策略，如 3.1 节所述，最常使用的有利他型策略和排他型策略两种截然相反的赋权策略，这两种赋权策略对应的二级目标函数在一定程度上可以解决交叉效率值不唯一的缺陷，但也可能出现不同 DMU 得到相同的平均交叉效率值而无法充分排序的问题。此外，在何种情况下采用何种赋权策略，目前也缺乏衡量的标准，较难取舍。Liang 等(2008b)提出的博弈交叉效率(game cross efficiency)DEA 的概念是对交叉效率概念的一个出色的扩展，相应的博弈交叉效率 DEA 模型则可以获得更合理的平均交叉效率。

在 Liang 等(2018b)的模型中，博弈交叉效率值是通过如下策略(二级目标函数)实现的：除了当前被评价的 DMU 以外的其余 DMU 各自选择尽可能使自身效率最大化的权重，前提是所选择的权重不能使当前被评价的 DMU 的期望交叉效率值恶化。该策略不同于 3.1.1 节提到的利他型策略，它在保证当前被评价 DMU 期望最优效率值不恶化的前提下提升其他每一个 DMU 的效率值，换言之，它在提升其他每一个 DMU 的效率值的同时，也使当前被评价的 DMU 的效率值不断改善。因而，博弈交叉效率值实际上是利用各 DMU 经过不断的讨价还价的连续博弈过程所获得的大家都趋向于满意的一组公共权重所计算得到的，博弈交叉效率值不仅包含了利他型策略下效率值的特点，而且充分考虑到了各 DMU 都有尽量提高自身效率值的意愿，因此，博弈交叉效率值较其他策略下的效率值更优，包含的信息更全面。

下面将借鉴博弈交叉效率 DEA 的方法，构建一个系统综合评价模型。

3.2.2 博弈交叉效率 DEA 模型

给出基于 DEA 构建的系统综合评价模型。该模型将综合评价中的成本型和效益型指标分别视为 DEA 的输入和输出，对于固定型指标（指标值并非越大越好或越小越好，而是与某一固定值越接近越好），则考虑其指标值与固定值之差的绝对值越小越好，处理后可将其视为输入指标。每一个评价对象都视为一个 DMU，设 n 个 DMU 中第 j 个 DMU 的输入和输出向量分别为 $\boldsymbol{X}_j=(x_{1j},x_{2j},\cdots,x_{m_1j},x_{m_1+1j},\cdots,x_{mj})^{\mathrm{T}}$ 和 $\boldsymbol{Y}_j=(y_{1j},y_{2j},\cdots,y_{sj})^{\mathrm{T}}$，其中前 m_1 个输入为成本型指标，第 m_1+1～第 m 个（设共有 m_2 个）输入为固定型指标，设其对应的固定值向量为 $\boldsymbol{c}=(c_{m_1+1},c_{m_1+2},\cdots,c_m)^{\mathrm{T}}$。基于 CCR 模型可以得到如下 DEA 系统综合评价模型：

$$
\begin{aligned}
&\max h_d=\sum_{r=1}^{s}u_r y_{rd}\\
&\text{s.t. } \sum_{i=1}^{m_1}v_i x_{ij}+\sum_{i=m_1+1}^{m}v_i\left(\left|x_{ij}-c_i\right|\right)-\sum_{r=1}^{s}u_r y_{rj}\geqslant 0\\
&\qquad \sum_{i=1}^{m_1}v_i x_{id}+\sum_{i=m_1+1}^{m}v_i\left(\left|x_{id}-c_i\right|\right)=1\\
&\qquad u_r,v_i\geqslant 0;r=1,2,\cdots,s\\
&\qquad i=1,2,\cdots,m\\
&\qquad j=1,2,\cdots,n
\end{aligned}
\tag{3-19}
$$

式中，v_i 和 u_r 分别是与输入和输出对应的权重；h_d 为 DMU_d 的效率值，h_d=1 对应的 DMU 为 DEA 有效，h_d<1 对应的 DMU 为 DEA 无效，h_d 值越大对应的评价对象越优。

借鉴 Liang 等（2008b）的模型中定义博弈交叉效率的方法，这里将基于博弈交叉效率 DEA 的系统综合评价方法中的博弈交叉效率定义为

$$
e_{dj}=\frac{\sum_{r=1}^{s}u_{rj}^{d}y_{rj}}{\sum_{i=1}^{m_1}v_{ij}^{d}x_{ij}+\sum_{i=m_1+1}^{m}v_{ij}^{d}z_{ij}},d=1,2,\cdots,n \tag{3-20}
$$

式中，$z_{ij}=\left|x_{ij}-c_i\right|$；$u_{rj}^{d}$ 和 v_{ij}^{d} 为式（3-21）的最优权重：

$$
\begin{aligned}
&\max \sum_{r=1}^{s} u_{rj}^{d} y_{rj} \\
&\text{s.t.}\ \sum_{i=1}^{m_1} v_{ij}^{d} x_{il} + \sum_{i=m_1+1}^{m} v_{ij}^{d} z_{il} - \sum_{r=1}^{s} u_{rj}^{d} y_{rl} \geqslant 0 \\
&\quad \sum_{i=1}^{m_1} v_{ij}^{d} x_{ij} + \sum_{i=m_1+1}^{m} v_{ij}^{d} z_{ij} = 1 \\
&\quad \frac{\sum_{r=1}^{s} u_{rj}^{d} y_{rd}}{\sum_{i=1}^{m_1} v_{ij}^{d} x_{id} + \sum_{i=m_1+1}^{m} v_{ij}^{d} z_{id}} \geqslant e_d \\
&\quad u_{rj}^{d}, v_{rj}^{d} \geqslant 0 \\
&\quad r = 1,2,\cdots,s \\
&\quad i = 1,2,\cdots,m \\
&\quad l = 1,2,\cdots,n \\
&\quad j = 1,2,\cdots,n
\end{aligned}
\tag{3-21}
$$

式中，e_d为一参数，其初始值可以取初始的交叉效率模型中式(3-3)计算的平均交叉效率。模型(3-21)在最大化 DMU_j效率值的同时，保证 DMU_d的效率值不小于给定的参数值 e_d，即 DMU_d的效率值不会低于其初始的平均交叉效率值。对于每一个 DMU_j，模型(3-21)都计算 n 次，每一次针对不同的 $\mathrm{DMU}_d(d=1,2,\cdots,n)$的权重$u_{rj}^{d}$和$v_{rj}^{d}$，以及参数 e_d。因为对每一个 DMU_d都有$\sum_{i=1}^{m_1} v_{ij}^{d} x_{ij} + \sum_{i=m_1+1}^{m} v_{ij}^{d} z_{ij} = 1$，所以模型(3-21)的最优值就是式(3-20)所定义的博弈交叉效率值。设模型(3-21)的最优解表示为$u_{rj}^{d*}(e_d)$，则第 j 个 DMU 的平均博弈交叉效率值为

$$
\bar{e}_j = \frac{1}{n} \sum_{d=1}^{n} \sum_{r=1}^{s} u_{rj}^{d*}(e_d) y_{rj} \tag{3-22}
$$

计算该博弈交叉效率值时，首先通过式(3-3)计算出平均交叉效率值$\bar{E}_d$，将其作为初始参数 e_d代入模型(3-21)并求解 n 次，将所得的最优值通过式(3-22)计算出博弈平均交叉效率$\bar{e}_d$，并将其视为新的参数 e_d，重复上述计算过程直至 e_d不再(显著)改进，最终获得的$\bar{e}_d$即为 DMU_d的博弈交叉效率值。交叉效率 DEA 模型中的平均交叉效率$\bar{E}_j$可能不唯一，但根据 Liang 等(2008b)的证明可知，无论初始参数取何种策略下的平均交叉效率值，博弈交叉效率 DEA 模型中的博弈平均交叉效率$\bar{e}_j$收敛且唯一。

下面以表 3-2 所示数据为例说明上述基于博弈交叉效率 DEA 的系统综合评价方法。表 3-2 中有 6 个评价对象，评价指标包括 4 个效益型指标 (f_1～f_4)、1 个成本型指标 (f_5) 和 1 个固定型指标 (f_6，固定值为 7)。表 3-3 显示了各评价对象 CCR 模型下的普通效率值、常规型平均交叉效率值、进攻型和仁慈型策略下的平均交叉效率值，利用式 (3-21) 和式 (3-22) 求得平均博弈平均交叉效率值，以及它们的排序。其中有 3 个评价对象在 CCR 模型下的普通效率值都为 1，无法根据该效率值对所有评价对象进行有效区分和充分排序。而各种交叉效率 DEA 模型下的平均交叉效率值各不相同，据此可以对所有评价对象进行有效区分和充分排序。特别注意到评价对象 F 在 CCR 模型下普通效率值为 1，与评价对象 A 和 D 并列第一，而在常规型、进攻型和仁慈型交叉效率模型下则排名倒数第二或最后，分析评价对象 F 的评价指标值发现，6 项评价指标中有 4 项劣于或等同于评价对象 A，2 项优于评价对象 A；又因为评价对象 F 有 4 项评价指标劣于评价对象 D，2 项等同于评价对象 D，直观判断评价对象 F 不可能与评价对象 A、D 并列第一，这说明 CCR 模型在系统综合评价中有缺陷，交叉效率模型能较好地弥补这一缺陷。而博弈交叉效率模型下的排序则既兼顾了 CCR 模型的结果，又增强了评价区分度，同时还反映了特定评价对象的特点。

表 3-2　评价指标类型及指标值

评价对象	效益型指标				成本型指标	固定型指标
	f_1	f_2	f_3	F_4	F_5	f_6
A	7	6	5	6	7	6
B	7	7	7	7	5	9
C	8	9	7	7	6	9
D	8	6	7	5	2	6
E	8	7	7	0	5	9
F	5	0	7	1	6	8

表 3-3　各评价对象 CCR 模型下的普通效率值、交叉效率值和博弈交叉效率值

评价对象	普通效率值	排序	常规型		进攻型		仁慈型		博弈	
			平均交叉效率值	排序	平均交叉效率值	排序	平均交叉效率值	排序	平均交叉效率值	排序
A	1.0000	1	0.8400	2	0.8274	2	0.9524	2	0.9841	2
B	0.6863	5	0.5753	4	0.5477	4	0.5866	4	0.6424	5
C	0.7500	4	0.6244	3	0.5983	3	0.6955	3	0.7205	3
D	1.0000	1	0.9977	1	0.9722	1	1.0000	1	1.0000	1
E	0.5833	6	0.3789	6	0.3747	5	0.4886	5	0.5296	6
F	1.0000	1	0.3893	5	0.3690	6	0.4176	6	0.6867	4

由前面分析可知，由于交叉效率模型下效率值可能不唯一，需要通过引入二级目标函数获取唯一确定的交叉效率值，进攻型和仁慈型交叉效率模型较好地解

决了这一问题。而博弈平均交叉效率模型则由于采取提升其他评价对象效率值的同时也使当前评价对象效率值不断改善的策略，获得了较交叉效率模型更合理的效率值。博弈交叉效率 DEA 系统综合评价模型追求各评价单元效率值不断改善过程如图 3-1 所示，它显示各评价对象效率值都在改善，经过约 8 次迭代计算后，$\bar{e}_j$ $(j=1,\cdots,6)$ 不再显著变化，即各评价对象都找到了最优的博弈交叉效率值。

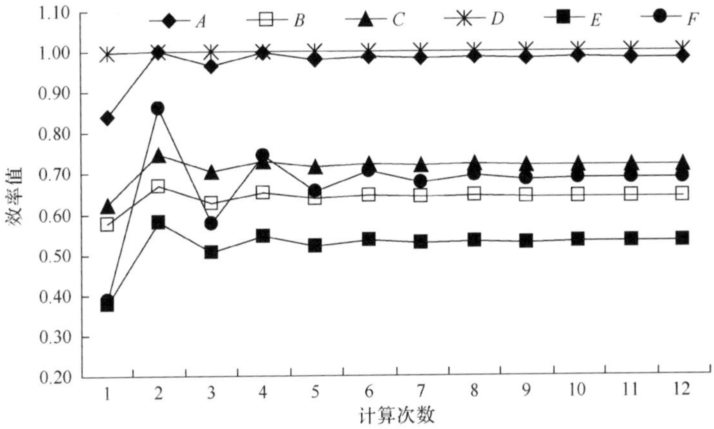

图 3-1　各评价单元博弈交叉效率值不断改善过程

3.2.3　案例分析

现代军事装备的研制具有较高的复杂性和风险性，型号产品在方案设计阶段的决策、管理、技术途径的正确与否直接关系到研制任务的成败，方案阶段的设计评审对于保证研制的顺利平稳进行具有重要作用。作为典型型号产品的飞机，其方案阶段的设计评审是一项非常重要的工作。下面运用本书构建的博弈交叉效率 DEA 系统综合评价模型对飞机总体设计方案的优劣进行评价。表 3-4 为飞机总体设计方案评审样本及评价结果，其中涉及 12 个评价对象，即备选的总体设计方案，9 个代表总体设计方案各方面性能的评价指标。

各评价指标的含义分析如下。①任务能力：飞机执行作战任务时达到预期目标的程度，通过对空作战能力和对地作战能力进行度量，用探测能力、机动能力、攻击能力、突防能力、进入能力、突击能力、纵深能力等参数计算。②战备完好性：飞机的设计特性与计划的综合保障能够满足飞机平时战备完好性和战时使用要求的程度，通过飞机战备完好率度量，用无故障工作时间、修复时间和后勤延误时间的平均数计算。③战时生存性：飞机躲避或承受敌对环境的能力，通过飞机生存概率度量，用飞机的敏感性和易损性等参数计算。④安全性：飞机飞行期间连续保持保证飞行任务而无飞行事故的系统和设备处于能工作状态的特性，通

表 3-4　飞机总体设计方案评审样本及评价结果

总体设计方案	效益型指标				成本型指标		固定型指标			评价结果	
	AC	EC	PC	EA	LCC	TR	SP	DP	EP	效率值	排序
1	0.548	0.319	0.286	0.620	0.334	0.275	0.792	0.803	0.339	0.9350	5
2	0.475	0.741	0.257	0.598	0.952	0.350	0.759	0.759	0.302	0.7834	9
3	0.863	0.873	0.434	0.883	0.296	0.274	0.692	0.644	0.543	1.0000	1
4	0.463	0.418	0.486	0.738	0.299	0.984	0.818	0.591	0.361	0.8477	7
5	0.342	0.735	0.501	0.874	0.485	0.503	0.728	0.900	0.685	0.9681	3
6	0.872	0.227	0.656	0.483	0.836	0.876	0.584	0.904	0.402	0.9908	2
7	0.311	0.405	0.499	0.519	0.925	0.916	0.541	0.803	0.193	0.4846	12
8	0.764	0.697	0.264	0.759	0.491	0.742	0.702	0.508	0.238	0.6029	11
9	0.695	0.203	0.393	0.821	0.714	0.419	0.652	0.543	0.314	0.6102	10
10	0.778	0.571	0.300	0.596	0.989	0.920	0.850	0.681	0.442	0.8243	8
11	0.695	0.867	0.202	0.867	0.372	0.624	0.671	0.711	0.491	0.9650	4
12	0.864	0.330	0.907	0.632	0.729	0.380	0.826	0.525	0.289	0.9141	6

注：AC-任务能力；EC-战备完好性；PC-战时生存性；EA-安全性；LCC-寿命周期费用；TR-技术风险；SP-总体结构性能；DP-动力系统效能；EP-航电系统效能。

过发动机引起的损耗度量，用采购飞机数和发动机引起事故造成飞机损失数计算。⑤寿命周期费用：在预期寿命周期内为飞机研制、生产、使用和维修保障、退役和报废处置所付出的所有费用之和。⑥技术风险：飞机在一定的研制经费、进度和技术能力条件下所确定的方案无法达到技术性能要求的情况，通过研制失败的概率和可能的损失度量，用技术的成熟度、复杂度和依赖性参数计算。⑦总体结构性能：采用飞机结构设计的几何完整性、结构完善性、材料合理性等指标，通过专家评判度量。⑧动力系统效能：综合采用推力、推重比和耗油率指标计算。⑨航电系统效能：通过航电系统关键部分的数据总线的利用效能度量，用总线的负载、使用效率和最大延迟时间计算。其中总体结构性能、动力系统效能、航电系统效能为固定型指标，考虑到这些效能指标并非越高越好，而是在一定研制进度和费用约束下以满足一定的任务能力为准，因此，根据飞机研制总要求提出的目标，通过专家评判和计算设定其固定参数分别为 0.7、0.9、0.45；任务能力、战备完好性、战时生存性、安全性为效益型指标；寿命周期费用、技术风险为成本型指标。

运用基于博弈交叉效率 DEA 的系统综合评价方法对 12 个飞机总体设计方案评审的评价结果如表 3-4 最后两列所示，其中效率值为利用式(3-22)计算得到的博弈平均交叉效率值，通过前面的分析可知该效率值能较好地代表相应方案的评价结果。

3.3　区间 DEA 中 DMU 的改进排序方法研究

从将 DEA 作为一种系统综合评价方法的角度分析，除了 3.1.1 节中研究的基于交叉效率的 DEA 改进方法外，综合多元统计分析的 DEA 改进方法也是一种较好地配置 DMU 公共权重，增强 DEA 评价区分能力，获取 DMU 完全排序的方法。综合多元统计分析的 DEA 改进方法在传统的确定型数据 DEA 完全排序领域的研究成果已经比较成熟，但在区间数 DEA 评价排序领域的研究目前还几乎没有，本节将探讨区间数 DEA 的基于综合多元统计分析方法的评价和完全排序问题，给出一个区间 DEA 中 DMU 的改进排序方法。

3.3.1　区间 DEA 方法及区间 DMU 排序问题研究的背景

传统的 DEA 模型要求 DMU 的输入和输出必须为确定型数据，但实际问题中观测误差或信息不完备等会导致输入和输出数据可能不确定，而要以区间型数据表示。事实上，在某些情况下如果用区间型数据进行分析可能更容易接近复杂不确定的实际问题，更符合决策者的评价思维习惯。当输入和输出数据全部或部分为区间数时，评价 DMU 相对有效性的 DEA 方法称为区间 DEA 方法。

为说明区间 DEA 方法，给出了区间数的定义。区间数最常见的定义为(郭均鹏和吴育华，2005)： $A=\left[a^L,a^U\right]=\left\{a:a^L\leqslant a\leqslant a^U,a\in\mathbf{R}\right\}$ ，其中 a^L 和 a^U 分别称为区间数的下限和上限，$\mathbf{R}$ 为实数。当 $a^L=a^U$ 时，区间数退化为一个实数，$\mathbf{R}$ 上的全体区间数记为 $I(\mathbf{R})$ 。区间数还可定义为 $A=\langle m(A),w(A)\rangle$ ，其中 $m(A)=\left(a^L+a^U\right)/2$ 为 A 的中点，反映了 A 的位置或大小， $w(A)=\left(a^U-a^L\right)/2$ 为 A 的半宽，反映了 A 的信息不确定程度。对于区间数 $A=\left[a^L,a^U\right]$ ， $\forall x\in\left[a^L,a^U\right]$ 称为区间数 A 的一个投影点。

区间 DEA 方法的定义如下(周黔和王应明，2001)：设有 n 个 DMU，每个 DMU 包含 m 个输入要素和 s 个输出要素。 $\boldsymbol{X}_j=(x_{1j},x_{2j},\cdots,x_{mj})^{\mathrm{T}}$ 和 $\boldsymbol{Y}_j=(y_{1j},y_{2j},\cdots,y_{sj})^{\mathrm{T}}$ ，$j=1,2,\cdots,n$ ，分别为输入数据集合和输出数据集合。设区间数 $x_{ij}=\left[x_{ij}^L,x_{ij}^U\right]$ 和 $y_{rj}=\left[y_{rj}^L,y_{rj}^U\right]$ ， $j=1,2,\cdots,n$ ， $i=1,2,\cdots,m$ ， $r=1,2,\cdots,s$ ，分别为第 j 个 DMU 的第 i 项输入和第 r 项输出， ω_i 和 μ_r 分别为与 x_{ij} 和 y_{rj} 对应的权重，评价第 j_0 (下标简写为 0)个决策单元 DMU_0 的区间 DEA 模型(CCR)如下所示：

$$
\begin{aligned}
& \max h_0 = \sum_{r=1}^{s} \mu_r \left[y_{r0}^L, y_{r0}^U \right] \\
& \text{s.t.} \ \sum_{i=1}^{m} \omega_i \left[x_{i0}^L, x_{i0}^U \right] = 1 \\
& \qquad \sum_{i=1}^{m} \omega_i \left[x_{ij}^L, x_{ij}^U \right] - \sum_{r=1}^{s} \mu_r \left[y_{rj}^L, y_{rj}^U \right] \geqslant 0, j = 1,2,\cdots,n \\
& \qquad \mu_r, \omega_i \geqslant 0 \\
& \qquad i = 1,2,\cdots,m \\
& \qquad r = 1,2,\cdots,s
\end{aligned}
\tag{3-23}
$$

近些年已有不少文献对区间 DEA 的求解问题进行了研究。Cooper 等(2001)通过对区间型数据做规范化处理并进行变量替换，将区间 DEA 转化为确定型 DEA 后进行求解，该方法要求区间输入和输出数据必须分别至少包含一个确定型数据，具有一定的局限性。周黔和王应明(1999)研究了区间 DEA 模型的 DMU 评价算法，但只探讨了被评价 DMU 的输入和输出为区间数，而其他 DMU 的输入和输出为确定数的情况，不具有一般性。后来周黔等(1999)又结合超效率 DEA 模型和基于中值的区间数比较方法，给出了一种区间 DEA 中 DMU 的排序方法，但该方法存在着求解超效率 DEA 模型时采用数据不一致，以及区间数排序方法过于粗糙而造成信息丢失两大问题。郭均鹏和吴育华(2004)通过引入决策者满意水平这一概念，将区间 DEA 转化为确定型 DEA 求解，但该方法仅能将 DMU 分为 DEA 有效和非 DEA 有效两个集合，无法对 DEA 有效集合内的 DMU 进行排序，进而无法给出全部 DMU 的完全排序。

本书参考郭均鹏和吴育华(2005)的研究，给出了一种区间 DEA 中 DMU 的改进排序方法。区间 DEA 中 DMU 的排序都是根据每个 DMU 的效率值来进行的，求解区间 DEA 需要先定义一种如式(3-24)所示的能反映决策者对区间数大小进行比较的满意水平。基于该满意水平将区间 DEA 转化为确定型 DEA，进而求解得到 DMU 的效率值用于排序。

$$
\lambda(A \leqslant B) = \frac{m(B) - m(A)}{w(A) + w(B)} \tag{3-24}
$$

式中，$m(A)$和$m(B)$分别为区间数 A 和 B 的中点值；$w(A)$和$w(B)$分别为区间数 A 和 B 的半宽值。

满意水平表示区间数 A 小于或等于区间数 B 的程度，也反映了决策者对两个区间数大小关系的满意程度。需注意 $w(A)+w(B)\neq 0$，显然当且仅当 $A=B=0$ 时 $w(A)+w(B)=0$。当 $\lambda(A\leqslant B)\geqslant 0$ 时，λ 的取值定义为下面几种情况：

$$\lambda(A\leqslant B)\begin{cases}=0, & m(A)=m(B)\\ \in(0,1], & m(A)<m(B),a^U\geqslant b^L\\ \in(1,+\infty), & m(A)<m(B),a^U<b^L\end{cases}\tag{3-25}$$

式中，当 $\lambda(A\leqslant B)\in[0,1]$ 时，称 $A\leqslant B$ 的满意度为 λ。$\lambda(A\leqslant B)\geqslant 0$ 的各种情形如图 3-2 所示。$\lambda(A\leqslant B)\leqslant 0$ 等价于 $\lambda(B\leqslant A)\geqslant 0$。

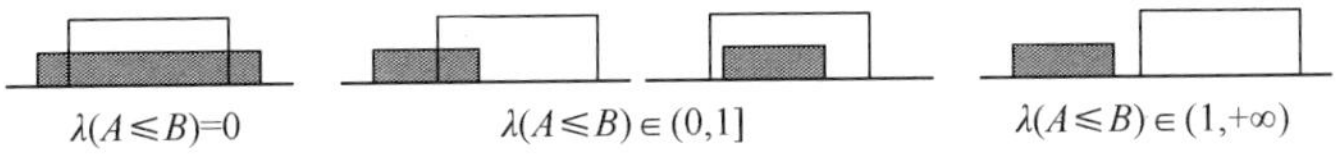

图 3-2　区间数的序关系示意

阴影部分表示区间数 A，空白部分表示区间数 B

当决策者设定一个满意水平参数 λ_0 时，模型(3-23)中的区间不等式约束可以转化为

$$\lambda\left(\sum_{r=1}^{s}\mu_r\left[y_{rj}^L,y_{rj}^U\right]\leqslant\sum_{i=1}^{m}\omega_i\left[x_{ij}^L,x_{ij}^U\right]\right)\geqslant\lambda_0,\ j=1,2,\cdots,n\tag{3-26}$$

由满意水平的定义，式(3-26)可以进一步转化为

$$\sum_{i=1}^{m}\left[\frac{1+\lambda_0}{2}x_{ij}^L+\frac{1-\lambda_0}{2}x_{ij}^U\right]\omega_i-\sum_{r=1}^{s}\left[\frac{1-\lambda_0}{2}y_{rj}^L+\frac{1+\lambda_0}{2}y_{rj}^U\right]\mu_r\geqslant 0\tag{3-27}$$

因此区间不等式转换为一个确定型不等式，并记 $x_{ij}(\lambda_0)=\frac{1+\lambda_0}{2}x_{ij}^L+\frac{1-\lambda_0}{2}x_{ij}^U$，$y_{rj}(\lambda_0)=\frac{1-\lambda_0}{2}y_{rj}^L+\frac{1+\lambda_0}{2}y_{rj}^U$。区间不等式向确定型不等式转化的过程即为每一对区间输入、输出 $\left(\left[x_{ij}^L,x_{ij}^U\right],\left[y_{rj}^L,y_{rj}^U\right]\right)$ 向确定输入、输出 $\left[x_{ij}(\lambda_0),y_{rj}(\lambda_0)\right]$ 投影的过程。为使 $x_{ij}(\lambda_0)\in\left[x_{ij}^L,x_{ij}^U\right]$ 和 $y_{rj}(\lambda_0)\in\left[y_{rj}^L,y_{rj}^U\right]$ 成立，必须有 $\lambda_0\in[-1,1]$。为了保持数据的一致性，对模型(3-23)中的目标函数和等式约束中的区间输入、输出 $\left(\left[x_{i0}^L,x_{i0}^U\right],\left[y_{r0}^L,y_{r0}^U\right]\right)$，也应该做上述投影。由此，模型(3-23)可以转化为

$$
\begin{aligned}
&\max h_0 = \sum_{r=1}^{s}\left[\frac{1-\lambda_0}{2}y_{r0}^L + \frac{1+\lambda_0}{2}y_{r0}^U\right]\mu_r \\
&\text{s.t. } \sum_{i=1}^{m}\left[\frac{1+\lambda_0}{2}x_{ij}^L + \frac{1-\lambda_0}{2}x_{ij}^U\right]\omega_i - \sum_{r=1}^{s}\left[\frac{1-\lambda_0}{2}y_{rj}^L + \frac{1+\lambda_0}{2}y_{rj}^U\right]\mu_r \geqslant 0, j=1,2,\cdots,n \\
&\quad \sum_{i=1}^{m}\left[\frac{1+\lambda_0}{2}x_{i0}^L + \frac{1-\lambda_0}{2}x_{i0}^U\right]\omega_i = 1 \\
&\quad \mu_r, \omega_i \geqslant 0 \\
&\quad i=1,2,\cdots,m \\
&\quad r=1,2,\cdots,s \\
&\quad \lambda_0 \in [-1,1]
\end{aligned}
\tag{3-28}
$$

模型(3-28)为非线性模型，但由于参数 λ_0 的上下界已知，在给定 λ_0 时，模型(3-28)可以转化为线性模型，求解该模型可得到每个 DMU 的效率值 h。根据该效率值可将 DMU 分为两个集合：h=1 对应的 DMU 属于 DEA 有效集合；h<1 对应的 DMU 属于非 DEA 有效集合。

利用上述方法求解区间 DEA 获得的效率值，仅能将 DMU 分为 DEA 有效和非 DEA 有效两个集合，DEA 有效集合内的 DMU 的效率值均为 1。因此，无法根据效率值对所有 DMU 进行完全排序。而利用上述其他方法对区间 DEA 进行评价排序时，也或多或少都存在一些缺陷。本书下面将效率值判别分析(discriminant analysis of ratios，DR)方法(Sinuany-Stern and Friedman，1998)引入区间 DEA 模型，构造一种区间 DR/DEA 方法，根据求解相应模型获得的效率值可以对所有 DMU 进行完全排序。

3.3.2 区间 DEA 中 DMU 的改进排序方法

将 DR 引入区间 DEA 模型，需要定义一个如式(3-29)所示的区间值 T_j'，该值为区间输出及其权重的线性组合与区间输入及其权重的线性组合的比值，在给定参数 λ_0 的情况下，该值可以转化为如式(3-30)所示的确定值 T_j，称该值为 DMU_j 的 T 值。

$$
T_j' = \sum_{r=1}^{s}\mu_r[y_{rj}^L, y_{rj}^U] \Big/ \sum_{i=1}^{m}\omega_i[x_{ij}^L, x_{ij}^U], j=1,2,\cdots,n \tag{3-29}
$$

$$T_j=\frac{\sum_{r=1}^{s}\mu_r\left[\frac{1-\lambda_0}{2}y_{rj}^L+\frac{1+\lambda_0}{2}y_{rj}^U\right]}{\sum_{i=1}^{m}\omega_i\left[\frac{1+\lambda_0}{2}x_{ij}^L+\frac{1-\lambda_0}{2}x_{ij}^U\right]},j=1,2,\cdots,n \tag{3-30}$$

从形式上看上述函数与区间 DEA 的效率值是类似的，但区间 DEA 的效率值的计算所采用的输入和输出的权重向量因 DMU 不同而变化，而上述函数的计算所采用的输入和输出权重向量对所有 DMU 都是相同的，即采用了一组公共的权重 μ_r 和 ω_i。

为了找到一组公共的权重 μ_r 和 ω_i，需要进一步求解如式(3-31)所示的优化模型，其优化目标是使 DEA 有效和非 DEA 有效两个集合的 T 值的集合间差距 $SS_B(T)$ 尽可能大，而集合内差距 $SS_W(T)$ 尽可能小。

$$\begin{aligned}
&\max_{\mu_r,\omega_i}\lambda=\max_{\mu_r,\omega_i}\frac{SS_B(T)}{SS_W(T)}\\
&\text{s.t.}\ \ SS_B(T)=n_1(\overline{T}_1-\overline{T})^2+n_2(\overline{T}_2-\overline{T})^2\\
&\qquad SS_W(T)=\sum_{j=1}^{n_1}(T_j-\overline{T}_1)^2+\sum_{j=n_1+1}^{n}(T_j-\overline{T}_2)^2\\
&\qquad \overline{T}_1=\sum_{j=1}^{n_1}\frac{T_j}{n_1},\overline{T}_2=\sum_{j=n_1+1}^{n}\frac{T_j}{n_2},\overline{T}=\frac{n_1\overline{T}_1+n_2\overline{T}_2}{n}
\end{aligned} \tag{3-31}$$

式中，T_j 为 DMU_j 的 T 值；n_1 和 n_2 分别为利用式(3-30)求解得到的 DEA 有效集合和非 DEA 有效集合的 DMU 的个数；$\overline{T}_1$ 和 $\overline{T}_2$ 分别为 DEA 有效集合和非 DEA 有效集合的 DMU 的平均 T 值；$\overline{T}$ 为所有 DMU 的平均 T 值。利用求解该优化模型所得公共权重 μ_r 和 ω_i 代替模型(3-28)中相应的权重，并根据其目标函数，重新计算各个 DMU 的效率值 h，此时由于不同 DMU 的效率值 h 各不相同，可根据其大小对相应的 DMU 进行完全排序。

3.3.3　算例分析

考虑如表 3-5 所示的数据，已知 6 个 DMU 的一个输入 x 和两个输出 y_1 和 y_2 的值均为区间数，分别采用传统的区间 DEA 方法和本书提出的改进的区间 DR/DEA 方法进行计算和分析，其中决策者满意水平参数 λ_0 初始设为 0.6，计算结果见表 3-5 中右侧 4 列，h 为效率值。

表 3-5　区间 DEA 的输入和输出数据及效率值和排序结果

DMU	输入	输出		一般排序方法		改进排序方法	
	x	y_1	y_2	h	排序	h	排序
A	[1,2]	[4,6]	[7,8]	0.3141	4	0.3107	4
B	[2,3]	[4,5]	[6,8]	0.1583	6	0.1569	6
C	[4,6]	[30,34]	[32,34]	0.4286	3	0.4220	3
D	[2,4]	[10,13]	[4,5]	0.2529	5	0.1988	5
E	[1,3]	[27,29]	[20,21]	1.0000	1	0.9801	2
F	[3,4]	[25,26]	[85,90]	1.0000	1	1.0000	1

由排序结果可以发现，一般排序方法下，DEA 有效的 E 和 F 两个 DMU 具有完全相同的效率值，因此无法对其进行比较和排序。而在改进排序方法下，6 个 DMU 具有各不相同的效率值，因此可以对所有 DMU 进行完全排序。通过 Spearman 秩相关检验可以发现，改进排序方法所得排序结果与原排序方法所得排序结果相关程度较高，可以认为改进排序方法对 DMU 的排序结果没有对原方法的排序结果造成“颠覆”，而是给出了更加全面的排序。

当决策者满意水平取不同值时，利用改进排序方法求解各 DMU 的效率值结果见表 3-6，其中参数 λ_0 分别取–1.0、–0.6、0.0、0.6、1.0。在不同满意水平下各 DMU 的效率值变化和比较情况如图 3-3 所示。

表 3-6　不同满意水平下 DMU 的效率值

DMU	满意水平 λ_0				
	–1.0	–0.6	0.0	0.6	1.0
A	0.2463	0.2660	0.2920	0.3107	0.3146
B	0.1568	0.1592	0.1603	0.1569	0.1507
C	0.5396	0.5224	0.4835	0.4220	0.3622
D	0.2326	0.2340	0.2265	0.1988	0.1591
E	0.9058	0.9226	0.9501	0.9801	1.0000
F	1.0000	1.0000	1.0000	1.0000	0.9981

从图 3-3 中可以看出，不同满意水平下各 DMU 的排序情况基本一致，排序结果从高到低依次为 F、E、C、A、D、B。在满意水平取值为–0.6、0.0、0.6 时，各 DMU 的效率值的区别比较明显，说明采用本书提出的改进排序方法，不仅能给出所有 DMU 的完全排序，而且在选择适当的满意水平参数的条件下，还可以增强排序结果的区分度。

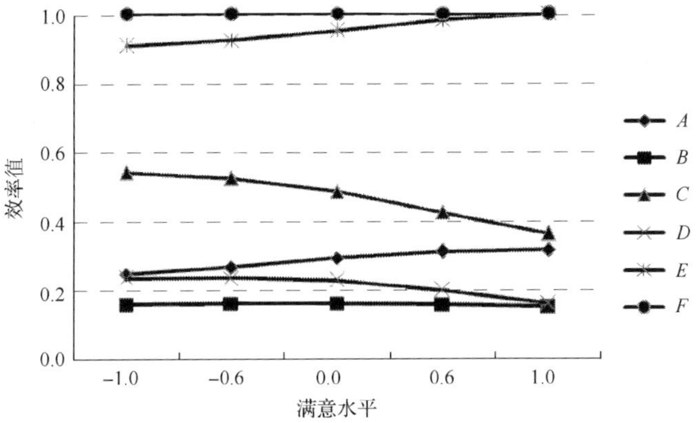

图 3-3　不同满意水平下各 DMU 的效率值变化和比较情况

3.3.4　客观方法下的区间 DEA 中 DMU 的排序

利用 3.3.1 节中的方法求解区间 DEA 时需要定义一种能反映决策者满意水平的区间数的序关系，基于该序关系将区间 DEA 转化为确定型 DEA，进而求解得到 DMU 的效率值用于排序，因此上述方法也被认为是一种主观区间 DEA 排序方法。为使本书的分析更加完整，特将另一种客观区间 DEA 排序方法及其改进（周黔等，1999；梁樑和吴杰，2006）总结如下。

区间 DEA 中 DMU 的区间效率值的左端点称为 DMU 的效率值下限，右端点称为 DMU 的效率值上限。用客观方法求解区间 DEA，要分别找到求解每个 DMU 的区间效率值的下限和上限的确定型 DEA 模型，进而求得每个 DMU 的区间效率值。模型（3-23）为一个区间线性规划，因此可以将求解区间线性规划所得的最好最优值和最差最优值，分别作为 DMU 的区间效率值的上限和下限。求解模型（3-23）的最好最优值的确定型 DEA 模型，如下所示：

$$
\begin{aligned}
& \max h_0^U = \sum_{r=1}^{s} \mu_r y_{r0}^U \\
& \text{s.t.} \ \sum_{i=1}^{m} \omega_i x_{i0}^L = 1 \\
& \qquad \sum_{i=1}^{m} \omega_i x_{ij}^U - \sum_{r=1}^{s} \mu_r y_{rj}^L \geqslant 0, j = 1,2,\cdots,n, j \neq j_0 \\
& \qquad \sum_{i=1}^{m} \omega_i x_{i0}^L - \sum_{r=1}^{s} \mu_r y_{r0}^U \geqslant 0 \\
& \qquad \mu_r, \omega_i \geqslant 0 \\
& \qquad i = 1,2,\cdots,m \\
& \qquad r = 1,2,\cdots,s
\end{aligned}
\tag{3-32}
$$

模型(3-32)将区间输入下限和区间输出上限分别作为被评价 DMU 的确定输入和输出，而将区间输入上限和区间输出下限分别作为其他 DMU 的确定输入和输出，即考虑对被评价 DMU 最有利的情况，求解该模型即能得到 DMU 区间效率值的上限 h_0^U。

同理可得求解模型(3-23)的最差最优值的确定型 DEA 模型，如下所示：

$$
\begin{aligned}
&\max h_0^L = \sum_{r=1}^{s} \mu_r y_{r0}^L \\
&\sum_{i=1}^{m} \omega_i x_{i0}^U = 1 \\
&\sum_{i=1}^{m} \omega_i x_{ij}^L - \sum_{r=1}^{s} \mu_r y_{rj}^U \geqslant 0, j = 1,2,\cdots,n, j \neq j_0 \\
&\sum_{i=1}^{m} \omega_i x_{i0}^U - \sum_{r=1}^{s} \mu_r y_{r0}^L \geqslant 0 \\
&\mu_r, \omega_i \geqslant 0 \\
&i = 1,2,\cdots,m \\
&r = 1,2,\cdots,s
\end{aligned}
\tag{3-33}
$$

模型(3-33)将区间输入上限和区间输出下限分别作为被评价 DMU 的确定输入和输出，而将区间输入下限和区间输出上限分别作为其他 DMU 的确定输入和输出，即考虑对被评价 DMU 最不利的情况，求解该模型即可得到 DMU 区间效率值的下限 h_0^L。

由此可得每个 DMU 的区间效率值 $\left[h^L, h^U\right]$，根据区间效率值可将 DMU 分为三个集合：$h^L = 1$ 对应的 DMU 属于 DEA 有效集合；$h^L < 1$ 且 $h^U = 1$ 对应的 DMU 属于部分 DEA 有效集合；$h^U < 1$ 对应的 DMU 属于非 DEA 有效集合。

下面考虑利用区间效率值对 DMU 进行排序。对于区间效率值 $\left[h^L, h^U\right]$，$\forall h \in \left[h^L, h^U\right]$ 称为一个区间效率得分。每个 DMU 的区间效率得分都包含在区间效率值 $\left[h^L, h^U\right]$ 中，且该区间上每个点覆盖效率得分是等可能的，即区间 $\left[h^L, h^U\right]$ 不动，区间效率得分在该区间上随机取值，且服从均匀分布。

考虑只有两个 DMU(i 和 j)进行比较的情况，设区间效率得分分别为 $h_i = \left[h_i^L, h_i^U\right]$ 和 $h_j = \left[h_j^L, h_j^U\right]$。当 $h_i^L = h_j^L$ 且 $h_i^U = h_j^U$ 时，称 h_i 和 h_j 相等，记为 $h_i = h_j$；否则当其中一个(如 h_i)区间效率值的端点中至少有一个大于或等于另一个区间效率值(如 h_j)的两个端点时，称 h_i 的势优于 h_j 的势，记为 $h_i \succ h_j$，此时需要定义可

能度的概念，以对 h_i 和 h_j 进行进一步比较分析。

记 $h_i > h_j$ 的可能度为 $p(h_i > h_j)$：

①当 h_i 和 h_j 均退化为实数时，设 $h_i \neq h_j$，此时 $h_i > h_j$ 的可能度为

$$p(h_i > h_j) = \begin{cases} 1, & h_j < h_i, \\ 0, & h_j \geqslant h_i \end{cases} \tag{3-34}$$

②当 h_i 和 h_j 为区间数或其中之一为区间数时，设 $h_i \neq h_j$ 且 $h_i \succ h_j$，此时，$h_i > h_j$ 的可能度为

$$p(h_i > h_j) = \max\left\{1 - \max\left[\frac{h_j^U - h_i^L}{h_j^U - h_j^L + h_i^U - h_i^L}, 0\right], 0\right\} \tag{3-35}$$

定义可能度的三种情况如图 3-4 所示。

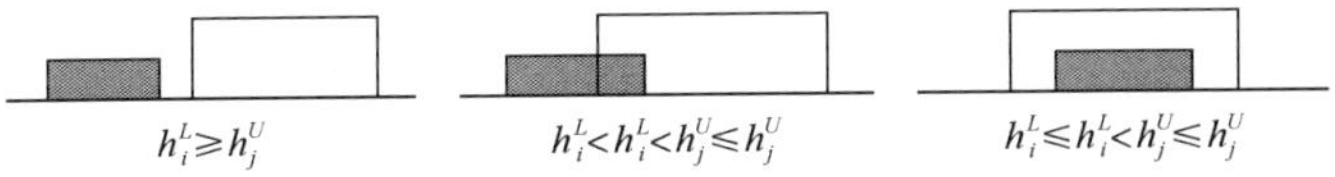

图 3-4　可能度的三种情况示意图

阴影部分表示 h_j，空白部分表示 h_i

通过计算可能度，对所有 DMU 建立区间效率得分两两比较的可能度矩阵如下所示：

$$\boldsymbol{P} = \begin{pmatrix} 0.5 & p_{12} & \cdots & p_{1n} \\ p_{21} & 0.5 & \cdots & p_{2n} \\ \vdots & \vdots & & \vdots \\ p_{n1} & p_{n2} & \cdots & 0.5 \end{pmatrix} \tag{3-36}$$

式中，p_{ij} 为 $h_i > h_j$ 的可能度。对可能度矩阵 $\boldsymbol{P}$ 按行求和得到每个 DMU 的排序值：

$$r_i = \sum_{k=1}^{n} p_{ik},\ i = 1, 2, \cdots, n \tag{3-37}$$

进而得到排序向量 $\boldsymbol{R} = (r_1, r_2, \cdots, r_n)^{\mathrm{T}}$。由于可能度用于排序具有传递性，区间效率得分较大的 DMU 的可能度和排序值也较大，即对于两个区间效率得分而言，若有 $h_i \geqslant h_j$，则 $r_i \geqslant r_j$。因此，只需要比较排序向量 $\boldsymbol{R}$ 中各个分量的大小，即可得到相应 DMU 的排序。

采用客观方法，根据传统模型求解区间 DEA 获得的区间效率值，仅能将 DMU 分为 DEA 有效、部分 DEA 有效和非 DEA 有效三个集合，DEA 有效集合内的 DMU 的区间效率值可能均为[1,1]。尤其是当输入、输出指标较多而 DMU 数量相对较少时，求解区间 DEA 往往只有少数几个 DMU 为非 DEA 有效。上述情况下无法根据区间效率值对所有 DMU 进行完全排序。下面将超效率方法引入客观区间 DEA 模型，形成客观区间 SE/DEA 求解模型，根据求解该模型获得的区间效率值，可以对所有 DMU 进行完全排序。

超效率方法是对一般的 DEA 模型的一种改进，其与一般的 DEA 模型的区别在于定义被评价单元的参考集有所不同，一般的 DEA 模型的参考集是包含被评价 DMU 在内的所有 DMU 的线性组合，而超效率方法下的参考集中除去了被评价 DMU 本身，即将被评价 DMU 与其他所有的 DMU 的线性组合相比较。根据超效率方法，相对于模型(3-23)而言，可以得到改进的区间 DEA 模型——客观区间 SE/DEA 模型如下所示：

$$
\begin{aligned}
&\max h_0=\sum_{r=1}^{s}\mu_r[y_{r0}^L,y_{r0}^U]\\
&\text{s.t.}\ \sum_{i=1}^{m}\omega_i[x_{i0}^L,x_{i0}^U]=1\\
&\qquad \sum_{i=1}^{m}\omega_i[x_{ij}^L,x_{ij}^U]-\sum_{r=1}^{s}\mu_r[y_{rj}^L,y_{rj}^U]\geqslant 0,j=1,2,\cdots,n,j\neq j_0\\
&\qquad \mu_r,\omega_i\geqslant 0\\
&\qquad i=1,2,\cdots,m\\
&\qquad r=1,2,\cdots,s
\end{aligned}
\tag{3-38}
$$

相应地，分别将模型(3-32)和模型(3-33)中的关于被评价 DMU 的约束条件 $\sum_{i=1}^{m}\omega_i x_{i0}^L-\sum_{r=1}^{s}\mu_r y_{r0}^U\geqslant 0$ 和 $\sum_{i=1}^{m}\omega_i x_{i0}^U-\sum_{r=1}^{s}\mu_r y_{r0}^L\geqslant 0$ 去除，即可得到求解 DMU 区间效率值的上限 h_0^U 和下限 h_0^L 的改进确定型 DEA 模型。客观区间 SE/DEA 模型将属于 DEA 有效集合的 DMU 在增加其输入而仍保持其 DEA 有效时的区间效率值作为该 DMU 的新区间效率值。

一般的区间 DEA 模型中属于非 DEA 有效集合的 DMU 在客观区间 SE/DEA 模型中的新效率值不变；一般的区间 DEA 模型中属于部分 DEA 有效集合的 DMU 在客观区间 SE/DEA 模型中的新效率值的右端点有可能大于 1；一般的区间 DEA 模型中属于 DEA 有效集合的 DMU 在客观区间 SE/DEA 模型中的新效率值的左右端点均有可能大于 1。

在利用客观区间 SE/DEA 模型求解出全部 DMU 的新区间效率值(此时任意两

个 DMU 的区间效率值都不同)后，再利用前述可能度排序方法，计算相应的效率得分和排序值，即可对所有 DMU 进行完全排序。

客观区间 DEA 排序改进方法采用了超效率的概念，通过 3.1.2 节的分析知道，超效率 DEA 模型中各 DMU 获得的权重各不相同，即评价缺乏一个统一的公共权重，这不符合本书提出的构建基于 DEA 的系统综合评价模型的前提条件，因此，本书在此仅列出客观区间 DEA 排序改进方法(基于问题表述的完整性考虑)，而不采用该方法进行案例计算。

3.4　三参数区间交叉效率 DEA 评价方法研究

3.4.1　三参数区间交叉效率 DEA 评价方法提出的背景

传统的 DEA 模型(CCR)从最有利于当前被评价 DMU 的角度出发，采用自评观点，为每一个 DMU 赋予一个小于或等于 1 的精确值，作为度量其相对有效性的效率值，该值是其输出加权平均和输入加权平均比值的最大值。原始 CCR 模型在进行评价时具有许多缺陷，如不具备完全排序的能力、可能高估效率等。Sexton 等(1986)提出的 DEA 交叉效率方法采用自我评价和相互评价结合的观点，能较好地解决 CCR 模型自评的弊端，该方法不仅能对全部 DMU 进行充分排序，而且能消除赋权不合理而使 DMU 的效率值高估的问题，但该方法也存在交叉效率值不唯一的缺陷。Doyle 和 Green(1994)提出的两阶段交叉效率模型在一定程度上可以弥补该缺陷，该模型在普通交叉效率模型的基础上引入二级目标以对赋予 DMU 的权重进行约束，进而获得唯一的交叉效率值。引入不同二级目标代表不同赋权策略，不同赋权策略下评价结果有所不同，然而在何种情况下选取何种赋权策略，尚没有公认的衡量标准，这使得赋权策略选择存在一定的随意性(Liang et al., 2008a)。Liang 等(2008b)提出博弈交叉效率方法采用在提升其他每个 DMU 的效率值的同时使当前被评价 DMU 的效率值也不断优化的策略，从而获得了更合理的交叉效率值，且该方法能对 DMU 进行完全排序并解决交叉效率值不唯一的问题。

上述 DEA 方法获取的效率值均为一精确数，而实际上 DMU 所有可能的输出加权平均和输入加权平均的比值都是可能的效率值，用一个区间效率值表示 DMU 的相对效率能更好地反映其实际效率情况。另外，在某些情况下用区间效率值对其进行分析可能更容易反映复杂不确定实际问题的特点，更符合评价者的评价思维习惯。区间效率值给出了效率情况一个可能的变化范围，其上下界应为 DMU 可能的最优和最劣相对效率值，而其他所有可能的效率值落在该区间内。王美强和梁樑(2008)利用传统的 CCR 模型计算 DMU 的最大效率值(自评效率值)，利用基于交叉效率概念的 DEA 模型计算 DMU 的最小效率值(互评效率值)，该方法虽给出了 DMU 的一个区间效率值，但计算效率值上下界采用了赋权策略本质不同的两种方法，使得计算结果可比性不强，构成的区间效率值不够科学。吴杰和梁樑(2008)提出区间交叉效率值概念，考虑所有权重信息计算出可能的最大和最小交叉效率值，作为 DMU 的区间效率值上下界，并基于可能度概念进行排序，该方法也存在两个缺陷：①计算最大和最小交叉效率值时将自评效率参数值和自互评效率目标值混同考虑，使得计算结果在交叉效率概念下不尽合理；②假设计算出的效率值区间上每个点的覆盖效率值等可能，但 DMU 在区间内获取效率值往往具有一定的倾向性。另外，王美强和梁樑(2008)、吴杰和梁樑(2008)在进行排序时仅考虑了区间效率值上下界，对评价信息的利用不够充分。

本书基于三端点区间数思想(田飞等，2008)，提出一种三参数区间交叉效率 DEA 方法，该方法给出同是采用交叉效率概念但针对不同赋权策略的 DEA 模型，分别计算 DMU 的三种交叉效率值，相应采用最优、最劣和最可能交叉效率值三个参数描述 DMU 的区间交叉效率值，进而利用该三参数区间交叉效率值对 DMU 进行比较排序。

3.4.2 三参数区间交叉效率 DEA 方法

基于交叉效率概念，采用不同赋权策略，给出计算 DMU 区间交叉效率三参数模型时，考虑DMU区间交叉效率值上界应该这样取得：参考集内各 DMU_d(d=1, 2,⋯,n)在保持自身最优交叉效率值 $\bar{E}_d^*$ (普通交叉效率模型下的最优平均交叉效率值)不恶化的前提下，最大化 DMU_d 对当前被评价 DMU_j 的效率值，实现该策略的二级规划如下所示：

$$\begin{aligned}
&\max \frac{\sum_{r=1}^{s} u_r^d y_{rj}}{\sum_{i=1}^{m} v_i^d x_{ij}} = \bar{E}_{dj} \\
&\text{s.t.} \quad \frac{\sum_{r=1}^{s} u_r^d y_{rl}}{\sum_{i=1}^{m} v_i^d x_{il}} \leqslant 1, l = 1,2,\cdots,n \\
&\qquad \frac{\sum_{r=1}^{s} u_r^d y_{rd}}{\sum_{i=1}^{m} v_i^d x_{id}} \geqslant \bar{E}_d^*, d = 1,2,\cdots,n \\
&\qquad u_r^d, v_i^d \geqslant 0 \\
&\qquad r = 1,2,\cdots,s \\
&\qquad i = 1,2,\cdots,m
\end{aligned} \tag{3-39}$$

式中，$\bar{E}_d^*$ 为一参数，值取式普通交叉效率模型计算的 DMU_d 交叉效率值，DMU_j 利用 DMU_d 权重所能取得的最大效率值为 $\bar{E}_{dj}^*$，利用模型(3-39)可以对当前被评价 DMU_j (j=1,2, ⋯ ,n) 求解在每个 DMU_d (d=1,2, ⋯ ,n) 权重下的最大效率值，因此，DMU_j 区间交叉效率值上界定义如下：

$$E_j^U = \frac{1}{n}\sum_{d=1}^{n} \bar{E}_{dj}^*, j = 1,2,\cdots,n \tag{3-40}$$

模型(3-39)是在使所有 DMU 的交叉效率值不恶化的条件下，求得当前被评价 DMU 的最优效率值，因此，由式(3-40)计算的效率值是在满足 DMU 自评与互评相结合原则下各 DMU 可能的最优交叉效率值。

类似地，考虑 DMU 的区间效率值下界应该这样取得：参考集内 DMU_d (d=1, 2,⋯,n) 在保持自身最优交叉效率值 $\bar{E}_d^*$ 不恶化的前提下，最小化 DMU_d 对当前被评价 DMU_j 的效率值，实现该策略的二级规划如下所示：

$$\begin{aligned}
&\min \frac{\sum_{r=1}^{s} u_r^d y_{rj}}{\sum_{i=1}^{m} v_i^d x_{ij}} = \underline{E}_{dj} \\
&\text{s.t.}\ \frac{\sum_{r=1}^{s} u_r^d y_{rl}}{\sum_{i=1}^{m} v_i^d x_{il}} \leqslant 1, l = 1,2,\cdots,n \\
&\quad \frac{\sum_{r=1}^{s} u_r^d y_{rd}}{\sum_{i=1}^{m} v_i^d x_{id}} \geqslant \bar{E}_d^*, d = 1,2,\cdots,n \\
&\quad u_r^d, v_i^d \geqslant 0 \\
&\quad r = 1,2,\cdots,s \\
&\quad i = 1,2,\cdots,m
\end{aligned} \tag{3-41}$$

式中，$\underline{E}_{dj}^*$ 为 DMU_j 利用 DMU_d 权重所能取得的最小效率值，利用模型(3-41)可以对当前被评价 DMU_j (j=1,2, ⋯ ,n) 求解在每个 DMU_d (d=1,2, ⋯ ,n) 权重下的最小效率值，因此，DMU_j 的区间交叉效率值下界可以定义如下：

$$E_j^L = \frac{1}{n}\sum_{d=1}^{n} \underline{E}_{dj}^*, j = 1,2,\cdots,n \tag{3-42}$$

每次求解 DMU_j 的最大或最小效率值时，模型(3-39)和模型(3-41)都运行 n 次，每次针对一个不同 DMU_d $(d=1,2,\cdots,n)$ 的权重 u_r^d 和 v_i^d 及参数 $\bar{E}_d^*$。

DMU 的区间交叉效率值上界和下界分别是在最利于和最不利于当前被评价 DMU 获取其交叉效率值情况下取得的，是交叉效率值的两种极端情况，实际交叉效率值应在该上、下界范围内取值，而一般交叉效率 DEA 模型下交叉效率值的获取，兼顾了 DMU 自评与互评机制，且对 DMU 选取各自权重不存在特别限制，因此，该交叉效率值在一定意义下体现了 DMU 最可能的效率情况，本书将该交叉效率值同上述区间交叉效率值上界和下界三个值共同作为描述区间交叉效率值的三个参数，这样由普通交叉效率模型，以及模型(3-39)和模型(3-41)，可以最终确定每个 DMU 的三参数区间交叉效率值$\left[E_j^L, \bar{E}_j, E_j^U\right]$ $(j=1,2,\cdots,n)$。

由上述三参数区间交叉效率计算方法可知，DMU 的效率值只有在特殊极端情况下才可能取区间交叉效率值上、下界 E^U 和 E^L，所以这两个极端效率值出现的可能性较低，而效率值取 $\bar{E}$ 的可能性相对较高。因此，可以将每个 DMU 三参数区间交叉效率值视为一个三角模糊数，并采用姜艳萍和樊治平(2002)给出的分析方法计算三角模糊数期望值并根据该值的大小对 DMU 进行比较排序。

记 DMU_j $(j=1,2,\cdots,n)$ 三参数区间交叉效率值为 $\tilde{E}_j = \left[E_j^L, \bar{E}_j, E_j^U\right]$，该三角模糊数左隶属函数和右隶属函数分别如式(3-43)和式(3-44)所示：

$$f_{\tilde{E}_j}^L(a) = \left(a - E_j^L\right) \Big/ \left(\bar{E}_j - E_j^L\right) \tag{3-43}$$

$$f_{\tilde{E}_j}^R(a) = \left(E_j^U - a\right) \Big/ \left(E_j^U - \bar{E}_j\right) \tag{3-44}$$

相应的反函数分别如式(3-45)和式(3-46)所示：

$$g_{\tilde{E}_j}^L(b) = E_j^L + (\bar{E}_j - E_j^L)b \tag{3-45}$$

$$g_{\tilde{E}_j}^R(b) = E_j^U + (\bar{E}_j - E_j^U)b \tag{3-46}$$

则三角模糊数 $\tilde{E}_j$ 左期望值和右期望值分别可以通过式(3-47)和式(3-48)计算：

$$I_L(\tilde{E}_j) = \int_0^1 g_{\tilde{E}_j}^L(b)\mathrm{d}b = (E_j^L + \bar{E}_j)/2 \tag{3-47}$$

$$I_R(\tilde{E}_j) = \int_0^1 g_{\tilde{E}_j}^R(b)\mathrm{d}b = (E_j^U + \bar{E}_j)/2 \tag{3-48}$$

而将左期望和右期望值集结成 $\tilde{E}_j$ 的期望值可以通过式(3-49)计算：

$$I(\tilde{E}_j) = \lambda I_L(\tilde{E}_j) + (1-\lambda) I_R(\tilde{E}_j), \lambda \in [0,1] \tag{3-49}$$

式中，系数 λ 取决于评价者的态度，λ 小于、等于和大于 0.5 分别表示评价者是乐观、中性和悲观的，取 λ=0.5 时，式(3-49)转化为

$$I(\tilde{E}_j) = (E_j^L + 2\bar{E}_j + E_j^U)/4 \tag{3-50}$$

期望值 $I(\tilde{E}_j)$ 越大，表明其对应 DMU 的区间交叉效率值 $\tilde{E}_j$ 越大，因此，可以根据 $I(\tilde{E}_j)$ 对 DMU 进行比较排序。

3.4.3 算例分析

现以某产品设计方案的评审数据为例说明三参数区间交叉效率 DEA 评价方法。表 3-7 中，评审涉及 10 个 DMU，每个 DMU 包含 3 个输出指标和 2 个输入指标。表 3-8 列出了各 DEA 模型的 DUM 效率值及排序结果，第 2 列为利用普通 DEA 模型计算出的 CCR 效率值；第 4 列为本书提出的三参数区间交叉效率值，其中 3 个参数分别由上面给出的方法确定；第 5、7、9 列显示了利用三角模糊数期望值方法在系数 λ 分别取小于、等于和大于 0.5 的情况下的期望值(排序值)，利用该排序值即可对所有 DMU 按照其三参数区间交叉效率值进行比较排序；相应的排序结果分别见表 3-8 第 6、8、10 列。

表 3-7　某产品设计方案的评审数据

DMU	输出指标			输入指标	
	Y_1	Y_2	Y_3	X_1	x_2
1	0.92	0.04	0.19	0.96	0.47
2	0.70	0.35	0.83	0.32	0.07
3	0.82	0.12	0.40	0.03	0.16
4	0.74	0.52	0.05	0.02	0.31
5	0.63	0.30	0.17	0.13	0.55
6	0.81	0.72	0.63	0.17	0.74
7	0.08	0.67	0.26	0.29	0.60
8	0.60	0.84	0.63	0.61	0.53
9	0.07	0.37	0.58	0.64	0.91
10	0.68	0.32	0.98	0.29	0.89

表 3-8　各 DEA 模型的 DMU 的效率值及排序结果

DMU	CCR 效率值	排序结果	三参数区间交叉效率值 $\tilde{E}$	$I(\tilde{E})$ (λ=0.2)	排序结果	$I(\tilde{E})$ (λ=0.5)	排序结果	$I(\tilde{E})$ (λ=0.8)	排序结果
1	0.265	9	[0.019,0.076,0.204]	0.121	10	0.094	10	0.066	10
2	1.000	1	[0.291,0.834,1.000]	0.846	2	0.740	2	0.633	2
3	1.000	1	[0.311,0.764,1.000]	0.813	3	0.710	3	0.606	3
4	1.000	1	[0.307,0.860,1.000]	0.861	1	0.757	1	0.653	1
5	0.350	8	[0.112,0.256,0.350]	0.279	8	0.244	8	0.208	7
6	0.676	4	[0.208,0.452,0.671]	0.515	4	0.446	4	0.376	4
7	0.556	6	[0.103,0.327,0.544]	0.391	6	0.325	6	0.259	6
8	0.629	5	[0.135,0.388,0.615]	0.453	5	0.381	5	0.310	5
9	0.236	10	[0.052,0.138,0.233]	0.167	9	0.140	9	0.113	9
10	0.411	7	[0.107,0.244,0.407]	0.296	7	0.251	7	0.206	8

分析表 3-8 的排序结果，在 CCR 方法下有 3 个 DMU 具有相同效率值，因此无法对其进行完全排序。而在三参数区间交叉效率 DEA 方法下，不同 DMU 的区间交叉效率值和排序结果各不相同，因此，可以得到它们的完全排序。更为重要的是三参数区间交叉效率 DEA 方法能够为每个 DMU 提供一个自评与互评相结合视角下，以可能的最优值和最劣值为上、下界，包含所有可能效率值的区间，因此，该三参数区间交叉效率值较 CCR 效率值和普通交叉效率值更加合理全面地反映了各 DMU 的效率值可能的取值情况，同时该三参数区间交叉效率值还增强了各 DMU 之间比较的区分度，为评价排序提供了便利。

第 4 章 DEA 中 DMU 结构分析和效率分解

传统的 DEA 方法将 DMU 视为一个黑箱，忽视 DMU 内部的结构或过程，认为多投入和多产出之间存在某种联系，但不对具体的联系形式进行进一步的探讨，这样的处理方式不仅增加了评价者理解 DEA 方法隐含的逻辑的困难，而且忽视 DMU 内部过程必然导致对其效率的高估，同时也无法深入分析 DEA 方法无效产生的具体位置和产生的根源。传统 DEA 具有上述缺陷，基于 DEA 的综合评价方法也可能出现评价过程不清晰和评价结果不合理的问题。因此，将 DMU 这个黑箱打开，对其内部结构或过程进行深入的研究，细化分析其内部各子结构或子过程(即子 DMU)的效率情况，成为一个研究热点，目前已经有许多研究成果出现，该领域的研究又被称为 DEA 多层级模型(multilevel models)研究，或网络 DEA(network DEA)模型研究。本章主要探讨基于链型(串行)结构 DMU 的 DEA 模型构建和效率分解问题：①对两阶段串行 DEA 模型在规模收益可变假设下，以及考虑非期望输出条件下的效率分解进行扩展研究，并将其用于银行业的效率评价和分解；②对构建三阶段串行 DEA 一般化模型进行扩展研究，并将其应用于供应链模型的效率评价和分解*。

4.1 DEA 中 DMU 结构分析和效率分解方法研究综述

一般对 DMU 内部结构进行分解以分析各子 DMU 效率的模型，可以分为三种类型：多阶段串行(multistage/serial)DEA 模型、多成分并行(multicomponent/parallel)DEA 模型、多层次嵌套(hierarchical/nested)DEA 模型，这些模型统称为网络 DEA 模型。

4.1.1 多阶段串行 DEA 模型

Färe 和 Grosskopf(2000)最早提出了网络 DEA 模型，利用该模型可以对 DMU 生产过程进行更细微深入的分析，增强决策者对 DMU 的认识。按照上面的分类方式，Färe 和 Grosskopf(2000)提出的网络 DEA 模型实际是一种多阶段串行 DEA 模型，属于狭义的网络 DEA 模型。Färe 和 Grosskopf(2000)将其提出的网络 DEA

---

* 本章的部分内容曾发表于以下文章：

Wang K, Huang W, Wu J, et al. 2014. Efficiency measures of the Chinese commercial banking system using an additive two-stage DEA. Omega-International Journal of Management Science, 44: 5-20.

模型分为静态模型(static model)和动态模型(dynamic model)两种，在静态模型下每个DMU都是由一些子活动连接起来的网络，决策者可以识别出网络中联系各子活动的中间产品的配置；而在动态模型下，决策者可以分析一个序列的生产过程中各阶段的效率，在该序列过程中，前一阶段(或上一时间段)的产出成为后一阶段(或下一时间段)的投入。

现实问题中一个常见的多阶段串行分析结构就是供应链，许多基于DEA的方法也被用于供应链的绩效评价研究，其中最重要的一个研究涉及在对供应链中各单位的绩效进行个体单独评价的同时，也对供应链的整体绩效进行评价，这些研究关注的一个问题是，供应链中一个单位绩效的提升可能导致其他单位绩效的下降。Seiford和Zhu (1999)、Chen和Zhu (2004)分别给出了一种两阶段串行DMU建模的方法，他们虽没有将模型直接应用于供应链的绩效分析(而是用于银行系统的效率评价)，但建模的思路也适用于对供应链的分析。Liang等(2006)结合博弈的概念，提出了针对供应链的两阶段串行DMU评价模型，在其研究中，该模型被分为非合作模式和合作模式两类。在非合作模式下，供应商被视为供应链的主导者，而买主是跟随者。绩效评价时，第一阶段，主导者先最大化自身效率；第二阶段，跟随者在保证主导者效率不变的基础上再最大化自身效率；在合作模式下则没有主导者和跟随者之分，二者同时最大化自身效率。该模型在对各阶段效率进行评价的同时，也可以分析供应链的整体效率。

针对两阶段串行DEA模型研究大致可以分为两类：一类属于资源约束型，即DMU的总输入同时为DMU内部两个阶段所消耗，Chen等(2006b)和毕功兵等(2009)的研究涉及该类模型，该类模型总体考虑各阶段的效率值同时最大化；另一类属于序列型，即DMU的总输入只为第一阶段所消耗，第二阶段的输入完全来源于第一阶段的输出，上面提到的Chen和Zhu (2004)，以及毕功兵等(2007)的研究涉及该类模型，该类模型在分别考虑各阶段效率评价的同时也对DMU整体进行效率分析。基于序列型的两阶段串行DMU研究，Sexton和Lewis(2003)给出了一个评价模型，其建模思路是用传统的DEA模型决定第一阶段在投入不变情况下的中间产出的前沿产出，然后在中间产出保持前沿产出并作为第二阶段投入的条件下，研究第二阶段的前沿产出，该产出即被认为是DMU的整体前沿产出，在此基础上计算整个DMU的相对效率。类似于Sexton和Lewis的模型，Liang等(2006)又给出另一个不同建模思路下的序列型两阶段串行DMU模型，该模型假定两阶段生产系统的第一阶段的输出(也即第二阶段的输入)这一中间变量保持恒定，运用输入型CCR模型计算第一阶段的效率值，进而构造第一阶段的理想输入，运用输出型CCR模型计算第二阶段的效率值，进而构造第二阶段的理想输出，利用上述理想输入和理想输出构造一个新的理想的两阶段生产系统，从而用该系统的实际生产能力与理想生产能力的比较来表示该两阶段生产系统的效率。

4.1.2　多成分并行 DEA 模型

Cook 等(2000)在对银行分支机构绩效进行研究时提出了多成分并行 DEA 模型。该模型针对每个 DMU 中的两个并行活动的效率评价，以及 DMU 的整体效率评价分别建立三个 DEA 模型，DMU 中的两个并行活动的输出独立，而输入既有各自独立的，又有共享的，模型既可以对两个并行活动共享的输入分配相同的权重，也可以分配不同的权重，而在权重分配不同时，Cook 等(2000)还探讨了在不同形式的权重限制下，多成分并行 DEA 分式模型如何转化为线性模型的问题。该模型不仅可以给出 DMU 的整体效率，还能够分别计算两个并行活动的效率。

Yang 等(2000)的研究也给出了一个多成分并行系统效率评估的模型，该模型针对含有多个并行的独立子系统的效率评估而提出，也适用于含有两个独立子系统的生产过程，模型中每个子系统的输入和输出都相互独立，DMU 的各子系统的效率都用 CCR 模型计算，而 DMU 作为一个整体的效率则由 Yang 等提出的新模型计算，该研究证明了在新模型下 DMU 的整体效率不会优于在 CCR 模型下 DMU 的整体效率，DMU 的整体效率值等于其包含的多个子系统的最高效率值。

4.1.3　多层次嵌套 DEA 模型

Cook 等(1998)、Cook 和 Green(2005)在对电站的效率评估研究中提出了一种多层次嵌套型 DEA 模型，该模型中每个 DMU 都可以自上而下分解为多个相互独立的子 DMU。在下层，评价每个子 DMU 的效率时，参考集为该子 DMU 所在的 DMU 的其余子 DMU，以及所有其他 DMU 的全部子 DMU；而在上层，评价每个 DMU 的效率时，参考集为所有其他的 DMU。该模型同多成分并行 DEA 模型的区别在于，在评价效率时，不同层次 DMU 的输入和输出可能没有包含或属于关系，即评价效率所考察的上层 DMU 的一些输出，可能并不包含评价效率所考察的下层子 DMU 的输出。Cook 等(1990)在评价高速公路维护效率的研究中也采用了类似的模型。

从实质上看多成分并行 DEA 模型和多层次嵌套 DEA 模型并没有太大差异，也可以说两种模型在方法层面上的差异要远小于在其反映的实际效率评估问题层面上的差异。因此，也有文献将这类对 DMU 内部结构进行分解以分析各子 DMU 效率及整体 DMU 效率的研究，从另一个角度分为三类：共享输入或输出(shared flow) DEA 模型、多层级(multilevel) DEA 模型、网络 DEA 模型(Castelli et al., 2010)。在共享输入或输出 DEA 模型中，有的输入或输出是为 DMU 内的各子 DMU 所独享的，也有的输入或输出是为 DMU 内的各子 DMU 所共享的，这类 DEA 模型在效率分析时的一个重要问题是共享的输入或输出如何在不同的子 DMU 之间进行分配。在多层级 DEA 中，部分输入或输出是针对下层各子 DMU 的，即可以直接作为各子 DMU 的输入或输出，而部分输入或输出只针对上层的 DMU 整体，即无法将这些输入或输出分配给各子 DMU。在网络 DEA 中，每个 DMU 同时包含并行和串行的子 DMU，并且存在中间产品，前一阶段一个子 DMU 的一项输出可能作为后一阶段每个子 DMU 的一项输入，后一阶段的一个子 DMU 的各项输入可能来自前一阶段每个子 DMU 的不同输出，即各子 DMU 通过中间产品相互联系构成一个网络结构的 DMU 整体。

4.2 两阶段串行 DEA 模型扩展研究及其在银行业效率评价中的应用

上述各种网络 DEA 模型的种类众多，结构也繁简各异，较为复杂的网络 DEA 模型虽然能够描述更为一般化的 DMU 结构，给出多种效率分解方式，但其计算复杂、假设较多、难以保证评价的有效性和准确度，因而现有的研究更多地关注于有实际问题背景的、结构并不太复杂的网络 DEA 模型，特别是在现实评价中最常见的串行 DEA 模型，本书针对银行业效率评价这一现实问题，对两阶段串行 DEA 模型在规模收益可变条件下进行扩展研究，同时考虑非期望输出的处理，构建一个加性两阶段串行 DEA 模型，并将其用于中国银行业 2006～2009 年的效率分析。

4.2.1 银行业效率评价问题和两阶段串行 DEA 模型提出的背景

在当今社会的经济生活中，无论是在发达市场国家还是在新兴市场国家，银行业在金融领域都发挥了重要的作用，几乎每一个人的生活都与银行业的服务效率和质量密切相关。在中国尤其如此，因为股票市场和公司债券市场在这个新兴的经济体中仍处于发展的初级阶段。随着技术的进步和国内金融市场对外资银行的放开，中国银行业的竞争变得越来越激烈。同时，银行业的发展及其整体效率的提升与整体经济的高速增长紧密相关。近些年，随着中国在亚太地区经济影响力的不断增加，中国的发展经验也引起越来越多的关注，分析并深入理解银行业的效率状况对中国银行业制定更合理的发展战略和管理策略有重要的作用。因此，有关中国银行业效率评价的问题吸引了越来越多研究者的关注。

因为银行通常属于多投入、多产出的盈利性组织，为了有效地对银行业进行全面客观的效率评价，选取合适的多属性综合评价技术是非常关键的。DEA 方法作为一种评价一组具有相同结构的组织的运营效率的非参数方法，被认为是一个不错的选择。DEA 方法将多种投入和多种产出同时进行处理，获取一个由有效的 DMU 撑起的超平面——有效前沿面，进而利用各 DMU 到该有效前沿面的距离衡量各 DMU 的有效性。将有效前沿面作为共同的目标对各 DMU 进行分析，有助于对各 DMU 之间进行横向比较，并使各 DMU 愿意接受评价的结果。DEA 属于一种非参数的、数据驱动的评价方法，因此在评价之前，有关任何评价模型函数结构的信息都是不需要的，而各投入、产出多属性指标的权重值则由模型客观地自动给出，这一点在银行业效率评价中非常重要。

在较早的研究中，魏煜和王丽(2000)及赵旭等(2001)用交叉效率模型对中国银行业进行了分析，Chen 等(2005)利用 DEA 方法分析了 43 家中国的银行 1993～2000 年的成本效率、技术效率和配置效率情况。后来 Wang 等(2005)又分别采用 5 种不同的 DEA 方法对中国内地的 4 家大型国有商业银行和 12 家普通商业银行 2004 年的效率进行了研究。Ariff 和 Luc(2008)用 DEA 方法评估了 28 家中国的银行 1995～2004 年的成本效率和盈利效率。Yao 等(2008)运用传统的 DEA 方法结合 Malmquist 指数分析了 15 家中国的大型银行在 1998～2005 年的效率变化情况。上面这些研究都获得了很多有关中国银行业绩效情况有价值的结论，然而不同的研究对同一家银行效率值和排序情况往往得出大不相同的结果。深入分析可以发现，造成结果不同的一个重要原因是，不同的研究在使用 DEA 方法时对投入、产出的确定不同，而投入、产出的确定又依据将银行业视为一个生产过程还是一个中介过程。造成结果不同的另一个原因是，上面所有的研究都基于传统的 DEA 方法，代表银行运营过程的 DMU 被视为一个黑箱结构，效率评价时只关注各银行最初的投入和最终的产出，但是银行内部复杂的运作过程，即黑箱结构中投入、产出的具体流动过程被忽视了。这种视 DMU 为黑箱的方法也被认为是传统的 DEA 模型的一个重要缺陷。

因此，为了获取更加可信的、细致的评价信息，每个 DMU 都应该被视为内部具有某种特定的网络结构，DMU 所代表的复杂的生产运作过程应该被分解为若干子过程，在各个子过程之间的一些中间的投入、产出也应该被考虑，这些中间的投入、产出一方面是前一个子过程的输出，另一方面又是后一个子过程的输入。例如，Sexton 和 Lewis(2003)、Chen 和 Zhu(2004)、Chen 等(2006b)及 Kao(2009)在其研究中提到，DMU 可以被分解为一个两阶段(two-stage)的结构，其中第一阶段利用初始的输入，产生的输出成为第二阶段的输入，然后第二阶段利用第一阶段的输出，产生最终的输出。在 Yang 等(2011)的研究中，这些作为第二阶段输入的第一阶段的输出被称为中间产出。

Seiford 和 Zhu(1999)提出的一种两阶段 DEA 模型用于评价美国的商业银行的盈利能力和市场能力，在其研究中，盈利能力在第一阶段评估，该阶段劳动力和固定资产作为投入，利润和收益作为产出；市场能力在第二阶段评估，该阶段将第一阶段产出的利润和收益作为投入，将市场价值、每股回报作为产出。Seiford 和 Zhu 运用常规的 DEA 模型分别独立地计算两个阶段的效率，因而这两个效率值没有反映两个阶段之间的关系，以及它们和整体银行运营过程之间的关系。另外，Seiford 和 Zhu 提出的两阶段 DEA 模型也没有分析两个阶段由于采用共同的中间产出进行效率计算而可能产生的冲突。

不同于 Seiford 和 Zhu(1999)的方法，Kao 和 Hwang(2008)在利用两阶段 DEA

模型对台湾的保险公司进行效率评价时考虑了 DMU 中两阶段之间的前继后续的关系，他们的模型将整个系统的总体效率视为其中两个阶段效率的乘积，并假设中间投入、产出项在不同阶段的权重配置相同，这种处理方式较独立采用 DEA 模型对两阶段效率分别衡量的方式更加合理，因为它反映了两阶段效率同系统整体效率的关系。Kao 和 Hwang (2008) 的模型也存在一个缺陷：模型建立在规模收益不变的假设基础上，使得该模型面对需要考虑可变规模收益的问题时，变得较为困难。而在现实的评价问题中，规模差异巨大的 DMU 可能需要放在一起进行分析，尤其是在银行业的效率评价问题中，不同的银行常常规模差异巨大，这时采用规模收益可变 DEA 模型进行评价更为合理有效。

Chen 等 (2009) 提出了一种加性两阶段 DEA 模型，该模型在两阶段的效率合成时采用加法的形式而非乘法的形式，并且假设系统的总体效率为两阶段效率的加权和，Chen 等的加性两阶段 DEA 模型既可以用在规模收益不变的评价问题中，又可以处理规模收益可变的评价问题。

由前面的分析可知，利用 DEA 方法对银行业进行效率评价时，另一个非常关键的问题是投入、产出的确定，特别是如何对待存款这个项目，将存款视为银行的产出项或投入项，可能导致不同的评价结果，而确定存款究竟属于输入还是输出的重要参考是将银行的运营视为一个生产过程还是一个中介过程：将之视为生产过程，则存款属于产出；将之视为中介过程，则存款属于投入。Berger 和 Humphrey (1997) 指出，一方面，存款作为投资的资金，为银行的生产提供了原材料，而另一方面，存款同时也为银行提供了流动性、安全保护，以及给银行带来了对存款人的支付义务。因此，或许将存款视为银行的中间产出更为合理，存款既是银行运作第一阶段（吸收存款阶段）的产出，又是第二阶段（发放贷款和盈利阶段）的投入。

通过上面的分析，本书将基于加性两阶段串行 DEA 方法，对中国的商业银行 2006～2009 年这一中国金融市场发生很大变化时期的效率情况进行分析研究，本书将存款视为两阶段的中间产出，对银行作为一个整体系统的效率，以及其两个子过程的效率都进行评价，以识别造成银行无效率的根源。在本书中，劳动力、固定资产、运营费用被作为第一阶段的投入，用以产生作为中间产出的存款，继而存款被作为第二阶段的投入，用以产生贷款和收益。同时参考 Fukuyama 和 Weber (2010) 的研究，考虑到在第二个阶段一些贷款可能变成不良贷款，借贷人可能无法部分甚至全额偿还这些贷款，因此，这些不良贷款应该被视为非期望输出，本书借鉴 Seiford 和 Zhu (2005) 的方法，将不良贷款按照“坏”输出 (bad output) 处理法而非输入处理法进行修正处理，以满足实际的贷款和不良贷款产生的“物理”过程，即银行只有在吸收存款并将存款放贷出去以后，才可能出现不良贷款这个非期望产出。

4.2.2 加性两阶段串行 DEA 扩展模型

一个典型的两阶段串行 DEA 模型结构如图 4-1 所示。

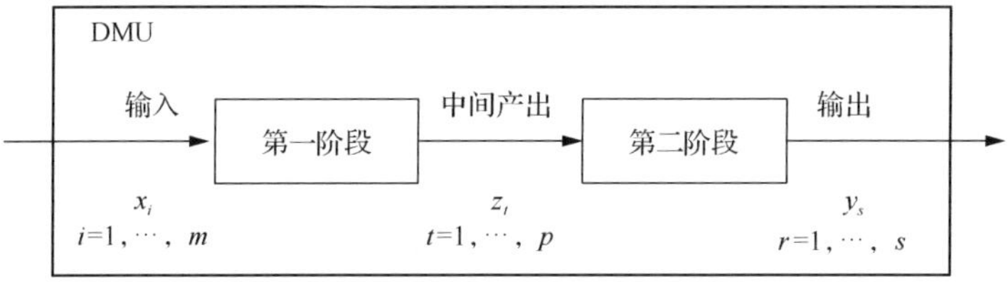

图 4-1　两阶段串行 DEA 模型结构

两阶段加性 DEA 模型使用一组特定的权重，将系统的总体效率分解为两阶段效率的加权平均，该模型中的系统总体效率可以由如式(4-1)所示的模型求解：

$$
\begin{aligned}
&\max \left(w_1 \frac{\sum_{t=1}^{p}\eta_t z_{tj_0} + u^A}{\sum_{i=1}^{m} v_i x_{ij_0}} + w_2 \frac{\sum_{r=1}^{s} u_r y_{rj_0} + u^B}{\sum_{t=1}^{p}\eta_t z_{tj_0}} \right) = E_0 \\
&\text{s.t.} \quad \frac{\sum_{t=1}^{p}\eta_t z_{tj} + u^A}{\sum_{i=1}^{m} v_i x_{ij}} \leqslant 1, j=1,2,\cdots,n \\
&\qquad \frac{\sum_{r=1}^{s} u_r y_{rj} + u^B}{\sum_{t=1}^{p}\eta_t z_{tj}} \leqslant 1, j=1,2,\cdots,n \\
&\qquad v_i, u_r, \eta_t \geqslant 0 \\
&\qquad i=1,2,\cdots,m \\
&\qquad r=1,2,\cdots,s \\
&\qquad t=1,2,\cdots,p \\
&\qquad u^A, u^B \text{无约束}
\end{aligned}
\tag{4-1}
$$

在模型(4-1)中有 n 个 DMU，每个 DMU_j 有 m 项输入 x_{ij} 进入第一阶段，以及 p 项输出 z_{tj} 从第一阶段产出，这 p 项输出作为中间产出继而成为第二阶段的输入，第二阶段最终有 s 项输出 y_{rj}。v_i、u_r 和 η_t 分别为输入、输出及中间产出对应的权重，u^A 和 u^B 为自由变量，w_1 和 w_2 是反映评价者偏好的权重且满足 $w_1+w_2=1$。模型(4-1)为非线性规划，且无法直接转化为线性规划，因此，Chen 等(2006a)在其研究中提出了一种通过选取特定的评价者偏好权重而将其转变为线性规划的变量替换方法，偏好权重 w_1 和 w_2 的选取如下所示：

$$w_1 = \frac{\sum_{i=1}^{m} v_i x_{ij_0}}{\sum_{i=1}^{m} v_i x_{ij_0} + \sum_{t=1}^{p} \eta_t z_{tj_0}}$$

$$w_2 = \frac{\sum_{t=1}^{p} \eta_t z_{tj_0}}{\sum_{i=1}^{m} v_i x_{ij_0} + \sum_{t=1}^{p} \eta_t z_{tj_0}} \tag{4-2}$$

之所以如此选取权重，是基于这样的考虑：w_1 和 w_2 作为第一阶段和第二阶段的权重，应该反映两个阶段的效率在整个系统效率中的相对重要程度，一个很自然合理的重要程度的表现形式就是该阶段输入资源量占总体输入资源量的比重。在式(4-2)中分母 $\sum_{i=1}^{m} v_i x_{ij_0} + \sum_{t=1}^{p} \eta_t z_{zj_0}$ 为总体输入资源量，而分子 $\sum_{i=1}^{m} v_i x_{ij_0}$ 和 $\sum_{t=1}^{p} \eta_t z_{zj_0}$ 则分别为第一阶段和第二阶段的输入资源量。将 w_1 和 w_2 用式(4-2)所示的方法代换后，模型(4-1)的目标函数将变为如式(4-3)所示的形式：

$$\frac{\sum_{t=1}^{p} \eta_t z_{tj_0} + u^A + \sum_{r=1}^{s} u_r y_{rj_0} + u^B}{\sum_{i=1}^{m} v_i x_{ij_0} + \sum_{t=1}^{p} \eta_t z_{tj_0}} \tag{4-3}$$

从而模型(4-1)可以被等价地转换为式(4-4)所示的线性规划模型的形式：

$$\begin{aligned}
\max\ & \sum_{r=1}^{s} \mu_r y_{rj_0} + u^2 + \sum_{t=1}^{p} \pi_t z_{tj_0} + u^1 = E_0 \\
\text{s.t.}\ & \sum_{t=1}^{p} \pi_t z_{tj} + u^1 - \sum_{i=1}^{m} \omega_i x_{ij} \leqslant 0, j = 1, 2, \cdots, n \\
& \sum_{r=1}^{s} \mu_r y_{rj} + u^2 - \sum_{t=1}^{p} \pi_t z_{tj} \leqslant 0, j = 1, 2, \cdots, n \\
& \sum_{i=1}^{m} \omega_i x_{ij_0} + \sum_{t=1}^{p} \pi_t z_{tj_0} = 1 \\
& \omega_i, \mu_r, \pi_t \geqslant 0 \\
& i = 1, 2, \cdots, m \\
& r = 1, 2, \cdots, s \\
& t = 1, 2, \cdots, p \\
& u^1, u^2 \text{无约束}
\end{aligned} \tag{4-4}$$

式中，u^1 和 u^2 为自由变量；ω_i 、u_r 和 π_t 分别为输入、输出及中间产出对应的权重。

通过模型(4-4)，系统的总体效率可以计算得到，相应的两阶段的效率也可以分别获得，但是模型(4-4)的最优解可能不唯一，因而系统总体效率的分解也可能不唯一。为了找到一组唯一的权重，可以考虑在保证系统总体效率不变的前提下，最大化第一阶段(或第二阶段)的效率值，Chen 等(2006a)给出了如下步骤：利用模型(4-4)获得了系统总体效率值 E_0 后，第一阶段的效率值 E_0^1 (或第二阶段的效率值 E_0^2)可以先计算出来，然后再计算余下的另一阶段的效率值。例如，如果第二阶段被赋予优先权，它的效率值可以先计算出来，相应的计算模型如式(4-5)所示：

$$
\begin{aligned}
\max \quad & \frac{\sum_{r=1}^{s} u_r y_{rj_0} + u^B}{\sum_{t=1}^{p} \eta_t z_{tj_0}} = E_0^2 \\
\text{s.t.} \quad & \frac{\sum_{t=1}^{p} \eta_t z_{tj} + u^A}{\sum_{i=1}^{m} v_i x_{ij}} \leqslant 1, j = 1,2,\cdots,n \\
& \frac{\sum_{r=1}^{s} u_r y_{rj} + u^B}{\sum_{t=1}^{p} \eta_t z_{tj}} \leqslant 1, j = 1,2,\cdots,n \\
& \frac{\sum_{t=1}^{p} \eta_t z_{tj_0} + u^A + \sum_{r=1}^{s} u_r y_{rj_0} + u^B}{\sum_{i=1}^{m} v_i x_{ij_0} + \sum_{t=1}^{p} \eta_t z_{tj_0}} = E_0, j = 1,2,\cdots,n \\
& v_i, u_r, \eta_t \geqslant 0 \\
& i = 1,2,\cdots,m \\
& r = 1,2,\cdots,s \\
& t = 1,2,\cdots,p \\
& u^A, u^B \text{无约束}
\end{aligned}
\tag{4-5}
$$

其中第 1 个和第 2 个约束分别表示第一阶段和第二阶段的效率值不能大于 1，第 3 个约束表示之前获得的系统总体效率值不能变化。模型(4-5)等价于式(4-6)的线性规划模型：

$$
\begin{aligned}
\max \quad & \sum_{r=1}^{s} \mu_r y_{rj} + u^2 = E_0^2 \\
\text{s.t.} \quad & \sum_{t=1}^{p} \pi_t z_{tj} + u^1 - \sum_{i=1}^{m} \omega_i x_{ij} \leqslant 0, j = 1,2,\cdots,n \\
& \sum_{r=1}^{s} \mu_r y_{rj} + u^2 - \sum_{t=1}^{p} \pi_t z_{tj} \leqslant 0, j = 1,2,\cdots,n \\
& \sum_{t=1}^{p} \pi_t z_{tj_0} = 1 \\
& \sum_{r=1}^{s} \mu_r y_{rj_0} + u^2 + u^1 - E_0 \sum_{i=1}^{m} \omega_i x_{ij_0} = E_0 - 1 \\
& \omega_i, \mu_r, \pi_t \geqslant 0 \\
& i = 1,2,\cdots,m; \\
& r = 1,2,\cdots,s; \\
& t = 1,2,\cdots,p \\
& u^1, u^2 \text{无约束}
\end{aligned}
\tag{4-6}
$$

在获取了系统总体效率和第二阶段的效率之后，第一阶段的效率的计算如式(4-7)所示：

$$
E_0^1 = \frac{E_0 - w_2 E_0^2}{w_1} \tag{4-7}
$$

反之，如果要先获得第一阶段的效率，则可以利用类似式(4-5)的规划模型在保证系统总体效率不变的前提下先计算第一阶段的效率，然后同样利用式(4-7)计算第二阶段的效率。

由前面的分析可知，在第二阶段的运作过程中，一些贷款可能变为不良贷款，贷款人无法部分或全部偿还这些贷款，从而给银行造成损失，因此，这些不良贷款应被视为非期望输出。本书将人们希望获得的、越大越好的输出(期望输出)称为“好”输出(good output)，用 $y_{rj}, r \in G$ 表示，不希望获得的、越小越好的输出(非期望输出)称为“坏”输出(bad output)，用 $y_{rj}, r \in B$ 表示。然而在模型(4-4)中所有的输出都被认为越大越好，因此，需要对模型(4-4)进行修正，使得非期望输出在模型中被认为越小越好。为此，本书借鉴 Seiford 和 Zhu(2002)提出的转换方法：首先给每个非期望输出项乘上一个“–1”；其次选取一个特定的转换向量 $\boldsymbol{v}$，将其加到每个负的非期望输出项上而使之变正，即转换后的非期望输出为 $\overline{y}_{rj} = -y_{rj} + v_r > 0, r \in B$，其中 $v_r = \max\limits_j \{y_{rj}\} + 1, r \in B$。可以证明，在规模收益可变条件下，经过上面的转换后 DEA 获取的有效前沿面不变。在此，在考虑到“坏”

输出的情况，本书给出一个计算银行的两阶段 DEA 系统总体效率的扩展模型，如式(4-8)所示：

$$
\begin{aligned}
\max\ & \sum_{r\in G}\mu_r y_{rj_0}+\sum_{r\in B}\mu_r \overline{y}_{rj_0}+u^2+\sum_{t=1}^{p}\pi_t z_{tj_0}+u^1=E_0 \\
\text{s.t.}\ & \sum_{t=1}^{p}\pi_t z_{tj}+u^1-\sum_{i=1}^{m}\omega_i x_{ij}\leqslant 0,\ j=1,2,\cdots,n \\
& \sum_{r\in G}\mu_r y_{rj}+\sum_{r\in B}\mu_r \overline{y}_{rj}+u^2-\sum_{t=1}^{p}\pi_t z_{tj}\leqslant 0,\ j=1,2,\cdots,n \\
& \sum_{i=1}^{m}\omega_i x_{ij_0}+\sum_{t=1}^{p}\pi_t z_{tj_0}=1 \\
& \omega_i,\mu_r,\pi_t\geqslant 0 \\
& i=1,2,\cdots,m \\
& r=1,2,\cdots,s \\
& t=1,2,\cdots,p \\
& u^1,u^2\text{无约束}
\end{aligned}
\tag{4-8}
$$

其中 G 代表普通输出(期望输出)的下标集合，B 代表“坏”输出的下标集合。同样，当获取了系统的总体效率值后，通过如式(4-9)所示的模型，可以先计算出第二阶段的效率：

$$
\begin{aligned}
\max\ & \sum_{r\in G}\mu_r y_{rj_0}+\sum_{r\in B}\mu_r \overline{y}_{rj_0}+u^2=E_0^2 \\
\text{s.t.}\ & \sum_{t=1}^{p}\pi_t z_{tj}+u^1-\sum_{i=1}^{m}\omega_i x_{ij}\leqslant 0,\ j=1,2,\cdots,n \\
& \sum_{r\in G}\mu_r y_{rj}+\sum_{r\in B}\mu_r \overline{y}_{rj}+u^2-\sum_{t=1}^{p}\pi_t z_{tj}\leqslant 0,\ j=1,2,\cdots,n \\
& \sum_{t=1}^{p}\pi_t z_{tj_0}=1 \\
& \sum_{r\in G}\mu_r y_{rj_0}+\sum_{r\in B}\mu_r \overline{y}_{rj_0}+u^2+u^1-E_0\sum_{i=1}^{m}\omega_i x_{ij_0}=E_0-1 \\
& \omega_i,\mu_r,\pi_t\geqslant 0 \\
& i=1,2,\cdots,m \\
& r=1,2,\cdots,s \\
& t=1,2,\cdots,p \\
& u^1,u^2\text{无约束}
\end{aligned}
\tag{4-9}
$$

然后，第一阶段的效率也可以通过式(4-7)计算获得。

4.2.3 基于加性两阶段串行 DEA 扩展模型的中国的商业银行效率评价

在过去的十年中，随着政府管制的放松和对外国投资者的开放，中国金融市场发生了显著的变化；伴随着中国经济的起伏、2007 年以来金融风暴的全球扩散、中国政府固定资产投资的膨胀、2008 年中国发生的一系列严重的自然灾害，中国金融市场的变化在 2006～2010 年尤其显著。除此之外，自 2004 年以来，占据着中国的银行市场绝大多数份额的四大国有商业银行都逐步完成了从国有独资银行向国家控股股份制商业银行转变的股份制改革，逐步建立起了现代企业治理结构，规范了管理。与此同时，其余的中国的商业银行通过改革，规范公司治理结构，加强风险管理和内部控制，整合管理和经营流程，提高产品质量和加强服务创新，在这一时期也获得了高速的成长。因此，银行的管理者可能会对银行业的绩效情况比较感兴趣，希望利用效率评价获得的信息，指导未来的决策和管理，以不断提升银行的绩效。基于这个出发点，本书对中国的商业银行 2006～2009 年的效率状况进行了分析。

商业银行系统的运作过程是一个典型的两阶段过程，包括存款吸收子过程和利润获取子过程。在第一阶段，银行利用实物资产、劳动力、营业费用等资源获取客户存款和同业存放，这些存款也被视为中间产出。在第二阶段，银行利用第一阶段产生的存款发放贷款，贷款的大部分一般都能收回从而使银行获利，但其中也有一部分会变成无法收回的不良贷款，给银行造成损失。通过使用加性两阶段 DEA 模型，整个银行系统的总体效率可以计算，同时将整体效率分解为两个子阶段的效率，有助于识别无效性产生的根源。

银行系统的输入项，即第一阶段的输入包括：固定资产(x_1)——实物资产的价值；劳动力(x_2)——全职雇员的数量；营业费用(x_3)——营业过程中的各项支出。银行系统的输出项，即第二阶段的输出包括：税前利润(y_1)——服务活动和投资行为获取的税前利润；贷款(y_2)——贷出的款项总额；不良贷款(y_3)——贷款人可能无法部分或全额偿还的问题贷款。银行系统的中间产出项，即第一阶段的输出和第二阶段的输入：存款(z_1)——客户的活期存款和定期存款；同业存放(z_2)——银行之间的存款。

本书涉及的财务和管理数据来源于 16 家中国的商业银行 2006～2009 年共 64 个样本点，其中包括 5 家大型银行(总资产超过 100 亿元)：中国工商银行(ICBC)、中国农业银行(ABC)、中国银行(BOC)、中国建设银行(CCB)及交通银行(BOCOM)。这 5 家大型银行占据了中国银行市场超过 50%的市场份额，其中前 4 家也被称为四大国有商业银行。总资产为 40 亿～100 亿元的中型银行包括：中信银行(CNCB)、中国民生银行(CMBC)、招商银行(CMB)、上海浦东发展银行(SPDB)及广东发展银行(GGB)。余下的银行是小型银行(总资产不足 40 亿元)：华夏银行(HXB)、兴业银行(IB)、深圳发展银行(SDB)、恒丰银行(EGB)、浙商银行(CZB)及中国光大银行(CEB)。这些银行的所有数据均来源于上市企业的公开年报和中国金融统计年鉴(2006～2009)，以及中国银行业监督管理委员会网站(http://www.cbrc.gov.cn/chinese/home/jsp/index.jsp)。64 个样本点的输入、中间产出、输出数据的描述性统计分析见表 4-1。

表 4-1　64 个样本点的输入、中间产出、输出数据的描述性统计

变量		均值	方差	最小值	最大值
第一阶段的输入	固定资产	24.822	33.767	0.497	111.973
	劳动力	99.903	146.662	0.870	447.519
	营业费用	40.509	50.639	0.586	166.227
中间产出	存款	2062.725	2579.751	21.922	9771.277
	同业存放	211.891	232.335	0.976	931.010
第二阶段的输出	税前利润	30.763	41.829	−0.354	167.248
	贷款	1272.314	1467.687	16.832	5583.174
	不良贷款	52.003	138.182	0.000	818.853

注：劳动力单位为千人；固定资产、营业费用、存款、同业存放、税前利润、贷款和不良贷款单位均为十亿元。

第一阶段评估的效率为银行吸收存款的绩效，第二阶段评估的效率为银行获取利润的绩效，通过使用模型(4-4)，可以计算得到 64 个样本点的系统总体效率 E_0。一家银行往往更关注获取利润的环节，所以利用模型(4-6)先计算第二阶段的效率 E_0^{2*}，然后利用式(4-7)计算第一阶段的效率 E_0^1(表 4-2)。为了便于比较，本书也计算了不考虑 DMU 内部结构即忽视中间产出的黑箱结构的 64 个样本点的整体效率 E_0^b(表 4-3)，以及先计算第一阶段的效率 E_0^{1*}，再计算第二阶段的效率 E_0^2 的最终结果(表 4-4)。

表 4-2　加性两阶段串行 DEA 扩展模型下银行系统总体效率和两个子阶段的效率（先计算 E_0^{2*}）

银行	E_0					E_0^{2*}					E_0^1				
	2006 年	2007 年	2008 年	2009 年	均值	2006 年	2007 年	2008 年	2009 年	均值	2006 年	2007 年	2008 年	2009 年	均值
ICBC	0.808	0.832	0.947	1.000	0.897(7)	0.917	0.911	0.966	1.000	0.949(7)	0.715	0.765	0.929	1.000	0.852(6)
ABC	0.814	0.753	0.594	0.753	0.728(15)	1.000	0.686	0.743	0.845	0.818(15)	0.666	0.810	0.507	0.681	0.666(15)
BOC	0.836	0.885	0.822	1.000	0.886(9)	0.855	0.998	0.868	1.000	0.930(10)	0.818	0.793	0.777	1.000	0.847(7)
CCB	0.797	0.889	0.932	1.000	0.904(6)	0.958	1.000	0.970	1.000	0.982(3)	0.672	0.795	0.897	1.000	0.841(9)
BOCOM	0.684	0.791	0.809	0.950	0.809(13)	0.867	0.997	0.921	0.989	0.943(9)	0.533	0.614	0.703	0.904	0.689(14)
CNCB	0.814	0.908	0.828	1.000	0.887(8)	0.869	0.956	0.958	1.000	0.946(8)	0.771	0.867	0.732	1.000	0.843(8)
CMBC	0.772	0.782	0.806	0.897	0.814(12)	0.966	0.993	1.000	1.000	0.990(2)	0.653	0.651	0.680	0.799	0.696(13)
HXB	0.808	0.82	0.803	0.842	0.818(11)	0.811	0.821	0.869	0.873	0.843(13)	0.807	0.820	0.756	0.818	0.800(10)
CMB	0.766	0.816	0.849	0.942	0.843(10)	0.850	1.000	1.000	1.000	0.963(5)	0.699	0.675	0.636	0.845	0.714(11)
IB	0.969	1.000	0.935	1.000	0.976(2)	0.969	1.000	1.000	1.000	0.992(1)	0.969	1.000	0.884	1.000	0.963(2)
SPDB	0.888	0.899	0.92	0.958	0.916(5)	0.890	0.917	0.915	0.915	0.909(12)	0.886	0.882	0.926	1.000	0.924(4)
SDB	0.885	0.894	0.938	0.999	0.929(3)	0.893	0.946	1.000	0.999	0.960(6)	0.879	0.858	0.892	1.000	0.907(5)
EGB	0.999	0.853	0.886	0.947	0.922(4)	0.683	0.822	0.923	0.859	0.822(14)	1.000	0.871	0.864	1.000	0.934(3)
CZB	1.000	1.000	1.000	0.917	0.979(1)	1.000	1.000	1.000	0.918	0.980(4)	1.000	1.000	1.000	0.917	0.979(1)
CEB	0.802	0.809	0.721	0.854	0.797(14)	0.858	0.930	0.896	1.000	0.921(11)	0.763	0.729	0.613	0.744	0.712(12)
GDB	0.553	0.600	0.732	0.816	0.675(16)	0.698	0.844	0.887	0.806	0.809(16)	0.471	0.479	0.643	0.824	0.604(16)
均值	0.825	0.846	0.845	0.930	—	0.880	0.926	0.932	0.950	—	0.769	0.788	0.777	0.908	—
标准差	0.113	0.096	0.104	0.078	—	0.093	0.091	0.070	0.069	—	0.155	0.137	0.141	0.109	—
最小值	0.553	0.600	0.594	0.753	—	0.683	0.686	0.743	0.806	—	0.471	0.479	0.507	0.681	—
最大值	1.000	1.000	1.000	1.000	—	1.000	1.000	1.000	1.000	—	1.000	1.000	1.000	1.000	—

注：表中( )表示排序情况。

表 4-3　黑箱模型和加性两阶段串行 DEA 扩展模型的整体效率评价结果

银行	E_0^b					E_0				
	2006 年	2007 年	2008 年	2009 年	均值	2006 年	2007 年	2008 年	2009 年	均值
ICBC	0.781	0.752	0.916	1.000	0.862	0.808	0.832	0.947	1.000	0.897
ABC	0.827	0.613	0.447	0.668	0.638	0.814	0.753	0.594	0.753	0.728
BOC	0.767	0.860	0.735	1.000	0.840	0.836	0.885	0.822	1.000	0.886
CCB	0.769	0.880	0.923	1.000	0.893	0.797	0.889	0.932	1.000	0.904
BOCOM	0.486	0.762	0.802	1.000	0.762	0.684	0.791	0.809	0.950	0.809
CNCB	0.744	1.000	1.000	1.000	0.936	0.814	0.908	0.828	1.000	0.887
CMBC	0.708	0.748	0.788	0.895	0.785	0.772	0.782	0.806	0.897	0.814
HXB	0.763	0.780	0.76	0.827	0.783	0.808	0.820	0.803	0.842	0.818
CMB	0.666	1.000	1.000	1.000	0.917	0.766	0.816	0.849	0.942	0.843
IB	0.990	1.000	0.955	1.000	0.986	0.969	1.000	0.935	1.000	0.976
SPDB	0.893	0.932	1.000	1.000	0.956	0.888	0.899	0.920	0.958	0.916
SDB	0.860	0.866	0.907	1.000	0.908	0.885	0.894	0.938	0.999	0.929
EGB	1.000	0.846	0.925	1.000	0.943	0.999	0.853	0.886	0.947	0.922
CZB	1.000	1.000	1.000	0.928	0.982	1.000	1.000	1.000	0.917	0.979
CEB	0.713	0.795	0.620	0.821	0.737	0.802	0.809	0.721	0.854	0.797
GDB	0.403	0.514	0.623	0.735	0.569	0.553	0.600	0.732	0.816	0.675
均值	0.773	0.834	0.838	0.930	—	0.825	0.846	0.845	0.930	—
标准差	0.166	0.141	0.166	0.109	—	0.113	0.096	0.104	0.078	—
最小值	0.403	0.514	0.447	0.668	—	0.553	0.600	0.594	0.753	—
最大值	1.000	1.000	1.000	1.000	—	1.000	1.000	1.000	1.000	—

表 4-4　加性两阶段串行 DEA 扩展模型下银行系统总体效率和两个子阶段的效率（先计算 E_0^{1*}）

银行	E_0					E_0^{1*}					E_0^2				
	2006 年	2007 年	2008 年	2009 年	均值	2006 年	2007 年	2008 年	2009 年	均值	2006 年	2007 年	2008 年	2009 年	均值
ICBC	0.808	0.832	0.947	1.000	0.897	0.715	0.766	0.944	1.000	0.856	0.917	0.911	0.950	1.000	0.944
ABC	0.814	0.753	0.594	0.753	0.728	0.676	0.833	0.506	0.681	0.674	0.987	0.658	0.743	0.845	0.808
BOC	0.836	0.885	0.822	1.000	0.886	0.834	0.799	0.777	1.000	0.853	0.838	0.991	0.868	1.000	0.924
CCB	0.797	0.889	0.932	1.000	0.904	0.680	0.795	0.886	1.000	0.840	0.947	1.000	0.981	1.000	0.982
BOCOM	0.684	0.791	0.809	0.950	0.809	0.533	0.614	0.703	0.904	0.689	0.867	0.997	0.921	0.989	0.943
CNCB	0.814	0.908	0.828	1.000	0.887	0.771	0.867	0.733	1.000	0.843	0.869	0.955	0.956	1.000	0.945
CMBC	0.772	0.782	0.806	0.897	0.814	0.653	0.651	0.680	0.799	0.696	0.966	0.993	1.000	1.000	0.990
HXB	0.808	0.820	0.803	0.842	0.818	0.807	0.820	0.756	0.819	0.800	0.811	0.821	0.869	0.873	0.843
CMB	0.766	0.816	0.849	0.942	0.843	0.699	0.675	0.637	0.845	0.714	0.850	1.000	1.000	1.000	0.962
IB	0.969	1.000	0.935	1.000	0.976	0.969	1.000	0.884	1.000	0.963	0.969	1.000	1.000	1.000	0.992
SPDB	0.888	0.899	0.920	0.958	0.916	0.886	0.882	0.926	1.000	0.924	0.890	0.917	0.914	0.915	0.909
SDB	0.885	0.894	0.938	0.999	0.929	0.879	0.858	0.892	1.000	0.907	0.893	0.946	1.000	0.999	0.959
EGB	0.999	0.853	0.886	0.947	0.922	1.000	0.871	0.864	1.000	0.934	0.310	0.822	0.923	0.859	0.729
CZB	1.000	1.000	1.000	0.917	0.979	1.000	1.000	1.000	0.917	0.979	1.000	1.000	1.000	0.918	0.980
CEB	0.802	0.809	0.721	0.854	0.797	0.763	0.729	0.613	0.744	0.712	0.858	0.929	0.896	1.000	0.921
GDB	0.553	0.600	0.732	0.816	0.675	0.585	0.479	0.643	0.823	0.633	0.498	0.844	0.887	0.806	0.759
均值	0.825	0.846	0.845	0.930	—	0.778	0.790	0.778	0.908	—	0.842	0.924	0.932	0.950	—
标准差	0.113	0.096	0.104	0.078	—	0.142	0.137	0.141	0.109	—	0.183	0.096	0.070	0.069	—
最小值	0.553	0.600	0.594	0.753	—	0.533	0.479	0.506	0.681	—	0.310	0.658	0.743	0.806	—
最大值	1.000	1.000	1.000	1.000	—	1.000	1.000	1.000	1.000	—	1.000	1.000	1.000	1.000	—

从表 4-2 中可以看出，加性两阶段串行 DEA 扩展模型下的有效的 DMU 较黑箱模型下的少，这说明传统的 DEA 模型由于忽略 DMU 的内部结构，不考虑中间产出，而有可能高估银行系统的效率，相比之下，加性两阶段串行 DEA 扩展模型对于识别无效的银行系统更加有效。具体分析各银行效率情况发现：CZB 三次被评为有效(2006～2008 年)；IB 两次被评为有效(2007 年和 2009 年)；另有一家银行 1 次被评为有效(2006 年的 EGB，2009 年的 ICBC、BOC、CCB、CNCB、SDB)。2009 年被评为有效银行的数量较 2006～2008 年要多，平均来看，效率得分 2006～2009 年持续增长。从统计的角度利用 Wilcoxon 配对符号秩检验(Wilcoxon's matched-pairs signed-ranks test，简称 Wilcoxon 检验)(Daniel，1978)对其进行分析发现，在 0.05 的显著性水平下，2007 年的效率值高于 2006 年，2009 年的效率值高于 2008 年，这说明中国的商业银行的效率在 2006～2007 年和 2008～2009 年期间有所升高，然而，2007～2008 年的效率变化却不明显(在黑箱模型下平均效率微弱上升，在加性两阶段串行 DEA 扩展模型下平均效率微弱下降)，这个现象的出现可能是受 2007～2008 年全球性的金融危机影响而使中国的经济增长放缓。

从表 4-3 和表 4-4 可以发现，银行系统的总体效率都在相应的两阶段的效率之间，这是因为 E_0 是 E_0^1 和 E_0^2 的加权算术平均。注意到，绝大多数银行的 E_0^1 都要低于 E_0^2，无论 E_0^1 或是 E_0^2 先被计算，从平均值来看，2006～2009 年的 E_0^1 都要低于 E_0^2，Wilcoxon 检验确认了在 0.01 的显著性水平下 E_0^2 高于 E_0^1，这说明了银行系统的无效或低效主要来源于运营的第一阶段——存款吸收阶段。所有银行中只有 5 家银行在一年或两年内的 E_0^2 低于 E_0^1。特别指出的是 EGB 在 2006 年、2007 年和 2009 年的 E_0^1 都要高于 E_0^2，这说明与其他银行相比，恒丰银行在吸收存款环节的表现较获取利润环节的表现更好。

由于对绝大多数银行来说，获取利润阶段的效率被更加看重，本书主要关注表 4-2 所示的结果，其间 E_0^{2*} 先被计算。注意到表 4-2 中有 9 个样本点(涉及 6 家银行)的两个阶段都被评为有效，相应的系统总体效率值也为 1，这 9 个样本点为(用银行英文名称简写加年份代表)：ICBC 2009、BOC 2009、CCB 2009、CNCB 2009、IB 2007、IB 2009、CZB 2006、CZB 2007、CZB 2008。在第二阶段——利润获取阶段，涉及 7 家银行的 10 个样本点(ABC 2006、CCB 2007、CMBC 2008、CMBC 2009、CMB 2007、CMB 2008、CMB 2009、IB 2008、SDB 2008、CEB 2009)仅在该阶段表现为有效。在第一阶段——存款吸收阶段，涉及 2 家银行的 2 个样本点(SPDB 2009，EGB 2009)仅在该阶段表现为有效。

为了获取更多的关于系统总体效率和各子阶段效率相互关系的信息，下面分析表 4-2 中各银行的平均效率值的排序情况。可以发现，绝大多数银行在三种效率值 E_0、E_0^1、E_0^2 下的排序都较为一致，这说明了系统总体的绩效情况较为平均地来源于其子过程的绩效情况。然而，仍然有 4 家银行在 3 种效率值下的排序出现较大的不一致：CMBC 和 CMB 两家银行 E_0^1 排序（13 和 11）相比 E_0^2 排序（2 和 5）非常不尽如人意；而 SPDB 和 EGB 两家银行 E_0^2 排序（12 和 14）相比 E_0^1 排序（4 和 3）业非常不尽如人意。这些银行两个子阶段效率值排序的最大差异达到 10，而系统 E_0 排序更接近于 E_0^1 排序，这又一次说明这些银行无效的来源主要在第一阶段。至此，可以得出结论：通过加性两阶段串行 DEA 扩展模型将系统总体效率分解为两个子阶段的效率，有助于银行识别无效产生的根源。

由于银行系统的总体效率为两个子阶段效率的聚合，E_0 的排序应该在 E_0^1 和 E_0^2 的排序之间，或者在它们的附近，实际由表 4-2 可知 14 家银行的 E_0 的排序在 E_0^1 和 E_0^2 的排序之间或正好与它们相等，另外两家银行的 E_0 的排序在 E_0^1 和 E_0^2 的排序距离不大于 2 的附近。

由表 4-2 可以发现，平均来看，银行的 E_0^{2*} 从 2006～2009 年持续上升，E_0^1 在 2006～2007 年和 2008～2009 年出现上升，而在 2007～2008 年出现下降。本书再一次使用 Wilcoxon 检验进行分析，结果表明：在 0.05 的显著性水平下，E_0^2 只在 2006～2007 年出现上升，E_0^1 只在 2008～2009 年出现上升，其他时期的效率值变化（无论上升或下降）都不明显。对比表 4-3 所示的总体效率值变化情况和之前的分析，可以得到如下结论：E_0 在 2006～2007 年的上升主要由同期的利润获取阶段的效率上升所造成；E_0 在 2008～2009 年的上升则主要来源于同期的存款吸收阶段效率值上升的贡献，而 2007～2008 年 E_0^2 的不明显上升及 E_0^1 的不明显下降导致了同期 E_0 的变化情况不显著。

上面分析的 16 家中国的商业银行按照资产规模可以被分为大型银行、中型银行和小型银行三类。从银行系统 E_0 平均值来看，2006～2008 年，小型银行的效率最高，大型银行的效率紧随其后，中型银行的效率最低；但在 2009 年大型银行成为效率最高的银行，中型银行仍然效率最差。针对利润获取阶段的平均效率值，2006～2008 年，中型银行表现得最好，小型银行次之，大型银行最差；而在 2009 年，大型银行变得最有效，小型银行变得最差。针对存款吸收阶段的平均效率值，2006～2008 年，小型银行的效率值最高；但在 2009 年，又是大型银行占据了最有效银行的位置。

16 家中国的商业银行按照所有制形式又可以被分为四大国有商业银行（国家控股的股份制商业银行）和一般股份制商业银行。从平均效率来看，2006～2008 年，一般股份制商业银行在系统 E_0 方面较四大国有商业银行表现得更好；2006～2009 年，利润获取阶段四大国有商业银行的效率更高；2006～2008 年，存款吸收阶段一般股份制商业银行的效率更高。

以上为本书利用加性两阶段串行 DEA 扩展模型对中国 16 家商业银行 2006～

2009 年的效率情况进行的研究，从系统总体效率、存款吸收子阶段效率、利润获取子阶段效率三个方面对 64 个样本点的情况进行了详细的分析，得到了许多有助于改善银行效率的信息。

4.3　三阶段串行 DEA 扩展模型的研究及其在供应链效率评价中的应用

4.3.1　评价供应链效率的多阶段串行 DEA 模型提出的背景

对供应链效率进行评价分析，是一个组织提升供应链运行效率的重要基础工作，为了有效地对供应链进行效率分析，需要采用一种合适的模型。一个现实困难是供应链的结构具有多重性，效率评价不仅要针对整条供应链，还要具体分析供应链内的每个成员；另一个现实困难是供应链内不同成员之间面对某项投入、产出可能存在冲突。

DEA 方法是一种用于评价组织效率的很好的模型，但传统的 DEA 方法视 DMU 为黑箱结构，忽视其内部的中间投入、产出，因而无法直接用于评价供应链及其内部成员的效率。由 4.2 节的分析可知，加性两阶段串行 DEA 扩展模型由于考虑到了 DMU 的内部结构和中间产出，也可以被用于供应链的效率评价：整条供应链的运作过程可以被分解为若干子过程，各子过程之间通过中间投入、产出相互联系，供应链整体效率被评价的同时，各子过程的效率也能够得到分析。

Liang 等(2006)通过研究提出了一种基于两阶段 DEA 模型的供应链及其内部成员效率分析的方法，在他们提出的模型中两阶段的供应链被表述为一个卖方—买方结构，二者之间的关系则被假设为一种领导者—跟随者非合作关系或另一种合作关系，基于这两种不同的关系假设，模型研究了供应链及其内部成员的效率评估和分配问题。基于类似的供应链结构，Chen 等(2006a)又提出了一种 DEA 博弈模型用于供应链效率评价，他们证明在其模型中存在多种纳什均衡的效率分配，并从中央控制和非中央控制两个角度对买卖双方的效率分配进行了研究。上述两个研究都只将其提出的供应链效率评价模型进行了虚拟算例的计算分析，Liu 和 Wang (2009)则将两阶段 DEA 方法用在了具体的制造业供应链效率评价问题中，该研究对台湾的印刷电路板生产企业的制造-销售供应链的效率进行了分析，系统的总体效率和制造、销售两个阶段的分效率都得以衡量。

Liang 等(2006)和 Chen 等(2006b)提出的两阶段 DEA 模型稍有不同于 4.2 节分析的加性两阶段串行 DEA 扩展模型，后者的中间产出完全来自第一阶段的产出，并且全部作为第二阶段的投入，此外第一阶段没有其他的产出，第二阶段也没有其他的投入，这种两阶段的结构被认为是最简单的一种结构类型；而前者的模型中第二阶段除了有来自第一阶段产出的投入外，还有直接来自于系统外部的投入，其结构较后者稍微复杂，计算过程也稍微烦琐，但可以代表更一般化的供应链结构。除此之外，近些年，有关两阶段 DEA 的研究又提出了一些新的模型。例如，Chen 等(2010)提出的资源共享型两阶段 DEA 模型：该模型在最简单的两阶段模型中加入了一个同时被两个阶段所共享的投入项，而该投入项不可拆分；又如，Zha 和 Liang(2010)提出的投入自由分配型两阶段 DEA 模型：该模型包括一个可以在两个阶段之间自由配置的投入项，并且该模型给出了假设两个阶段处于不合作状态下各自效率值的上、下界，用于求解含参数的 DEA 线性规划。这些新的改进模型都可以被用作特定结构的供应链效率评价。关于典型的两阶段 DEA 模型及其相互关系的一个综述可以参考 Cook 等(2010)的文献。

上述两阶段 DEA 模型无论为何种结构，实际上都属于如图 4-2 所示的一般化的两阶段 DEA 模型结构的一个特例。

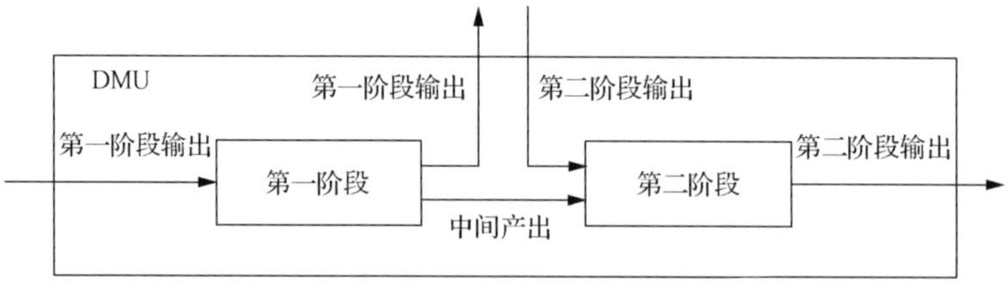

图 4-2　一般化的两阶段 DEA 模型结构

在目前的文献中，还没有完全针对上述一般化模型的研究，Färe 和 Grosskopf(2000)提出的网络 DEA 模型可以被视为最接近于上述结构的模型，他们提出的模型具有一个较为一般化的结构，使得模型可以被用于包含中间投入、产出项的多种生产过程的效率评价，以及特定的动态系统效率分析：动态系统一般可以分为代表性的两个阶段 $P(t)$ 和 $P(t+1)$，每个阶段代表一个评价时点，$P(t)$ 时点的输出被分为两个部分，作为系统最终输出部分的普通输出，以及作为 $P(t+1)$ 时点输入的中间输出；$P(t+1)$ 时点的输入同样被分为两个部分，等同于 $P(t)$ 时点的中间输出的中间输入，以及直接来自系统外部的普通输入，该模型中的 t 代表评价时点。

本书则将考虑一个针对供应链结构更具代表性的三阶段串行 DEA 模型，该模型描述的供应链具有供应商—制造商—分销商三阶段结构(图 4-3)，各阶段之间包含的中间投入、产出将其联系在一起。该模型是借鉴 Färe 和 Grosskopf(2000)提出的模型的思想，对 Liang 等(2006)的两阶段 DEA 模型的一般化扩展。根据反映的供应链中各成员之间的不同关系，本书的三阶段串行 DEA 模型将分为以下三种不同的结构：①非合作供应链结构；②部分合作供应链结构；③合作供应链结构。

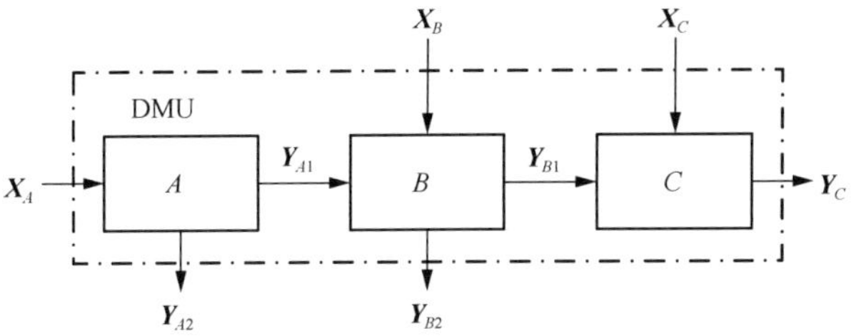

图 4-3　供应链中三阶段串行 DEA 模型结构

4.3.2　三阶段串行 DEA 扩展模型及其在不同供应链结构下的效率分解

三种不同的供应链结构下的 DEA 模型的效率评价顺序有所不同。在非合作供应链结构下，最先评价供应商的效率，接着在供应商效率不被影响的前提下评价制造商的效率，最后在供应商和制造商的效率都不变的基础上评价分销商的效率，本书将这种评价顺序所对应的结构称为后向非合作结构(backward non-cooperative structure)，类似地，评价顺序也可以被颠倒，对应的结构则被称为前向非合作结构(forward non-cooperative structure)。在部分合作供应链结构下，一个联盟可以被建立在供应商和制造商之间或制造商和分销商之间，联盟的效率被定义为其成员效率的算术平均值，先评价联盟的效率，然后在保证联盟的效率值不受影响的前提下再评价余下的一个供应链成员的效率。而在合作供应链结构下，供应链的全体成员被视为组成一个大联盟，其效率被定义为供应商、制造商和分销商三者效率的算术平均值，供应链全体成员的效率被同时评价。

如图 4-3 所示，三阶段供应链中的成员——供应商、制造商和分销商分别用 A、B 和 C 代表，整条供应链作为一个 DMU，$\boldsymbol{X}_A$、$\boldsymbol{X}_B$ 和 $\boldsymbol{X}_C$ 分别是 A、B 和 C 的普通的输入项，$\boldsymbol{Y}_{A2}$、$\boldsymbol{Y}_{B2}$ 和 $\boldsymbol{Y}_C$ 分别是 A、B 和 C 的普通的输出项，$\boldsymbol{Y}_{A1}$ 是 A 和 B 之间的中间投入、产出项，$\boldsymbol{Y}_{B1}$ 是 B 和 C 之间的中间投入、产出项，$\boldsymbol{Y}_{A1}$ 和 $\boldsymbol{Y}_{B1}$ 将整条供应链联系在一起。

假设有 n 条结构相同的供应链，采用传统的 CCR 模型对其进行效率计算，不考虑供应链的内部结构及中间投入、产出，则供应链的整体黑箱效率可以由式(4-10)计算：

$$
\begin{aligned}
&\max \frac{\boldsymbol{U}^{A2}\boldsymbol{Y}_0^{A2}+\boldsymbol{U}^{B2}\boldsymbol{Y}_0^{B2}+\boldsymbol{U}^{C}\boldsymbol{Y}_0^{C}}{\boldsymbol{V}^{A}\boldsymbol{X}_0^{A}+\boldsymbol{V}^{B}\boldsymbol{X}_0^{B}+\boldsymbol{V}^{C}\boldsymbol{X}_0^{C}}=E\\
&\text{s.t.}\ \frac{\boldsymbol{U}^{A2}\boldsymbol{Y}_j^{A2}+\boldsymbol{U}^{B2}\boldsymbol{Y}_j^{B2}+\boldsymbol{U}^{C}\boldsymbol{Y}_j^{C}}{\boldsymbol{V}^{A}\boldsymbol{X}_j^{A}+\boldsymbol{V}^{B}\boldsymbol{X}_j^{B}+\boldsymbol{V}^{C}\boldsymbol{X}_j^{C}}\leqslant 1\\
&\boldsymbol{U}^{A2},\boldsymbol{V}^{A},\boldsymbol{U}^{B2},\boldsymbol{V}^{B},\boldsymbol{U}^{C},\boldsymbol{V}^{C}\geqslant 0;\ j=1,\cdots,n
\end{aligned}
\tag{4-10}
$$

式中，$\boldsymbol{U}^{A2}$、$\boldsymbol{U}^{B2}$、$\boldsymbol{U}^{C}$分别为产出向量$\boldsymbol{Y}^{A2}$、$\boldsymbol{Y}^{B2}$、$\boldsymbol{Y}^{C}$所对应的权重向量；$\boldsymbol{V}^{A}$、$\boldsymbol{V}^{B}$、$\boldsymbol{V}^{C}$分别为投入向量$\boldsymbol{X}^{A}$、$\boldsymbol{X}^{B}$、$\boldsymbol{X}^{C}$所对应的权重向量。

为了同时对供应链整体效率及其成员效率进行评价，并且考虑供应链内的供应商、制造商和分销商之间的关系，本书提出了三种不同结构的三阶段供应链DEA模型。

1. 非合作供应链结构三阶段DEA模型

在该结构下，供应链的三个成员之间没有合作关系，分别进行各自的效率评价，按照后向顺序，首先评价供应商的效率，评价模型如式(4-11)所示：

$$\begin{aligned}
&\max \frac{\boldsymbol{U}^{A1}\boldsymbol{Y}_0^{A1}+\boldsymbol{U}^{A2}\boldsymbol{Y}_0^{A2}}{\boldsymbol{V}^{A}\boldsymbol{X}_0^{A}}=\theta_A\\
&\text{s.t.}\ \frac{\boldsymbol{U}^{A1}\boldsymbol{Y}_j^{A1}+\boldsymbol{U}^{A2}\boldsymbol{Y}_j^{A2}}{\boldsymbol{V}^{A}\boldsymbol{X}_j^{A}}\leqslant 1\\
&\qquad \boldsymbol{U}^{A1},\boldsymbol{U}^{A2},\boldsymbol{V}^{A}\geqslant 0\\
&\qquad j=1,2,\cdots,n
\end{aligned}\tag{4-11}$$

模型(4-11)的最优解为$\boldsymbol{U}^{A1*}$、$\boldsymbol{U}^{A2*}$、$\boldsymbol{V}^{A*}$，最优值为θ_A^*，即供应商的效率值。其次评价制造商的效率，前提是供应商的效率值θ_A^*不变，评价模型如式(4-12)所示：

$$\begin{aligned}
&\max \frac{\boldsymbol{U}^{B1}\boldsymbol{Y}_0^{B1}+\boldsymbol{U}^{B2}\boldsymbol{Y}_0^{B2}}{\boldsymbol{V}^{B}\boldsymbol{X}_0^{B}+\boldsymbol{U}^{A1}\boldsymbol{Y}_0^{A1}}=\theta_{AB}\\
&\text{s.t.}\ \frac{\boldsymbol{U}^{B1}\boldsymbol{Y}_j^{B1}+\boldsymbol{U}^{B2}\boldsymbol{Y}_j^{B2}}{\boldsymbol{V}^{B}\boldsymbol{X}_j^{B}+\boldsymbol{U}^{A1}\boldsymbol{Y}_j^{A1}}\leqslant 1\\
&\qquad \frac{\boldsymbol{U}^{A1}\boldsymbol{Y}_0^{A1}+\boldsymbol{U}^{A2}\boldsymbol{Y}_0^{A2}}{\boldsymbol{V}^{A}\boldsymbol{X}_0^{A}}=\theta_A^*\\
&\qquad \frac{\boldsymbol{U}^{A1}\boldsymbol{Y}_j^{A1}+\boldsymbol{U}^{A2}\boldsymbol{Y}_j^{A2}}{\boldsymbol{V}^{A}\boldsymbol{X}_j^{A}}\leqslant 1\\
&\qquad \boldsymbol{U}^{A1},\boldsymbol{U}^{A2},\boldsymbol{V}^{A},\boldsymbol{U}^{B1},\boldsymbol{U}^{B2},\boldsymbol{V}^{B}\geqslant 0\\
&\qquad j=1,2,\cdots,n
\end{aligned}\tag{4-12}$$

模型(4-12)中第二项约束条件表明制造商在实现最优效率时不能改变供应商已经达到的最优效率，模型(4-12)的最优解为$\boldsymbol{U}^{A1*}$、$\boldsymbol{U}^{A2*}$、$\boldsymbol{V}^{A*}$、$\boldsymbol{U}^{B1*}$、$\boldsymbol{U}^{B2*}$、$\boldsymbol{V}^{B*}$，最优值为θ_{AB}^*，即当供应商达到最优效率时制造商的效率。最后评价分销商的效率，前提是供应商和制造商的效率值θ_A^*和θ_{AB}^*不变，评价模型如式(4-13)所示：

$$
\begin{aligned}
&\max \frac{\boldsymbol{U}^{C}\boldsymbol{Y}_0^{C}}{\boldsymbol{V}^{C}\boldsymbol{X}_0^{C}+\boldsymbol{U}^{B1}\boldsymbol{Y}_0^{B1}}=\theta_{ABC} \\
&\text{s.t. } \frac{\boldsymbol{U}^{C}\boldsymbol{Y}_j^{C}}{\boldsymbol{V}^{C}\boldsymbol{X}_j^{C}+\boldsymbol{U}^{B1}\boldsymbol{Y}_j^{B1}}\leqslant 1 \\
&\quad \frac{\boldsymbol{U}^{B1}\boldsymbol{Y}_0^{B1}+\boldsymbol{U}^{B2}\boldsymbol{Y}_0^{B2}}{\boldsymbol{V}^{B}\boldsymbol{X}_0^{B}+\boldsymbol{U}^{A1}\boldsymbol{Y}_0^{A1}}=\theta_{AB}^{*} \\
&\quad \frac{\boldsymbol{U}^{B1}\boldsymbol{Y}_j^{B1}+\boldsymbol{U}^{B2}\boldsymbol{Y}_j^{B2}}{\boldsymbol{V}^{B}\boldsymbol{X}_j^{B}+\boldsymbol{U}^{A1}\boldsymbol{Y}_j^{A1}}\leqslant 1, \\
&\quad \frac{\boldsymbol{U}^{A1}\boldsymbol{Y}_0^{A1}+\boldsymbol{U}^{A2}\boldsymbol{Y}_0^{A2}}{\boldsymbol{V}^{A}\boldsymbol{X}_0^{A}}=\theta_{A}^{*} \\
&\quad \frac{\boldsymbol{U}^{A1}\boldsymbol{Y}_j^{A1}+\boldsymbol{U}^{A2}\boldsymbol{Y}_j^{A2}}{\boldsymbol{V}^{A}\boldsymbol{X}_j^{A}}\leqslant 1 \\
&\quad \boldsymbol{U}^{A1},\boldsymbol{U}^{A2},\boldsymbol{V}^{A},\boldsymbol{U}^{B1},\boldsymbol{U}^{B2},\boldsymbol{V}^{B},\boldsymbol{U}^{C},\boldsymbol{V}^{C}\geqslant 0 \\
&\quad j=1,2,\cdots,n
\end{aligned}
\tag{4-13}
$$

模型(4-13)中第二项和第四项约束条件表明分销商在实现最优效率时不能改变供应商和制造商已经达到的最优效率，模型(4-13)的最优解为 $\boldsymbol{U}^{A1*}$、$\boldsymbol{U}^{A2*}$、$\boldsymbol{V}^{A*}$、$\boldsymbol{U}^{B1*}$、$\boldsymbol{U}^{B2*}$、$\boldsymbol{V}^{B*}$、$\boldsymbol{U}^{C*}$、$\boldsymbol{V}^{C*}$，最优值为 θ_{ABC}^{*}，即当供应商和制造商都达到最优效率时分销商的效率。

整条供应链的效率可以定义为其成员效率的算术加权平均值：$E_{ABC}=w_A\theta_A^{*}+w_B\theta_{AB}^{*}+w_C\theta_{ABC}^{*}$，其中 $w_A+w_B+w_C=1$，w_A、w_B 和 w_C 可以是评价者根据主观偏好所设定的衡量供应链三个成员重要性的权重，也可以根据模型(4-13)得到的最优解计算三个成员各自消耗的输入量在总输入量中的比重而确定三个成员的权重，如果认为供应商、制造商和分销商在供应链中的重要性相同，则可以简单地取 $w_A=w_B=w_C=1/3$。

本书将上述三阶段 DEA 模型称为“后向非合作供应链三阶段 DEA 模型”，因为模型对供应链各成员的效率进行评价的顺序同供应链中的物流方向一致——从前往后。类似地，评价的顺序也可以颠倒过来，同物流方向相反——从后往前，对应的三阶段 DEA 模型则被称为“前向非合作供应链三阶段 DEA 模型”，该模型首先评价分销商的效率，其次在保持分销商最优效率不变的条件下评价制造商的效率，最后在维持分销商和制造商最优效率都不变的条件下评价供应商的效率。该模型的形式与式(4-11)～式(4-13)类似，此处不再赘述。由于供应链中任何一个成员的效率都可以被最先计算，也可以被最后计算，按照上面的思想，针对任何不同的效率评价顺序，都可以给出相应的效率计算模型。

2. 部分合作供应链结构三阶段 DEA 模型

在上述非合作供应链模型中，第一个评价对象对第二和第三个评价对象有控制作用(因为在其最优效率被确定之后，后两者获取最优效率时权重的选择在一定程度上受附加约束)，第二个评价对象只对第三个评价对象有控制作用，而第三个评价对象不对任何评价对象有控制作用，完全被其他评价对象所控制——这是一种完全非合作关系。

本小节给出一种供应链成员间存在部分合作关系的模型结构，在该结构下，一个联盟被建立在供应商和制造商之间或制造商和分销商之间，联盟的效率最先计算，然后在保持联盟的效率不变的前提下，计算余下的一个成员(分销商或供应商)的效率，其中联盟的效率被定义为其成员效率的加权算术平均值。

假设供应商和制造商之间建立起了一个联盟，他们同时寻求联盟的效率最大化，首先计算联盟的效率，计算模型如式(4-14)所示：

$$
\begin{aligned}
&\max\left\{w_A\frac{\boldsymbol{U}^{A1}\boldsymbol{Y}_0^{A1}+\boldsymbol{U}^{A2}\boldsymbol{Y}_0^{A2}}{\boldsymbol{V}^A\boldsymbol{X}_0^A}+w_B\frac{\boldsymbol{U}^{B1}\boldsymbol{Y}_0^{B1}+\boldsymbol{U}^{B2}\boldsymbol{Y}_0^{B2}}{\boldsymbol{V}^B\boldsymbol{X}_0^B+\boldsymbol{U}^{A1}\boldsymbol{Y}_0^{A1}}\right\}=\theta_{(AB)}\\
&\text{s.t.}\ \frac{\boldsymbol{U}^{A1}\boldsymbol{Y}_j^{A1}+\boldsymbol{U}^{A2}\boldsymbol{Y}_j^{A2}}{\boldsymbol{V}^A\boldsymbol{X}_j^A}\leqslant 1\\
&\quad\ \ \frac{\boldsymbol{U}^{B1}\boldsymbol{Y}_j^{B1}+\boldsymbol{U}^{B2}\boldsymbol{Y}_j^{B2}}{\boldsymbol{V}^B\boldsymbol{X}_j^B+\boldsymbol{U}^{A1}\boldsymbol{Y}_j^{A1}}\leqslant 1\\
&\quad\ \ w_A+w_B=1,\\
&\quad\ \ \boldsymbol{U}^{A1},\boldsymbol{U}^{A2},\boldsymbol{V}^A,\boldsymbol{U}^{B1},\boldsymbol{U}^{B2},\boldsymbol{V}^B\geqslant 0\\
&\quad\ \ j=1,2,\cdots,n
\end{aligned}
\tag{4-14}
$$

式中，w_A 和 w_B 分别为评价者给定的衡量供应商和制造商在联盟中重要程度的权重。由于模型(4-14)无法直接转化为线性规划模型，为简化计算，在此不是简单地取相等的权重 $w_A=w_B=1/2$，而是根据供应商和制造商各自消耗的输入资源量在总的输入资源量中所占的比重确定其权重大小，计算方法如式(4-15)所示：

$$
\begin{aligned}
w_A&=\frac{\boldsymbol{V}^A\boldsymbol{X}_0^A}{\boldsymbol{V}^A\boldsymbol{X}_0^A+\boldsymbol{V}^B\boldsymbol{X}_0^B+\boldsymbol{U}^{A1}\boldsymbol{Y}_0^{A1}}\\
w_B&=\frac{\boldsymbol{V}^B\boldsymbol{X}_0^B+\boldsymbol{U}^{A1}\boldsymbol{Y}_0^{A1}}{\boldsymbol{V}^A\boldsymbol{X}_0^A+\boldsymbol{V}^B\boldsymbol{X}_0^B+\boldsymbol{U}^{A1}\boldsymbol{Y}_0^{A1}}
\end{aligned}
\tag{4-15}
$$

通过式(4-15)可以将模型(4-14)的目标函数转化为

$$\frac{\boldsymbol{U}^{A1}\boldsymbol{Y}_0^{A1}+\boldsymbol{U}^{A2}\boldsymbol{Y}_0^{A2}+\boldsymbol{U}^{B1}\boldsymbol{Y}_0^{B1}+\boldsymbol{U}^{B2}\boldsymbol{Y}_0^{B2}}{\boldsymbol{V}^{A}\boldsymbol{X}_0^{A}+\boldsymbol{V}^{B}\boldsymbol{X}_0^{B}+\boldsymbol{U}^{A1}\boldsymbol{Y}_0^{A1}} \tag{4-16}$$

模型(4-14)的最优解为 $\boldsymbol{U}^{A1*}$、$\boldsymbol{U}^{A2*}$、$\boldsymbol{V}^{A*}$、$\boldsymbol{U}^{B1*}$、$\boldsymbol{U}^{B2*}$、$\boldsymbol{V}^{B*}$，最优值为 $\theta^*_{(AB)}$，即联盟的最优效率值，w_A^* 和 w_B^* 分别为联盟中供应商和制造商的最优权重。

其次，在保证联盟的效率不变的前提下，计算分销商的效率的模型如式(4-17)所示：

$$\begin{aligned}
&\max \frac{\boldsymbol{U}^{C}\boldsymbol{Y}_0^{C}}{\boldsymbol{V}^{C}\boldsymbol{X}_0^{C}+\boldsymbol{U}^{B1}\boldsymbol{Y}_0^{B1}}=\theta_{(AB)C}\\
&\text{s.t.}\ \frac{\boldsymbol{U}^{C}\boldsymbol{Y}_j^{C}}{\boldsymbol{V}^{C}\boldsymbol{X}_j^{C}+\boldsymbol{U}^{B1}\boldsymbol{Y}_j^{B1}}\leqslant 1\\
&\qquad w_A\frac{\boldsymbol{U}^{A1}\boldsymbol{Y}_0^{A1}+\boldsymbol{U}^{A2}\boldsymbol{Y}_0^{A2}}{\boldsymbol{V}^{A}\boldsymbol{X}_0^{A}}+w_B\frac{\boldsymbol{U}^{B1}\boldsymbol{Y}_0^{B1}+\boldsymbol{U}^{B2}\boldsymbol{Y}_0^{B2}}{\boldsymbol{V}^{B}\boldsymbol{X}_0^{B}+\boldsymbol{U}^{A1}\boldsymbol{Y}_0^{A1}}=\theta^*_{(AB)}\\
&\qquad \frac{\boldsymbol{U}^{A1}\boldsymbol{Y}_j^{A1}+\boldsymbol{U}^{A2}\boldsymbol{Y}_j^{A2}}{\boldsymbol{V}^{A}\boldsymbol{X}_j^{A}}\leqslant 1\\
&\qquad \frac{\boldsymbol{U}^{B1}\boldsymbol{Y}_j^{B1}+\boldsymbol{U}^{B2}\boldsymbol{Y}_j^{B2}}{\boldsymbol{V}^{B}\boldsymbol{X}_j^{B}+\boldsymbol{U}^{A1}\boldsymbol{Y}_j^{A1}}\leqslant 1\\
&\qquad w_A+w_B=1\\
&\qquad \boldsymbol{U}^{A1},\boldsymbol{U}^{A2},\boldsymbol{V}^{A},\boldsymbol{U}^{B1},\boldsymbol{U}^{B2},\boldsymbol{V}^{B},\boldsymbol{U}^{C},\boldsymbol{V}^{C}\geqslant 0\\
&\qquad j=1,2,\cdots,n
\end{aligned} \tag{4-17}$$

模型(4-17)的最优解为 $\boldsymbol{U}^{A1*}$、$\boldsymbol{U}^{A2*}$、$\boldsymbol{V}^{A*}$、$\boldsymbol{U}^{B1*}$、$\boldsymbol{U}^{B2*}$、$\boldsymbol{V}^{B*}$、$\boldsymbol{U}^{C*}$、$\boldsymbol{V}^{C*}$，最优值为 $\theta^*_{(AB)C}$，即当联盟达到最优效率时分销商的最优效率。联盟中成员各自的效率则可以通过式(4-18)分别计算：

$$\begin{aligned}
\theta^*_{A/(AB)}&=\frac{\boldsymbol{U}^{A1*}\boldsymbol{U}^{B1*}\boldsymbol{Y}_j^{A1}+\boldsymbol{U}^{A2*}\boldsymbol{Y}_j^{A2}}{\boldsymbol{V}^{A*}\boldsymbol{X}_j^{A}}\\
\theta^*_{B/(AB)}&=\frac{\boldsymbol{U}^{B1*}\boldsymbol{Y}_j^{B1}+\boldsymbol{U}^{B2*}\boldsymbol{Y}_j^{B2}}{\boldsymbol{V}^{B*}\boldsymbol{X}_j^{B}+\boldsymbol{U}^{A1*}\boldsymbol{Y}_j^{A1}}
\end{aligned} \tag{4-18}$$

最后，整条供应链的效率可以定义为供应商和制造商组成的联盟的效率及分销商效率的算术加权平均：$E_{(AB)C}=w_{(AB)}\theta^*_{(AB)}+w_C\theta^*_{(AB)C}$，其中 $w_{(AB)}+w_C=1$，$w_{(AB)}$ 和 w_C 可以是评价者根据主观偏好所设定的衡量供应链内联盟和另一成员重要性的权重，也可以是根据模型(4-17)得到的联盟的最优解计算和另一成员各自消耗的输入量在总输入量中的比重而确定的二者的权重，如果认为供应商、制造商和分销商在供应链中的重要性相同，则可以简单地取 $w_{(AB)}=2/3$ 和 $w_C=1/3$。

类似地，联盟也可以建立在制造商和分销商之间，进而先评价他们的联盟的效率，然后在保持其联盟的效率不变的条件下评价供应商的效率。该模型的形式与式(4.14)和式(4.17)类似，此处不再赘述。至于供应商和分销商建立联盟的情况在现实生活中比较罕见，本书不对该种结构进行建模。

3. 合作供应链结构三阶段 DEA 模型

本小节考虑供应链所有成员完全合作状态下的效率评价模型构建。在合作供应链结构下，供应商、制造商和分销商组成一个大联盟进行效率评价，三者的效率被同时最大化，而联盟的效率被定义为成员效率的加权算术平均值。计算联盟效率即供应链整体效率的模型如式(4-19)所示：

$$
\begin{aligned}
&\max\left[w_A\frac{\boldsymbol{U}^{A1}\boldsymbol{Y}_0^{A1}+\boldsymbol{U}^{A2}\boldsymbol{Y}_0^{A2}}{\boldsymbol{V}^A\boldsymbol{X}_0^A}+w_B\frac{\boldsymbol{U}^{B1}\boldsymbol{Y}_0^{B1}+\boldsymbol{U}^{B2}\boldsymbol{Y}_0^{B2}}{\boldsymbol{V}^B\boldsymbol{X}_0^B+\boldsymbol{U}^{A1}\boldsymbol{Y}_0^{A1}}+w_C\frac{\boldsymbol{U}^C\boldsymbol{Y}_0^C}{\boldsymbol{V}^C\boldsymbol{X}_0^C+\boldsymbol{U}^{B1}\boldsymbol{Y}_0^{B1}}\right]=\theta_{(ABC)}\\
&\text{s.t.}\quad \frac{\boldsymbol{U}^{A1}\boldsymbol{Y}_j^{A1}+\boldsymbol{U}^{A2}\boldsymbol{Y}_j^{A2}}{\boldsymbol{V}^A\boldsymbol{X}_j^A}\leqslant 1\\
&\qquad \frac{\boldsymbol{U}^{B1}\boldsymbol{Y}_j^{B1}+\boldsymbol{U}^{B2}\boldsymbol{Y}_j^{B2}}{\boldsymbol{V}^B\boldsymbol{X}_j^B+\boldsymbol{U}^{A1}\boldsymbol{Y}_j^{A1}}\leqslant 1\\
&\qquad \frac{\boldsymbol{U}^C\boldsymbol{Y}_j^C}{\boldsymbol{V}^C\boldsymbol{X}_j^C+\boldsymbol{U}^{B1}\boldsymbol{Y}_j^{B1}}\leqslant 1\\
&\qquad w_A+w_B+w_C=1\\
&\qquad \boldsymbol{U}^{A1},\boldsymbol{U}^{A2},\boldsymbol{V}^A,\boldsymbol{U}^{B1},\boldsymbol{U}^{B2},\boldsymbol{V}^B,\boldsymbol{U}^C,\boldsymbol{V}^C\geqslant 0\\
&\qquad j=1,2,\cdots,n
\end{aligned}
\tag{4-19}
$$

式中，w_A、w_B 和 w_C 分别为评价者给定的衡量供应商、制造商和分销商在供应链中重要程度权重，也可以根据供应商、制造商和分销商各自消耗的输入资源量在总的输入资源量中所占的比重确定其大小，计算方法如式(4-20)所示：

$$
\begin{aligned}
w_A&=\frac{\boldsymbol{V}^A\boldsymbol{X}_0^A}{\boldsymbol{V}^A\boldsymbol{X}_0^A+\boldsymbol{V}^B\boldsymbol{X}_0^B+\boldsymbol{U}^{A1}\boldsymbol{Y}_0^{A1}+\boldsymbol{V}^C\boldsymbol{X}_0^C+\boldsymbol{U}^{B1}\boldsymbol{Y}_0^{B1}}\\
w_B&=\frac{\boldsymbol{V}^B\boldsymbol{X}_0^B+\boldsymbol{U}^{A1}\boldsymbol{Y}_0^{A1}}{\boldsymbol{V}^A\boldsymbol{X}_0^A+\boldsymbol{V}^B\boldsymbol{X}_0^B+\boldsymbol{U}^{A1}\boldsymbol{Y}_0^{A1}+\boldsymbol{V}^C\boldsymbol{X}_0^C+\boldsymbol{U}^{B1}\boldsymbol{Y}_0^{B1}}\\
w_C&=\frac{\boldsymbol{V}^C\boldsymbol{X}_0^C+\boldsymbol{U}^{B1}\boldsymbol{Y}_0^{B1}}{\boldsymbol{V}^A\boldsymbol{X}_0^A+\boldsymbol{V}^B\boldsymbol{X}_0^B+\boldsymbol{U}^{A1}\boldsymbol{Y}_0^{A1}+\boldsymbol{V}^C\boldsymbol{X}_0^C+\boldsymbol{U}^{B1}\boldsymbol{Y}_0^{B1}}
\end{aligned}
\tag{4-20}
$$

模型(4-19)的最优解为 $\boldsymbol{U}^{A1*}$、$\boldsymbol{U}^{A2*}$、$\boldsymbol{V}^{A*}$、$\boldsymbol{U}^{B1*}$、$\boldsymbol{U}^{B2*}$、$\boldsymbol{V}^{B*}$、$\boldsymbol{U}^{C*}$、$\boldsymbol{V}^{C*}$，最优值为 $\theta^*_{(ABC)}$，即合作状态下的供应链的整体效率。通过利用上述最优解，供应链中各成员的效率计算如式(4-21)所示：

$$\begin{aligned}
\theta^*_{A/(ABC)} &= \frac{\boldsymbol{U}^{A1*}\boldsymbol{Y}_j^{A1}+\boldsymbol{U}^{A2*}\boldsymbol{Y}_j^{A2}}{\boldsymbol{V}^{A*}\boldsymbol{X}_j^{A}} \\
\theta^*_{B/(ABC)} &= \frac{\boldsymbol{U}^{B1*}\boldsymbol{Y}_j^{B1}+\boldsymbol{U}^{B2*}\boldsymbol{Y}_j^{B2}}{\boldsymbol{V}^{B*}\boldsymbol{X}_j^{B}+\boldsymbol{U}^{A1*}\boldsymbol{Y}_j^{A1}} \\
\theta^*_{C/(ABC)} &= \frac{\boldsymbol{U}^{C*}\boldsymbol{Y}_j^{C}}{\boldsymbol{V}^{C*}\boldsymbol{X}_j^{C}+\boldsymbol{U}^{B1*}\boldsymbol{Y}_j^{B1}}
\end{aligned} \tag{4-21}$$

4.3.3　算例分析

为了进一步说明本书提出的三阶段串行 DEA 模型的效率计算过程，下面对一个三阶段供应链效率评价算例进行分析。供应链的输入和输出数据见表 4-5。其中供应商有三个输入 (x_1^A, x_2^A, x_3^A)、两个普通输出 (y_1^{A2}, y_2^{A2}) 和一个中间输出 (y_1^{A1})；制造商有两个普通输入 (x_1^B, x_2^B)，一个中间输入 (y_1^{A1})，两个普通输出 (y_1^{B2}, y_2^{B2}) 和一个中间输出 (y_1^{B1})；分销商有两个普通输入 (x_1^C, x_2^C)，一个中间输入 (y_1^{B1})，三个普通输出 (y_1^C, y_2^C, y_3^C)。表 4-6 显示了通过上述各种结构的三阶段 DEA 模型计算得到的供应链整体效率值及其成员效率值情况。

表 4-5　供应链各成员的输入和输出数据

DMU	X_A			Y_{A1}	Y_{A2}		X_B		Y_{B1}	Y_{B2}		X_C		Y_C		
	x_1^A	x_2^A	x_3^A	y_1^{A1}	y_1^{A2}	y_2^{A2}	x_1^B	x_2^B	y_1^{B1}	y_1^{B2}	y_2^{B2}	x_1^C	x_2^C	y_1^C	y_2^C	y_3^C
1	8	50	1	115	11	15	8	17	34	102	64	24	5	120	68	18
2	11	21	5	127	10	24	12	25	35	109	64	35	10	96	64	9
3	12	39	2	80	20	10	15	30	23	90	69	22	5	108	70	7
4	9	49	3	82	12	20	11	30	29	110	100	19	2	125	74	10
5	7	23	4	123	11	16	10	25	27	88	77	27	8	119	78	8
6	8	44	3	135	8	11	10	25	22	109	89	29	6	150	66	16
7	10	29	10	118	14	25	9	18	30	120	72	15	4	132	60	20
8	9	27	1	126	35	18	15	29	34	80	69	27	7	94	90	7
9	10	49	1	86	9	18	13	15	29	117	60	24	9	142	86	11
10	8	24	2	75	12	19	8	20	20	94	88	25	5	90	77	5

从表 4-6 中可以发现，在黑箱结构下，几乎所有供应链(除 DMU 3 外)都被评为有效，然而这些供应链的成员在非合作结构、部分合作结构及合作结构下的效率却大多不为 1。这说明忽视内部结构的黑箱 DEA 模型会高估供应链的效率，其评价结果粗糙，信息量有限。

表 4-6 不同结构三阶段 DEA 模型下供应链整体效率值及其成员效率值情况

DMU		1	2	3	4	5	6	7	8	9	10
黑箱结构	E	1	1	0.975	1	1	1	1	1	1	1
后向非合作结构	E_{ABC}	0.955 (5)	0.820 (9)	0.750 (10)	0.977 (3)	0.899 (8)	0.962 (4)	1 (1.5)	0.913 (7)	0.939 (6)	1 (1.5)
	θ_A	1 (4.5)	1 (4.5)	0.461 (10)	0.931 (9)	1 (4.5)	1 (4.5)	1 (4.5)	1 (4.5)	1 (4.5)	1 (4.5)
	θ_{AB}	1 (2.5)	0.878 (6)	0.812 (9)	1 (2.5)	0.806 (10)	0.888 (5)	1 (2.5)	0.819 (7)	0.819 (8)	1 (2.5)
	θ_{ABC}	0.865 (9)	0.583 (10)	0.976 (6)	1 (3)	0.891 (8)	1 (3)	1 (3)	0.921 (7)	1 (3)	1 (3)
前向非合作结构	E_{CBA}	0.955 (6)	0.820 (9)	0.757 (10)	0.977 (4)	0.899 (8)	0.962 (5)	1 (2)	0.913 (7)	1 (2)	1 (2)
	θ_C	0.865 (9)	0.583 (10)	0.976 (6)	1 (3)	0.891 (8)	1 (3)	1 (3)	0.921 (7)	1 (3)	1 (3)
	θ_{CB}	1 (3)	0.878 (7)	0.834 (8)	1 (3)	0.806 (10)	0.888 (6)	1 (3)	0.819 (9)	1 (3)	1 (3)
	θ_{CBA}	1 (4.5)	1 (4.5)	0.461 (10)	0.931 (9)	1 (4.5)	1 (4.5)	1 (4.5)	1 (4.5)	1 (4.5)	1 (4.5)
部分(AB)合作结构	$E_{(AB)C}$	0.955 (6)	0.819 (9)	0.725 (10)	0.963 (5)	0.939 (7)	0.925 (8)	1 (2)	0.971 (4)	1 (2)	1 (2)
	$\theta_{(AB)}$	1 (3.5)	1 (3.5)	0.600 (10)	0.945 (8)	0.963 (7)	0.888 (9)	1 (3.5)	1 (3.5)	1 (3.5)	1 (3.5)
	$\theta_{(AB)C}$	0.865 (9)	0.457 (10)	0.976 (6)	1 (3)	0.891 (8)	1 (3)	1 (3)	0.913 (7)	1 (3)	1 (3)
	$\theta_{A/(AB)}$	0.701 (9)	1 (3)	0.459 (10)	0.914 (7)	1 (3)	0.833 (8)	1 (3)	1 (3)	0.998 (6)	1 (3)
	$\theta_{B/(AB)}$	1 (2.5)	0.875 (7)	0.717 (9)	1 (2.5)	0.712 (10)	0.888 (6)	0.936 (5)	0.749 (8)	1 (2.5)	1 (2.5)
部分(BC)合作结构	$E_{(BC)A}$	0.959 (5)	0.843 (8)	0.759 (10)	0.977 (4)	0.890 (7)	0.792 (9)	1 (2)	0.925 (6)	1 (2)	1 (2)
	$\theta_{(BC)}$	0.979 (5)	0.765 (10)	0.907 (6)	1 (2.5)	0.836 (9)	0.898 (7)	1 (2.5)	0.888 (8)	1 (2.5)	1 (2.5)
	$\theta_{(BC)A}$	0.920 (8)	1 (3.5)	0.461 (10)	0.931 (7)	1 (3.5)	0.582 (9)	1 (3.5)	1 (3.5)	1 (3.5)	1 (3.5)
	$\theta_{B/(BC)}$	1 (3)	0.832 (7)	0.812 (9)	1 (3)	0.793 (10)	0.880 (6)	1 (3)	0.819 (8)	1 (3)	1 (3)
	$\theta_{C/(BC)}$	0.865 (9)	0.532 (10)	0.976 (6)	1 (3)	0.889 (8)	1 (3)	1 (3)	0.917 (7)	1 (3)	1 (3)
合作结构	$\theta_{(ABC)}$	0.979 (7)	1 (3.5)	0.800 (10)	1 (3.5)	0.955 (8)	0.898 (9)	1 (3.5)	1 (3.5)	1 (3.5)	1 (3.5)
	$\theta_{A/(ABC)}$	0.760 (9)	1 (3.5)	0.459 (10)	0.913 (7)	1 (3.5)	0.833 (8)	1 (3.5)	1 (3.5)	1 (3.5)	1 (3.5)
	$\theta_{B/(ABC)}$	1 (2.5)	0.816 (7)	0.735 (8)	0.996 (5)	0.646 (10)	0.880 (6)	1 (2.5)	0.698 (9)	1 (2.5)	1 (2.5)
	$\theta_{C/(ABC)}$	0.865 (7)	0.521 (10)	0.800 (8)	1 (3)	0.891 (6)	1 (3)	1 (3)	0.749 (9)	1 (3)	1 (3)

注：( )表示效率值对应的排序。

在部分(AB)合作结构三阶段DEA模型下，DMU 10供应链整体效率为1，且其内部的联盟效率、三个成员的效率都为1；DMU 7和DMU 9两条供应链整体有效，且其内部联盟的效率为1，但是每个联盟中都包含1个非有效的成员；DMU 4、DMU 5和DMU6三条供应链中有一个或两个成员(或在联盟内、或不在联盟内)为有效，但是这三条供应链整体上都非有效，且其内部的联盟也都非有效；DMU 1、DMU 2和DMU 8三条供应链中联盟及其一个成员为有效，但是供应链整体非有效。在部分合作(BC联盟)三阶段DEA模型下也有类似的情况出现，此处不再赘述。

在合作三阶段DEA模型下，整体上有效的供应链包括DMU 2、DMU 4、DMU 7、DMU 8、DMU 9和DMU 10，其中DMU 2、DMU 4和DMU 8包含一个有效成员，DMU 7、DMU 9和DMU 10的所有成员都有效，而DMU 1、DMU 5和DMU 6虽各自包含一个有效成员，但供应链整体非有效。

为了更好地说明不同供应链结构下效率值的差别，本书对不同模型下供应链整体的效率值进行了横向比较：①总体来看，后向和前向非合作结构三阶段DEA模型及两种部分合作结构三阶段DEA模型下的供应链整体效率值不高于合作结构三阶段DEA模型下的供应链整体效率值；②后向和前向非合作结构三阶段DEA模型下的供应链整体效率值大多高于或等于部分(AB)合作结构三阶段DEA模型下的供应链整体效率值；③后向和前向非合作结构三阶段DEA模型下的供应链整体效率值高于和低于部分(BC)合作结构三阶段DEA模型下的供应链整体效率值的个数基本一样；④平均来看，黑箱结构DEA模型下的供应链整体效率值最高，合作结构三阶段DEA模型下的供应链整体效率值次之，部分合作及非合作结构三阶段DEA模型下的供应链整体效率值最低；⑤平均来看，部分合作结构和非合作结构三阶段DEA模型下的供应链整体效率值没有明显的高低之分。

另外，本书对供应链两端的供应商和分销商的在不同模型结构下的效率值也进行了横向比较：①平均来看，无论是供应商还是分销商，非合作结构三阶段DEA模型下的效率值都较部分合作和合作结构三阶段DEA模型下的效率值高；②在非合作结构三阶段DEA模型下，无论是供应商还是分销商，后向模型和前向模型的效率值没有明显的高低之分。

4.4 多阶段串行DEA模型的一般化表示

4.3节中提出的三阶段串行DEA模型是对现有两阶段串行DEA模型的一个扩展，扩展表现在两个方面：一是将投入、产出及中间投入、产出项设置的更加一般化，即考虑中间投入、产出可能的两种类型(来自上一阶段的产出直接全部作为下一阶段的投入，以及直接作为系统输出的中间产出和直接来自系统外输入的中间投入）；二是将模型的阶段增多，使其更具一般性。

按照由两阶段模型向三阶段模型扩展的同样思路，可以将三阶段模型进一步扩展为无穷多阶段的一般化 DEA 模型，本书在写作之初对构建该一般化模型进行的尝试与 Cook 等(2010)最近发表的一篇文章中的工作不谋而合，现综合两个研究成果，给出多阶段串行 DEA 模型的一般化表示，作为对之前多阶段 DEA 模型研究工作的总结。

考虑如图 4-4 所示的一个包含 p 个阶段的 DEA 模型，用 z_0 表示第一阶段的输入向量，而阶段 p 的输出向量包括两种类型 z_p^1 和 z_p^2，这里 z_p^1 代表阶段 p 的普通输出，即其不再作为下一阶段的输入而直接离开 DMU 系统的输出，z_p^2 代表阶段 p 的中间输出，进而成为下一阶段 p+1 的输入，另外对 p+1 阶段，除了有中间输入 z_p^2 外，还有在该阶段才进入 DMU 系统成为阶段 p+1 新的普通输入的 z_p^3，上面的 p=2,3,…。

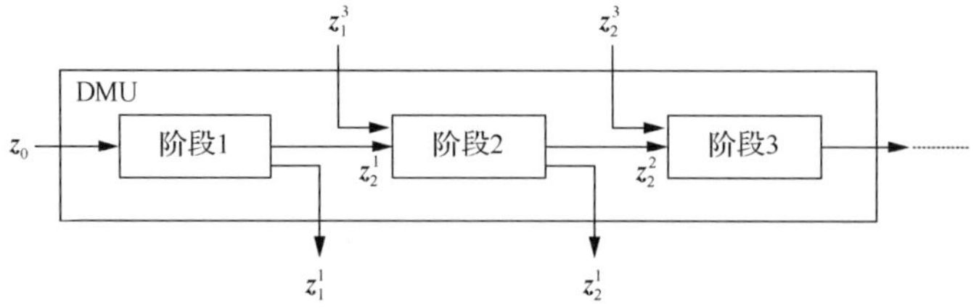

图 4-4　多阶段串行 DEA 模型结构

上述输入、输出可以定义为

(1) z_{pr}^{j1} (r=1,2,…,R_p) 为 DMU$_j$ 中的第 p 阶段的 R_p 维的输出向量中的第 r 项输出，该输出为普通输出，不作为下一阶段的输入而直接离开 DMU 系统；

(2) z_{pk}^{j2} (k=1,2,…,S_p) 为 DMU$_j$ 中的第 p 阶段的 S_p 维的输出向量中的第 k 项输出，该输出为中间输出，作为下一阶段 p+1 的一部分输入；

(3) z_{pi}^{j3} (i=1,2,…,I_p) 为 DMU$_j$ 中的第 p+1 阶段的 I_p 维的输入向量中的第 i 项输出，该输入为普通输入，从 p+1 阶段起新进入 DMU 系统。

注意到，在最后一个阶段 p，所有的输出都被视为普通输出 z_{pr}^{j1}，该输出全部离开 DMU 系统。上述输入、输出对应的权重向量分别定义为

(1) u_{pr} 为输出 z_{pr}^{j1} 对应的权重；

(2) η_{pr} 为输出 z_{pk}^{j2} 对应的权重；

(3) v_{pr} 为输入 z_{pi}^{j3} 对应的权重。

当 p =2,3,…时，DMU$_j$ 的效率值可以表示为

$$\theta_p = \frac{\sum_{r=1}^{R_p} u_{pr} z_{pr}^{j1} + \sum_{k=1}^{S_p} \eta_{pk} z_{pk}^{j2}}{\sum_{k=1}^{S_{p-1}} \eta_{p-1k} z_{p-1k}^{j2} + \sum_{i=1}^{I_p} v_{p-1i} z_{p-1i}^{j3}} \tag{4-22}$$

而 p=1 时第一阶段的效率值为

$$\theta_1 = \frac{\sum_{r=1}^{R_1} u_{1r} z_{1r}^{j1} + \sum_{k=1}^{S_1} \eta_{1k} z_{1k}^{j2}}{\sum_{i=1}^{I_0} v_{0i} z_{0i}^{j}} \tag{4-23}$$

类似于两阶段和三阶段 DEA 模型下对系统整体效率的计算方法，本书将 DMU_j 系统的整体效率定义为其中 p 个阶段效率的加权算术平均：

$$\theta = \sum_{p=1}^{p} w_p \theta_p,\quad \sum_{p=1}^{p} w_p = 1 \tag{4-24}$$

w_p 为衡量各阶段的在 DMU 系统中重要性的权重，该权重应该代表对应阶段的效率对系统整体效率的贡献情况，因此 w_p 权重可以由第 p 阶段消耗的输入资源量占系统总的输入资源量的比重来确定：

$$w_p = \frac{\sum_{k-1}^{S_{p-1}} \eta_{p-1k} z_{p-1k}^{j2} + \sum_{i=1}^{I_p} v_{p-1i} z_{p-1i}^{j3}}{\sum_{i=1}^{I_0} v_{0i} z_{0i}^{j} + \sum_{p=2}^{P}\left(\sum_{k-1}^{S_{p-1}} \eta_{p-1k} z_{p-1k}^{j2} + \sum_{i=1}^{I_p} v_{p-1i} z_{p-1i}^{j3}\right)}, p = 2,3,\cdots \tag{4-25}$$

$$w_1 = \frac{\sum_{i=1}^{I_0} v_{0i} z_{0i}^{j}}{\sum_{i=1}^{I_0} v_{0i} z_{0i}^{j} + \sum_{p=2}^{P}\left(\sum_{k-1}^{S_{p-1}} \eta_{p-1k} z_{p-1k}^{j2} + \sum_{i=1}^{I_p} v_{p-1i} z_{p-1i}^{j3}\right)} \tag{4-26}$$

至此，DMU_j 系统的整体效率可以表示为

$$\theta=\frac{\sum_{p=1}^{P}\left(\sum_{r=1}^{P_p}u_{pr}z_{pr}^{j1}+\sum_{k=1}^{S_p}\eta_{pk}z_{pk}^{j2}\right)}{\sum_{i=1}^{I_0}v_{0i}z_{0i}^{j}+\sum_{p=2}^{P}\left(\sum_{k-1}^{S_{p-1}}\eta_{p-1k}z_{p-1k}^{j2}+\sum_{i=1}^{I_p}v_{p-1i}z_{p-1i}^{j3}\right)} \tag{4-27}$$

最后给出评价多阶段串行 DMU 系统整体效率的 DEA 模型：

$$\begin{aligned}
&\max\sum_{p=1}^{P}\left(\sum_{r=1}^{P_p}u_{pr}z_{pr}^{j_01}+\sum_{k=1}^{S_p}\eta_{pk}z_{pk}^{j_02}\right)\\
&\text{s.t.}\ \sum_{i=1}^{I_0}v_{0i}z_{0i}^{j_0}+\sum_{p=2}^{P}\left(\sum_{k-1}^{S_{p-1}}\eta_{p-1k}z_{p-1k}^{j_02}+\sum_{i=1}^{I_p}v_{p-1i}z_{p-1i}^{j_03}\right)=1\\
&\sum_{r=1}^{R_1}u_{1r}z_{1r}^{j1}+\sum_{k=1}^{S_1}\eta_{1k}z_{1k}^{j2}\leqslant\sum_{i=1}^{I_0}v_{0i}z_{0i}^{j}\\
&\sum_{r=1}^{R_p}u_{pr}z_{pr}^{j1}+\sum_{k=1}^{S_p}\eta_{pk}z_{pk}^{j2}\leqslant\sum_{k=1}^{S_{p-1}}\eta_{p-1k}z_{p-1k}^{j2}+\sum_{i=1}^{I_p}v_{p-1i}z_{p-1i}^{j3}\\
&u_{pr},\eta_{pk},v_{pi},v_{0i}>0\\
&j=1,2,\cdots
\end{aligned} \tag{4-28}$$

上述定义式和模型(4-22)～模型(4-28)完整地给出了多阶段串行 DEA 模型的一种一般化表示形式，一般的两阶段或多阶段串行 DEA 模型均可以表示为该形式的一种特例。

第 5 章　基于 DEA 的系统综合评价集成问题

群组评价的一项重要工作是将不同专家各自进行系统综合评价所得到的评价意见组合在一起，而系统综合评价的一项重要工作是将评价对象的多属性指标值进行集成，对含有定性指标或结构不良的对象的评价往往离不开专家的判断。作为评价的主体，专家以知识、经验为基础，运用直觉思维方法进行判断，发挥多种功能，如设定评价目标、建立评价结构、建立评价指标体系、确定评价指标权重、确定(定性的)评价指标值等，专家的偏好和水平对评价结果会有重要影响。要提高专家评价质量，一方面要把好遴选专家这一关，选择合适的专家参加评价；另一方面，在群组评价时，若采用加权方法将专家意见组合起来，则要对不同专家的评价信息赋予适当的权重，权重的设置成为衡量专家评判能力高低的一项重要指标，反映了评价组织者对不同专家评价结论的“信任度”差异。确定专家权重是对评价专家的评价，是度量评价专家判断信息重要程度的过程，有助于保证评价的质量，同时也为遴选评价专家提供了定量依据。

在综合评价过程中，各种评价方法都有适用范围和条件，也都有优缺点，仅采用一种评价方法进行评价一般具有一定的片面性。为解决单一评价方法的不足，人们最自然的想法就是将不同评价方法进行组合，在各类评价方法中选取有代表性的几种方法对同一问题进行评价，对这几种方法的评价结果通过适当的途径进行组合，以得到组合评价结果，从而实现各方法之间的优势互补，获得更为合理和科学的评价结论，这就是组合评价。组合评价不同于组合赋权，但其初衷是一致的，都是为弥补单一评价方法的不足。组合评价是将各种评价方法所得到的评价结果进行综合，得出组合评价结论，而组合赋权则是对主、客观赋权方法下所得到的指标权重向量进行组合，得到组合权重，进而用于综合评价，组合赋权包含于组合评价。评价方法的组合，可以是不同权重确定方法的组合，也可以是不同评价方法所得评价结果的组合。

在 DEA 的系统综合评价扩展问题研究的基础上，本章将进行基于 DEA 的系统综合评价集成问题研究。针对群组评价中专家赋权的问题，本书采用 DEA 模型进行分析，从专家将输入的评价信息转化为输出的评价结论的角度，直接综合专家的先验信息和后验信息，进而给出专家权重；针对结合 DEA 方法的组合评价问题，借鉴 DEA 方法中的偏好锥概念及多属性决策中的理想点概念，结合群组决策方法，提出一种群组统一偏好锥 DEA 系统评价方法*。

---

* 本章的部分内容曾发表于以下文章：

王重军，王科. 2010. 群组统一偏好锥DEA方法及其在通信设备供应商评价中的应用. 昆明理工大学学报(理工版)，35(4)：119-124.

5.1 群组评价专家赋权问题和围绕 DEA 的组合评价问题概述

5.1.1 专家赋权问题

将评价专家组中各专家对评价对象的个体意见集结成为专家组的群体意见，是群组评价的一项重要工作。在群组评价领域，研究多集中在评价数据的处理、评价信息的综合等问题上，对于评价者本身的选择、评价者可信度的判断的研究相对较少。传统的研究假设群组评价是在评价者完全理性、评价者之间完全公平的条件下给出评价信息的(孟波，1995; 孟波和付微，1998)，然而实际上评价者在对具体问题进行评价时，往往都是依赖于自己的偏好对事物的效用进行判断。一方面评价者自身水平存在差别，另一方面评价者对不同问题的偏好也存在差别，从而可能造成评价结果差别很大，由各评价者给出的个体评价结论集结成的群组评价结论就可能不准确、不客观。因此，要提高评价的准确性和客观性，就应该对评价者的评价水平进行评判。

在综合评价过程中，通常是由专家分别给出各自的评价信息，然后再将这些信息按照某种方法综合为最终评价结论。在综合专家评价信息的过程中，最早使用的是算术平均法，该方法赋予每个专家以等权，即不考虑专家评判水平及所作判断可信度的差异；后来使用对除去极端值后剩下的评分进行算术平均的方法，该方法实际是加权平均的一种特例。在实际的评价过程中，各个专家受到知识结构、对评判方案了解程度、评判水平和专家自身的偏好等众多因素的影响，作出判断的质量必然存在差异。在群组评价中，对各个专家的评判结果进行集结时，无论采用何种具体的方法，都不能忽略专家水平和评价质量的差异，应该通过对专家(或专家评价信息)赋权来反映专家个体评价信息在集结形成群组评价结论过程中的重要程度，同时通过对专家个体评价信息进行不断调整，最终形成统一的专家群体评价结论。

因此，运用科学的方法评价专家水平和评价质量的差异，进而给专家评价信息赋予不同的权重，直接影响评价结果的准确性，是专家群组评价信息集结的关键，也是评价活动成败的关键(Vargas，1990)。

权重是在多属性决策中出现的概念，是指由决策人将相对于各个同性的效用函数集结为决策人的总的效用函数时，各属性效用函数的相对重要程度。梁樑等(2005)认为专家权重是指群效用函数的集结中，决策者在形成群决策时的重要程度，即决策者在群决策过程中的决策权力。Zio(1996)利用层次结构系统分析了群决策中影响专家判断的主要因素，并将这些因素归结为六个方面：专家的个人知识、专家掌握的信息、专家评判的无偏好性、专家的独立自主性、专家的以往经验、专家的评价表现，然后采用 AHP 根据上述因素，对专家进行两两比较，进而为专家的评价结论赋权，文章提出的对影响专家判断因素的这种分类思想为量化专家判断信息的可靠性，进而计算专家权重提供了一种思路。

目前研究专家赋权的文献一般将专家权重分为主观权重和客观权重(宋光兴和邹平，2001)，主观权重通常用 AHP、德尔菲(Delphi)等方法判定，或者根据专家的职称、职务、评审档案等现有信息为专家赋权，或者通过同一专家组内成员进行相互评价为专家赋权。每个专家的专业水平、经验、知识结构、相关成就、综合能力、对被评问题的熟悉程度、既往的评价业绩都存在差异，专家进行评价时，上述因素在一定程度上反映了专家评价水平的差异，这些差异会导致专家评价信息可信度的差异，因此在确定专家权重时利用主观权重的方法有其合理性。Ramanathan 和 Ganesh (1994)指出在将评价者个体意见集结成群体意见时，使用加权平均的效果较几何平均更好，但是需要预先确定评价者的权重，文章采用群体内部专家相互进行主观评价的方法确定专家权重，其前提条件是专家之间有较高的熟知程度。胡毓达和田川(1996)同样采用群体中全体专家相互进行重要性评价的方法确定专家权重。张忠诚(2006)给出了一个专家可信度分析表，提出从专家知名度、职称、学历、判断依据、熟悉程度、自信度六个方面对参与专家进行综合评价，进而给出每个专家的可信度向量。王硕等(2000)也根据类似的信息对专家进行主观赋权。

但是在实际评价决策过程中，专家所作判断的可信度并不一定与其主观权重相一致，同一名专家在不同的评价决策中，其可信度也是不相同的。另外，在一些特定的群组评价中，可以认为同一专家组内的专家具有相同的专业水平和知识结构，具有相似的经验、成就和能力，甚至具有相同的学历、职称等，即可以认为专家具有相同的重要性，进而具有相同的主观权重。这时为了全面反映各评价者在评价过程中的作用，还应该根据具体的群组评价问题及群组评价方法确定评价者所作评价的可信度(梁樑等，2005)，这种可信度应该由评价者评价结果及其相互关系确定，其也应该作为专家权重的一部分，即客观权重。

一般认为专家给出的评价信息的质量越高，则该专家的评价工作越有效，因而应该给该专家赋予更高的权重(张荣和刘思峰，2009)。宋光兴和邹平(2001)认为决策者的客观权重应该通过决策者根据具体决策问题给出的 AHP 判断矩阵的一致程度，以及不同专家判断矩阵的相似程度衡量，即用专家给出的判断矩阵的一致性和相似性反映评价信息的质量。文章中给出了四种确定判断矩阵一致性的方法和一种确定判断矩阵相似性的方法，并对四种一致性判断方法进行了优劣比较。梁樑等(2005)认为，群组评价信息合成时，专家客观权重的确定主要应该考虑专家的个体可信度权重和专家的群体可信度权重两方面，文章通过提取专家判断矩阵的信息，得到专家判断的个体一致程度，从而确定其个体可信度权重，通过比较各专家判断矩阵之间的相似程度，得到各专家判断的群组一致程度，从而确定其群体可信度权重，最终确定专家的客观权重。Xu (2001) 和徐泽水 (2001) 采用相同的思路对专家进行赋权，即考察专家判断矩阵自身的某种偏差，再根据偏差的大小确定专家权重。该方法可以被认为是根据判断矩阵一致性确定专家权重的方法。梁樑等 (2004) 提出的方法是通过建立专家判断矩阵中包含的直接判断信息与间接判断信息之间的相互关系，确定专家意见的一致程度，从而确定专家判断的相对可信度。陈华友 (2008) 在判断矩阵相容性概念的基础上，提出了基于相容性准则下专家赋权方法，并通过构建和求解优化模型得到专家权重。张荣和刘思峰 (2009) 综合考虑专家给出的判断矩阵的一致性和属性权重的一致性，也采用通过构建和求解优化模型的方法获得专家权重。

上述用于评判专家评价可信度的判断矩阵都是互反判断矩阵，实际评价活动中专家给出的评价信息还可能是直接的排序向量、评价矩阵，或是互补判断矩阵。宋光兴和邹平 (2001) 给出了根据排序向量确定决策者客观权重的方法，周宇峰和魏法杰 (2006a，2006b) 则研究了根据模糊判断矩阵信息确定专家权重的方法。周宇峰和魏法杰 (2006a) 还根据判断信息的来源将专家权重分为先验权重和后验权重（其内涵与上面提到的主观权重和客观权重类似），并认为专家的最终权重应该是先验权重和后验权重的综合。

5.1.2 围绕 DEA 方法的组合评价问题

1) DEA 方法与 AHP 方法的组合问题

目前对 DEA 方法与 AHP 方法进行组合的研究可以分为以下几类。

(1) 利用 AHP 方法获得评价指标的主观权重，利用 DEA 方法获得评价指标的客观权重，将主、客观权重合成为综合权重。AHP 方法给出的指标重要性判断矩阵是由评价者给出的，必然受到评价者的知识结构、判断水平、个人偏好等许多主观因素的影响，由此获得的权重属于主观权重。DEA 方法以各 DMU 的输入、输出指标对应的权重为变量，计算得出的是各指标在优先意义下的权重，不受主观因素的影响，属于客观权重。将主、客观权重进行组合，能发挥不同赋权方法各自的优势，使得综合评价方法更加完善。杜栋和庞庆华 (2006) 对供应商的持续发展能力的综合评价，以及王旭等 (2008) 对战略性供应商的选择都采用了这样的组合赋权方式。

(2) 利用 AHP 方法构造的约束锥对 DEA 方法的权重进行限制。DEA 方法在输入、输出观测数据的基础上，采用变化权重对各 DMU 进行评价，这样的评价结果不受任何人为因素的影响，但也反映不出输入、输出各指标之间确实存在的重要程度的不同，从而使得评价结果仅仅依赖于最初的输入、输出数据。在实际评价问题中，往往需要反映决策者对指标重要程度的偏好，这时可以利用 AHP 方法根据决策者的主观偏好构造判断矩阵以形成 AHP 约束锥，将该约束锥引入 DEA 模型，能够实现对 DEA 方法权重的限制，使主观和客观分析相结合，进而使 DEA 方法的评价结论更合理。吴育华等(1999)的研究采用了这种方法。

(3)利用 DEA 方法对 DMU 进行两两比较效率计算，用相对效率的比值作为 AHP 判断矩阵的元素，进而通过矩阵计算对所有 DMU 进行评价排序。该类研究通过 DEA 方法构造 AHP 判断矩阵时有两种方法：一是利用 CCR 模型计算每个 DMU 的效率值，然后对 DMU 按效率值进行两两比较，得到两两比较的相对效率比值，利用比值构造 AHP 判断矩阵。二是利用超效率 DEA 模型计算每两个 DMU 相互比较的效率值，作为 AHP 判断矩阵的元素。第一种方法所得的判断矩阵具有完全一致性，第二种方法所得的判断矩阵需要进一步作一致性检验。利用 AHP 判断矩阵就可以计算各 DMU 的排序情况。黄绍服和赵韩(2004)的研究属于上述第一种方法，而卢纪华和李艳(2008)的研究则属于第二种方法。

2) DEA 方法与灰色系统类综合评价方法的组合问题

加权灰色关联分析方法在进行综合评价时，权重系数的确定没有统一的方法，而具有很大的主观随意性，导致该评价方法计算出的结论未必准确合理。鉴于此，杨印生等(2003)提出了一种基于 DEA 方法的加权灰色关联分析模型，该方法综合了 DEA 和灰色关联度分析两种方法的优点，在灰色关联度分析模型求解过程中辅助以 DEA 方法模型，利用 DEA 方法求解每个评价因素各点关联系数的权重向量，从而计算出相对最优的关联度，实现对各因素客观的优先排序。基于 DEA 方法的加权灰色关联分析方法既克服了确定权重时的主观性，又通过非均一化的赋权方法达到了优先序的最优性，从而实现了分析结果的合理性。郝合瑞等(2008)也采用了类似的 DEA 方法与灰色关联度分析相结合的评价方法。

3) DEA 方法与模糊综合评价方法的组合问题

DEA 方法在应用过程中，最关键的步骤是输入、输出指标体系的确定和各 DMU 在相应的指标体系之下的输入、输出数据的获取，传统的 DEA 模型所涉及的指标体系是确定的，投入、产出数据是确定的，所以传统的 DEA 模型也被认为是确定型模型。实际评价问题中往往存在大量的不确定信息，对于这类评价问题，确定型 DEA 模型存在缺陷，将 DEA 方法与模糊综合评价方法进行组合的一个重要目的是力图使 DEA 方法能够处理含有不确定性因素的评价问题。

模糊综合评价方法目前在许多领域都得到了广泛的应用，已经成为一种重要的系统综合评价方法，但是在模糊综合评价过程中，各因素的权重分配主要靠决策者的主观判断，随意性较大，而且当因素较多时，权重往往难以恰当地分配，另外模糊综合评价方法一般仅能提供评价对象优劣程度的信息，却无法给出较劣对象的无效原因。而将 DEA 方法引入模糊综合评价，能够较好地克服上述不足。

杜栋和庞庆华(2006)提出的基于 DEA 方法的模糊综合评价模型，利用各评价因素在不同评价等级上的隶属度信息作为 DEA 方法的输入、输出指标值，采用 CCR 模型分别计算每个 DMU 在每个因素上的效率值合成的各 DMU 的综合效率值作为其最终评价结论。刘英平等(2007)提出的基于改进模糊 DEA 的产品设计方案评价模型，首先将指标值转化为无量纲的梯形模糊数，其次以梯形模糊数为基础，以不完全权重信息为约束，建立只有输出指标且含有偏好信息的模糊 DEA 模型，最后通过取模糊数截集的方法，将模糊 DEA 模型转化为确定性模型并求解，获得各方案的综合评价结论。王美强等(2009)针对输入、输出数据为模糊数，而效率值为准确值的模糊 DEA 模型在进行评价时可能出现多个 DMU 同时有效，而无法对所有 DMU 进行完全排序的情况，提出了利用模糊数的基于 α-截集比较规则的模糊条件下的超效率 DEA 模型，不仅能对模糊 DMU 进行效率评价，而且解决了 DMU 的完全排序问题。

5.2 基于评价有效性确定专家权重的 DEA 方法

5.2.1 方法提出的背景

目前有关专家赋权的研究中，按照影响专家评价质量的因素划分，确定专家权重的方法大致可以分为通过先验信息为专家赋权和通过后验信息为专家赋权两大类。确定专家权重的先验信息一般指专家的与评价有关的知识、能力、水平、经验、责任心等(周宇峰和魏法杰，2006b)，由先验信息确定的专家权重一般被称为主观权重；而后验信息一般指专家给出的评价信息的质量(张荣和刘思峰，2009)，由后验信息确定的专家权重一般被称为客观权重。周宇峰和魏法杰(2006a)在专家赋权过程中，利用反映专家评价水平的先验信息，确定专家的先验权重，利用基于互补判断矩阵信息的专家判断矩阵自身的一致性和与群体综合判断的一致性等后验信息，确定专家的后验权重，进而将先验权重和后验权重组合成为专家的最终权重。该专家赋权方法的优势在于更为全面地考虑了多种可能影响专家评价信息质量的主、客观因素，即组合利用先验权重和后验权重反映专家信息在集结时的重要程度，但该方法的不足在于，权重的计算过程烦琐，将后验信息转化为后验权重的过程中需要经过多次信息的转换和修正，其过程必然造成信息的失真，且这种转化和修正的评价意义不明确，从而降低了专家赋权结果的可靠性和合理性。

本书认为，确定专家权重的过程就是一个对专家进行综合评价的过程，一方面应尽可能全面考虑影响专家评价信息质量的各种因素，即综合考虑多种先验和后验信息；另一方面应选择合理的信息集结方式将先验和后验信息科学地合成，在合成中应尽可能减少信息转换和调整，避免有效信息的丢失和无效信息的干扰。同时本书也认为，专家给出评价信息的过程是专家凭借自身的知识能力和经验，将对评价对象的认识转化为对评价对象的价值判断的一个输入、输出过程，专家评价质量的好坏应该由评价过程的相对有效性衡量，即可以通过专家评价的相对有效性确定专家权重。

DEA 方法是评价 DMU 输入、输出转化效率的一种非参数方法，在综合评价时该方法在客观地为各属性赋权的同时，也提供了将各属性值集结为综合评价结论的途径。本书研究专家权重的确定，首先从对专家进行综合评价的角度考虑，将合理选择和计算专家评价的先验和后验信息作为判断专家评价有效性的属性值；其次从专家评价信息转换有效性的角度考虑，采用 DEA 交叉效率模型并利用上述先验和后验信息，分析计算各专家评价的相对有效性，进而为专家赋权。

5.2.2　专家评价有效性的先验信息和后验信息

综合评价时，多位专家凭借其知识能力和经验对评价对象作出判断，各专家在知识结构、专业水平、评价经验、评价绩效、问题熟悉程度和评价认真程度等方面都存在差异。上述这些因素在不同程度上都会造成专家评价质量的差异，因此在确定专家权重时应该考虑这些因素。这些因素全部或部分来源于以往资料和经验信息，来源于专家的相互评价和评价组织者对专家的评价信息，都是在专家评价之前可以获取的信息，因此属于专家评价有效性的先验信息。

本书考虑选取三个指标来获取专家评价的先验信息：专业知识水平 x_1、问题熟悉程度 x_2、以往评价绩效 x_3。专业知识水平的衡量应综合考虑专家的学历、职称和知名度，以及专家的知识能力满足评价要求的程度；问题熟悉程度的衡量应综合考虑专家的专业领域和评价问题的相关程度，以及专家对评价的自信程度；以往评价绩效的衡量应考虑专家既往类似评价的质量和效果。前两个指标的信息可以通过专家自评与互评获取，第三个指标的信息则通过收集和分析历史记录资料确定。先验信息可通过打分法进行量化，用向量 $\boldsymbol{X}=(x_1, x_2, x_3)$ 表示。

在综合评价过程中，存在各种不确定性和干扰因素，专家所作出的判断的可靠性并不能完全通过其先验信息反映，另外，专家在本次评价时的认真程度和责任心可能也不同于其以往的评价，因此还应该对专家当前评价的可靠性进行判断，将专家评价的可靠性信息作为确定专家权重的考虑因素。这个因素的衡量需要在专家作出评价后才能进行，因此属于专家评价有效性的后验信息。最终评价结论是通过各专家根据特定评价目标在一定评价准则下各自作出判断并给出评价信息后，采取某种方法对信息进行合成获得的综合结论，因此各专家评价的可靠性可以根据各专家作出的个体判断本身的可靠性，以及个体判断与群体综合判断的一致程度来衡量。

本书考虑选取两个指标来获取专家评价的后验信息：专家个体判断自身的一致情况、专家个体判断与群体综合判断的一致情况。后验信息一般根据专家给出的判断信息矩阵计算获得，用向量 $\boldsymbol{Y}=(y_1, y_2)$ 表示，y_1 表示个体判断一致性，y_2 表示个体判断与群体判断一致性。常见的判断信息矩阵包括互反判断矩阵和互补判断矩阵两类，下面分别给出基于两类判断矩阵的后验信息计算方法。

1）基于互反判断矩阵的后验信息计算方法（宋光兴和邹平，2001）

设专家 $k(k=1,2,\cdots,s)$ 给出的判断矩阵为互反判断矩阵 $\boldsymbol{A}_k$，若 $\boldsymbol{A}_k$ 自身的一致程度较高，则 $\boldsymbol{A}_k$ 的可信度一般也较高，专家 k 的判断在群体判断中的作用也应该较大，本书采用 $\boldsymbol{A}_k$ 的导出矩阵的导出向量与完全一致的互反判断矩阵的导出矩阵的导出向量之间的夹角余弦来衡量 $\boldsymbol{A}_k$ 的一致性，用 y_1 表示。

设互反判断矩阵 $\boldsymbol{A}=(a_{ij})_{n\times n}$ 的排序向量为 $\boldsymbol{W}=(w_1,w_2,\cdots,w_n)^{\mathrm{T}}$，令

$$c_{ij}=\frac{a_{ij}}{\sum_{i=1}^{n}a_{ij}}\cdot\frac{1}{w_i},i,j=1,2,\cdots,n \tag{5-1}$$

则称矩阵 $\boldsymbol{C}=(c_{ij})_{n\times n}$ 为 $\boldsymbol{A}$ 的导出矩阵。排序向量 $\boldsymbol{W}$ 可取 $\boldsymbol{A}$ 的最大特征值对应的特征向量，或利用“和法”等确定。若互反判断矩阵 $\boldsymbol{A}$ 为完全一致性矩阵，则其导出矩阵 $\boldsymbol{C}$ 中所有元素均为 1，记为 $\boldsymbol{C}_0$。

设矩阵 $\boldsymbol{B}=(b_{ij})_{n\times n}$ 为 n 阶矩阵，则称 n^2 维向量 $\mathrm{vec}(\boldsymbol{B})=(b_{11},b_{21},\cdots,b_{n1},\cdots,b_{1n},b_{2n},\cdots,b_{nn})^{\mathrm{T}}$ 为矩阵 $\boldsymbol{B}$ 的导出向量。$\boldsymbol{A}_k$ 的导出矩阵记为 $\boldsymbol{C}_k=(c_{ij}^k)_{n\times n}$，则其导出向量为 $\mathrm{vec}(\boldsymbol{C}_k)=(c_{11}^k,c_{21}^k,\cdots,c_{n1}^k,\cdots,c_{1n}^k,c_{2n}^k,\cdots,c_{nn}^k)^{\mathrm{T}}$，设导出向量 $\mathrm{vec}(\boldsymbol{C}_k)$ 和 $\mathrm{vec}(\boldsymbol{C}_0)$ 的夹角为 α_k，则夹角余弦为

$$\cos\alpha_k=\frac{[\mathrm{vec}(\boldsymbol{C}_k),\mathrm{vec}(\boldsymbol{C}_0)]}{\|\mathrm{vec}(\boldsymbol{C}_k)\|\cdot\|\mathrm{vec}(\boldsymbol{C}_0)\|} \tag{5-2}$$

$\cos\alpha_k$ 越大，则 $\mathrm{vec}(\boldsymbol{C}_k)$ 和 $\mathrm{vec}(\boldsymbol{C}_0)$ 越接近，表明 $\boldsymbol{A}_k$ 的导出矩阵 $\boldsymbol{C}_k$ 越接近 $\boldsymbol{C}_0$，即 $\boldsymbol{A}_k$ 的一致性越好。因此，本书采用 $\cos\alpha_k$ 作为衡量专家个体判断一致性的后验信息 y_1。

类似地，若个体判断矩阵 $\boldsymbol{A}_k$ 与群体综合判断矩阵 $\bar{\boldsymbol{A}}$ 的一致程度较高，则 $\boldsymbol{A}_k$ 的可信度也应该较高，$\boldsymbol{A}_k$ 在 $\bar{\boldsymbol{A}}$ 中的作用也应该较大，但是在确定各专家权重之前是无法得到 $\bar{\boldsymbol{A}}$ 的，因此，本书取 $\boldsymbol{A}_k$ 与其他各专家的判断矩阵的相似程度越高，代表 $\boldsymbol{A}_k$ 的可信度越高。

对于 A_k 的导出矩阵的导出向量 $\mathrm{vec}(\boldsymbol{C}_k)=(c_{11}^k,c_{21}^k,\cdots,c_{n1}^k,\cdots,c_{1n}^k,c_{2n}^k,\cdots,c_{nn}^k)^{\mathrm{T}}$，令

$$r_{ij}=\cos\alpha_{ij}=\frac{\left[\mathrm{vec}(\boldsymbol{C}_i),\mathrm{vec}(\boldsymbol{C}_j)\right]}{\left\|\mathrm{vec}(\boldsymbol{C}_i)\right\|\cdot\left\|\mathrm{vec}(\boldsymbol{C}_j)\right\|} \tag{5-3}$$

式中，r_{kj} 为向量 $\mathrm{vec}(\boldsymbol{C}_i)$ 和 $\mathrm{vec}(\boldsymbol{C}_j)$ 的夹角余弦。$0<r_{ij}\leqslant 1$，当且仅当 $\mathrm{vec}(\boldsymbol{C}_i)=\mathrm{vec}(\boldsymbol{C}_j)$ 时，$r_{ij}=1$，r_{ij} 反映了判断矩阵 $\boldsymbol{A}_i$ 与 $\boldsymbol{A}_j$ 的相似程度。令

$$r_k=\sum_{j=1,j\neq k}^{s}r_{kj},j=1,2,\cdots,s \tag{5-4}$$

式中，为每个专家的判断矩阵 $\boldsymbol{A}_k$ 与其他判断矩阵的相似程度，r_k 越大，则 $\boldsymbol{A}_k$ 的可信度越高。因此，本书采用 r_k 作为衡量专家个体判断与群体判断一致性的后验信息 y_2。

2) 基于互补判断矩阵的后验信息计算方法（宋光兴和杨德礼，2003）

设专家 $k(k=1,2,\cdots,s)$ 给出的判断矩阵为互补判断矩阵 $\boldsymbol{A}_k$，类似互反判断矩阵的情况，从 $\boldsymbol{A}_k$ 自身的一致程度及 $\boldsymbol{A}_k$ 与其他各专家的判断矩阵的相似程度两个方面来衡量互补判断矩阵 $\boldsymbol{A}_k$ 的可靠性。

设互补判断矩阵 $\boldsymbol{A}=(a_{ij})_{n\times n}$ 的排序向量为 $\boldsymbol{W}=(w_1,w_2,\cdots,w_n)^{\mathrm{T}}$，令

$$c_{ij}=\lambda\cdot(w_i-w_j)+0.5,i,j=1,2,\cdots,n \tag{5-5}$$

则称矩阵 $\boldsymbol{C}=(c_{ij})_{n\times n}$ 为 $\boldsymbol{A}$ 的特征矩阵。排序向量 $\boldsymbol{W}$ 由式(5-6)计算

$$w_i=\frac{1}{n}-\frac{1}{2\lambda}+\frac{1}{n\lambda}\sum_{j=1}^{n}a_{ij},i=1,2,\cdots,n \tag{5-6}$$

式(5-5)和式(5-6)中参数 $\lambda\geqslant(n-1)/2$，表示决策者重视指标或方案之间重要性差异的程度，一般取 $\lambda=(n-1)/2$，表明决策者最重视指标或方案之间重要性的差异。

互补判断矩阵 $\boldsymbol{A}$ 的特征矩阵 $\boldsymbol{C}$ 为一致性矩阵，即 $c_{ij}=c_{ik}+c_{jk}+0.5$，$i,j,k=1,2,\cdots,n$。

$\boldsymbol{A}_k$ 和 $\boldsymbol{C}_k$ 分别为专家 k 的互补判断矩阵及其对应的特征矩阵，$\boldsymbol{A}_k$ 和 $\boldsymbol{C}_k$ 的导出向量分别为 $\mathrm{vec}(\boldsymbol{A}_k)$ 和 $\mathrm{vec}(\boldsymbol{C}_k)$，设其夹角为 β_k，则

$$\cos\beta_k = \frac{\left[\mathrm{vec}(\boldsymbol{A}_k), \mathrm{vec}(\boldsymbol{C}_k)\right]}{\left\|\mathrm{vec}(\boldsymbol{A}_k)\right\| \cdot \left\|\mathrm{vec}(\boldsymbol{C}_k)\right\|} \tag{5-7}$$

$\cos\beta_k$ 越大，则 vec $(\boldsymbol{A}_k)$ 和 vec $(\boldsymbol{C}_k)$ 越接近，表明 $\boldsymbol{A}_k$ 与其特征矩阵 $\boldsymbol{C}_k$ 越接近，即 $\boldsymbol{A}_k$ 的一致性越好。因此，本书采用 $\cos\beta_k$ 作为衡量专家个体判断一致性的后验信息 y_1。

对于 $\boldsymbol{A}_k$ 的导出向量 vec $(\boldsymbol{A}_k)$，令

$$l_{ij} = \cos\beta_{ij} = \frac{\left[\mathrm{vec}(\boldsymbol{A}_i), \mathrm{vec}(\boldsymbol{A}_j)\right]}{\left\|\mathrm{vec}(\boldsymbol{A}_i)\right\| \cdot \left\|\mathrm{vec}(\boldsymbol{A}_j)\right\|} \tag{5-8}$$

式中，l_{ij} 为向量 vec $(\boldsymbol{A}_i)$ 和 vec $(\boldsymbol{A}_j)$ 的夹角余弦。$0 < l_{ij} \leqslant 1$，当且仅当 vec $(\boldsymbol{A}_i)$=vec $(\boldsymbol{A}_j)$ 时，l_{ij}=1，l_{ij} 反映了判断矩阵 $\boldsymbol{A}_i$ 与 $\boldsymbol{A}_j$ 的相似程度。令

$$l_k = \sum_{j=1, j\neq k}^{s} l_{kj}, k = 1, 2, \cdots, s \tag{5-9}$$

式中，l_k 为每个专家的判断矩阵 $\boldsymbol{A}_k$ 与其他判断矩阵的相似形程度，l_k 越大则 $\boldsymbol{A}_k$ 的可信度越高。因此，本书采用 l_k 作为衡量专家个体判断与群体判断一致性的后验信息 y_2。

5.2.3　专家权重确定的 DEA 方法

由前面的分析，在确定专家权重时，可以将一个专家或该专家的评价活动视为 DEA 方法下的一个 DMU，专家评价有效性的先验信息作为 DMU 的输入，而专家评价有效性的后验信息作为 DMU 的输出，专家在评价活动中将输入信息转化为输出信息的效率，即专家评价的相对有效性可以作为专家权重。

DEA 模型要求输入指标为成本型指标，因此通过打分法量化本书给出的反映先验信息的指标值时，应对在某项指标下表现越优的专家赋予越小的分值，分值可以选择 0.1～0.9 九级标度。而本书选取的反映后验信息的指标为判断矩阵的一致性，属于效益型指标，满足 DEA 模型对输出指标的要求。DEA 方法计算的相对效率与评价对象的输入、输出指标的量纲无关，因此在利用 DEA 方法进行评价时可以直接利用前面给出的先验信息和后验信息的指标值，而不需要进行统一量纲的预处理。

从综合评价的角度考虑专家权重的确定过程，就是一个对专家进行评价的过程，评价应该依据一个统一和合理的标准，即各项评价指标的权重应该公平合理，为此本书采用交叉效率 DEA 模型：

$$
\begin{aligned}
&\max \frac{\sum_{r=1}^{t} u_r y_{rd}}{\sum_{i=1}^{m} v_i x_{id}} = \theta_{dd} \\
&\text{s.t. } \frac{\sum_{r=1}^{t} u_r y_{rk}}{\sum_{i=1}^{m} v_i x_{ik}} \leqslant 1, k = 1,2,\cdots,s, \\
&\quad u_r, v_i \geqslant 0 \\
&\quad r = 1,2,\cdots,t \\
&\quad i = 1,2,\cdots,m
\end{aligned} \tag{5-10}
$$

式中，$\boldsymbol{X}_d=(x_{1d}, x_{2d}, \cdots, x_{md})$和$\boldsymbol{Y}_d=(y_{1d}, y_{2d}, \cdots, y_{td})$分别为$\text{DMU}_d$的输入和输出向量；$\boldsymbol{V}=(v_1, v_2, \cdots, v_m)$和$\boldsymbol{U}=(u_1, u_2, \cdots, u_t)$分别为输入和输出对应的权重向量。该模型求解得到各 DMU 的最优权重为$(v_{1d}^*, v_{2d}^*, \cdots, v_{md}^*)$和$(u_{1d}^*, u_{2d}^*, \cdots, u_{rd}^*)$，利用$\text{DMU}_d$的最优权重定义$\text{DMU}_k$的交叉效率$\theta_{dk}$和$\text{DMU}_k$的平均交叉效率$\overline{\theta}_k$为

$$
\theta_{dk} = \frac{\sum_{r=1}^{t} u_{rd}^* y_{rk}}{\sum_{i=1}^{m} v_{id}^* x_{ik}}, d, k = 1,2,\cdots,s \tag{5-11}
$$

$$
\overline{\theta}_k = \frac{1}{n} \sum_{d=1}^{s} \theta_{dk} \tag{5-12}
$$

通过模型(5-12)计算获得的各专家平均交叉效率值$\overline{\theta}_k$反映了专家评价的相对有效性，将其归一化后即可作为专家的最终权重θ_k。至此，本书给出了基于专家评价的先验和后验信息，利用DEA模型计算专家评价的相对有效性，进而确定专家权重的方法，具体步骤总结如下。

第一步，考虑专家的专业知识水平、问题熟悉程度、以往评价绩效三项指标，采用专家自评与互评及分析既往评价信息等途径，通过打分法确定专家评价的先验信息$\boldsymbol{X}=(x_1, x_2, x_3)$。

第二步，计算专家评价的后验信息中专家个体判断一致性的度量y_1。

(1)专家评价信息以互反判断矩阵$\boldsymbol{A}_k$的形式给出，则由式(5-1)计算出相应的导出矩阵$\boldsymbol{C}_k$，并转化为导出向量$\text{vec}(\boldsymbol{C}_k)$，然后由式(5-2)计算该导出向量与完全一致矩阵的导出向量$\text{vec}(\boldsymbol{C}_0)$的夹角余弦$\cos\alpha_k$，作为专家个体判断一致性的度量$y_1$；

(2) 专家评价信息以互补判断矩阵 $\boldsymbol{A}_k$ 的形式给出，则由式(5-5)和式(5-6)计算出相应的特征矩阵 $\boldsymbol{C}_k$，并将二者都转化为导出向量 vec($\boldsymbol{A}_k$)和 vec($\boldsymbol{C}_k$)，然后由式(5-7)计算这两个导出向量的夹角余弦 $\cos\beta_k$，作为专家个体判断一致性的度量 y_1。

第三步，计算专家评价的后验信息中专家个体判断与群体判断一致性的度量 y_2。

(1) 专家评价信息以互反判断矩阵 $\boldsymbol{A}_k$ 的形式给出，则由式(5-3)计算每两个专家的判断矩阵的导出矩阵的导出向量 vec($\boldsymbol{C}_i$)和 vec($\boldsymbol{C}_j$)的夹角余弦，进而由式(5-4)计算每个专家的判断矩阵与其他专家的判断矩阵的相似程度 r_k，作为专家个体判断与群体判断一致性的度量 y_2；

(2) 专家评价信息以互补判断矩阵 $\boldsymbol{A}_k$ 的形式给出，则由式(5-8)计算每两个专家的判断矩阵的导出向量 vec($\boldsymbol{A}_i$)和 vec($\boldsymbol{A}_j$)的夹角余弦，进而由式(5-9)计算每个专家的判断矩阵与其他专家的判断矩阵的相似程度 l_k，作为专家个体判断与群体判断一致性的度量 y_2。

第四步，将专家评价的先验信息 $\boldsymbol{X}$ 作为输入，后验信息 $\boldsymbol{Y}$ 作为输出，利用 DEA 交叉效率模型，由模型(5-10)及式(5-11)和式(5-12)计算各专家评价的平均交叉效率 $\bar{\theta}_k$，将其进行归一化处理后得到 θ_k 作为专家的最终权重。

5.2.4 算例分析

下面采用宋光兴和邹平(2001)给出的互反判断矩阵和周宇峰和魏法杰(2006a)给出的互补判断矩阵，对本书提出的基于评价有效性确定专家权重的 DEA 方法进行计算说明。设共有 4 名专家参与评价，根据专家自评和互评及评价组织者收集的历史信息确定专家的先验信息，用矩阵 $\boldsymbol{X}$ 表示，4 位专家给出的互反判断矩阵分别为 $\boldsymbol{A}_1$～$\boldsymbol{A}_4$，互补判断矩阵分别为 $\boldsymbol{B}_1$～$\boldsymbol{B}_4$：

$$\boldsymbol{X}=\begin{bmatrix}0.8 & 0.4 & 0.4 & 0.1\\0.8 & 0.2 & 0.3 & 0.7\\0.2 & 0.3 & 0.6 & 0.6\end{bmatrix}$$

$$\boldsymbol{A}_1=\begin{bmatrix}1 & 4 & 6 & 8\\1/4 & 1 & 5 & 3\\1/6 & 1/5 & 1 & 2\\1/8 & 1/3 & 1/2 & 1\end{bmatrix}\quad \boldsymbol{A}_2=\begin{bmatrix}1 & 5 & 6 & 9\\1/5 & 1 & 1 & 3\\1/6 & 1 & 1 & 2\\1/9 & 1/3 & 1/2 & 1\end{bmatrix}$$

$$\boldsymbol{A}_3=\begin{bmatrix}1 & 4 & 5 & 8\\1/4 & 1 & 2 & 3\\1/5 & 1/2 & 1 & 2\\1/8 & 1/3 & 1/2 & 1\end{bmatrix}\quad \boldsymbol{A}_4=\begin{bmatrix}1 & 3 & 5 & 8\\1/3 & 1 & 1 & 2\\1/5 & 1 & 1 & 3\\1/8 & 1/2 & 1/3 & 1\end{bmatrix}$$

$$\boldsymbol{B}_1=\begin{bmatrix}0.5&0.4&0.6&0.7\\0.6&0.5&0.7&0.8\\0.4&0.3&0.5&0.9\\0.3&0.2&0.1&0.5\end{bmatrix}\quad \boldsymbol{B}_2=\begin{bmatrix}0.5&0.6&0.7&0.9\\0.4&0.5&0.8&0.6\\0.3&0.2&0.5&0.3\\0.1&0.4&0.7&0.5\end{bmatrix}$$

$$\boldsymbol{B}_3=\begin{bmatrix}0.5&0.1&0.6&0.7\\0.9&0.5&0.8&0.4\\0.4&0.2&0.5&0.9\\0.3&0.6&0.1&0.5\end{bmatrix}\quad \boldsymbol{B}_4=\begin{bmatrix}0.5&0.5&0.7&1\\0.5&0.5&0.8&0.6\\0.3&0.2&0.5&0.9\\0&0.4&0.1&0.5\end{bmatrix}$$

通过计算可知，4 个互反判断矩阵 $\boldsymbol{A}_1\sim\boldsymbol{A}_4$ 的导出矩阵的元素均不为 1，因此 $\boldsymbol{A}$ 为均非一致性判断矩阵，4 个互补判断矩阵 $\boldsymbol{B}_1\sim\boldsymbol{B}_4$ 的特征矩阵均不同于原矩阵，因此 $\boldsymbol{B}$ 为均非一致性判断矩阵。由互反判断矩阵确定的专家后验信息矩阵为 $\boldsymbol{Y}_A$，由互补判断矩阵确定的专家后验信息矩阵为 $\boldsymbol{Y}_B$:

$$\boldsymbol{Y}_A=\begin{bmatrix}0.950&0.989&0.990&0.983\\2.850&2.894&2.934&2.873\end{bmatrix}\quad \boldsymbol{Y}_B=\begin{bmatrix}0.990&0.987&0.934&0.973\\2.808&2.672&2.742&2.832\end{bmatrix}$$

矩阵 $\boldsymbol{X}$ 的每列表示各专家在三项反映先验信息的指标下的得分，矩阵 $\boldsymbol{Y}_A$ 和 $\boldsymbol{Y}_B$ 的每列表示各专家后验信息的个体判断一致程度及个体与群体判断相似程度两项指标值。将矩阵 $\boldsymbol{X}$ 和 $\boldsymbol{Y}_A$ 的数据及矩阵 $\boldsymbol{X}$ 和 $\boldsymbol{Y}_B$ 的数据分别作为 DEA 模型(5-10)的输入和输出进行计算，再利用式(5-11)和式(5-12)计算并对 DEA 交叉效率值进行归一化，即可得到 4 位专家在互反判断矩阵下和互补判断矩阵下的最终权重向量 $\boldsymbol{\theta}_A$=[0.1908，0.2977，0.2401，0.2714]和 $\boldsymbol{\theta}_B$=[0.1973，0.2948，0.2347，0.2732]。

5.3　群组统一偏好锥 DEA 方法

5.3.1　方法提出的背景

目前在业界的现实评价问题中经常采用的评价模型大致可以分为粗略的主观经验分析和精细的客观定量分析两类。主观经验分析如简单打分法、加权评分法等，方法直观且使用简单，但评价过程主观性强，评价结论受评价者偏好和经验影响大，较为粗略且可能不够准确。客观定量分析如模糊综合评价方法、DEA 方法等，建立在数学模型构建和严格计算的基础上，评价过程客观公平且透明，评价结论较为精确。其中 DEA 作为一种非参数客观评价方法，在诸多领域得到了成功运用和快速发展，经典的 CCR 模型在评价具有多输入、多输出 DMU 的相对有效性时最常使用，但其不足之处是经常出现有效的 DMU 过多而使评价方法失效的现象。锥比率 CCWH 模型的提出可以较好地缓解有效的 DMU 过多现象的发生(Charnes et al.，1989)，而且偏好锥的选取可以体现评价者的偏好。构造偏好锥较常见的方法是 AHP 方法（吴育华等，1999；马占新和吕喜明，2007），它根据评价者的主观偏好构造指标权重的两两比较判断矩阵，进而形成多面闭凸锥作为 CCWH 模型中对权重的约束锥。该方法完全依据评价者主观偏好构造矩阵，过于依赖评价者的主观判断，特别是当评价者为单一个体时，严重影响了 DEA 方法评价结果的客观性。另外，AHP 方法判断矩阵的构造是以评价者掌握各项指标的相对重要程度这一先验信息，以及判断矩阵满足一致性要求为前提的，在评价者不具有先验信息，或指标体系较为复杂而使得一致性难以满足的情况下，采用 AHP 方法构造偏好锥就比较困难了。采用群组决策 DEA 模型（王宇等，2004）可以使评价者在不具备先验信息的条件下得出指标权重的集体偏好，用于构造偏好锥，且避免了使用 AHP 方法构造判断矩阵时的一致性检验问题。但该模型对 DMU 的输入和输出变量分别构建偏好锥，不满足系统综合评价对所有评价指标统一综合考虑的要求，另外该模型由于完全采用客观方法构建偏好锥而无法解决可能出现的有效的 DMU 过多的问题。

针对上述问题，本书借鉴群组决策 DEA 偏好锥的概念，提出一种群组统一偏好锥 DEA 方法，并通过引入虚拟理想 DMU 概念对模型进行改进。

5.3.2 群组统一偏好信息的获取集结与偏好锥的构造

构建带有偏好锥的 DEA 模型之前需要先获取偏好信息，然后利用群组决策方法将信息集结，以构造对指标权重进行限制的约束锥。偏好信息获取和集结的思路如下。

第一步，利用 CCR 模型求解每个 DMU 的相对效率及对应的权重向量，输入指标（指标值越小越优）$\boldsymbol{X}$ 的权重向量用 $\boldsymbol{V}=(v_1,v_2,\cdots,v_m)$ 表示，输出指标（指标值越大越优）$\boldsymbol{Y}$ 的权重向量用 $\boldsymbol{U}=(u_1,u_2,\cdots,u_s)$ 表示，此时各 DMU 都从最大化自身效率值出发选取各自的权重向量。

第二步，分别对每个 DMU 的输入、输出对应的权重系数进行两两比较，构成权重系数比较矩阵，设有 n 个 DMU，则可构成 n 个比较矩阵，其中第 k 个 DMU 的比较矩阵 $\boldsymbol{A}_k$ 如下所示：

$$\boldsymbol{A}_k=\begin{bmatrix} 1 & v_1/v_2 & \dots & v_1/v_m & v_1/u_1 & \dots & v_1/u_s \\ \vdots & \vdots & & \vdots & \vdots & & \vdots \\ v_m/v_1 & v_m/v_2 & \dots & 1 & v_m/u_1 & \dots & v_m/u_s \\ u_1/v_1 & u_1/v_2 & \dots & u_1/v_m & 1 & \dots & u_1/u_s \\ \vdots & \vdots & & \vdots & \vdots & & \vdots \\ u_s/v_1 & u_s/v_2 & \dots & u_s/v_m & u_s/u_1 & \dots & 1 \end{bmatrix}^{(k)}_{(m+s)\times(m+s)},k=1,\cdots,n \tag{5-13}$$

不失一般性，可设第 i 个输入或输出即第 i 个指标对应的权重为 w_i，所有指标对应的权重向量用 $\boldsymbol{W}=(w_1,w_2,\cdots,w_m,w_{m+1},w_{m+2},\cdots,w_{m+s})$表示，第 k 个 DMU 的第 i 个和第 j 个指标比较的相对重要程度比值为 $a_{ijk}=w_{ik}/w_{jk}$，$i=1,2,\cdots,m+s$，$j=1,2,\cdots,m+s$，$k=1,2,\cdots,n$。根据王宇等(2004)的定义，若 $a_{ijk}=1$，则称 DMU_k 的指标 i 和指标 j 同等重要；若 $a_{ijk}>1$，则称 DMU_k 的指标 i 较指标 j 重要；若 $a_{ijk}=1/a_{jik}$，则称判断矩阵 $\boldsymbol{A}_k$ 具有对称性；若 $a_{ijk}=a_{ilk}\times a_{ljk}$，则称判断矩阵 $\boldsymbol{A}_k$ 具有一致性。对于每个 DMU 利用 CCR 模型一次计算所得的权重向量 $\boldsymbol{V}$ 和 $\boldsymbol{U}$ 是确定的，所以判断矩阵 $\boldsymbol{A}_k$ 同时满足对称性和一致性。

第三步，运用群组决策方法，将各 DMU 的相对重要程度比值进行集结形成综合判断矩阵 $\boldsymbol{A}=[a_{ij}]_{(m+s)\times(m+s)}$，其中 $a_{ij}=\prod_{k=1}^{n}a_{ijk}^{1/n}$ 。此时有

$$a_{ij}=\prod_{k=1}^{n}a_{ijk}^{1/n}=\prod_{k=1}^{n}\left(a_{jik}^{-1}\right)^{1/n}=\left[\prod_{k=1}^{n}(a_{jik})^{1/n}\right]^{-1}=1/a_{ji} \tag{5-14}$$

$$a_{ij}/a_{il}=\prod_{k=1}^{n}a_{ijk}^{1/n}\Big/\prod_{k=1}^{n}a_{ilk}^{1/n}=\prod_{k=1}^{n}\left(a_{jik}/a_{ilk}\right)^{1/n}=\prod_{k=1}^{n}a_{ljk}^{1/n}=a_{lj}$$

因此综合判断矩阵 $\boldsymbol{A}$ 也同时满足对称性和一致性。

第四步，求解综合判断矩阵 $\boldsymbol{A}$ 的最大特征值 λ，并令 $\boldsymbol{C}=\boldsymbol{A}-\lambda\boldsymbol{E}$，其中 $\boldsymbol{E}$ 为 $m+s$ 阶单位矩阵，构造如式(5-15)所示的多面闭凸锥 $\boldsymbol{B}$，并称之为群组统一偏好锥：

$$\boldsymbol{B}=\left\{\boldsymbol{W}\,\middle|\,\boldsymbol{CW}\geqslant 0,\boldsymbol{W}=(w_1,w_2,\cdots,w_{m+s})^{\mathrm{T}}\geqslant 0\right\} \tag{5-15}$$

5.3.3　带有群组统一偏好锥的 DEA 改进模型

将群组统一偏好锥引入 CCWH 模型，对指标权重加以一定限制，形成带有群组统一偏好锥的 DEA 模型如式(5-16)所示：

$$\begin{aligned}&\max\theta_{j_0}=\boldsymbol{U}^{\mathrm{T}}\boldsymbol{Y}_{j_0}\\&\text{s.t.}\ \ \boldsymbol{V}^{\mathrm{T}}\boldsymbol{X}_j-\boldsymbol{U}^{\mathrm{T}}\boldsymbol{Y}_j\geqslant 0,j=1,2,\cdots,n\\&\qquad\boldsymbol{V}^{\mathrm{T}}\boldsymbol{X}_{j_0}=1\\&\qquad\boldsymbol{V}\in\boldsymbol{B},\boldsymbol{U}\in\boldsymbol{B}\end{aligned} \tag{5-16}$$

若该模型的最优解 $\boldsymbol{V}^*$和 $\boldsymbol{U}^*$满足式(5-17)，则称当前被评价 DMU 为弱 DEA 有效，否则称为 DEA 无效；若该模型最优解 $\boldsymbol{V}^*$和 $\boldsymbol{U}^*$在满足式(5-17)的同时还满足式(5-18)，则称当前被评价 DMU 为 DEA 有效。

$$\theta_{j_0} = \boldsymbol{U}^{*\mathrm{T}}\boldsymbol{Y}_{j_0} = 1. \tag{5-17}$$

$$\boldsymbol{V}^* \in \operatorname{int}\boldsymbol{B}, \boldsymbol{U}^* \in \operatorname{int}\boldsymbol{B} \tag{5-18}$$

利用模型(5-16)求解 DMU 相对效率值时，若评价指标数目较多而 DMU 个数相对较少，即 $n<2(m+s)$ 时，可能出现有效的 DMU 数量过多而使评价失效的现象(Golany and Roll，1989; Dyson et al.，2001)。为避免该问题的出现，可以在模型中引入一个理想 DMU。设对于每一个输入 x_i，$i=1,2,\cdots,m$，所有 DMU 的输入的最小值为 $x_{\min i}$，这些最小输入构成了理想 DMU 的输入向量 $\boldsymbol{X}_{\min}=(x_{\min 1}, x_{\min 2}, \cdots, x_{\min m})$，同理，对于每一个输出 y_j，$j=1,2,\cdots,s$，所有 DMU 的输出的最大值为 $y_{\max j}$，这些最大输出构成了理想 DMU 的输出向量 $\boldsymbol{Y}_{\max}=(y_{\max 1}, y_{\max 2}, \cdots, y_{\max s})$，由此可得理想 DMU 的评价指标为$(\boldsymbol{X}_{\min}, \boldsymbol{Y}_{\max})$。该理想 DMU 因为选取了所有 DMU 的最小输入和最大输出，其相对效率是一个理想状态，效率指数设为 $\theta' = \boldsymbol{U}^{\mathrm{T}}\boldsymbol{Y}_{\max} / \boldsymbol{V}^{\mathrm{T}}\boldsymbol{X}_{\min}$，以该效率指数最大化为目标构造带有偏好锥的改进 DEA 模型如式(5-19)所示：

$$\begin{aligned}
&\max \theta' = \boldsymbol{U}^{\mathrm{T}}\boldsymbol{Y}_{\max} \\
&\text{s.t.} \ \ \boldsymbol{V}^{\mathrm{T}}\boldsymbol{X}_j - \boldsymbol{U}^{\mathrm{T}}\boldsymbol{Y}_j \geqslant 0, j = 1,2,\cdots,n \\
&\qquad \boldsymbol{V}^{\mathrm{T}}\boldsymbol{X}_{\min} - \boldsymbol{U}^{\mathrm{T}}\boldsymbol{Y}_{\max} \geqslant 0 \\
&\qquad \boldsymbol{V}^{\mathrm{T}}\boldsymbol{X}_{\min} = 1 \\
&\qquad \boldsymbol{V} \in \boldsymbol{B}, \boldsymbol{U} \in \boldsymbol{B}
\end{aligned} \tag{5-19}$$

该模型求解的理想 DMU 必定是有效的，其相对效率值为 1，求解该模型所得最优解 $\boldsymbol{V}^*$和 $\boldsymbol{U}^*$是使理想 DMU 达到有效意义下确定的，在这个意义下计算出的权重对于所有 DMU 是合理适用的，因此可将其作为计算其他 DMU 相对效率值的公共权重，定义第 j 个 DMU 的相对效率指数为 $\theta_j = \boldsymbol{U}^{*\mathrm{T}}Y_j / V^{*\mathrm{T}}\boldsymbol{X}_j$，$j=1,2,\cdots,n$。按照该效率指数即可对全部 DMU 进行评价排序和择优。

5.3.4 群组统一偏好锥 DEA 方法在通信设备供应商评价中的应用

近年来，中国的通信行业发展迅速，随着三大通信运营商重组完成后 3G 业务的全面开展，以及通信设备制造和供应方式的变迁，通信设备供应商评价选择问题被不断赋予新的内容，受到企业界和学术界持续的关注。通信运营商需要从设备的质量、价格、维修服务，以及设备供应商的技术条件、生产能力、经营状况等多方面对候选通信设备供应商进行综合评价，选择出少数优秀的供应商并与之建立起长期战略合作伙伴关系，从而简化采购计划和调配程序，提升服务质量，减少库存，降低成本，最终增强自身的核心竞争力。因此，研究构建科学的供应商评价模型，选择合适的供应商评价方法，直接关系到运营商的生存与发展，具有重要的理论价值和实际意义。

探讨供应商评价指标体系构建的相关文献很多，一般都从多种角度、多个层次构建包含多项指标的全面评价体系，但目前针对通信设备供应商评价指标体系构建的文章还较少。Lee(2009)提出了一个供应商评价的三层次指标体系，第一层从收益、机会、成本、风险 4 个角度考虑供应商的能力；第二层将能力划分为质量、柔性、配送、技术、共同成长、关系构建、产品成本、关系成本、供应能力限制、供需限制及供应商概况 11 个考察方面；第三层将这些方面细化为 38 个指标以对供应商进行全面评价。Önüt 等(2009)指出通信企业为提升自身竞争力，在选择供应商时主要应考虑供应商提供产品的价格是否有利于通信企业提供更经济的服务，供应商提供的维修服务是否有利于通信企业更好地满足客户的需求，为此提出了 6 项评价指标：产品价格、产品质量、相关服务、配货时间、企业制度、履约时间。

综合现有研究成果，考虑通信行业特点，本书提出如图 5-1 所示的通信设备供应商评价指标体系，从产品供应能力和企业竞争力两个方面对供应商进行评价。

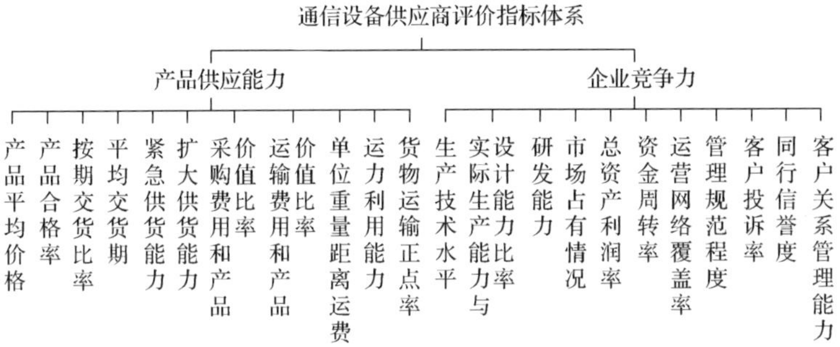

图 5-1　通信设备供应商评价指标体系

该评价指标体系中定量指标包括越小越优的成本型指标：产品平均价格 x_1、平均交货期 x_2、采购费用和产品价值比率 x_3、运输费用和产品价值比率 x_4、单位重量距离运费 x_5、实际生产能力与设计能力比率 x_6、客户投诉率 x_7，以及越大越优的效益型指标：产品合格率 y_1、按期交货比率 y_2、紧急供货能力 y_3、扩大供货能力 y_4、运力利用能力 y_5、货物运输正点率 y_6、市场占有情况 y_9、总资产利润率 y_{10}、资金周转率 y_{11}、运营网络覆盖率 y_{12} 共 17 项。而定性指标包括生产技术水平 y_7、研发能力 y_8、管理规范程度 y_{13}、同行信誉度 y_{14}、客户关系管理能力 y_{15} 共 5 项。定量指标中的成本型指标用 x 表示，效益型指标用 y 表示，而定性指标按照评语集采取打分的方式度量，分数越高越优，因此也用 y 表示。

下面采用上述评价指标体系，对 10 个通信设备供应商进行评价排序和择优，评价指标体系中 17 项定量指标的数据通过历史数据统计获得，5 项定性指标则由专家按照如下评语集和量化分值对应关系给出：评语集={很好，较好，一般，较差，很差}，对应分值分别为 0.9、0.7、0.5、0.3、0.1。处于相邻两种评语之间的定性评价则用该两种评语对应分值之间的分值表示。为计算和表示方便，对定量指标下的数据进行归一化处理使之属于 0～1。成本型指标下的数据作为群组统一偏好锥 DEA 模型的输入，效益型指标下的数据则作为模型的输出。10 个供应商的评价数据见表 5-1。

表 5-1 供应商评价数据

供应商		1	2	3	4	5	6	7	8	9	10
输入	x_1	0.76	0.71	0.78	0.75	0.82	0.92	0.72	0.69	0.87	0.55
	x_2	0.89	0.58	0.46	0.69	0.50	0.89	0.49	0.70	0.87	0.88
	x_3	0.99	0.65	0.72	0.74	0.61	0.61	0.79	0.91	0.62	0.60
	x_4	0.98	0.96	0.68	0.74	0.72	0.93	0.57	0.61	0.66	0.71
	x_5	0.86	0.75	0.93	0.96	0.71	0.99	0.95	0.90	0.77	0.68
	x_6	0.29	0.47	0.99	0.34	0.26	0.59	0.93	0.76	0.54	0.28
	x_7	0.89	0.94	0.77	0.98	0.75	0.78	0.93	0.77	0.76	0.70
输出	y_1	0.98	0.41	0.76	0.41	0.72	0.71	0.82	0.51	0.72	0.41
	y_2	0.77	0.94	0.89	0.97	0.97	0.99	0.88	0.80	0.76	0.79
	y_3	0.25	0.52	0.53	0.25	0.61	0.32	0.69	0.60	0.32	0.19
	y_4	0.75	0.50	0.68	0.49	0.37	1.00	0.95	0.90	0.57	0.75
	y_5	0.87	0.89	0.87	0.93	0.86	0.88	0.88	0.84	0.81	0.80
	y_6	0.58	0.89	0.75	0.76	0.58	0.95	0.95	0.49	0.88	0.94
	y_7	0.70	0.80	0.90	0.80	0.90	0.80	0.90	0.70	0.80	0.90
	y_8	0.90	0.80	0.80	0.50	0.60	0.80	0.60	0.90	0.70	0.60
	y_9	0.74	0.12	0.65	0.57	0.13	0.33	0.46	0.90	0.53	0.37
	y_{10}	0.92	1.00	0.80	0.93	0.65	0.91	0.93	0.86	0.81	0.88
	y_{11}	0.76	0.94	0.95	0.79	0.99	0.96	0.89	0.88	0.98	0.83
	y_{12}	0.60	0.71	0.96	0.94	0.96	0.63	0.88	0.83	0.62	0.99
	y_{13}	0.80	0.70	0.70	0.80	0.90	0.80	0.70	0.90	0.90	0.80
	y_{14}	0.80	0.70	0.60	0.80	0.70	0.80	0.90	0.80	0.90	0.90
	y_{15}	0.80	0.60	0.30	0.50	0.70	0.50	0.90	0.70	0.60	0.40

根据群组统一偏好锥 DEA 方法，第一步，利用 CCR 模型对 10 个供应商的效率值和指标权重进行计算，分别对每个供应商的指标权重进行两两比较得到 10 个判断矩阵，将 10 个判断矩阵集结成为综合判断矩阵 $\boldsymbol{A}$ 并对其进行处理得到矩阵 $\boldsymbol{C}$，进而可以根据矩阵 $\boldsymbol{C}$ 构造偏好锥 $\boldsymbol{B}$。

第二步，利用带偏好锥且包含理想 DMU 的改进 DEA 模型计算各供应商的效率值和指标权重，利用效率值为 1 的理想供应商的指标权重(表 5-2)，对 10 个供应商的效率值重新进行计算，获得每个供应商的效率值以作为评价排序和择优的依据。

表 5-2　基于理想点的公共权重

权重	权重值	权重	权重值	权重	权重值
v_1	0.0359	u_1	0.0892	u_8	0.0788
v_2	0.0175	u_2	0.0724	u_9	0.1133
v_3	0.0632	u_3	0.1402	u_{10}	0.0531
v_4	0.0638	u_4	0.0798	u_{11}	0.0407
v_5	0.0588	u_5	0.058	u_{12}	0.0795
v_6	3.1844	u_6	0.0751	u_{13}	0.0305
v_7	0.0526	u_7	0.0199	u_{14}	0.0423
—	—	—	—	u_{15}	0.1028

10 个供应商和虚拟理想供应商的效率值及排序情况见表 5-3。由此可以看出，利用本书提出的模型，可以获得在统一标准(即公共权重)下的所有供应商的效率值及完全排序。

表 5-3　各供应商的效率值及排序情况

供应商	1	2	3	4	5	6	7	8	9	10	理想供应商
效率值	0.674	0.412	0.233	0.518	0.708	0.359	0.273	0.314	0.378	0.625	1.000
排序	2	5	10	4	1	7	9	8	6	3	—

第 6 章　不确定信息条件下的鲁棒 DEA 方法

本章分析了信息不确定性对 DEA 评价结果的影响，结合鲁棒优化(robust optimization)的思想，提出了对投入、产出数据不确定性具有免疫作用的鲁棒 DEA 方法，根据投入、产出数据受到不确定性影响的两种不同情况，以及表征不确定性的两种不同假设，具体给出了四种鲁棒 DEA 模型，最后将该方法应用于能源效率评估*。

6.1　线性规划求解的鲁棒性问题

6.1.1　线性规划鲁棒性的提出

利用线性规划模型求解最优化问题时，往往会遇到这样的情况，如果模型中的参数(名义数据)受到扰动，有时即使是非常小的扰动，也会使得原来线性规划模型的最优解变成非最优解，甚至变得不可行，此时人们就认为原来模型的最优解是不稳健的。在一些实际的复杂大型线性优化问题中，决策变量的数量很多，相应模型中的参数也很多，且大都不是简单整数或分数，而是在保留了许多位小数的名义上精确的数据。这些数据来源于各种各样的工程试验设备、管理信息系统、组织运行过程等，由于受到数据收集的主、客观条件的限制，通常我们有理由相信，这些来源于各行各业的实际优化问题的参数很难做到非常精确或完全正确的，大多数情况下这些数据可以被视为在一定程度上不确定的数据，它们的测量值(名义值)是在其真实值受到扰动后的一个表现值，在真实值的周围震荡，可能恰好测得的数据就是真实的数据，也可能是真实数据周围一定范围内的一个随机数据。人们在对事物进行研究时，为了发现规律，往往希望把不确定的问题假设为确定的问题，把不精确的信息精确化后，再进一步分析，并期望得到确定的、精确的结论，但从上述难以真正获取精确的信息这个意义上讲，各种事物呈现出不确定的状态应该是一种常态，而表现出确定的状态往往是一种特例。

针对具体的线性规划问题，Ben-Tal 和 Nemirovski(2000)研究了 NETLIB 数据库中的 90 个经典线性问题的求解后发现，如果考虑到这些线性规划问题的参数

---

* 本章的部分内容曾发表于以下文章：

Wang K, Wei F. 2010. Robust data envelopment analysis based MCDM with the consideration of uncertain data. Journal of Systems Engineering and Electronics, 21(6), 981-989.

王科. 2013. 信息不确定条件下的鲁棒数据包络分析建模. 云南大学学报(自然科学版)，35(2)：146-154.

(名义数据)全部或部分受到一个随机扰动，即使是非常小的扰动(在他们的分析中假设 0.01%～1.00%的扰动范围)，也会造成原来的最优解变得高度不可行，从而使这些最优解在现实问题中失去意义。在他们研究的 90 个经典线性规划问题中，有 27 个问题的名义最优解在参数受到 1%的扰动时变得不可行，而这 27 个问题中的 19 个问题的名义最优解实际上在参数受到 0.01%的扰动时就已经不可行了，另外这 19 个问题中有 13 个问题的名义最优解在 0.01%的参数扰动情况下违背问题的一个或多个约束条件的程度都超过了 50%。

因此，在现实问题中使用线性规划方法时，不应该忽视可能存在的数据不确定性问题，即使非常小的信息不确定性(这在实际问题中常常出现)也能使得问题原来的最优解在现实问题的背景下变得没有实际意义。为此，在线性规划的求解过程中应该注意识别出可能出现的数据不确定性对名义最优解造成严重影响的情况，并且通过采取一定的措施避免或减少不确定信息对解的影响，进而求解得到稳健的、可靠的解，这样的解应该能够对不确定的数据有一定的免疫效果，这也正是鲁棒优化的目标。

6.1.2　针对线性规划的鲁棒优化方法和模型

求解不确定参数线性规划问题的鲁棒最优解、不确定性免疫最优解的理论方法作为鲁棒优化理论方法的一个组成部分，最早分别独立地由 Ben-Tal 和 Nemirovski (1997，1998，1999)两位学者，以及 Ghaoui 和 Lenret(1997)、EL Ghaoui 等(1998)等学者提出。为说明鲁棒优化方法，考虑如下的线性规划模型：

$$
\begin{aligned}
&\min \boldsymbol{c}^{\mathrm{T}}\boldsymbol{x}\\
&\text{s.t. } \boldsymbol{A}\boldsymbol{x} \leqslant \boldsymbol{b},\\
&\quad\ \ \boldsymbol{l} \leqslant \boldsymbol{x} \leqslant \boldsymbol{u}
\end{aligned}
\tag{6-1}
$$

式中，$\boldsymbol{x}$ 为决策变量列，其中 x_j 为每个决策变量；$\boldsymbol{c}$ 为目标函数参数列；$\boldsymbol{A}$ 为线性规划模型不等式约束条件的参数矩阵，a_{ij} 为其中的每个参数，其中 i 表示线性规划问题的第 i 项不等式约束，j 表示该项不等式约束中的第 j 个参数；$\boldsymbol{b}$ 为不等式约束的上限参数列，b_i 为其中的每个参数；$\boldsymbol{l}$ 和 $\boldsymbol{u}$ 分别为决策变量的下限列与上限列。为了方便表示在鲁棒优化模型中的不确定参数，考虑约束条件参数矩阵 $\boldsymbol{A}$ 中的第 i 行，并用 J_i 表示该行中受到扰动的不确定参数的下标集合。

在 Ben-Tal 和 Nemirovski 提出的理论框架下，有两种处理不确定数据的方法，这两种方法基于对线性规划问题中不确定参数的两种不同假设：①不确定参数为分布未知但有界的随机数；②不确定参数为均匀分布的随机数。

下面说明参数未知但有界(unknown-but-bounded)不确定假设下的鲁棒优化方法。假设线性规划问题的参数受到扰动，对其不确定性影响的大小用 $\varepsilon > 0$ 表示，此时求解问题对不确定数据有免疫的鲁棒最优解 x 应具备以下特征：

(1) x 是原名义线性规划问题(即假定参数不受扰动，不存在信息不确定情况下的原线性规划问题)的可行解。

(2)假设在线性规划问题的第 i 项不等式约束中的不确定参数的观测值 $\tilde{a}_{ij}$，$j \in J_i$ 位于其对应的不确定参数的一个区间 $\left[a_{ij} - \varepsilon\left|a_{ij}\right|, a_{ij} + \varepsilon\left|a_{ij}\right|\right]$，其中 $\varepsilon > 0$ 是一个给定的不确定程度的度量，“| |”表示取绝对值。无论不确定参数的观测值最终取得上述区间内的任何一个值，线性规划问题的最优解 x 都必须在误差最多为 $\delta \max[1, |b_i|]$ 的条件下满足第 i 项不等式约束，其中 $\delta > 0$ 为给定的不可行容忍程度的度量。特征(2)可以表述为

$$\forall i,\ \forall\left(\tilde{a}_{ij} : \left|\tilde{a}_{ij} - a_{ij}\right| \leqslant \varepsilon\left|a_{ij}\right|\right):\ \sum_{j \notin J_i} a_{ij} x_j + \sum_{j \in J_i} \tilde{a}_{ij} x_j \leqslant b_i + \delta \max\left[1, |b_i|\right]$$

满足特征(1)和特征(2)的线性规划问题的解被称为 (ε, δ)-可靠解(reliable solution)。

$\boldsymbol{x}$ 为 (ε, δ)-可靠解的充分必要条件是 $\boldsymbol{x}$ 为式(6-2)中规划问题的可行解：

$$\begin{aligned} &\min \boldsymbol{c}^{\mathrm{T}} \boldsymbol{x} \\ &\text{s.t. } \boldsymbol{A}\boldsymbol{x} \leqslant b \\ &\qquad \sum_j a_{ij} x_j + \varepsilon \sum_{j \in J_i} \left|a_{ij}\right| \left|x_j\right| \leqslant b_i + \delta \max\left[1, |b_i|\right] \quad \forall i \\ &\qquad \boldsymbol{l} \leqslant \boldsymbol{x} \leqslant \boldsymbol{u} \end{aligned} \tag{6-2}$$

规划(6-2)的最优解即为最优的 (ε, δ)-可靠解。式(6-2)是一个非线性规划模型，它可以转化为式(6-3)中的线性规划：

$$\begin{aligned} &\min \boldsymbol{c}^{\mathrm{T}} \boldsymbol{x} \\ &\text{s.t. } \boldsymbol{A}\boldsymbol{x} \leqslant \boldsymbol{b} \\ &\qquad \sum_j a_{ij} x_j + \varepsilon \sum_{j \in J_i} \left|a_{ij}\right| y_j \leqslant b_i + \delta \max\left[1, |b_i|\right] \quad \forall i \\ &\qquad -y_j \leqslant x_j \leqslant y_j \quad \forall j \\ &\qquad \boldsymbol{l} \leqslant \boldsymbol{x} \leqslant \boldsymbol{u} \end{aligned} \tag{6-3}$$

其中决策变量 $(\boldsymbol{x}, \boldsymbol{y})$ 由 $\boldsymbol{x}$ 扩展而来。此时，在参数未知但有界不确定假设下获得原线性规划(6-1)的鲁棒最优解的途径是求解规划(6-3)中的 (ε, δ)-区间鲁棒配对模型((ε, δ)-interval robust counterpart，IRC[ε, δ])的最优解。

下面说明参数随机均匀分布(random symmetric)不确定假设下的鲁棒优化方

法。假设第 i 项不等式约束中的不确定参数的观测值 $\tilde{a}_{ij}, j \in J_i$ 来源于对应的名义参数 a_{ij} 加上一个随机扰动：$\tilde{a}_{ij} = (1+\varepsilon\xi_{ij})a_{ij}$，其中 $\xi_{ij} = 0, j \notin J_i$，扰动值 $\{\xi_{ij}\}_{j\in J_i}$ 为均匀分布在区间 $[-1,1]$ 的相互独立的随机变量。此时求解线性规划问题的鲁棒最优解 $\boldsymbol{x}$ 同样也应满足以下特征：

(1) $\boldsymbol{x}$ 是原名义线性规划问题的可行解；

(2) 对第 i 项约束条件，出现 $\sum_j \tilde{a}_{ij}x_j > b_i + \delta\max[1,|b_i|]$ 情况的可能性最大不超过参数 κ，其中 $\delta > 0$ 为给定的不可行容忍程度的度量，$\kappa > 0$ 为给定的可靠性程度的度量。

满足特征 (1) 和特征 (2) 的线性规划问题的解被称为 $(\varepsilon,\delta,\kappa)$ -近似可靠解 (almost reliable solution)。

求解 $(\varepsilon,\delta,\kappa)$ -近似可靠解 $\boldsymbol{x}$ 即为求解式 (6-4) 中的规划问题：

$$
\begin{aligned}
&\min \boldsymbol{c}^{\mathrm{T}}\boldsymbol{x} \\
&\text{s.t. } \boldsymbol{Ax} \leqslant \boldsymbol{b} \\
&\quad \sum_j a_{ij}x_j + \varepsilon\left(\sum_{j\in J_i}|a_{ij}|y_{ij} + \Omega\sqrt{\sum_{j\in J_i}a_{ij}^2 z_{ij}^2}\right) \leqslant b_i + \delta\max\left(1,|b_i|\right) \quad \forall i \\
&\quad -y_{ij} \leqslant x_j - z_{ij} \leqslant y_{ij} \quad \forall j \in J_i, \forall i \\
&\quad \boldsymbol{l} \leqslant \boldsymbol{x} \leqslant \boldsymbol{u}
\end{aligned}
\tag{6-4}
$$

其中 决策变量 $(\boldsymbol{x},\boldsymbol{y},\boldsymbol{z})$ 由 $\boldsymbol{x}$ 扩展而来，$\Omega > 0$ 为一参数，可以证明规划 (6-4) 的最优解 $\boldsymbol{x}$ 以 $\kappa = \exp\{-\Omega^2/2\}$ 的可靠度满足特征 (1) 和 (2)，该证明运用了契比雪夫 (Tschebyshev) 不等式，具体过程可见 Ben-Tal 和 Nemirovski (2000) 的文献。

此时，在参数随机均匀分布不确定假设下获得原线性规划 (6-1) 的鲁棒最优解的途径是求解规划 (6-4) 这个 $(\varepsilon,\delta,\Omega)$ -鲁棒配对模型的最优解。

对比 RC[$\varepsilon,\delta,\Omega$]和 IRC[$\varepsilon,\delta$]两个在不同的不确定参数假设下的鲁棒模型，可以发现 IRC[ε,δ]模型较 RC[$\varepsilon,\delta,\Omega$]模型更加保守：设 $\{x_j, y_j\}$ 为 IRC[ε,δ]的一组可行解，则 $\{x_j, y_{ij} = y_j, z_{ij} = 0\}$ 为 RC[$\varepsilon,\delta,\Omega$]的可行解。事实上，当受到不确定影响的数据很多时，即集合 J_i 很大时，IRC[ε,δ]模型约束会比 RC[$\varepsilon,\delta,\Omega$]模型的约束紧得多。不确定参数为未知但有界假设及随机均匀分布假设二者的本质区别实际上在于：IRC[ε,δ]假设不确定性由一系列潜在的可能值表示，而这些可能值不需要遵循特定的概率分布，满足 IRC[ε,δ]的约束条件意味着不确定数据集合内所有可能出现的值都必须严格满足约束条件，无一例外；RC[$\varepsilon,\delta,\Omega$]假设不确定性由随机变量表示，这些随机变量遵循一定的概率分布，RC[$\varepsilon,\delta,\Omega$]中的约束条件并非被严格满足，而是以一定的概率被满足，即这些约束条件被满足的概率应该大于一个事先设定的阈值$1-\kappa$。

由此看来，IRC[ε,δ]模型约束较紧，对待不确定的态度较为保守，而RC[$\varepsilon,\delta,\Omega$]模型可以通过调整阈值的大小调节约束的松紧，求解线性规划鲁棒问题的适应性更强，但是RC[$\varepsilon,\delta,\Omega$]模型有一个缺点，虽然它具备可以调节约束松紧的很好的结构，但它属于非线性模型，在计算上较IRC[ε,δ]的线性模型更为复杂，全局最优解的获取可能没有保证。

6.2　数据包络分析和信息不确定性

6.2.1　DEA 处理不确定信息的几种方法

在传统的 DEA 方法下，所有的投入、产出数据都被认为是可以被准确获取的精确值，然而这样的假设并不是在任何时候都成立的，在一些情况下，一些投入、产出数据可能并不能被很精确地获取，而表现为不确定的形式，如区间数或序数。Cook 等(1993，1996)的研究将 DEA 中的数据类型从精确数扩展到了序数，Cooper 等(1999b，2001)又进一步扩展到了区间数，并将 DEA 中的序数和区间数统称为不精确数据(imprecise data)，相应地，处理这些不精确数据的 DEA 模型被称为 IDEA(imprecise DEA)模型。现有的 DEA 处理不精确数据的方法主要分为两类，第一类方法运用标度转换和变量替换将非线性的 IDEA 模型转化为线性模型，该方法最早由 Cooper 等(1999b)提出，后被 Zhu(2003)简化，并被 Kao(2006)进一步发展改进。第二类方法先将不精确数据转化为精确数据，然后采用传统的 DEA 模型分别计算区间效率值的上下边界，Kao(2006)利用两阶段数学规划给出了该方法。

另一种分析 DEA 中数据不确定性的思路是 DEA 敏感性分析，其实质是研究投入、产出数据发生变化时对 DEA 效率值及 DMU 排序和分类可能造成的影响。Charnes 和 Neralic(1990)最早利用距离测度的概念确定了保证 DMU 的分类不受影响的 DEA 投入、产出数据变动的稳定性半径。Charnes 等(1996)后来又提出了一种基于超效率 DEA 模型的敏感性分析方法，该方法可以用于特定的当前被评价的 DMU 的所有投入、产出数据同时以相同比例发生变化的情况下的敏感性分析。后来 Zhu(2001，2007)又提出了一种新的方法，在他的方法中，DEA 敏感性分析可以在更为一般的情况下进行：不仅特定的当前被评价的 DMU 的投入、产出数据可以发生变化，其余的所有 DMU 的投入、产出数据也可以同时变化，并且不同 DMU 的投入、产出数据变化的情况可以不同。对 DEA 敏感性分析研究的系统总结，可以参考 Cooper 等(2001)的文献。

6.2.2　信息不确定性对 DEA 结果的影响

区间数 DEA 方法对不确定信息的处理往往只考虑区间数据的上下界，即不精确数据以两个精确的界限值的形式表示，如果考虑不精确数据的更一般的情况，会使得 DEA 方法处理不确定信息问题更加一般化。例如，假设投入、产出的不确定数据的观测值来源于该不确定数据的名义值加上一个随机扰动：$a_j \to \tilde{a}_j = (1+\xi_j)a_j$，其中 ξ_j 是一个分布在区间 $[-0.001, 0.001]$ 上的随机变量。由 6.2.1 节的分析，有理由认为来源于真实世界的特定的评价系统或评价流程的 DMU 的一些投入、产出数据实际上并不是确定的，可能受到扰动，在一定范围内变动，因为人们无法保证所有的投入、产出数据都能够被精确地观察到，特别是当评价数据来源于评价者的主观判断或估计时，这些数据本身就是以不确定的形式给出的。当这些本身不确定数据被用于 DEA 评价时，某个特定 DMU 可能并不会“心悦诚服”地接受自己所得的评价值低于其他 DMU 的评价值的结果，评价者也会因为数据不确定而质疑评价结果的可靠性。

作为一种典型的基于线性规划的方法，DEA 方法也不可能不受到数据不确定性的影响，即 DMU 投入、产出数据的一个很小的波动可能对效率值造成很大的影响，相应 DMU 的排序结果也会变得不可靠，尤其是当各个 DMU 的效率得分十分接近时，数据的不确定性会造成排序结果的巨大差异。下面以传统的 CCR 模型为例，分析数据不确定性对 DEA 方法评价结果的影响。

考虑如式(6-5)所示的 CCR 线性模型：

$$
\begin{aligned}
&\max \sum_{r=1}^{s} \mu_r y_{rj_0} \\
&\text{s.t.}\ \sum_{r=1}^{s} \mu_r y_{rj} - \sum_{i=1}^{m} \omega_i x_{ij} \leqslant 0,\ j=1,2,\cdots,n \\
&\quad\ \sum_{i=1}^{m} \omega_i x_{ij_0} = 1 \\
&\quad\ \mu_r, \omega_i \geqslant 0 \\
&\quad\ r=1,2,\cdots,s \\
&\quad\ i=1,2,\cdots,m
\end{aligned} \tag{6-5}
$$

假设观测到的投入和产出数据分别是其受到扰动的名义值，即 $\tilde{x}_{ij} = (1+\varepsilon_x \xi_{ij})x_{ij}$ 和 $\tilde{y}_{rj} = (1+\varepsilon_y \xi_{rj})y_{rj}$，其中 ε_x 和 ε_y 是给定的不确定程度的度量，ξ_{ij} 和 ξ_{rj} 是对称分布在区间 $[-1,1]$ 的随机变量，这些随机扰动对 DEA 模型不等式约束中的投入、

产出数据的影响是独立同分布的。以表 6-1 所示的数据为例，被评价的 DMU 共有 10 个，分别用字母 A 到 J 代表，每个 DMU 包括三个投入指标和两个产出指标。

表 6-1　各 DMU 的投入、产出数据

DMU	投入			产出	
	x_1	x_2	x_3	y_1	y_2
A	11	15	115	102	64
B	10	24	127	109	64
C	30	20	109	90	69
D	7	20	82	124	70
E	11	16	123	88	77
F	8	11	135	109	89
G	14	25	118	120	72
H	35	18	126	80	69
I	9	18	86	117	60
J	12	19	75	94	88

先通过 CCR 线性模型(6-5)求解得到各 DMU 的名义最优解权重向量，并计算相应的效率得分和排序，然后利用这些名义最优解权重值计算当部分或全部投入、产出数据受到不确定程度为 $\varepsilon = 0.1$ 的随机扰动时的各 DMU 的效率得分和排序。相应的结果见表 6-2，其中第 2 列和第 3 列分别为 CCR 线性模型下不考虑数据不确定性的各 DMU 的名义效率得分和排序；第 4 列和第 5 列分别为当一项投入(x_2)数据受到随机扰动时各 DMU 的实际效率得分和排序；第 6 列和第 7 列分别为当一项产出(y_2)数据受到随机扰动时各 DMU 的实际效率得分和排序；第 8 列和第 9 列分别为当全部投入(x)数据都受到随机扰动时各 DMU 的实际效率得分和排序；第 10 列和第 11 列分别为当全部产出(y)数据都受到随机扰动时各 DMU 的实际效率得分和排序。从表 6-2 中的结果可以发现，在被评价的 10 个 DMU 中，当 x_2 和所有 x 受到扰动时，有 3 个 DMU(D、F、I)的实际效率得分变得大于 1，当 y_2 和所有 y 受到扰动时，有 3 个 DMU(D、F、J)的实际效率得分变得大于 1。效率得分大于 1 的情况的出现违背了 DEA 效率值应小于或等于 1 的约束条件，另外数据受到扰动的各种情况下 DMU 的排序情况也不一致且都不同于 CCR 线性模型下的排序情况，各种排序结果之间最大的差异为 3(J)。

表 6-2　原名义问题和数据不确定问题的结果

DMU	CCR 线性模型		x_2 受到扰动		y_2 受到扰动		所有 x 受到扰动		所有 y 受到扰动	
	名义效率得分	排序	实际效率得分	排序	实际效率得分	排序	实际效率得分	排序	实际效率得分	排序
A	0.859 1	5	0.818 8	5	0.859 2	5	0.824 3	5	0.828 1	5
B	0.670 1	9	0.659 5	9	0.672 5	9	0.661 5	9	0.636 7	10
C	0.703 4	8	0.735 6	7	0.706 9	8	0.701 4	8	0.680 6	8
D	1.000 0	1	1.041 5*	1	1.002 1*	3	1.065 0*	2	1.001 2*	3
E	0.776 5	6	0.764 9	6	0.757 6	6	0.783 3	6	0.749 4	6
F	1.000 0	1	1.029 9*	2	1.006 1*	2	1.095 0*	1	1.020 8*	2
G	0.740 2	7	0.731 4	8	0.714 4	7	0.708 1	7	0.695 9	7
H	0.638 4	10	0.657 8	10	0.651 2	10	0.656 8	10	0.673 4	9
I	0.986 9	4	1.028 8*	3	0.982 5	4	1.036 3*	3	0.956 7	4
J	1.000 0	1	0.949 0	4	1.035 4*	1	0.967 2	4	1.035 3*	1

*表示效率等分大于 1 而违背了 DEA 模型中的不等式约束。

部分 DMU 的效率得分大于 1 的原因在于，原 CCR 线性模型所得的名义最优解权重在数据受到扰动而出现不确定的情况下变得部分不可行，换言之，由于数据受到扰动情况下效率得分的计算采用的是原 CCR 线性模型的权重信息，而这些权重是在假定投入、产出数据确定的条件下获得的。

通过以上数据不确定性对 DMU 结果的影响的分析可以得到以下结论：在应用 DEA 方法评价现实问题的过程中，不应该忽视这样的可能性，即使很小的对投入、产出数据的扰动，也能使原来问题的名义最优解权重部分变得不可行，进而导致一些 DMU 的效率得分变得没有实际意义，相应的排序结果也变得不可靠。因此，在利用 DEA 方法进行评价的过程中，开发一种能够对不确定的投入、产出数据影响效率得分的情况有免疫作用，进而能获得更加可靠的排序结果的 DEA 方法，是十分必要的。

6.3　鲁棒数据包络分析方法

为了构造一种对数据不确定性有免疫作用的鲁棒数据包络分析(robust data envelopment analysis，RDEA)模型，本书将鲁棒优化技术引入 DEA 方法中。由于不确定性可能分别或同时出现在投入、产出数据的不同部分，不确定性的表现形式也可能是未知但有界不确定性或均匀分布随机不确定性，本书考虑各种情况下的不同组合，提出四种鲁棒 DEA 模型：①考虑产出、数据不确定的鲁棒 DEA 配对模型；②考虑投入数据不确定的鲁棒 DEA 配对模型；③考虑产出数据不确定的区间鲁棒 DEA 配对模型；④考虑投入数据不确定的区间鲁棒 DEA 配对模型。

6.3.1 考虑产出数据不确定的鲁棒 DEA 配对模型

当不确定性出现在 DMU 的产出数据上时，基于面向投入的 CCR 模型，结合 RC[$\varepsilon,\delta,\Omega$]模型，构造考虑产出数据不确定的鲁棒 DEA 配对模型。选择面向投入的 CCR 模型作为基础模型，主要为避免不确定数据项目出现在模型中或与投入有关的等式约束中。同时为避免不确定数据项目出现在目标函数中，模型先将目标函数设置为 $\max z$ 的形式，然后在约束条件中增加一项约束：$z_{j_0}-\sum\limits_{r=1}^{s}\mu_r y_{rj_0}\leqslant 0$。

基于面向投入的 CCR 模型，考虑产出数据不确定的鲁棒 DEA 配对模型可以表示为式(6-6)所示的形式：

$$
\begin{aligned}
&\max z_{j_0}\\
&\text{s.t. }\ z_{j_0}-\sum_{r=1}^{s}\mu_r y_{rj_0}+\varepsilon_y\left(\sum_{r\in R}\left|y_{rj_0}\right|\alpha_{rj}+\Omega_y\sqrt{\sum_{r\in R}y_{rj_0}^2\beta_{rj}^2}\right)\leqslant 0\\
&\qquad\sum_{i=1}^{m}\omega_i x_{ij_0}=1\\
&\qquad\sum_{r=1}^{s}\mu_r y_{rj}-\sum_{i=1}^{m}\omega_i x_{ij}\leqslant 0,\ \ \forall j\\
&\qquad\sum_{r=1}^{s}\mu_r y_{rj}+\varepsilon_y\left(\sum_{r\in R}\left|y_{rj}\right|\alpha_{rj}+\Omega_y\sqrt{\sum_{r\in R}y_{rj}^2\beta_{rj}^2}\right)-\sum_{i=1}^{m}\omega_i x_{ij}\leqslant 0,\ \ \forall j\\
&\qquad-\alpha_{rj}\leqslant\mu_r-\beta_{rj}\leqslant\alpha_{rj},\ \ \forall r\in R,\forall j\\
&\qquad\mu_r,\omega_i\geqslant 0\\
&\qquad r=1,2,\cdots,s\\
&\qquad i=1,2,\cdots,m
\end{aligned}
\tag{6-6}
$$

式中，ω_i、μ_r、α_{rj}、β_{rj} 为决策变量；x_{ij} 和 y_{rj} 分别为 DMU_j 的第 i 项投入和第 r 项产出，产出 $y_{rj},r\in R$ 受到随机扰动，在区间 $\left[(1-\varepsilon_y)\left|y_{rj}\right|,(1+\varepsilon_y)\left|y_{rj}\right|\right]$ 变化，R 为受到扰动的产出项目的下标集合。另外，当前被评价的 DMU 的效率得分为 z_{j_0}、x_{ij_0} 和 y_{rj_0} 分别是当前被评价的 DMU 的第 i 项投入和第 r 项产出。上述考虑产出数据不确定的鲁棒 DEA 配对模型的最优解能够保证在概率为 $1-\kappa_y=1-\exp\left(-\Omega_y^2/2\right)$ 的条件下可行。例如，当要求考虑产出数据不确定的鲁棒 DEA 配对模型的最优解在 95%的概率下可行时，则取 $\kappa_y=0.05$，相应的

$\Omega = 2.45$。考虑产出数据不确定的鲁棒 DEA 配对模型中不等式约束条件右端的参数 b 均为 0，即所有 DMU 的效率得分无论在何种情况下均不能大于 1，因此在考虑产出数据不确定的鲁棒 DEA 配对模型中可以不考虑不可行容忍程度的度量 δ 或将其设为 0。

6.3.2　考虑投入数据不确定的鲁棒 DEA 配对模型

相反的，当不确定性出现在 DMU 的投入数据上时，基于面向产出的 CCR 模型，结合 RC$[\varepsilon,\delta,\Omega]$模型，构造考虑投入数据不确定的鲁棒 DEA 配对模型。类似地，选择面向产出的 CCR 模型作为基础模型，主要为避免不确定数据项目出现在模型中或与产出有关的等式约束中。同时为避免不确定数据项目出现在目标函数中，模型先将目标函数设置为 $\min z$ 的形式，然后在约束条件中增加一项约束：$\sum_{i=1}^{m} \omega_i x_{ij_0} - z_{j_0} \leqslant 0$。

基于面向产出的 CCR 模型，考虑投入数据不确定的鲁棒 DEA 配对模型可以表示为如式(6-7)所示的形式：

$$
\begin{aligned}
& \min z_{j_0} \\
& \text{s.t.}\ \sum_{i=1}^{m} \omega_i x_{ij_0} + \varepsilon_x \left(\sum_{i \in I} \left| x_{ij_0} \right| \rho_{ij} + \Omega_x \sqrt{\sum_{i \in I} x_{ij_0}^2 \sigma_{ij}^2} \right) - z_{j_0} \leqslant 0 \\
& \sum_{r=1}^{s} \mu_i y_{rj_0} = 1 \\
& \sum_{r=1}^{s} \mu_r y_{rj} - \sum_{i=1}^{m} \omega_i x_{ij} \leqslant 0, \quad \forall j \\
& \sum_{r=1}^{s} \mu_i y_{rj} - \sum_{i=1}^{m} \omega_i x_{ij} + \varepsilon_x \left(\sum_{i \in I} \left| x_{ij} \right| \rho_{ij} + \Omega_x \sqrt{\sum_{i \in I} x_{ij}^2 \sigma_{ij}^2} \right) \leqslant 0, \quad \forall j \\
& -\rho_{ij} \leqslant \omega_i - \sigma_{ij} \leqslant \rho_{ij}, \quad \forall i \in I, \forall j \\
& \mu_r, \omega_i \geqslant 0 \\
& r = 1,2,\cdots,s \\
& i = 1,2,\cdots,m
\end{aligned}
\tag{6-7}
$$

式中，ω_i、μ_r、ρ_{ij}、σ_{ij} 为决策变量；x_{ij} 和 y_{rj} 分别为 DMUj 的第 i 项投入和第 r 项产出，投入 $x_{ij}, r \in I$ 受到随机扰动，在区间$\left[(1-\varepsilon_x)\left|x_{ij}\right|,(1+\varepsilon_x)\left|x_{ij}\right|\right]$变化，$I$ 为受到扰动的投入项目的下标集合。另外，当前被评价的 DMU 的效率得分为 z_{j_0}、x_{ij_0}

和 y_{rj_0} 分别是当前被评价的 DMU 的第 i 项投入和第 r 项产出。同样的，上述考虑投入数据确定的鲁棒 DEA 配对模型的最优解能够保证在概率为 $1-\kappa_y=1-\exp(-\Omega_y^2/2)$ 的条件下可行。本书将上述两种考虑产出或投入数据不确定的鲁棒 DEA 配对模型统称为 RC[ε,Ω]DEA 模型。

6.3.3 考虑产出数据不确定的区间鲁棒 DEA 配对模型

上面构造的两个 RC[ε,Ω]DEA 模型均为非线性模型，求解相对比较困难，下面结合 (ε,δ)-区间鲁棒配对模型，构造线性的鲁棒 DEA 模型。

考虑 DMU 的产出数据出现不确定性时，基于面向投入的 CCR 模型，构造考虑产出数据不确定的区间鲁棒 DEA 配对模型可以表示为如式(6-8)所示的形式：

$$
\begin{aligned}
&\max z_{j_0} \\
&\text{s.t.}\quad z_{j_0}-\sum_{r=1}^{s}\mu_r y_{rj_0}+\varepsilon_y\sum_{r\in R}\left|y_{rj_0}\right|\alpha_r\leqslant 0 \\
&\qquad \sum_{i=1}^{m}\omega_i x_{ij_0}=1 \\
&\qquad \sum_{r=1}^{s}\mu_r y_{rj}-\sum_{i=1}^{m}\omega_i x_{ij}\leqslant 0,\ \ \forall j \\
&\qquad \sum_{r=1}^{s}\mu_r y_{rj}+\varepsilon_y\sum_{r\in R}\left|y_{rj}\right|\alpha_r-\sum_{i=1}^{m}\omega_i x_{ij}\leqslant 0,\ \ \forall j \\
&\qquad -\alpha_r\leqslant\mu_r\leqslant\alpha_r,\ \ \forall r\in R \\
&\qquad \mu_r,\omega_i\geqslant 0 \\
&\qquad r=1,2,\cdots,s \\
&\qquad i=1,2,\cdots,m
\end{aligned}
\tag{6-8}
$$

式中，ω_i、μ_r、α_r 为决策变量；x_{ij} 和 y_{rj} 分别为 DMUj 的第 i 项投入和第 r 项产出；x_{ij_0} 和 y_{rj_0} 分别为当前被评价的 DMU 的第 i 项投入和第 r 项产出；z_{j_0} 为当前被评价的 DMU 的效率得分；受到随机扰动的产出 $y_{rj},r\in R$ 在区间 $\left[y_{rj}-\varepsilon_y\left|y_{ij}\right|,\ y_{rj}+\varepsilon_y\left|y_{rj}\right|\right]$ 变化，R 为受到扰动的产出项目的下标集合。该考虑产出数据不确定的鲁棒 DEA 配对模型可以保证产出值出现区间内任意不确定情况下的最优解都满足约束条件。

6.3.4　考虑投入数据不确定的区间鲁棒 DEA 配对模型

相反的，考虑 DMU 的投入数据出现不确定性时，基于面向产出的 CCR 模型，构造考虑投入数据不确定的区间鲁棒 DEA 配对模型可以表示为如式(6-9)所示的形式：

$$
\begin{aligned}
&\min z_{j_0} \\
&\text{s.t.}\ \sum_{i=1}^{m}\omega_i x_{ij_0} + \varepsilon_x \sum_{i\in I}\left|x_{ij_0}\right|\rho_i - z_{j_0} \leqslant 0 \\
&\sum_{r=1}^{s}\mu_i y_{rj_0} = 1 \\
&\sum_{r=1}^{s}\mu_r y_{rj} - \sum_{i=1}^{m}\omega_i x_{ij} \leqslant 0,\ \ \forall j \\
&\sum_{r=1}^{s}\mu_i y_{rj} - \sum_{i=1}^{m}\omega_i x_{ij} + \varepsilon_x \sum_{i\in I}\left|x_{ij}\right|\rho_i \leqslant 0,\ \ \forall j \\
&-\rho_i \leqslant \omega_i \leqslant \rho_i,\ \ \forall i\in I \\
&\mu_r, \omega_i \geqslant 0 \\
&r = 1,2,\cdots,s \\
&i = 1,2,\cdots,m
\end{aligned}
\tag{6-9}
$$

式中，ω_i、μ_r、ρ_i 为决策变量；x_{ij} 和 y_{rj} 分别为 DMUj 的第 i 项投入和第 r 项产出；x_{ij_0} 和 y_{rj_0} 分别为当前被评价的 DMU 的第 i 项投入和第 r 项产出；z_{j_0} 为当前被评价的 DMU 的效率得分；受到随机扰动的投入 $x_{ij}, r\in I$ 在区间 $\left[x_{ij} - \varepsilon_x\left|x_{ij}\right|, x_{ij} + \varepsilon_x\left|x_{ij}\right|\right]$ 变化，I 为受到扰动的投入项目的下标集合。该考虑投入数据不确定的区间鲁棒 DEA 配对模型可以保证投入值出现区间内任意不确定情况下的最优解都满足约束条件。本书将上述两种考虑产出或投入数据的不确定区间鲁棒 DEA 配对模型统称为 IRC[ε]DEA 模型。

6.3.5　四种鲁棒 DEA 模型小结和算例分析

上面构建的四种鲁棒 DEA 模型实际上都有一个共同的目标——最大化可能出现的最糟糕的情况下的当前被评价的 DMU 的效率得分，其中式(6-6)和式(6-8)所示的鲁棒 DEA 模型直接最大化 DMU$_{j0}$ 的效率得分，式(6-7)和式(6-9)所示的鲁棒 DEA 模型则是最小化 DMU$_{j0}$ 的效率得分的倒数。所谓最糟糕的情况是这样定义的：由于不确定性的影响，当前被评价的 DMU$_{j0}$ 的产出受到负向扰动(产出减少)，投入受到正向扰动(投入增加)，而其他 DMU 的产出都受到正向扰动，投入都受到负向扰动，即该情况对当前被评价的 DMU 最为不利。在这样的最糟糕的情况下，DMU 获取最优效率得分的过程，即求解鲁棒 DEA 的过程，就可以被视为是一个最差可能最优化(worst-case optimization)过程，而这正是鲁棒优化的核心思想和实质所在。

在这里还要特别强调一个问题，即本书提出的鲁棒 DEA 方法同 DEA 敏感性分析方法在本质上是完全不同的两种方法。在 DEA 敏感性分析中，人们关注的是 DMU 的效率得分在受不确定信息影响时，会多大程度上偏离原问题的名义最优效率得分，而在鲁棒 DEA 方法下，人们关注的是受不确定信息影响的最优效率得分会在多大程度上违背原问题的约束条件。另外 DEA 敏感性分析只能给出投入、产出数据受到扰动时原问题名义最优效率得分的稳定性，却不能给出如何提高最优效率得分稳定性的途径，而后者正是鲁棒 DEA 方法所要解决的。

RC[ε,Ω]DEA 模型属于非线性规划模型，IRC[ε]DEA 模型属于线性规划模型，二者都可以采用常见的非线性规划求解软件工具进行计算。需要指出的是，RC[ε,Ω]DEA 模型求解较为复杂，且不能保证总能获得全局最优解。特别地，当评价问题中的指标增加，受不确定性影响的变量增多，而使得评价问题的规模变得较大时，上面构建的鲁棒 DEA 模型会变得越来越复杂。求解的复杂性可能是非线性的 RC[ε,Ω]DEA 模型较普通的 DEA 模型的一项劣势，但正如前面分析所指出的，鲁棒 DEA 模型的最大优势在于它具备对数据不确定性的免疫功能，从而能够获的更加稳健的 DMU 效率得分，以及更加可靠的 DMU 排序结果，这一点在基于 DEA 的系统综合评价中是尤为重要的。

下面仍旧采用 6.5.2 节中使用的算例，利用本书构建的鲁棒 DEA 方法，进行评价分析和比较。10 个 DMU 各自都包含 3 个投入指标和 2 个产出指标。假设所有的投入、产出指标都可能受到随机变量 ξ_{ij} 的扰动，ξ_{ij} 均匀分布在区间 $[-1,1]$，取不确定程度的度量 $\varepsilon=0.1$（假设对所有投入 x 和产出 y 都采用相同的 ε），可靠度设定为 $\kappa=0.05$，相应的 $\Omega=2.45$。上述 RDEA 方法的求解结果见表 6-3。表中第 4 列～第 6 列分别表示当所有的产出数据都受到不确定性影响时，利用鲁棒模型最优解权重和扰动数据观测值计算得到的扰动效率得分，鲁棒模型(6-6)求解得到的鲁棒效率得分及相应的排序。表中第 7 列～第 9 列分别表示当所有的投入数据都受到不确定性影响时，利用鲁棒模型最优解权重和扰动数据观测值计算得到的扰动效率得分，鲁棒模型(6-7)求解得到的鲁棒效率得分及相应的排序，为使比较方便，表 6-3 中所示模型(6-7)的效率得分取倒数，以保证效率得分在 0 和 1 之间。

表 6-3　不同 DEA 方法下的结果

DMU	CCR 模型		所有 y 受到扰动			所有 x 受到扰动		
	效率得分	排序	扰动效率得分	鲁棒效率得分	排序	扰动效率得分	鲁棒效率得分	排序
A	0.8591	5	0.7524	0.7022	5	0.7431	0.7043	5
B	0.6701	9	0.5791	0.5480	9	0.5960	0.5493	9
C	0.7034	8	0.6187	0.5755	8	0.6358	0.5796	8
D	1.0000	1	0.9104	0.8182	1	0.9454	0.8182	1
E	0.7765	6	0.6806	0.6352	6	0.7052	0.6356	6
F	1.0000	1	0.9661	0.8182	1	0.9981	0.8182	1
G	0.7402	7	0.6326	0.6056	7	0.6380	0.6065	7
H	0.6384	10	0.6122	0.5224	10	0.5971	0.5275	10
I	0.9869	4	0.8686	0.8067	4	0.9332	0.8078	4
J	1.0000	1	0.9683	0.8182	1	0.9433	0.8182	1
均值	0.8375	—	—	0.6850	—	—	0.6865	—

注意到表 6-3 只给出了当 DMU 的投入或产出受到扰动时的采用 RC[ε,Ω]DEA 模型的计算结果，事实上本书也采用了 IRC[ε]DEA 模型进行计算，只给出一个结果是因为，在这个算例中设定可靠度$\kappa=0.05$的情况下，IRC[ε]DEA 模型与 RC[ε,Ω]DEA 模型得到的最优值几乎完全一致，而出现这个现象的原因在于，可靠度设定的较高，相应的Ω值也较大，基于该Ω值的 RC[ε,Ω]DEA 模型的约束只有在其不确定投入、产出项数目非常多的情况下才会变得比 IRC[ε]DEA 模型的约束松，即当不确定数据不太多时，IRC[ε]DEA 模型较 RC[ε,Ω]DEA 模型的保守性表现得并不明显。本书的算例只分别假设了 3 个或 2 个不确定的投入、产出项目，IRC[ε]DEA 模型求解得到的效率得分无一例外的满足所有约束条件，而 RC[ε,Ω]DEA 模型求解得到的效率得分也以一个很高的概率(95%)尽量满足所有约束条件，因此，两种方法获得的结果几乎完全一致。

对比鲁棒 DEA 模型和 CCR 模型的结果可以发现，随着扰动出现在投入、产出数据中，DMU 效率得分的均值从 0.8375 下降到了 0.6850; CCR 模型和鲁棒 DEA 模型下 DMU 的排序均出现了“结”的情况：DMU D、F、J 的 CCR 效率得分均为 1，被评为有效的 DMU，而其鲁棒效率得分都分别相等且都为最高得分，即被评为有效性最好的 DMU; 鲁棒 DEA 模型下 DMU 的排序情况和 CCR 模型下的情况一致；从利用鲁棒模型最优解权重和扰动数据观测值计算扰动效率得分的结果中可以发现，所有的鲁棒最优解权重在投入、产出数据不确定条件下都是可行的，受到扰动的效率得分也都满足所有的约束条件，即无论投入、产出数据在特定的范围内如何变动，效率得分都不会出现大于 1 的情况。

由此可以将上述算例分析的结论总结如下：对投入、产出数据不确定性有免疫作用的 DEA 效率得分和相应的 DMU 排序结果，即鲁棒 DEA 模型的稳健解

(robust solution)是确实存在且可以被求解得到的。对 DMU 的效率得分来讲，为使其具备对投入、产出数据不确定性有免疫作用的“代价”是不高的(在上面的算例中平均效率得分的最大降幅仅为 0.15)，对 DMU 的排序结果来讲，这种免疫的“代价”几乎为零，即虽然效率得分下降了，但是排序情况却没有因为鲁棒优化技术的引入而发生本质的改变。因此，通过使用鲁棒 DEA 方法，评价者不仅可以获取更稳健的对信息不确定性有免疫效果的评价结果，获取更可靠的与普通 DEA 方法可比的 DMU 排序结果，而且所付出的“代价”相对很小，即 DMU 的效率得分下降的“损失”很有限。

6.4 基于鲁棒 DEA 方法的能源效率评估

全要素能源效率评估一般选取能源消费量、能源使用相关碳排放量、资本投入、劳动力投入、经济产出等指标进行衡量，其中能源使用相关碳排放量数据目前还没有权威发布的较为准确的数据，大规模全国性的调研统计工作也还在进行中，相关研究一般都采用国家发展和改革委员会能源研究所和联合国政府间气候变化专门委员会(Intergover Mental Panel on Climate Change，IPCC)等机构提供的参数进行估算，不同研究的估算结果有一定的差异，另外由于数据均是估算所得，无法做到非常精确，相比能源消费量、资本投入、劳动力投入，以及经济产出等数据，能源使用相关碳排放量数据更容易受到扰动。采用鲁棒 DEA 方法，在全要素框架下测度能源效率，一定程度上可以避免能源使用相关碳排放量数据不精确造成的评价结果不稳定的问题，进而提升评价的可靠性和评价结果的稳定性。

表 6-4 给出了对中国 30 个省份 2009 年进行能源效率评估的初始数据及基本统计量，包括 2009 年各省份的国内生产总值(gross domestic product，GDP)(期望产出)、能源消费总量、资本存量、劳动力数量(投入)，以及 CO_2 排放总量(非期望产出)。非期望产出由于属于越小越好的指标，这里将 CO_2 排放总量作为投入指标处理，另外假设 CO_2 排放总量数据受到一定程度的扰动，或说该数据可能在一定范围内存在不确定性。

表 6-4 中国 30 个省份 2009 年能源效率评估的初始数据及基本统计量

DUM	省份	资本存量/十亿元	劳动力数量/百万人	能源消费总量/百万吨标煤	GDP/十亿元	CO_2 排放总量/百万吨
1	北京	1043.81	12.55	65.70	856.54	161.55
2	天津	339.23	5.07	58.71	586.36	144.36
3	河北	922.86	39.00	254.37	1330.10	625.48
4	山西	343.86	16.00	149.52	500.15	367.66
5	内蒙古	881.98	11.43	153.37	660.53	377.13

续表

DUM	省份	资本存量/十亿元	劳动力数量/百万人	能源消费总量/百万吨标煤	GDP/十亿元	CO_2排放总量/百万吨
6	辽宁	264.23	21.90	195.05	1323.82	479.61
7	吉林	441.03	11.85	77.01	569.58	189.35
8	黑龙江	338.78	16.88	104.67	815.08	257.37
9	上海	1667.83	9.29	103.60	1270.40	254.75
10	江苏	1975.77	45.36	236.70	2629.32	582.02
11	浙江	968.16	38.25	155.74	1773.88	382.95
12	安徽	192.56	36.90	88.95	783.03	218.71
13	福建	362.20	21.69	89.21	1090.32	219.36
14	江西	827.04	22.44	58.10	564.72	142.87
15	山东	1821.68	54.50	324.09	2547.03	796.91
16	河南	1168.55	59.49	199.48	1412.98	490.50
17	湖北	481.99	30.25	135.35	961.79	332.80
18	湖南	403.45	39.08	133.19	962.56	327.51
19	广东	1685.60	56.43	246.48	3185.17	606.07
20	广西	311.27	28.63	70.74	583.76	173.95
21	海南	52.55	4.31	12.33	135.24	30.31
22	重庆	181.02	18.79	70.19	458.77	172.59
23	四川	443.53	49.45	163.21	1096.93	401.31
24	贵州	168.37	23.41	75.60	263.27	185.90
25	云南	41.39	27.30	80.34	482.33	197.56
26	陕西	571.51	19.20	80.41	534.63	197.71
27	甘肃	369.39	14.07	54.82	266.69	134.79
28	青海	61.48	2.86	23.48	73.43	57.73
29	宁夏	70.27	3.29	33.86	79.60	83.27
30	新疆	296.59	8.29	75.27	328.85	185.07
平均值		623.27	24.93	118.98	937.56	292.57
标准差		556.84	16.62	75.70	759.55	186.14
极大值		1975.77	59.49	324.09	3185.17	796.91
极小值		41.39	2.86	12.33	73.43	30.31

针对 CO_2 排放总量指标，假设其可靠度度量水平为 $\kappa=0.05$，即 $\Omega=2.45$，这意味着能保证在概率为 $1-\kappa=95\%$的水平下，鲁棒 DEA 模型评价的结果是可行的。此外，假设 CO_2 排放总量指标受到的扰动程度分别为 $\varepsilon=0.1$、0.05 和 0.01。在此基础上计算得到的中国 30 个省份的鲁棒 DEA 模型下的能源和环境效率值和排序情况，见表 6-5。

表 6-5　中国 30 个省份的鲁棒 DEA 模型下的能源、环境效率值和排序情况

DMU	省份	鲁棒效率值 ε=0.1	排序	鲁棒效率值 ε=0.05	排序	鲁棒效率值 ε=0.01	排序
1	北京	0.6052	15	0.6112	15	0.6160	15
2	天津	0.9720	1	0.9858	1	0.9971	1
3	河北	0.4603	20	0.4714	19	0.4806	19
4	山西	0.4332	23	0.4402	23	0.4459	23
5	内蒙古	0.4424	22	0.4493	22	0.4551	22
6	辽宁	0.8886	5	0.9164	5	0.9399	5
7	吉林	0.6365	12	0.6442	12	0.6506	12
8	黑龙江	0.7810	7	0.7970	7	0.8103	7
9	上海	0.4670	19	0.4708	20	0.4739	21
10	江苏	0.3451	28	0.3486	28	0.3514	28
11	浙江	0.6316	13	0.6393	13	0.6456	13
12	安徽	0.9389	4	0.9586	4	0.9749	4
13	福建	0.9580	3	0.9785	3	0.9956	3
14	江西	0.5304	16	0.5344	16	0.5377	16
15	山东	0.3250	30	0.3293	30	0.3328	30
16	河南	0.4560	21	0.4664	21	0.4751	20
17	湖北	0.6070	14	0.6195	14	0.6299	14
18	湖南	0.6625	9	0.6772	8	0.6895	8
19	广东	0.3766	26	0.3810	26	0.3845	26
20	广西	0.6446	10	0.6519	11	0.6579	11
21	海南	0.8880	6	0.8904	6	0.8923	6
22	重庆	0.6672	8	0.6750	9	0.6814	9
23	四川	0.6443	11	0.6614	10	0.6757	10
24	贵州	0.3810	25	0.3837	25	0.3859	25
25	云南	0.9620	2	0.9806	2	0.9961	2
26	陕西	0.4741	18	0.4786	18	0.4822	18
27	甘肃	0.3722	27	0.3741	27	0.3756	27
28	青海	0.3845	24	0.3854	24	0.3860	24
29	宁夏	0.3438	29	0.3448	29	0.3455	29
30	新疆	0.4786	17	0.4829	17	0.4864	17
平均值		0.5919		0.6009		0.6084	
极大值		0.9720		0.9858		0.9971	
极小值		0.3250		0.3293		0.3328	

以扰动 ε=0.1 为例，可以看到，能源与环境效率值的范围在最小 0.3250（山东）和最大 0.9720（天津）之间。对比不同扰动下鲁棒 DEA 模型的计算结果可以发现，随着扰动程度从 0.01 增大到 0.1，所有省份的效率值平均值从 0.6084 下降到 0.5919。这样的效率值轻微下降说明为增强模型的抗扰动性和模型结果的稳定性，最优效率值的“牺牲”代价是轻微的。另外从表 6-5 中可以看到，随着扰动程度的

上升，所有省份效率值均呈现下降的趋势。不同省份效率值的排序在不同的扰动情况下是基本一致的，但也有个别省份(如河北、上海、重庆和四川)的排序情况发生了一些变化，不过变动都很小，其中上海的变动最大，但也不过 2 位的排序差异。这说明了鲁棒 DEA 模型在应对不同级别的扰动时所提供的评价结果也是稳健的。

第 7 章　径向 DEA 集成效率测度方法与应用

为了应对能源和环境效率评价问题，本章首先介绍径向调节和松弛调节联合的 DEA 集成效率测度模型；其次基于该模型构造三类用于能源效率、排放效率和能源环境集成效率评估的指数，并进一步将上述模型和对应指数扩展到动态分析中；最后运用提出的模型和指数对中国区域能源环境效率进行测度和比较分析*。

7.1　径向调节和松弛调节的联合 DEA 集成效率测度模型

DEA 模型本质上是一种非参数线性规划优化模型，其评价对象是一组具有同质性的 DMU，为了基于 DEA 模型构建能源效率测度模型，我们做如下设置，有 n 个 DMU（DMU_j，$j=1,2,\cdots,n$）参加效率评估，每个 DMU 可以代表一个省份或企业等，每个 DMU 采用 m 种非能源资源投入（$x_{ij}, i=1,2,\cdots,m$）和 L 种能源投入（$e_{lj}, l=1,2,\cdots,L$），用以生产 s 种期望产出（$y_{rj}, r=1,2,\cdots,s$）并伴随产生 K 种非期望产出（b_{kj}，$k=1,2,\cdots,K$），在此设置下构建的能源效率测度模型如式（7-1）所示：

$$
\begin{aligned}
& \min \theta \\
& \text{s.t.} \quad \sum_{j=1}^{n} \lambda_j x_{ij} + s_i^{x-} = x_{ij_0}, i=1,2,\cdots,m, \\
& \qquad \sum_{j=1}^{n} \lambda_j e_{lj} + s_l^{e-} = \theta e_{lj_0}, l=1,2,\cdots,L, \\
& \qquad \sum_{j=1}^{n} \lambda_j y_{rj} - s_r^{y+} = y_{rj_0}, r=1,2,\cdots,s, \\
& \qquad \sum_{j=1}^{n} \lambda_j b_{kj} = b_{kj_0}, k=1,2,\cdots,K, \\
& \qquad \sum_{j=1}^{n} \lambda_j = 1, \\
& \qquad \lambda_j, s_i^{x-}, s_l^{e-}, s_r^{y+} \geqslant 0, \text{对于所有 } j,i,l,r.
\end{aligned}
\tag{7-1}
$$

---

* 本章的部分内容曾发表于以下文章：

Wang K, Yu S, Zhang W. 2013. China's regional energy and environmental efficiency: A DEA window analysis based dynamic evaluation. Mathematical and Computer Modelling, 58(5-6). 1117-1127.

Wang K, Wei Y M, Zhang X. 2012. A comparative analysis of China's regional energy and emission performance: Which is the better way to deal with undesirable outputs? Energy Policy, 46: 574-584.

式中，$\lambda_j(j=1,2,\cdots,n)$ 为与各个 DMU_j 相关的强度变量(intensity variables)，用于通过一个凸组合将各 DMU 的投入和产出变量联系在一起；$s_i^{x-}(i=1,2,\cdots,m)$、$s_l^{e-}(l=1,2,\cdots,L)$ 及 $s_r^{y+}(r=1,2,\cdots,s)$ 分别为对应非能源投入、能源投入及期望产出的松弛/冗余变量。在模型(7-1)中，第 j 个 DMU 的投入指标被分为非能源投入和能源投入两部分，而产出指标也被分为期望产出和非期望产出两部分。另外模型(7-1)给出的能源效率度量 θ 是在非期望产出固定的条件下确定的。该模型在通过优化求解时，不仅采用了针对所有能源投入指标的径向调节度量 θ，还在约束中使用了针对不同的投入、产出变量设置的非径向调节度量 s_i^{x-}、s_l^{e-} 和 s_r^{y+}，因此本书将该模型称为径向调节和松弛调节联合的 DEA 集成效率测度模型，此外模型不仅考虑了能源效率状况，通过加入非期望产出指标(碳排放和其他污染物排放等)还可以将环境效率状况纳入效率测度，因此模型属于集成效率测度模型。下面我们在此模型的基础上对其进行扩展，并定义几类效率测度指数。

7.2　单纯能源/排放效率指数和能源环境集成效率指数

7.2.1　单纯能源/排放效率指数

假设 θ^*、λ_j^*、s_i^{x-*}、s_l^{e-*}、s_r^{y+*} 为模型(7-1)的最优解，则单纯能源效率指数可以定义为 $\mathrm{EPI}=\sum_{L=1}^{L}\alpha_l(\theta^* e_{lj}-s_l^{e-*})/e_{lj}$，其中 α_l 是对应能源投入指标 e_l 的归一化的评估者定义权重，该权重反映了各类能源品种在能源效率评估中的重要性，可以根据评估者的主观认识或经验判断，也可以根据评价的具体要求设置，另外还有一种客观设置的方法，即根据各类能源消费量在能源消费总量中所占的比重确定其权重。

如果我们对模型(7-1)做一些调整，即将径向调节度量 θ 置于非期望产出约束而非能源投入约束中，同时给非期望产出设置类似的松弛变量，则通过求解模型并类似于 EPI 的定义形式，还可以得到单纯排放(环境)效率指数。

7.2.2　能源环境集成效率指数

下面不仅单纯考虑能源效率或排放(环境)效率测度，而是考虑二者的综合测度。在一般生产过程中，一个 DMU 总希望在一定条件下生产的期望产出越多越好，或者消耗的能源资源投入越少越好，在能源效率测度问题中，所消耗的能源资源大多是非可再生化石能源，如煤炭、石油和天然气，这类能源在消费的同时还伴随有大量温室气体(如 CO_2)和其他污染物(如 SO_2)的排放。因此在这样的情况下，评价者更希望在期望产出总量一定的条件下，尽可能减少能源消耗和非能源资源消耗，同时降低污染物等非期望产出的排放。然而在传统的 DEA 模型中，直接减少非期望产出的设置是不可行的。

为了解决这个问题，已有的研究提出了多种处理非期望产出，即负向产出的途径，这里介绍具有代表性的四种方法：①非期望产出做投入处理法。将非期望产出视为投入要素处理，在效率提升过程中，其变化方向与投入要素变化方向一致(Hailu and Veeman，2001; Bian and Yang，2010; Shi et al.，2010)。②非期望产出对应的效率测度取倒数处理法。将与期望产出反向变化的非期望产出对应的效率值取倒数，使在效率提升过程中非期望产出和期望产出可以同时反向变化(Färe et al.，1989)。③非期望产出数据的数学转换处理法。具体可以分为负数转换法(Zhu and Chen，1993)、倒数转换法(Lovell et al.，1995)及线性转换法(Seiford and Zhu，2002)，三种方法都可以使处理后的非期望产出与期望产出同向变化，均可以在传统的 DEA 模型下进行效率测度，其中线性转换法使用最为广泛(Jahanshahloo et al.，2004; Hua et al.，2007; Yeh et al.，2010)。④方向距离函数(directional distance function，DDF)处理法。预先给定一个方向距离函数，评价者按照偏好设定一定的效率改进方向，按照该方向测度效率，在效率提升过程中，非期望产出和期望产出可以分别按照设定的方向同时减小和增加(Chung et al.，1997; Färe et al.，2007; Wei et al.，2012; Wang et al.，2013)。方向向量的选取具有较强的主观性，不同的方向设置往往导致评价结果差异较大，因此对该方法的适用性存在一定争议。

对于上述第二种方法，对应的 DEA 模型属于非线性规划，在模型求解方面存在一定困难，此外基于第二种方法的 DEA 模型也无法同时测度能源效率和排放(环境)效率。对于上述第四种方法，评价结果很大程度上取决于方向距离函数中方向的选取，不同的方向选取对于同一个 DMU 来说可能导致评价结果差异较大，此外方向距离函数的确定也取决于评价者的主观偏好或经验判断。因此，在本书中，主要基于第一种和第三种非期望产出方法对相应的能源效率评价 DEA 模型进行修订和扩展，并基于该类 DEA 模型构建能源环境集成效率指数(unified energy and emission performance indicator，UEEPI)。

考虑到 CO_2 和 SO_2 排放主要来源于工业过程中化石燃料的燃烧，如果减少能源消费量则可以直接使得上述污染物排放下降，因此类似于 Shi 等(2010)及 Bian 和 Yang(2010)的方法，先构建如式(7-2)所示的能源环境集成效率测度模型。在该模型中非期望产出被视为投入处理，并且在模型优化计算过程中与能源投入同步但不同比缩减。

$$
\begin{aligned}
&\min \theta^e + \theta^b \\
&\text{s.t.} \quad \sum_{j=1}^{n} \lambda_j x_{ij} + s_i^{x-} = x_{ij_0}, i = 1,2,\cdots,m \\
&\qquad \sum_{j=1}^{n} \lambda_j e_{lj} + s_l^{e-} = \theta^e e_{lj_0}, l = 1,2,\cdots,L \\
&\qquad \sum_{j=1}^{n} \lambda_j y_{rj} - s_r^{y+} = y_{rj_0}, r = 1,2,\cdots,s \\
&\qquad \sum_{j=1}^{n} \lambda_j b_{kj} = \theta^b b_{kj_0}, k = 1,2,\cdots,K \\
&\qquad \sum_{j=1}^{n} \lambda_j = 1 \\
&\qquad \lambda_j, s_i^{x-}, s_l^{e-}, s_r^{y+} \geqslant 0, \text{对于所有} j,i,l,r
\end{aligned}
\tag{7-2}
$$

式中，θ^e 为能源效率(energy efficiency)；θ^b 为排放效率(emission efficiency)，其他的变量和参数的含义与模型(7-1)一致。模型(7-2)在优化过程中，试图在保持非能源投入不变和期望产出水平不变的前提下，尽可能的分别等比例的减少各类能源投入和各类非期望产出。如果用 θ^{e*} 、θ^{b*} 、λ_j^*、s_i^{x-*} 、s_l^{e-*} 、s_r^{y+*} 表示模型(7-2)的最优解，则可以如下定义第一类能源环境集成效率指数 UEEPI_1：$\text{UEEPI}_1 = w_1 \sum_{l=1}^{L} \alpha_l \left(\theta^{e*} e_{lj} - s_l^{e-*}\right) / e_{lj} + w_2 \sum_{k=1}^{K} \beta_k \theta^{b*}$，在该指数计算式中，$\alpha_l$ 和 β_k 分别为对应能源投入 e_l 和和非期望产出 b_k 的归一化的权重，该权重反映了各类能源投入和各类污染物排放在能源环境集成效率评估中的重要程度，此外权重 w_1 和 w_2 则分别代表能源效率测度和排放效率测度在集成效率测度 UEEPI_1 中的重要性，该权重也需要进行归一化处理。如果 UEEPI_1=1，则对应的 DMU 就被认为是有效的，其位于代表最优能源使用和最优污染排放的效率前沿面上；如果 UEEPI_1<1，则说明对应 DMU 为无效单元，其存在能源投入缩减或污染物排放下降的潜力和空间。

模型(7-2)用视为投入的方法处理非期望产出是合理的，因为在污染物排放受到限制的前提下，以及污染物排放必须在环境保护法规框架内进行的约束下，污染物排放被视为一种权利，污染物排放的单元必须为获取这样的权利进行一定的支付，因此可以将非期望产出排放或排放权视为一种投入。然而这样的处理方式也有一定的弊端，即将产出视为投入不符合实际生产过程，在实际生产中污染物的排放是期望产出生产的一种副产品，是伴随期望产出而出现的。为此，我们构建了另一个能源环境效率评估模型，能够刻画常规的投入、产出过程和顺序。在该模型下，先采用 Seiford 和 Zhu(2002)提出的方法，将非期望产出进行数学转换，然后将转换处理后的非期望产出按照正常的产出对待。上述数学转换过程如下所示：首先，每一项非期望产出都乘以–1；其次，与一个大数相加，使之再次变为正数，即$\bar{b}_{kj}=-b_{kj}+v_k>0$，$k$=1,2,⋯,$K$，其中这个大数的选取方法为$v_k=\max_j\{b_{kj}\}+1$，$k$=1,2,⋯,$K$。上述转换过程(即变负和位移)在规模收益可变假设(variable returns to scale assumption)下能够给出一个与原问题等价的效率前沿面。在此基础上，构建了如式(7-3)所示的另一个能源环境集成效率测度模型。

$$
\begin{aligned}
&\min \theta^e - \theta^b \\
&\text{s.t.} \quad \sum_{j=1}^{n} \lambda_j x_{ij} + s_i^{x-} = x_{ij_0}, i = 1,2,\cdots,m \\
&\qquad \sum_{j=1}^{n} \lambda_j e_{lj} + s_l^{e-} = \theta^e e_{lj_0}, l = 1,2,\cdots,L \\
&\qquad \sum_{j=1}^{n} \lambda_j y_{rj} - s_r^{y+} = y_{rj_0}, r = 1,2,\cdots,s \\
&\qquad \sum_{j=1}^{n} \lambda_j \bar{b}_{kj} = \theta^b \bar{b}_{kj_0}, k = 1,2,\cdots,K \\
&\qquad \sum_{j=1}^{n} \lambda_j = 1 \\
&\qquad \lambda_j, s_i^{x-}, s_l^{e-}, s_r^{y+} \geqslant 0, \text{对于所有 } j,i,l,r
\end{aligned}
\tag{7-3}
$$

在模型(7-3)中，各参数和变量的定义与模型(7-2)一致。在该模型下，各类能源投入应该按照θ^e同比例缩减，而各类转换后的非期望产出则可以按照θ^b同比例增加(实质上是对应的原非期望产出减少)，进而使构建的第二类能源环境集成效率指数 $UEEPI_2$ 提升，这里指数 $UEEPI_2$ 和 $UEEPI_1$ 有类似的定义方式和相同的计算形式。尽管形式相同，还是需要指出，这两个指数是完全不同的能源环境效率集成度量，因为它们来自不同的基础模型，并采用不同的非期望产出处理手段。

7.3　能源环境集成效率测度模型的扩展

利用 7.2 节构建的 DEA 能源环境集成效率测度模型，可以对不同省份之间的能源效率和环境效率状况进行综合评价和比较，然而往往采用单年的数据进行个别年份的评价研究还是不够的，无法反映出各省份在不同时期的能源效率状况，以及其发展变化情况。此外，仅对单年的效率情况进行评价的结果在不同年份之间往往又不具备可比性，因为不同年份的效率前沿面的构造不尽相同。此时窗口分析(window analysis)技术就有必要引入 DEA 能源环境集成效率测度模型中，并对其进行一定的扩展。

DEA 窗口分析方最早由 Charnes 等(1994)提出，它是对传统的 DEA 方法的一种扩展，其原理是将 DEA 的优化运算建立在一组滑动窗口涵盖的多年份数据的基础上，将同一个 DMU 在不同年份的数据视为不同的 DMU，并通过计算移动平均效率值确定各 DMU 不同年份的可比效率值。因此该技术可以同时处理兼具横截面特征和时间序列特征的动态数据。在窗口分析框架下，一个特定 DMU 在特定时间点的效率值不仅可以同其他 DMU 的效率值相比较，也可以同自身在不同时间点的效率值进行比较。因此，本书通过采用窗口分析技术，不同省份的不同年份的能源和环境效率就可以通过一系列滑动并重叠的窗口进行识别和计算。

本书设定每一个窗口中包含 $n\times w$ 个观察对象，窗口开始于第 t 时期($1\leqslant t\leqslant T$)，总共有 T 个时期纳入评价，每个窗口宽度设为 w ($1\leqslant w\leqslant T-t$)。在 7.4 节中要评估中国 30 个省份 2000～2009 年的能源效率，因此 n=30，T=9。关于窗口宽度的确定，Zhang 等(2011)指出，每个窗口下都假定不存在技术进步效应，因此必须要选择适当较窄的窗口。Charnes 等(1994)指出如果研究时间以年为单位，则 3～4 年的窗口宽度是比较合适的，兼顾了信息忠实度(informativeness)和效率评价稳定性(stability)之间的平衡。因此，借鉴 Halkos 和 Tzeremes (2009)的研究，选择 w=3 年为窗口宽度，以获取可靠效率评价结论。第一个 3 年(2000～2002 年)组成了第一个窗口，该窗口通过去掉 2000 年的数据并增加 2003 年的数据而平移 1 年成为第二个窗口(2001～2003 年)，这样的平移过程持续进行，直至形成最后一个窗口(2007～2009 年)以覆盖整个评价期。因此最终每个评价对象都获得了 8 个窗口，而每个窗口中的观察对象数量为 $n\times w$=30×3=90。

为了确保 3 年的窗口宽度是合理可信的，采用 Kruskal-Wallis 秩和检验(简称 K-W 秩和检验)来验证是否每个窗口下的数据集都是满足假设的。为了计算 K-W 秩和检验的统计量 H，首先将每个窗口下的 90 个观察对象按照其能源环境效率指数(EPI、UEEPI_1 或 UEEPI_2)降序排列；其次计 R_{jt} 为第 j 个对象在第 t 时期的排序或秩，而第 t 时期所有对象的秩和计为 $R_t=\sum_{j=1}^{n_t}R_{jt}$，其中 n_t=30，为每个时期下观察对象的个数；最后用式(7-4)计算 K-W 秩和检验的统计量 H：

$$H=\frac{12}{n(n+1)}\sum_{t=1}^{3}\frac{R_t^2}{n_t}-3(n+1) \tag{7-4}$$

式中，$n=90$ 为一个窗口下不同时期所有观测对象的总数；t 取值 1～3；H 统计量

服从自由度为 $df=2$ 的 χ^2 分布，如果不同的观察对象有相同的秩(即同一个窗口下不同 DMU 的序号有结)，则 H 统计量需要用式(7-5)进行一定的修正：

$$H^c = \left[\frac{12}{n(n+1)}\sum_{t=1}^{3}\frac{R_t^2}{n_t} - 3(n+1)\right] \Bigg/ \left[1 - \frac{\sum(\tau^3-\tau)}{n^3-n}\right] \tag{7-5}$$

式中，τ 为具有相同的秩的观察对象的个数。如果在一定的显著性水平下 H 统计量值低于 χ^2 分布的临界值，则可以拒绝原无效假设，即当前被检验的窗口下的不同时期的观察对象的效率指数值总体具有相同的分布情况，同一个观察对象在不同时期的效率指数没有显著的差异。

通过窗口分析，每一个观察对象在同一年均可以获得三个效率指数值(除了 2000 年和 2009 年，以及 2001 年和 2008 年，前者由于位于第一个和最后一个窗口的前端或末端，只有一年的指数值，而后者由于只出现在第一、二个窗口或最后两个窗口，只有两年的指数值)，通过采用取均值的方法，即可进一步得到每个观察对象在每一年的指数值。

7.4　基于径向 DEA 方法的能源效率评估

本节采用 7.1～7.3 节提出的能源效率评估模型和指数，对中国区域能源环境效率状况进行评价。

7.4.1　数据、变量和描述性分析

根据 7.2 节提到的 DEA 框架下全要素能源效率的定义，我们采用劳动力和资本存量两项指标作为投入，能源消费量被细分为煤炭、石油和天然气三类，作为能源投入指标，国内(地区)GDP 指标作为期望产出，CO_2 和 SO_2 排放作为两项非期望产出指标。上述指标中的劳动力数量、GDP(统一到 2000 年不变价)和 SO_2 排放量的每年数据分别来源于《中国统计年鉴》(2001～2010 年)、《中国能源统计年鉴》(2001～2010 年)及《中国环境统计年鉴》(2001～2010 年)；资本存量数据来源于 Shan (2008)的研究结果，按照 Liu 等(2010)的计算步骤，基于化石燃料(煤炭、石油、天然气)的消费量，以及 IPCC(2006)提供的化石燃料燃烧的排放因子估算了 CO_2 排放量。

本书中，我们考虑了中国 30 个省份，由于数据可获得性的问题，西藏、台湾、香港和澳门不包含在内。表 7-1 给出了中国 30 个省份投入、产出变量的描述性统计情况，由于篇幅关系，表 7-1 中仅代表性地列出了研究涉及的 10 年中 4 年

(2000 年、2003 年、2006 年、2009 年)的数据。根据地理特征和经济状况，中国 30 个省份通常被分为东部、中部、中西部三大地区，具体的省份分类情况及对应的指标值见表 7-2。

表 7-1　投入、产出指标的描述性统计

选取年份	变量	非能源投入		能源投入			期望产出	非期望产出(排放)	
		资本存量/十亿元	劳动力数量/百万人	煤炭/百万吨标煤	石油/百万吨标煤	天然气/千吨标煤	GDP/十亿元	CO_2/百万吨	SO_2/千吨
2000	平均值	183.83	21.67	34.98	10.68	1058.06	339.26	121.54	655.26
	标准差	176.53	15.66	23.88	11.58	1686.00	259.39	79.36	447.21
	极大值	665.57	60.72	101.88	56.27	7803.11	1074.13	314.69	1795.90
	极小值	13.54	2.39	1.37	0.56	1.33	26.37	8.44	20.40
2003	平均值	254.96	21.58	45.88	12.11	1569.36	447.82	155.64	719.48
	标准差	248.22	14.33	32.71	13.59	2069.80	357.82	102.43	464.19
	极大值	879.46	55.36	146.45	65.15	9932.44	1531.53	413.66	1835.70
	极小值	18.19	2.54	2.41	0.53	13.30	36.95	16.26	22.92
2006	平均值	409.14	23.85	71.22	16.40	2601.04	677.43	236.68	862.20
	标准差	376.26	16.78	55.75	17.64	2931.88	549.11	170.75	510.46
	极大值	1287.01	64.12	213.14	79.36	14108.64	2292.95	714.08	1962.00
	极小值	27.59	2.71	2.37	1.49	75.81	52.23	18.50	24.00
2009	平均值	623.27	24.93	83.61	19.86	4293.40	937.56	292.57	737.93
	标准差	556.84	16.62	61.25	20.16	4089.44	759.55	186.14	420.57
	极大值	1975.77	59.49	248.54	83.90	16889.67	3185.17	796.91	1590.00
	极小值	41.39	2.85	3.83	1.17	160.93	73.43	30.31	22.00

表 7-2 中，东部地区包括 8 个沿海省和 3 个直辖市，该地区在过去 30 年中经历了最快的经济增长，其每年 GDP 总量占全国 GDP 总量的 60%以上，该地区的能源消费总量也占全国能源消费总量的 45%以上。东中部地区包括 8 个内陆省，该地区的 GDP 总量低于东部地区但高于中西部地区，其 GDP 和能源消费总量在全国所占比重分别约为 25%和 30%。中西部地区包括 1 个直辖市和 10 个西北西南省(自治区)，该地区的 GDP 总量占全国 GDP 总量约 15%，但是其消耗的能源总量占全国能源消耗总量的 25%。

表 7-2　中国 30 个省份具体的分类情况及对应的指标值

地区	省份	年份	GDP 合计/十亿元	能源消费总量/百万吨标煤	CO_2 排放总量/百万吨
东部地区	北京、天津、河北、辽宁、上海、江苏、浙江、福建、山东、广东、海南	2000	5741.19	656.34	1682.71
		2005	10334.51	1122.14	2902.74
		2009	16728.18	1475.21	3782.65
东中部地区	山西、吉林、黑龙江、安徽、江西、河南、湖北、湖南	2000	2400.37	439.37	1166.30
		2005	4035.71	734.32	1969.93
		2009	6569.88	915.60	2452.92
中西部地区	内蒙古、广西、重庆、四川、甘肃、青海、宁夏、新疆、贵州、云南、陕西	2000	1697.08	305.92	797.08
		2005	2903.48	563.65	1471.81
		2009	4828.78	842.34	2160.00
全国 30 个省份		2000	9838.64	1401.63	3646.09
		2005	17273.70	2420.11	6344.48
		2009	28126.84	3233.15	8395.57

7.4.2　中国区域能源环境效率比较分析

运用 7.1 节中给出的三个模型，并结合窗口分析技术及 K-W 秩和检验对不同的 DEA 评估模型和不同的非期望产出处理方式进行对比分析，以及对上述模型下评估获得的能源效率、环境效率及能源环境集成效率进行比较分析。

首先，基于模型(7-1)，将其中的第四项约束去掉并暂不考虑非期望产出，即先将 CO_2 和 SO_2 排放变量忽略，以计算每个地区的 EPI。其次通过模型(7-2)和模型(7-3)可以计算 $UEEPI_1$ 和 $UEEPI_2$，其中 $UEEPI_1$ 下非期望产出被视为投入处理，$UEEPI_2$ 下非期望产出通过数学转化被视为期望产出处理。强调一点，上述三个模型的计算都是与窗口分析技术结合进行的。最后再通过 K-W 秩和检验对每个窗口下 90 个观察对象效率指数值的有效性进行验证，计算中可以发现，每一个统计检验下都存在结的问题，因此采用式(7-5)计算 H^c 统计量，计算结果表明所有的 H^c 分值均小于 5.991，即小于显著性水平为 5%、自由度为 2 的 χ^2 分布的临界值，因此可以确认每个窗口下一个 3 年的数据集合是有效的。

中国 30 个省份的 $UEEPI_1$ 和 $UEEPI_2$ 见表 7-3，同时表 7-3 也给出了各省份、三大地区和中国 30 个省份 2000～2009 年的各类效率指数的均值情况。

从表 7-3 中可以发现：①在模型(7-2)和模型(7-3)下，4 个省份(福建、海南、四川、青海)2000～2009 年始终被作为标杆(benchmark)处于能源与环境效率前沿面上，另外还有一个省份(云南)在模型(7-2)下也始终处于效率前沿面上；②对大多数省份来讲，在研究期内，其 $UEEPI_1$ 要高于 $UEEPI_2$；③模型(7-2)下被评为有效单元的省份数量要高于模型(7-3)下效率指数值为 1.000 的省份数量。

表 7-3　中国 30 个省份在不同模型下的能源与环境效率评价结果

地区	省份	UEEPI_1（非期望产出视为投入）					UEEPI_2（数学转化后非期望产出视为期望产出）				
		2000 年	2003 年	2006 年	2009 年	平均值	2000 年	2003 年	2006 年	2009 年	平均值
东部地区	北京	0.909	1.000	0.992	1.000	0.9878	0.980	1.000	0.990	1.000	0.9933
	天津	1.000	1.000	1.000	1.000	0.9958	1.000	1.000	1.000	1.000	0.9970
	河北	0.378	0.935	1.000	1.000	0.8553	0.412	0.463	0.721	0.520	0.5203
	辽宁	1.000	1.000	1.000	1.000	0.9985	1.000	1.000	1.000	1.000	0.9940
	上海	1.000	1.000	0.983	1.000	0.9977	1.000	1.000	0.963	1.000	0.9951
	江苏	1.000	1.000	0.964	1.000	0.9811	1.000	0.938	0.769	1.000	0.8715
	浙江	0.603	0.944	0.952	1.000	0.9179	0.781	0.796	0.839	1.000	0.8872
	福建	1.000	1.000	1.000	1.000	1.0000	1.000	1.000	1.000	1.000	1.0000
	山东	1.000	1.000	1.000	1.000	0.9557	1.000	1.000	1.000	1.000	0.9441
	广东	0.872	1.000	1.000	1.000	0.9872	0.883	1.000	1.000	1.000	0.9884
	海南	1.000	1.000	1.000	1.000	1.0000	1.000	1.000	1.000	1.000	1.0000
	平均值	0.887	0.989	0.990	1.000	0.9706	0.914	0.927	0.935	0.956	0.9264
东中部地区	山西	0.413	1.000	1.000	1.000	0.8888	0.800	0.871	0.717	0.382	0.7441
	吉林	0.540	1.000	0.983	1.000	0.9355	0.936	1.000	0.963	1.000	0.9791
	黑龙江	1	0.994	0.978	1.000	0.9837	1.000	0.983	0.921	1.000	0.9685
	安徽	1.000	1.000	1.000	1.000	0.9947	1.000	1.000	0.992	1.000	0.9859
	江西	1.000	1.000	0.943	0.949	0.9771	1.000	1.000	0.925	0.938	0.9738
	河南	0.482	1.000	1.000	1.000	0.8971	0.505	1.000	0.863	0.759	0.7561
	湖北	0.392	0.895	0.844	0.866	0.7802	0.687	0.683	0.626	0.690	0.6691
	湖南	0.764	0.923	0.860	0.929	0.8770	1.000	0.811	0.707	0.807	0.8256
	平均值	0.699	0.976	0.951	0.968	0.9168	0.866	0.918	0.839	0.822	0.8628
中西部地区	重庆	0.4711	1.000	0.965	1.000	0.8761	1.000	1.000	0.955	1.000	0.9514
	四川	1.000	1.000	1.000	1.000	1.000	1.000	1.000	1.000	1.000	1.000
	贵州	0.3301	0.969	1.000	0.915	0.8481	1.000	0.878	1.000	0.813	0.9211
	云南	1.000	1.000	1.000	1.000	1.000	1.000	1.000	1.000	1.000	0.9992
	陕西	0.389	0.762	0.786	0.816	0.7054	0.619	0.593	0.585	0.554	0.5850
	甘肃	0.509	0.787	0.805	0.831	0.7488	0.707	0.648	0.718	0.757	0.7056
	青海	1.000	1.000	1.000	1.000	1.0000	1.000	1.000	1.000	1.000	1.0000
	宁夏	1.000	0.866	1.000	1.000	0.9783	1.000	0.803	1.000	1.000	0.9804
	新疆	0.204	0.818	0.746	0.769	0.6754	0.718	0.671	0.587	0.534	0.6382
	广西	1.000	1.000	1.000	1.000	0.9988	1.000	1.000	1.000	1.000	0.9985
	内蒙古	1.000	1.000	1.000	1.000	0.9741	1.000	1.000	0.834	1.000	0.9739
	平均值	0.718	0.927	0.936	0.939	0.8914	0.913	0.872	0.880	0.878	0.8867
中国 30 个省份平均值		0.775	0.963	0.960	0.969	0.9272	0.927	0.904	0.889	0.892	0.8949

为了更清晰地展示不同模型的结果，将 30 个省份 2000～2009 年的 $UEEPI_1$ 和 $UEEPI_2$ 值以散点图的形式展示在图 7-1 中。可以发现如下特点。

(1) 位于散点图对角线下的点的数量(115 个)要多于位于对角线上的点的数量(38 个)，其余的点均集中在图的右上端点(两类指数值均为 1.000)，$UEEPI_1$ 均值(0.927)要高于 $UEEPI_2$ 均值(0.895)。Wilcoxon 检验(Daniel，1978)的结果显示，对全部 300 个观测对象(30 个省份 10 年数值)来说，总体上看，模型(7-2)计算的效率指数值要高于模型(7-3)计算的效率值，并且在 1%的显著性水平下零假设(两个模型计算的效率指数没有显著差异)可以被拒绝。因此可以得到一个初步判断，即模型(7-2)较模型(7-3)有可能会对中国区域能源环境效率赋予较高的评价指数值，从而降低模型评价的区分度。

(2) 观察对象点在水平轴上的投影密度要高于其在纵轴上的投影密度。我们进一步计算了 $UEEPI_1$ 和 $UEEPI_2$ 值的变异系数(coefficient of variation，CV)，前者为 0.147，后者为 0.173。这说明对于中国能源环境效率评价来讲，在模型(7-2)下将非期望产出作为投入处理方法的评价结果的区分度(discriminating power)要低于在模型(7-3)下通过数学转换将非期望产出转化为期望产出处理方法的评价结果。

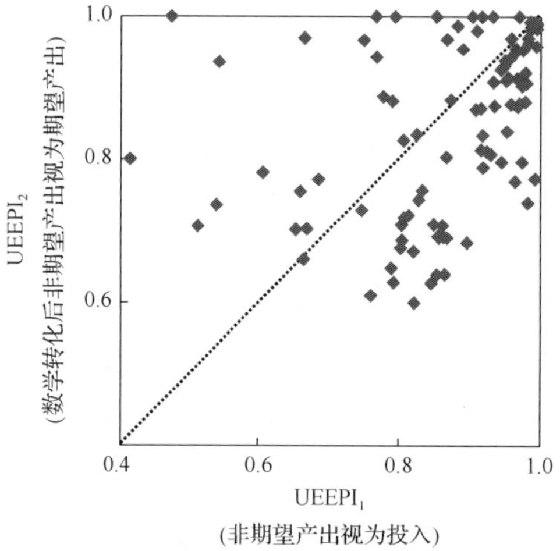

图 7-1 不同模型下能源环境效率指数对比

(数学转化后非期望产出视为期望产出；非期望产出视为投入)

在上述比较分析的基础上，进一步将 EPI′(不考虑 CO_2 和 SO_2 排放)与 $UEEPI_1$ 和 $UEEPI_2$(考虑 CO_2 和 SO_2 排放)下中国 30 个省份的效率情况进行比较分析，同时结合中国区域经济和社会发展特点，以更深入地认识不同模型的特点。

如图 7-2(a)、(b)两图的横轴表示 EPI′值，图 7-2(a)的纵轴表示 $UEEPI_1$ 值，图 7-2(b)的纵轴表示 $UEEPI_2$ 值，图中各点代表中国 30 个省份 2000～2009 年的均值情况。

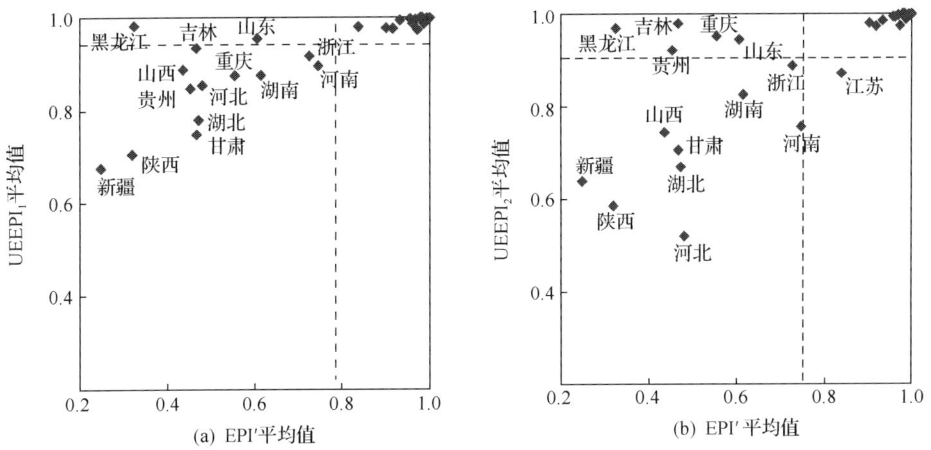

图 7-2　EPI′与 $UEEPI_1$ 和 $UEEPI_2$ 的比较

为了分析表述方便，我们将图 7-2 中每个散点图依据 30 个省份平均指数值划分为四个象限，东北象限同时具有高能源效率和高集成效率，相反的西南象限的两种效率都较低，其余的两个象限都只具备一种高效率值。

可以发现：①图 7-2(a)中(比较 $UEEPI_1$ 和 EPI′)，观测点分布的更加集中，而图 7-2(b)中(比较 $UEEPI_2$ 和 EPI′)有更多的观测点靠近对角线；②30 个观测点在 $UEEPI_1$ 的纵轴上的投影比在 $UEEPI_2$ 的纵轴上的投影更加密集，并且 $UEEPI_1$ 平均值的变异系数(0.10)较 $UEEPI_1$ 平均值的变异系数小(0.16)。上述现象表明，一方面，对于中国区域能源环境效率评价，非期望产出的数学转换处理方式得到的评价结果的区分程度更高；另一个方面，非期望产出视为投入处理方式得到的评价结果在EPI′与 $UEEPI_1$ 和 $UEEPI_2$ 之间，识别出了更多的差异性。从观测点的分布情况(分布于散点图对角线两侧)来看，模型(7-1)给出的 EPI′、模型(7-2)和模型(7-3)给出的 $UEEPI_1$ 和 $UEEPI_2$ 来讲，在一定程度上是有偏性的估计(biased estimation)，并且模型(7-2)下将非期望产出视为投入处理法能够更有效地识别出上述有偏性(bias)。

根据图 7-2 所示的分类，中国 30 个省份可以分为四个象限(组别)，表 7-4 和表 7-5 也列出了上述分类。对于大多数省份来讲，两种不同的非期望产出处理方式下的分组情况是一致的，但是有 3 个省份例外，在模型(7-2)下，江苏被分到高能源效率和高集成效率组(即 high-high 象限)，但是在模型(7-3)下，江苏被分到高能源效率和低集成效率组(即 high-low 象限)。另外在低能源效率组的两个象限中，重庆和贵州有相反的集成效率分组情况。事实上，江苏被认为是中国东部地区一个主要的工业基地，其能源消费总量和 CO_2 排放总量都很大，均位列全国前 4 位，因此将江苏分组到高能源效率和低集成效率组可能更加合适。另外，虽然贵州的经济发展水平在全国来看相对较低，但是其能源消费量和 CO_2 排放量较其他省份也相对较低，因而将贵州分组到低能源效率和高集成效率组可能更易被接受。

表 7-4 基于模型(7-2)的分组情况

非期望产出视为投入		能源与环境集成效率表现	
		低水平(11 个省份)	高水平(19 个省份)
单纯能源效率表现	高水平(17 个省份)	河南(1 个省份)	北京、天津、内蒙古、辽宁、上海、江苏、安徽、福建、江西、广东、广西、海南、四川、云南、青海、宁夏(16 个省份)
	低水平(13 个省份)	河北、山西、浙江、湖北、湖南、重庆、贵州、陕西、甘肃、新疆(10 个省份)	吉林、黑龙江、山东(3 个省份)

表 7-5 基于模型(7-3)的分组情况

数学转化后非期望产出视为期望产出		能源与环境集成效率表现	
		低水平(10 个省份)	高水平(20 个省份)
单纯能源效率表现	高水平(17 个省份)	江苏、河南(2 个省份)	北京、天津、内蒙古、辽宁、上海、安徽、福建、江西、广东、广西、海南、四川、云南、青海、宁夏(15 个省份)
	低水平(13 个省份)	河北、山西、浙江、湖北、湖南、陕西、甘肃、新疆(8 个省份)	吉林、黑龙江、山东、重庆、贵州(5 个省份)

从上面的比较可知，虽然模型(7-2)和模型(7-3)相比，从不同的评价角度看，各自有各自的优缺点，总体来讲很难判断哪一种非期望产出的处理方式更优，但是，通过上述探讨也可以发现下列几个方面的特点：①$UEEPI_2$ 较 $UEEPI_1$ 的评价区分能力更强；②使用 $UEEPI_2$ 可以在一定程度上避免效率高估；③针对中国区域能源评价问题，模型(7-3)可以提供更加合理可信的、较好反映中国不同地区特点的评价结果，模型(7-3)较模型(7-2)更加具有优势，即非期望产出的数学转换方法较视为投入法更优，因此采用 $UEEPI_2$ 较采用 $UEEPI_1$ 对中国区域能源环境效率进行评价更加合理。综上所述，本书下面将主要基于模型(7-3)的评价结果展开分析讨论。

如图 7-3 所示，为中国 30 个省份的 $UEEPI_2$ 值(2000～2009 年)。所有地区被分为三个级别，即高效率($UEEPI_2 \geqslant 0.99$)、中等效率($0.85 \leqslant UEEPI_2 < 0.99$)和低效率($UEEPI_2 < 0.85$)三级。可以看出：①东部地区有 6 个省份(北京、天津、辽宁、上海、福建、海南)属于高效率组，4 个省份(江苏、浙江、山东、广东)属于中等效率组，只有 1 个地区(河北)被分到低效率组；②在东中部地区，没有任何省份进入高效率组，吉林、黑龙江、安徽和江西在中等效率组，余下的山西、河南、湖北和湖南进入了低效率组；③在中西部地区，四川、云南、青海、广西 4 个省份进入了高效率组，重庆、贵州、宁夏、内蒙古 4 个省份属于中等效率组，剩余的 3 个省份(陕西、甘肃和新疆)则在低效率组；④总体来看，东部地区表现好于中西部地区，而东中部地区的效率情况最差。

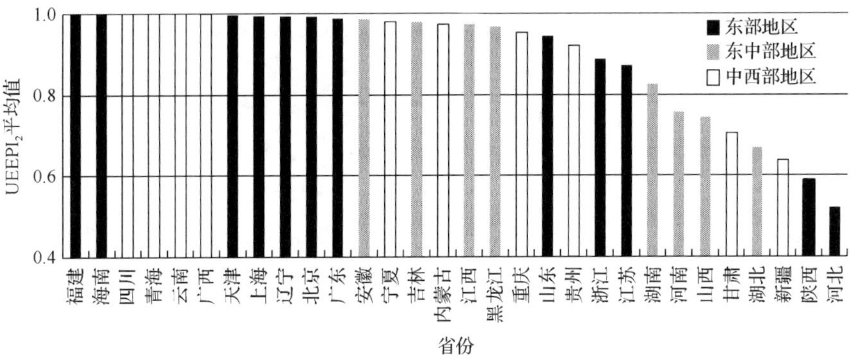

图 7-3　2000～2009 年中国 30 个省份的 $UEEPI_2$ 值

全国能源环境集成效率指数平均值和东部、东中部、中西部三大地区的集成效率指数平均值(2000～2009 年各年)及其在这一时期的变化趋势如图 7-4 所示。可以看出：①从地区视角来看，东部地区在整个研究期内的每一年都维持全国最高的集成效率指数平均值，而东中部地区有 7 年(2000～2001 年和 2005～2009 年)的集成效率指数平均值最低，中西部地区的集成效率指数平均值在 10 年中有 7 年都在东部、东中部地区之间波动(除了 2002～2004 年)；②东部和中西部地区的集成效率指数平均值基本上呈现相反的升降趋势，东中部地区的集成效率指数平均值在研究期内呈现轻微波动的状态；③2000～2003 年，全国集成效率指数平均值稳定在 0.90 左右，之后轻微下降到 0.88(2007 年)，而 2008～2009 年，又出现上涨趋势；④2003 年之后，东部和东中部地区的集成效率指数平均值差异有所扩大，东部地区经历了两次集成效率指数平均值的提升过程(2005～2006 年和 2007～2009 年)，而东中部地区的集成效率指数平均值在 2003～2005 年出现明显降低，并维持在低水平上 5 年直至 2009 年。

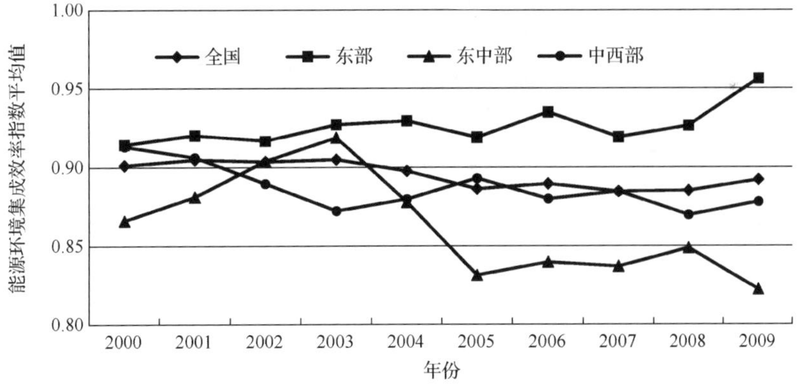

图 7-4　2000～2009 年能源与环境集成效率指数平均值变化趋势

为了能动态呈现 30 个省份多年能源环境集成效率变动比较情况，并表现出每个省份的变化情况，图 7-5 进一步用雷达图给出了 30 个省份在 2000 年、2003 年、2006 年、2009 年的集成效率指数值。可以发现：①6 个省份的集成效率指数经历了持续上升过程，其中上升最明显的省份是中国东部地区的浙江和河北，其集成效率指数值均上升超过了 20%；②另有 6 个省份的集成效率指数值在这一时期连续下降，其中下降最明显的是东中部地区的山西和湖南，其效率值分别下降了 40% 和 20%；③另外有 7 个省份经历了集成效率指数值波动的过程，其中波动最显著的是河南，其 10 年间集成效率指数平均值的变异系数达到 0.21；④余下 11 个省份的集成效率指数值在整个时期基本保持在较高水平。

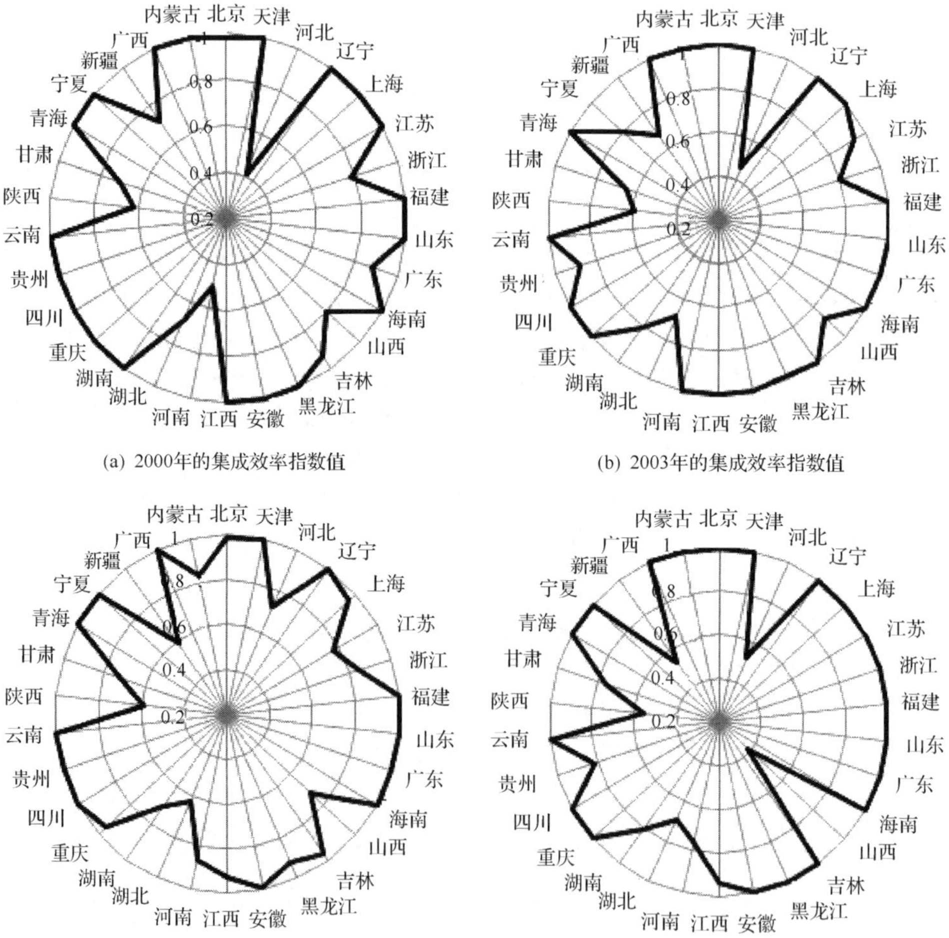

(a) 2000年的集成效率指数值

(b) 2003年的集成效率指数值

(c) 2006年的集成效率指数值

(d) 2009年的集成效率指数值

图 7-5　中国 30 个省份能源环境集成效率指数值分布图

图 7-6 集中比较了东部、东中部、中西部三大地区 30 个省份的能源环境集成效率指数平均值，雷达图的东部、东中部和中西部分别为上述三大地区所包含的省份数据。可以发现：①东部地区各省份的效率较东中部、中西部地区各省份的集成效率指数值分布更加均衡，东部唯一的例外是河北，其能源环境集成效率指数值在该地区中相对较低；②东中部地区中安徽、江西表现最好，山西、河南表现最差，另外湖南和河南的表现也较差，上述 4 个省份的低能源环境集成效率指数值直接导致了东中部地区的效率情况在全国最差；③中西部地区的四川、青海、云南、广西的能源环境效率评价表现非常好，但是陕西和新疆的集成效率指数值则很低，仅仅比河北高一点。

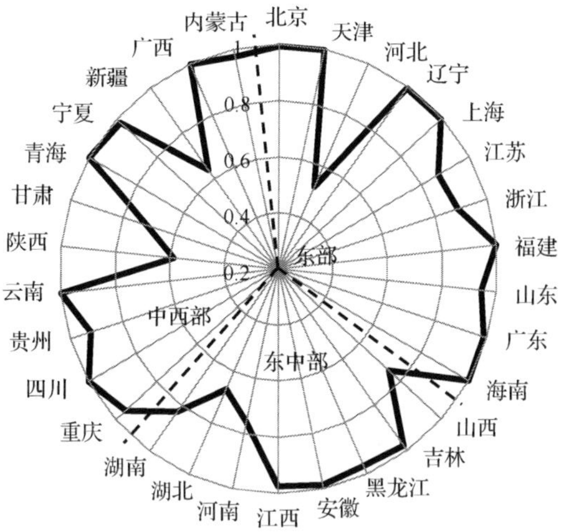

图 7-6　2000～2009 年中国 30 个省份的能源环境集成效率指数平均值

为了通过效率评价获得更进一步的关于能源消费、经济发展、污染物排放和环境保护之间关系的信息，我们回到图 7-2 和表 7-5 所示的信息，其中 $UEEPI_2$ 和 EPI′之间的关联信息，可以被用来对观测对象进行进一步的分类。分类情况显示，30 个省份中的 15 个省份属于高单纯效率-高集成效率组(高水平-高水平组)，该组成员的特征是同时在能源使用效率和污染物排放效率方面表现良好，约 2/3 的东部地区省份和一半的中西部地区省份属于该组，说明东部、中西部的大部分地区无论在是否考虑排放的情况下，均获得了较高的效率评价结果。相反的，30 个省份中有 8 个省份被分组到了低单纯效率-低集成效率组(低水平-低水组)，该组成员的特征是同时在能源使用效率和污染物排放效率方面表现较差，大约一半的东中部地区省份属于该组，说明东中部地区在效率提升方面还有很大空间，这些地区应该以“双高组”(高单纯效率-高集成效率组)中具有类似的经济结构或能源消费结构的成员为标杆，提升能源环境效率。

此外共有 5 个省份(东部地区 1 个、东中部、中西部地区各 2 个)处于低单纯效率-高集成效率组(low-high)，其特点是能源使用效率不高，但是若将排放情况纳入评价，其集成效率则有很大提升，说明这些省份在环境效率或排放效率方面具有一定优势，较处于“双低组”(低单纯效率-低集成效组)的省份来说，上述省份在减排方面表现更好，这些省份需要维持排放在当前水平或仅缓慢上升，同时通过技术升级和管理创新来提升其能源使用效率。除了上述 3 组成员外，剩余的省份均被分配在高单纯效率-低集成效率组(高水平-低水平组)，该组的特征是在能源使用效率方面表现良好，但是若考虑其污染物排放情况，则其效率值会有明显下降，处于该组的省份需要更加关注于其 CO_2 和 SO_2 的减排效率问题，以同步提升能源效率和环境效率。

第 8 章　非径向 DEA 集成效率测度方法与应用

与第 7 章不同，本章从另一个视角对能源环境效率评价问题开展建模研究，首先基于范围调节测度方法和多方向效率测度方法，构建两类能源环境集成效率评价模型，并类似地构造评价指数，然后利用上述模型和指数，对中国工业部门开展投入、产出的自然可自由处置性(natural disposability)和管理可自由处置性(managerial disposabiltly)两类视角下的评价，并给出效率水平、效率模式、规模收益和规模损失等决策支撑信息*。

8.1　非径向 RAM-DEA 能源环境集成效率测度模型

本书前面给出的能源环境集成效率测度模型均是基于径向调节或径向松弛调节 DEA 模型构建的，其特点是能源和环境指标在效率测度过程中需要各自按照一定的相同比例进行调节(缩减)，不同种类的能源或不同种类的排放指标的调节优化决策变量无法进一步分类以反映其各自的特点。因此，本书进一步基于非径向的范围调节 DEA(range-adjusted measure based DEA，RAM-DEA)模型构建可以不需要同比例对能源和环境指标进行调节的集成效率测度模型，以期从更一般的意义上衡量区域能源环境集成效率情况。

8.1.1　第一类 RAM 能源环境集成效率测度模型

以下构建的能源环境集成效率测度模型均是基于 RAM-DEA 模型设计的。RAM-DEA 模型最初是由 Cooper 等(1999a)提出，可以较为简便地将能源效率测度与环境效率测度结合起来，因此被认为较传统的 DEA 模型更具优势，参考 Sueyoshi 和 Goto(2011a，2011b，2012a，2012b)的模型，我们考虑现有 n 个区域(DMU)待评价，每个区域(DMU_j，$j=1,2,\cdots,n$)使用 m 种投入 $\boldsymbol{X}_j=(x_{1j},x_{2j},\cdots,x_{mj})$，如能源、资本、劳动力，以生产 s 种期望产出 $\boldsymbol{G}_j=(g_{1j},g_{2j},\cdots,g_{sj})$，如 GDP 或工业增加值，以及 f 种非期望产出 $\boldsymbol{B}_j=(b_{1j},b_{2j},\cdots,b_{fj})$，如 CO_2 排放和其他污染物等副产品。由此给出的基于 RAM-DEA 的能源环境集成效率测度模型如式(8-1)所示：

---

* 本章的部分内容为发表于以下文章：

Wang K, Wei Y M, Zhang X. 2013. Energy and emissions efficiency patterns of Chinese regions: a multi-directional efficiency analysis. Applied Energy, 104: 105-116.

王科, 魏一鸣. 2012. 我国区域能源效率指数分析与展望. 中国科学院院刊, 27(4): 493-501.

$$
\begin{aligned}
&\max \sum_{i=1}^{m} R_i^x d_i^x + \sum_{r=1}^{s} R_r^g d_r^g + \sum_{f=1}^{h} R_f^b d_f^b \\
&\text{s.t. } \sum_{j=1}^{n} x_{ij}\lambda_j + d_i^x = x_{ik}, i = 1,2,\cdots,m \\
&\sum_{j=1}^{n} g_{rj}\lambda_j - d_r^g = g_{rk}, r = 1,2,\cdots,s \\
&\sum_{j=1}^{n} b_{fj}\lambda_j + d_f^b = b_{fk}, f = 1,2,\cdots,h \\
&\sum_{j=1}^{n} \lambda_j = 1 \\
&\lambda_j \geqslant 0, j = 1,2,\cdots,n \\
&d_i^x \geqslant 0, i = 1,2,\cdots,m \\
&d_r^g \geqslant 0, r = 1,2,\cdots,s \\
&d_f^b \geqslant 0, f = 1,2,\cdots,h
\end{aligned} \tag{8-1}
$$

式中，$\lambda_j(j=1,2,\cdots,n)$为与每个$\text{DMU}_j$对应的强度变量；$d_i^x(i=1,2,\cdots,m)$、$d_r^g(r=1,2,\cdots,s)$和$d_f^b(f=1,2,\cdots,h)$均为松弛变量，分别对应投入、期望产出和非期望产出指标；R为一个范围调节变量，其上限和下限由各项投入、产出指标的最大和最小值确定；$\overline{x}_i=\max_j\{x_{ij}\}$和$\underline{x}_i=\min_j\{x_{ij}\}$为第$i$项投入指标的上下界分别定义，则$R_i^x=1/[(m+s+h)(\overline{x}_i-\underline{x}_i)]$为对应第$i$项投入的范围调节变量。类似地，$R_r^g=1/[(m+s+h)(\overline{g}_r-\underline{g}_r)]$和$R_f^b=1/[(m+s+h)(\overline{b}_f-\underline{b}_f)]$分别为第$r$项期望产出和第$f$项非期望产出对应的范围调节变量。

基于RAM-DEA的能源效率评估模型(8-1)有如式(8-2)所示的对偶模型形式：

$$
\begin{aligned}
&\min \sum_{i=1}^{m} v_i x_{ik} - \sum_{r=1}^{s} u_r g_{rk} + \sum_{f=1}^{h} w_f b_{fk} + \sigma \\
&\text{s.t. } \sum_{i=1}^{m} v_i x_{ij} - \sum_{r=1}^{s} u_r g_{rj} + \sum_{f=1}^{h} w_f b_{fj} + \sigma \geqslant 0 \\
&v_i \geqslant R_i^x, i = 1,2,\cdots,m \\
&u_r \geqslant R_r^g, r = 1,2,\cdots,s \\
&w_f \geqslant R_f^b, f = 1,2,\cdots,h \\
&j = 1,2,\cdots,n
\end{aligned} \tag{8-2}
$$

式中，$v_i(i=1,2,\cdots,m)$、$u_r(r=1,2,\cdots,s)$、$w_f(f=1,2,\cdots,h)$和σ均为对偶决策变量，

特别地，σ 为一个无约束变量。

8.1.2　第二类 RAM 能源环境集成效率测度模型

参考 Sueyoshi 和 Goto（2011a，2012a）的研究，下面给出另一个基于 RAM-DEA 的能源环境集成效率测度模型：

$$
\begin{aligned}
\max & \sum_{i=1}^{m} R_i^x d_i^x + \sum_{r=1}^{s} R_r^g d_r^g + \sum_{f=1}^{h} R_f^b d_f^b \\
\text{s.t.} & \sum_{j=1}^{n} x_{ij}\lambda_j - d_i^x = x_{ik}, i = 1,2,\cdots,m \\
& \sum_{j=1}^{n} g_{rj}\lambda_j - d_r^g = g_{rk}, r = 1,2,\cdots,s \\
& \sum_{j=1}^{n} b_{fj}\lambda_j + d_f^b = b_{fk}, f = 1,2,\cdots,h \\
& \sum_{j=1}^{n} \lambda_j = 1 \\
& \lambda_j \geqslant 0, j = 1,2,\cdots,n \\
& d_i^x \geqslant 0, i = 1,2,\cdots,m \\
& d_r^g \geqslant 0, r = 1,2,\cdots,s \\
& d_f^b \geqslant 0, f = 1,2,\cdots,h
\end{aligned}
\tag{8-3}
$$

该模型中的参数和变量的定义同模型（8-1）一致，唯一的不同在于模型的形式，即松弛变量 d_i^x 前的符号相反。

模型（8-3）的对偶模型如式（8-4）所示：

$$
\begin{aligned}
\min & -\sum_{i=1}^{m} v_i x_{ik} - \sum_{r=1}^{s} u_r g_{rk} + \sum_{f=1}^{h} w_f b_{fk} + \sigma \\
\text{s.t.} & -\sum_{i=1}^{m} v_i x_{ij} - \sum_{r=1}^{s} u_r g_{rj} + \sum_{f=1}^{h} w_f b_{fj} + \sigma \geqslant 0 \\
& v_i \geqslant R_i^x, i = 1,2,\cdots,m \\
& u_r \geqslant R_r^g, r = 1,2,\cdots,s \\
& w_f \geqslant R_f^b, f = 1,2,\cdots,h \\
& j = 1,2,\cdots,n
\end{aligned}
\tag{8-4}
$$

该模型中对偶变量和参数的定义也与模型(8-2)一致，唯一的不同表现在 v_i 对偶决策变量前的符号上。

8.2 两类自由处置性假设下能源环境集成效率指数

8.2.1 自然可自由处置性下的集成效率指数和能源效率指数

基于上述模型(8-1)或模型(8-2)，可以得到一个概念——自然可自由处置性，其含义为一个 DMU 可以通过降低其投入方向向量，使得其非期望产出方向向量同时下降，然后在上述投入方向向量降低量确定的情况下，该 DMU 试图尽可能多地增加其期望产出方向向量。基于自然可自由处置性概念，本书提出自然可自由处置性下的集成效率指数(integrated efficiency indicator under natural disposability，IEND)和能源效率指数(energy efficiency indicator，ENEE)如下：

$$\text{IEND}=1-\left(\sum_{i=1}^{m}R_i^x d_i^{x*}+\sum_{r=1}^{s}R_r^g d_r^{g*}+\sum_{f=1}^{h}R_f^b d_f^{b*}\right)，\ \text{ENEE}=1-\left(\sum_{i=1}^{m}R_i^x d_i^{x*}+\sum_{r=1}^{s}R_r^g d_r^{g*}\right)。$$

上述两个定义中的松弛变量最优值是通过模型(8-1)求解所得，而(8-1)模型本身的最优值即为自然可自由处置性下的非有效性度量。

可以注意到，IEND 的定义结合了所有投入指标和所有期望及非期望产出指标，而 ENEE 的定义没有包含非期望产出指标。因此，ENEE 主要测度的是能源使用带来的期望产出绩效，而忽视了对环境的影响。

对于一个有效的 DMU 来讲，其通过模型(8-1)或模型(8-2)及上述定义计算的 IEND 应该为 1，为了进一步判断该 DMU 的规模收益(returns to scale，RTS)类型，需要先求解模型(8-5)；而对于一个非有效的 DMU 来讲，其 IEND 小于 1，则需要通过求解模型(8-6)进一步判断其规模收益状况。这里的规模收益是指期望产出相对于单位投入的边际的成比例变动大小。

模型(8-5)和模型(8-6)中各项参数和变量的定义与模型(8-1)一致，模型(8-5)中的约束条件实际上来源于模型(8-1)和模型(8-2)的约束及目标函数。通过模型(8-5)或模型(8-6)，分别选取求最大值和最小值，可以求解得到目标函数值的上、下界，然后基于该目标函数的最大值和最小值，一个特定 DMU_k 的规模收益情况可以这样判断：

(1) $\underline{\mu}^*(\underline{\sigma}^*)\leqslant\bar{\mu}^*(\bar{\sigma}^*)<0$：$\text{DMU}_k$ 处于规模收益递增(increasing returns to scale，IRS)状态；

(2) $\underline{\mu}^*(\underline{\sigma}^*)\leqslant 0\leqslant\bar{\mu}^*(\bar{\sigma}^*)$：$\text{DMU}_k$ 处于规模收益固定(constant returns to scale，CRS)状态；

$$
\begin{aligned}
&\max/\min \sigma \\
&\text{s.t.} \quad \sum_{j=1}^{n} x_{ij}\lambda_j + d_i^x = x_{ik}, i=1,2,\cdots,m \\
&\sum_{j=1}^{n} g_{rj}\lambda_j - d_i^g = g_{rk}, r=1,2,\cdots,s \\
&\sum_{j=1}^{n} \lambda_j = 1 \\
&\sum_{i=1}^{m} v_i x_{ij} - \sum_{r=1}^{s} u_r g_{rj} + \sigma \geqslant 0 \\
&\sum_{i=1}^{m} R_i^x d_i^x + \sum_{r=1}^{s} R_r^g d_r^g = \sum_{i=1}^{m} v_i x_{ik} - \sum_{r=1}^{s} u_r g_{rk} + \sigma \\
&v_i \geqslant R_i^x, i=1,2,\cdots,m \\
&u_r \geqslant R_r^g, r=1,2,\cdots,s \\
&\lambda_j \geqslant 0, j=1,2,\cdots,n \\
&d_i^x \geqslant 0, i=1,2,\cdots,m \\
&d_r^g \geqslant 0, r=1,2,\cdots,s \\
&j=1,2,\cdots,n
\end{aligned}
\tag{8-5}
$$

$$
\begin{aligned}
&\max/\min \mu = \sigma + \sum_{f=1}^{h} w_f b_{fj} \\
&\text{s.t.} \quad \sum_{i=1}^{m} R_i^x d_i^x + \sum_{r=1}^{s} R_r^g d_r^g + \sum_{f=1}^{h} R_f^b d_f^b = \sum_{i=1}^{m} v_i x_{ik} - \sum_{r=1}^{s} u_r g_{rk} + \sum_{f=1}^{h} w_f b_{kj} + \sigma \\
&\quad\text{模型(8-1)和模型(8-2)中的全部约束}
\end{aligned}
\tag{8-6}
$$

(3) $\overline{\mu}^*(\overline{\sigma}^*) \geqslant \underline{\mu}^*(\underline{\sigma}^*) > 0$：$\text{DMU}_k$处于规模收益递减(decreasing returns to scale，DRS)状态。

8.2.2　管理可自由处置性下的集成效率指数和环境效率指数

不同于自然可自由处置性，基于模型(8-3)或模型(8-4)，可以得到另外一个概念——管理可自由处置性，其含义为一个 DMU 可以通过增加其投入方向向量而减少其非期望产出方向向量，然后在上述投入方向向量增加量确定的情况下，该 DMU 试图尽可能多地增加其期望产出方向向量。基于管理可自由处置性概念，本书提出管理可自由处置性下的集成效率指数(integrated efficiency indicator under managerial disposability，IEMD)和环境效率指数(environment efficiency indicator，ENVE）如下：IEMD= $1-\left(\sum_{i=1}^{m}R_i^x d_i^{x*}+\sum_{r=1}^{s}R_r^g d_r^{g*}+\sum_{f=1}^{h}R_f^b d_f^{b*}\right)$，ENVE= $1-\left(\sum_{i=1}^{m}R_i^x d_i^{x*}+\sum_{f=1}^{h}R_f^b d_f^{b*}\right)$。

上述两个定义中的松弛变量最优值是通过模型(8-3)求解所得，而模型(8-3)本身的最优值即为管理可自由处置性下的非有效性度量。

类似地，可以注意到，IEMD 的定义结合了所有投入指标和所有期望及非期望产出指标，而 ENVE 的定义没有包含期望产出指标。因此，ENVE 主要测度的是能源使用带来的非期望产出绩效，而不考虑经济产出影响。

对于一个有效的 DMU 来讲，其通过模型(8-3)或模型(8-4)及上述定义计算的 IEMD 应该为 1，为了进一步判断该 DMU 的规模损失(damages to scale，DTS)类型，需要先求解模型(8-7)；而对于一个非有效的 DMU 来讲，其 IEMD 小于 1，则需要通过求解模型(8-8)进一步判断其规模损失状况。这里的规模损失是在考察非期望产出时类比于规模收益的一个概念，它指非期望产出相对于单位投入的边际的成比例变动大小。

$$
\begin{aligned}
&\max/\min \sigma \\
&\text{s.t. } \sum_{j=1}^{n}x_{ij}\lambda_j-d_i^x=x_{ik}, i=1,2,\cdots,m \\
&\sum_{j=1}^{n}b_{fj}\lambda_j+d_f^b=b_{fk}, f=1,2,\cdots,h \\
&\sum_{j=1}^{n}\lambda_j=1 \\
&-\sum_{i=1}^{m}v_i x_{ij}-\sum_{f=1}^{h}w_f b_{fj}+\sigma\geqslant 0 \\
&\sum_{i=1}^{m}R_i^x d_i^x+\sum_{r=1}^{s}R_f^b d_f^b=-\sum_{i=1}^{m}v_i x_{ik}-\sum_{f=1}^{h}w_f b_{fk}+\sigma \\
&v_i\geqslant R_i^x, i=1,2,\cdots,m \\
&w_f\geqslant R_f^b, f=1,2,\cdots,h \\
&\lambda_j\geqslant 0, j=1,2,\cdots,n \\
&d_i^x\geqslant 0, i=1,2,\cdots,m \\
&d_f^b\geqslant 0, f=1,2,\cdots,h \\
&j=1,2,\cdots,n
\end{aligned}
\tag{8-7}
$$

$$\max/\min \tau = \sigma - \sum_{r=1}^{s} u_r g_{rk}$$

$$\text{s.t.} \quad \sum_{i=1}^{m} R_i^x d_i^x + \sum_{r=1}^{s} R_r^g d_r^g + \sum_{f=1}^{h} R_f^b d_f^b = -\sum_{i=1}^{m} v_i x_{ik} - \sum_{r=1}^{s} u_r g_{rk} + \sum_{f=1}^{h} w_f b_{fk} + \sigma \qquad (8\text{-}8)$$

模型(8-5)和模型(8-6)中的全部约束

模型(8-7)和模型(8-8)中各项参数和变量的定义与模型(8-3)一致，模型(8-7)中的约束条件实际上来源于模型(8-3)和模型(8-4)的约束及目标函数。通过模型(8-7)或模型(8-8)，分别选取求最大值和最小值，可以求解得到目标函数值的上、下界，然后基于该目标函数的最大值和最小值，一个特定 DMU_k 的规模损失情况可以这样判断：

(1) $\underline{\tau}^*(\underline{\sigma}^*) \leqslant \overline{\tau}^*(\overline{\sigma}^*) < 0$：$\text{DMU}_k$ 处于规模损失递减(decreasing damages to scale，DDS)状态；

(2) $\underline{\tau}^*(\underline{\sigma}^*) \leqslant 0 \leqslant \overline{\tau}^*(\overline{\sigma}^*)$：$\text{DMU}_k$ 处于规模损失固定(constant damages to scale，CDS)状态；

(3) $\overline{\tau}^*(\overline{\sigma}^*) \geqslant \underline{\tau}^*(\underline{\sigma}^*) > 0$：$\text{DMU}_k$ 处于规模损失递增(increasing damages to scale，IDS)状态。

综上所述，在 RAM-DEA 能源环境集成效率测度模型下，实际上存在如图 8-1 所示的期望和非期望产出效率双前沿面，在自然可自由处置性假设下，沿左 DMU-*B*5 方向或右 DMU-*G*1 方向可以构建第一类能源环境集成效率测度模型及相应的 IEND，即通过减少投入同时降低期望产出和非期望产出这一消极方式假设下构建集成效率指数，这也是自然可自由处置性中“自然”的含义。而在管理可

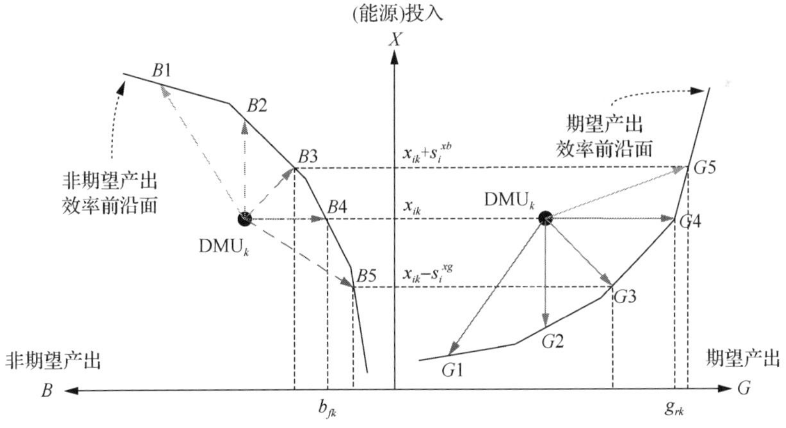

图 8-1　期望和非期望产出效率前沿面示意图

自由处置性假设下，沿左 DMU-B3 方向或右 DMU-G3 方向可以构建第二类能源环境集成效率测度模型及相应的 IEMD，即通过技术进步或加强管理在增加投入的同时减少非期望产出，或在减少投入的同时增加期望产出这一积极方式假设下构建集成效率指数，这也是管理可自由处置性中“管理”的含义。

而图 8-2 则总结了第一类和第二类非径向 RAM-DEA 集成效率测度模型的计算步骤及判断规模收益和规模损失的过程。

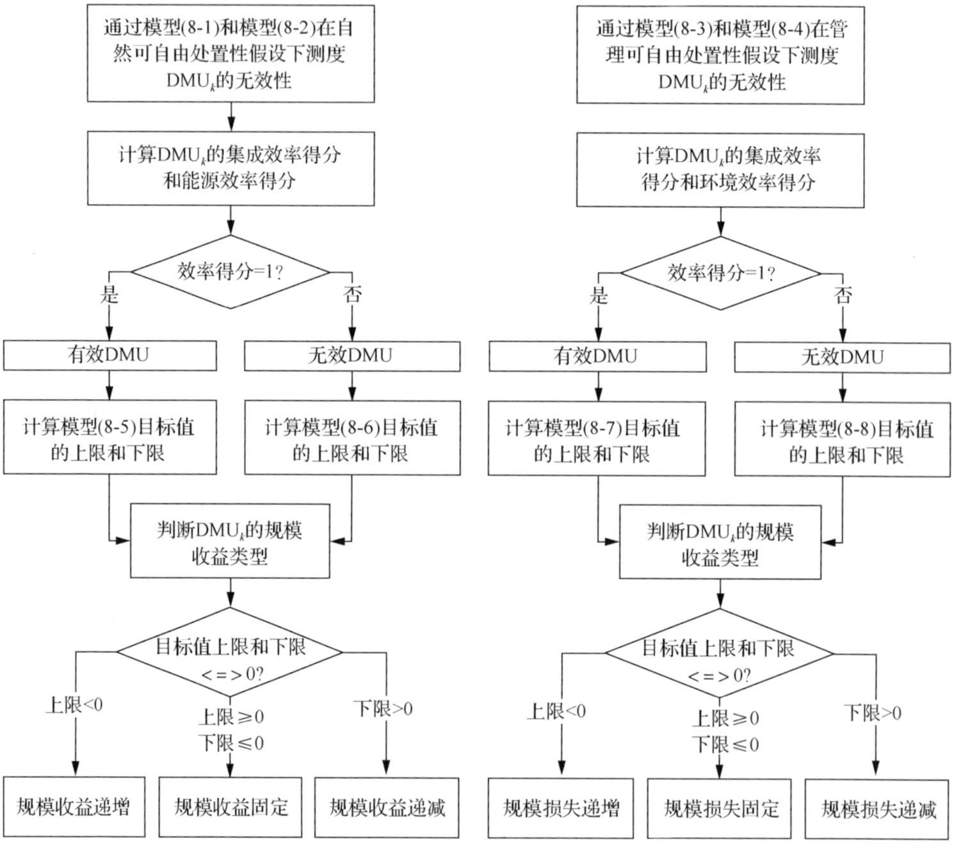

图 8-2　两类 RAM-DEA 集成效率测度模型计算步骤

8.3　非径向 MEA 能源环境集成效率测度模型

本书在前面章节构建的基于径向或非径向 DEA 方法的能源环境效率模型，在全要素能源效率框架下给出了多种集成效率指数，但是上述模型都有一个缺陷，即主要关注效率水平(efficiency level)的测度，而对效率模式(efficiency pattern)关注较少。所谓效率模式，就是不同的投入、产出指标在效率评价中的贡献或重要性。本节基于多方向效率分析(multi-directional efficiency analysis，MEA)方法，构建能源环境集成效率评价模型。

MEA 方法通过度量每项投入、产出指标与各自的标杆相比而确定的潜在增减量综合衡量各 DMU 的效率情况。MEA 方法下的效率度量不受限于传统的 DEA 方法下产出指标的径向扩张测度或投入指标的径向缩减测度，因此也可以被视为一种非径向效率测度工具。

Bogetoft 和 Hougaard(1998)最早提出 MEA 方法，Bogetoft 和 Hougaard(2004)及 Asmild 和 Pastor(2010)又进一步发展了 MEA 模型，另外，Asmild 等(2003)、Holvad 等(2004)、Asmild 等(2009)及 Asmild 和 Matthews(2012)等在不同领域广泛应用 MEA 方法。MEA 方法的一个优势在于，其根据每个单项投入和产出指标的潜在缩减或增加空间，来确定每项投入、产出指标的标杆值，因此，该方法使得特定的分析每项投入、产出指标对应的效率模式成为可能。

本书我们考虑每个时期 t 有 N 个评价对象，一个特定的评价对象 $j \in N$ 在 t 时期使用 m 项投入 $x_{i,j}^t$，$i=1,\cdots,m$，生产 s 项产出 $y_{r,j}^t$，$r=1,\cdots,s$，为了给一个特定的评价对象 $(x_{i,j_0}^t, y_{r,j_0}^t)$ 寻找到一个理想的参考点(标杆)，我们先对每一个投入或产出项都求解模型(8-9)或模型(8-10)：

$$
\begin{aligned}
&\min d_{i0}^t \\
&\text{s.t. } \sum\nolimits_j \lambda_j x_{ij}^t \leqslant d_{i0}^t \\
&\qquad \sum\nolimits_j \lambda_j x_{-ij}^t \leqslant x_{-i0}^t, -i = 1,2,\cdots,i-1,i+1,\cdots,m \\
&\qquad \sum\nolimits_j \lambda_j y_{rj}^t \geqslant y_{r0}^t, r = 1,2,\cdots,s \\
&\qquad \lambda_j \geqslant 0, j \in N
\end{aligned} \tag{8-9}
$$

$$
\begin{aligned}
&\min d_{r0}^t \\
&\text{s.t. } \sum\nolimits_j \lambda_j x_{ij}^t \leqslant x_{i0}^t, i = 1,\cdots,m \\
&\qquad \sum\nolimits_j \lambda_j y_{rj}^t \geqslant d_{r0}^t \\
&\qquad \sum\nolimits_j \lambda_j y_{-rj}^t \geqslant y_{-r0}^t, -r = 1,2,\cdots,r-1,r+1,\cdots,s \\
&\qquad \lambda_j \geqslant 0, j \in N
\end{aligned} \tag{8-10}
$$

式中，标注$(-i)$和$(-r)$为除了第 i 项和第 r 项投入或产出外的其他所有投入产出项，λ_j 为强度变量，将每个评价对象联系在一起；d_{i0}^t 和 d_{r0}^t 分别为第 i 项投入缩减和第 r 项产出扩张的目标。评价对象 (x_{i0}^t, y_{r0}^t) 的理想参考点(标杆)可以表示为 $(d_{i0}^{t*},\ d_{r0}^{t*})$，其中*为模型(8-9)和模型(8-10)的最优解。然后考虑模型(8-11)：

$$\begin{aligned}&\max \beta_0^t\\&\text{s.t.}\ \sum\nolimits_j \lambda_j x_{ij}^t \leqslant x_{i0}^t - \beta_0^t(x_{i0}^t - d_{i0}^{t*}), i=1,2,\cdots,m\\&\qquad \sum\nolimits_j \lambda_j y_{rj}^t \geqslant y_{r0}^t + \beta_0^t(d_{r0}^{t*} - y_{r0}^t), r=1,2,\cdots,s\\&\qquad \lambda_j \geqslant 0, j\in N\end{aligned}\tag{8-11}$$

模型(8-11)的最优解为 $(\lambda_j^*, \beta_0^{t*})$，而对评价对象 (x_{i0}^t, y_{r0}^t) 来讲，其特定的投入、产出指标对应的MEA效率值可以定义为：$\left[\dfrac{x_{i0}^t - \beta_0^{t*}(x_{i0}^t - d_{i0}^{t*})}{x_{i0}^t}, \dfrac{y_{r0}^t}{y_{r0}^t + \beta_0^{t*}(d_{r0}^{t*} - y_{r0}^t)}\right]$。

基于上述特定投入、产出指标对应的 MEA 效率值，针对评价对象 (x_{i0}^t, y_{r0}^t) 的一个包含所有投入、产出指标的集成 MEA 效率值可以定义为：$\theta_0^t = \left\{1-\dfrac{1}{m}\left[\sum\limits_{i=1}^m \dfrac{\beta_0^{t*}(x_{i0}^t - d_{i0}^{t*})}{x_{i0}^t}\right]\right\}\Big/\left\{1+\dfrac{1}{s}\left[\sum\limits_{r=1}^s \dfrac{\beta_0^{t*}(d_{r0}^{t*} - y_{r0}^t)}{y_{r0}^t}\right]\right\}$。

8.4 基于非径向 DEA 方法的能源效率评估

本节采用 8.1 节和 8.2 节中构建的基于 RAM-DEA 模型的能源效率指数、环境效率指数和集成效率指数，对中国31 个主要城市的能源环境效率状况进行评估，对四类指数(IEND，ENEE，IEMD，ENVE)及两类自由处置性假设下的规模收益和规模损失状况都进行了计算、分析和讨论。

8.4.1 数据和变量描述

我们针对中国 31 个主要城市 2009 年工业领域的能源环境集成效率情况开展分析，31 个城市都为中国内地的省会城市或直辖市，表 8-1 列出了用于评价的投入、产出数据的描述性统计，包括三项投入指标，一项期望产出指标和三项非期望产出指标。投入指标包括：①工业能源消费总量，包括煤炭、石油、天然气和其他一次能源消费量，所有消费量均转化为标准煤计算(单位为百万吨标煤)；②工业行业从业人员数(单位千人)；③工业固定资产净值(单位十亿元)。期望产出指标为工业增加值(单位十亿元)。上述指标中的价值量指标均按当年价格计。非期望产出指标为“工业三废”：①工业废气排放总量(单位十亿立方米)；②工业废水排放总量(单位百万吨)；③工业固体废弃物排放总量(单位百万吨)。上述指标数据来源于 2010 年的中国统计年鉴、中国能源统计年鉴、中国环境统计年鉴。

表 8-1　用于评价投入、产出数据的描述性统计

投入、产出指标	投入指标 1	投入指标 2	投入指标 3	期望产出指标	非期望产出指标 1	非期望产出指标 2	非期望产出指标 3
变量	工业能源消费总量/百万吨标煤	工业行业从业人数/千人	工业固定资产净值/十亿元	工业增加值/十亿元	工业废气排放总量/十亿立方米	工业废水排放总量/百万吨	工业固体废弃物排放总量/百万吨
平均值	17.79	609.95	146.45	123.06	276.71	146.15	8.62
标准差	12.93	604.80	154.54	118.94	286.67	187.63	7.20
极大值	60.35	2898.90	743.82	515.20	1258.70	799.59	25.52
极小值	0.11	11.19	7.63	1.56	0.70	4.75	0.04

8.4.2　工业能源环境集成效率评估

表 8-2 给出了中国 31 个主要城市工业行业能源环境集成效率评价结果，表中第 1 列和第 2 列分别为编号和城市名，第 3 列到第 4 列分别为通过模型(8-1)计算的各城市工业行业能源效率指数和自然可自由处置性下的集成效率指数，分别用 ENEE 和 IEND 表示。

表 8-2 显示，有 11 个城市在能源效率和集成效率方面都表现为有效，这 11 个城市分别为天津、沈阳、长春、上海、合肥、济南、郑州、长沙、广州、海口、拉萨，其 IEND 和 ENEE 均为 1.0000，这里单位 1.0000 的 ENEE 说明在不考虑“工业三废”排放的情况下，上述城市在工业能源利用效率方面表现得最好，另外单位 1.0000 的 IEND 进一步说明，在自然可自由处置性假设下，上述城市不仅工业能源使用效率高，在工业废弃物控制和污染控制方面的效率也较高。

如图 8-3 所示的能源效率情况，太原、武汉、重庆的 ENEE 值全国最低，其中太原的表现最差，其 ENEE 低于 0.85。从不同地域视角基于 ENEE 平均值看，中国东部城市的工业能源效率水平最高，西部城市次之，而中部城市最差。此外中部城市工业能源效率差异最大(ENEE 的变异系数 CV 值为 0.06)，西部城市工业能源效率差异最小(CV 值为 0.02)。

表 8-2　中国 31 个主要城市工业行业能源环境集成效率评价结果

编号	城市	能源效率指数(ENEE)	自然可自由处置性下的集成效率指数(IEND)	上界 $\overline{\mu}(\overline{\sigma})$	下界 $\underline{\mu}(\underline{\sigma})$	规模收益	环境效率指数(ENVE)	管理可自由处置性下的集成效率指数(IEMD)	上界 $\overline{\tau}(\overline{\sigma})$	下界 $\underline{\tau}(\underline{\sigma})$	规模损失
DMU1	北京	0.9273	0.8687	0.1931	0.1931	D	1.0000	1.0000	0.1528	–0.0065	C
DMU2	天津	1.0000	1.0000	0.4813	–0.0142	C	1.0000	1.0000	1.4724	0.0760	I
DMU3	石家庄	0.9473	0.8136	0.2026	0.2026	D	0.8968	0.8277	0.0409	0.0409	I
DMU4	太原	0.8461	0.6742	0.1799	0.1799	D	1.0000	1.0000	0.0685	–0.0014	C
DMU5	呼和浩特	0.9649	0.9127	0.0588	0.0588	D	0.9794	0.9725	–0.0156	–0.0156	D
DMU6	沈阳	1.0000	1.0000	0.0614	0.0205	D	1.0000	1.0000	0.8465	–0.0077	C
DMU7	长春	1.0000	1.0000	0.2195	–0.1216	C	0.9920	0.9912	0.0138	0.0138	I
DMU8	哈尔滨	0.9595	0.8757	0.0938	0.0938	D	0.9468	0.9340	0.0002	0.0002	I
DMU9	上海	1.0000	1.0000	0.4813	0.0074	D	1.0000	1.0000	0.1854	0.1410	I
DMU10	南京	0.9766	0.8124	0.2452	0.2452	D	0.8354	0.7697	0.1083	0.1083	I
DMU11	杭州	0.9403	0.7711	0.2660	0.2660	D	0.8557	0.8245	–0.0117	–0.0117	D
DMU12	合肥	1.0000	1.0000	0.0105	–0.0316	C	1.0000	1.0000	0.0152	–0.0020	C
DMU13	福州	0.9644	0.9291	0.0515	0.0515	D	1.0000	1.0000	0.1043	–0.0045	C
DMU14	南昌	0.9928	0.9716	0.0319	0.0319	D	0.9780	0.9711	–0.0130	–0.0130	D
DMU15	济南	1.0000	1.0000	0.2195	–0.0477	C	1.0000	1.0000	0.0198	0.0198	I
DMU16	郑州	1.0000	1.0000	0.2013	–0.0477	C	0.9578	0.9320	0.0352	0.0352	I
DMU17	武汉	0.9186	0.8068	0.2042	0.2042	D	1.0000	1.0000	0.9260	0.9062	I
DMU18	长沙	1.0000	1.0000	0.2013	–0.0103	C	1.0000	1.0000	0.0665	–0.0077	C
DMU19	广州	1.0000	1.0000	0.2013	0.1926	D	1.0000	1.0000	0.5339	0.0253	I

续表

编号	城市	能源效率指数(ENEE)	自然可自由处置性下的集成效率指数(IEND)	上界 $\overline{\mu}(\overline{\sigma})$	下界 $\underline{\mu}(\underline{\sigma})$	规模收益	环境效率指数(ENVE)	管理可自由处置性下的集成效率指数(IEMD)	上界 $\overline{\tau}$（$\overline{\sigma}$）	下界 $\underline{\tau}$（$\underline{\sigma}$）	规模损失
DMU20	南宁	0.9903	0.9425	0.0529	0.0529	D	0.9297	0.8977	0.0342	0.0342	I
DMU21	海口	1.0000	1.0000	0.0074	–0.1216	C	1.0000	1.0000	0.0030	–0.0015	C
DMU22	重庆	0.9197	0.5873	0.4618	0.4618	D	0.7402	0.6806	0.1284	0.1284	I
DMU23	成都	0.9891	0.9266	0.1444	0.1444	D	0.9209	0.8936	0.0020	0.0020	I
DMU24	贵阳	0.9746	0.9092	0.0701	0.0701	D	0.9503	0.9355	0.0002	0.0002	I
DMU25	昆明	0.9617	0.8164	0.1545	0.1545	D	0.8786	0.8575	0.0015	0.0015	I
DMU26	拉萨	1.0000	1.0000	–0.0030	–0.0033	I	1.0000	1.0000	–0.0073	–0.0073	D
DMU27	西安	0.9742	0.9398	0.0471	0.0471	D	0.9772	0.9683	0.0274	0.0274	I
DMU28	兰州	0.9584	0.9079	0.0554	0.0554	D	0.9777	0.9615	–0.0131	–0.0131	D
DMU29	西宁	0.9768	0.9382	0.0360	0.0360	D	0.9559	0.9295	0.0418	0.0418	I
DMU30	银川	0.9602	0.9395	0.0241	0.0241	D	1.0000	1.0000	0.3281	0.0030	I
DMU31	乌鲁木齐	0.9334	0.8925	0.0521	0.0521	D	1.0000	1.0000	0.0685	–0.0021	C

注：D、C、I 分别代表规模收益或损失递减、固定、递增。

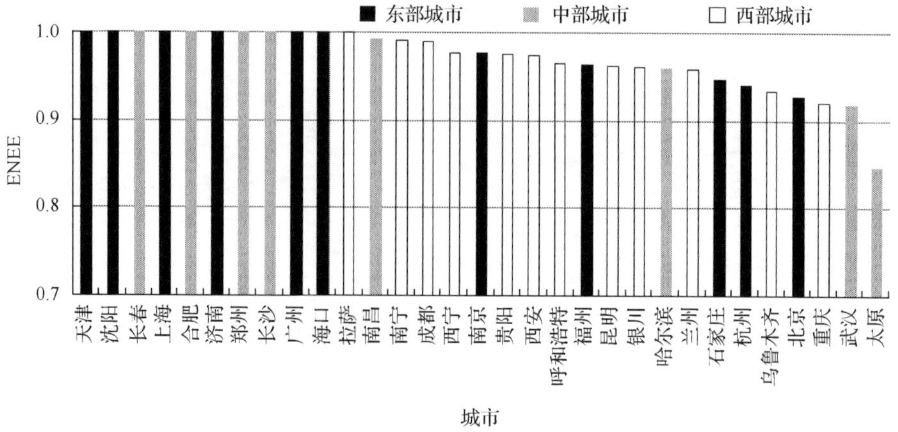

图 8-3　中国 31 个主要城市工业能源效率情况

表 8-2 第 8 列到第 9 列给出了通过模型(8-3)计算的中国 31 个主要城市工业行业环境效率和管理可自由处置性假设下的集成效率情况，分别用 IEMD 和 ENVE 表示。表 8-2 显示有 15 个城市在工业环境效率和集成效率方面表现为有效，其 IEMD 和 ENVE 值均为单位 1.0000，这 15 个城市分别为北京、天津、太原、沈阳、上海、合肥、福州、济南、武汉、长沙、广州、海口、拉萨、银川、乌鲁木齐。单位 1.0000 的 ENVE 值意味着，如果不考虑工业产出，上述城市均在工业能源使用相关的污染物控制方面表现良好，另外，单位 1.0000 的 IEMD 值说明在管理可自由处置性假设下，上述城市不仅工业能源使用效率较高，污染物排放控制的效率也较高。

如图 8-4 所示，重庆的环境效率表现最差，其 ENVE 值低于 0.75，南京、海口、昆明、石家庄的 ENVE 值在 0.8～0.9，也相对较低。与能源效率评价结果完

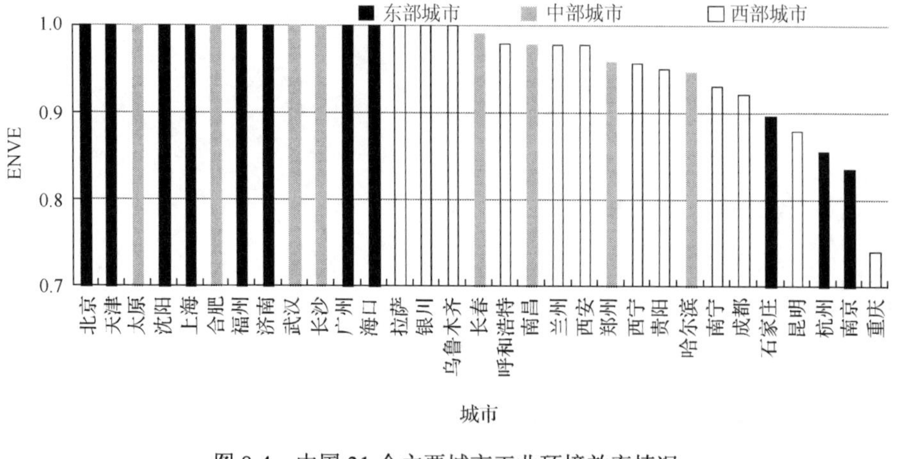

图 8-4　中国 31 个主要城市工业环境效率情况

全不同，中部城市的工业环境效率整体情况在全国最好，东部城市次之，西部城市最差。城市工业环境效率的差异在西部城市之间是最大的(ENVE 值的 CV 值为 0.08)，其次是东部城市之间(CV 值为 0.07)，中部城市之间的差异相对最小(CV 值为 0.02)。

综上分析，中国 31 个主要城市中有 9 个城市在工业能源效率和环境效率方面都表现为有效：天津、沈阳、上海、合肥、济南、长沙、广州、海口、拉萨。这 9 个城市中，6 个城市位于中国东部，2 个位于中国中部(合肥和长沙)，仅有 1 个(拉萨)位于中国西部。这 9 个城市同时位于期望产出和非期望产出两个前沿面上，在自然和管理两个可自由处置性假设下都表现最优，因此这 9 个城市的工业行业可以视为其他城市工业行业提升能源环境效率的标杆。

图 8-5 比较了自然可自由处置性和管理可自由处置性下两类集成效率在中国 31 个主要城市工业行业的分布差异情况，雷达图显示，管理可自由处置性下的集成效率分布较自然可自由处置性下的集成效率分布更加均衡，即中国 31 个主要城市之间集成效率的差异从自然可自由处置性角度看更加明显。太原在两种集成效率值下的差异最为显著，武汉、北京、乌鲁木齐次之。上述城市在管理可自由处置性假设下的集成效率均高于其在自然可自由处置性假设下的集成效率，这意味着对它们来讲，在当前状态下，通过控制和自然降低能源消费量较通过管理更加有效。因此，上述城市应该更加关注如何减少其非有效的能源消费量，从而提升其集成效率。另外，郑州、南宁、南京、成都几座城市在自然可自由处置性假设下的集成效率较管理可自由处置性假设下的集成效率高，这说明上述城市在通过

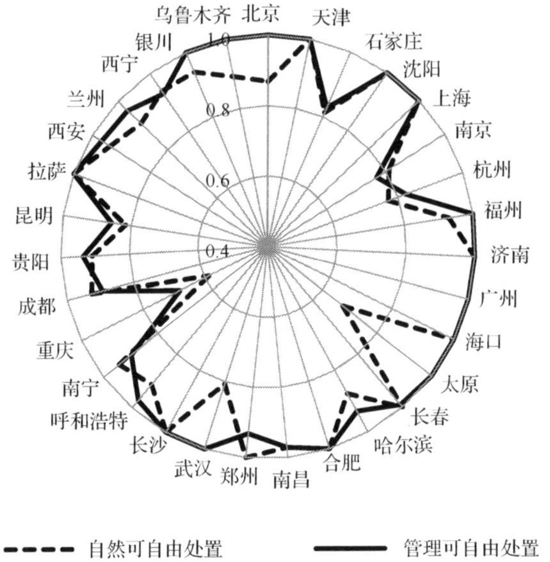

图 8-5　中国 31 个主要城市自然可自由处置性和管理可自由处置性假设下集成效率对比

管理绩效提升和技术进步方面的效率提升潜力较在通过自然减少能源消费方面的效率提升潜力更大。因此上述城市应该主要关注如何提升其能源使用管理绩效。

8.4.3 规模收益和规模损失测度

表 8-2(第 7 列)同时也列出了中国 31 个主要城市工业领域能源环境效率概念下的规模收益(递增、递减、固定)情况。在自然可自由处置性假设下，对集成效率为单位 1.0000 的城市，采用模型(8-5)求解 σ 的上、下界，而对集成效率不为单位 1.0000 的城市，则采用模型(8-6)求解 μ 的上、下界，表 8-2 的第 5 列和第 6 列给出了上述计算结果。中国 31 个主要城市中大多数城市(23 个)，如北京、武汉、重庆等，在工业能源环境效率领域表现出规模收益递减状态，只有一个城市(拉萨)为规模收益递增状态，剩余的 7 个城市(天津、长春、合肥、济南、郑州、长沙、海口)为规模收益固定状态。

在自然可自由处置性下，规模收益递减意味着增加一个单位的能源、劳动力、资本投入所带来的期望产出即工业增加值的增量将小于一个单位，反之亦然。因此，对上述 23 个规模收益递减的城市工业来说，继续按照其当前状态简单地扩大工业规模是不合适的，因为规模的扩大并不能带来工业能源效率的提升。规模收益递增意味着一个单位的投入将带来大于一个单位的期望产出的增加，反之亦然。因此，如果拉萨在现有状态下进一步扩大其工业规模，其工业能源效率将进一步提升，换句话说，在被评价的中国 31 个主要城市中，只有拉萨被建议可以通过简单的扩大工业规模来提升能源效率。规模收益固定意味着增加或减少一个单位投入所带来的期望产出的增加或减少也是一个单位。因此，对剩余的 7 个城市来讲，保持现有工业规模以保持其能源效率稳定是适当的，或者通过技术创新和管理进步进一步提升其能源效率。

另外，中国 31 个主要城市工业领域能源环境效率概念下的三种规模损失情况也在表 8-2 中(最后一列)列出。在管理可自由处置性假设下，对集成效率为单位 1.0000 的城市，采用模型(8-7)来求解 σ 的上、下界，而对集成效率不为单位 1.0000 的城市，则采用模型(8-8)来求解 τ 的上下界，表 8-2 的第 10 列和第 11 行给出上述计算结果。中国 31 个主要城市中有 18 个城市，如天津、长春、重庆等，表现出规模损失递增状态，有 5 个城市(呼和浩特、杭州、南昌、拉萨、兰州)表现出规模损失递减状态，而剩余的 8 个城市，如北京、太原、乌鲁木齐等，则表现出规模损失固定状态。

在管理可自由处置性假设下，规模损失递增意味着，包括“工业三废”在内的工业非期望产出的增加要快于能源、劳动力和资本投入的增长速度，也就是说，上述 18 个城市如果在现有状态下扩大其工业规模，它们的污染物排放会加速增加，因此上述 18 个城市当前不应该简单地扩大其工业生产规模，否则会造成其环境效率的降低，而应该依靠技术进步以提升能源利用效率或污染物处理效率，进而在扩大工业规模的同时实现环境效率的提升。规模损失递减意味着非期望产出的增速会慢于投入的增速，因此对于呼和浩特、杭州、南昌、拉萨、兰州 5 个城市来讲，虽然并不建议，但是可以接受其通过简单的扩大工业规模来提升其环境效率的方式，不过这也会造成污染物排放的进一步增加。规模损失固定意味着一个单位的投入增加或减少，将带来一个单位的非期望产出的增加或减少，因此，对于余下的 8 个城市来讲，它们可以通过保持现有规模保持其环境效率稳定，但是若要提升环境效率则需要依赖于技术进步和管理绩效提升。

第9章 基于DEA的资源配置和目标分解方法与应用

中国政府于2009年提出了到2020年将CO_2排放强度(单位GDP CO_2排放量)在2005年的基础上降低40%～45%的减排目标，同时提出了到2020年将非化石能源消费量占能源消费总量的比重提升至15%的目标。中国将上述减排目标方案提交至联合国气候变化框架公约(United Nations Framework Convention on Climate Change，UNFCCC)并作为哥本哈根协定和坎昆协议的一部分。此外作为中国国家节能减排方案的一部分，能源强度(单位GDP能源消费量)下降的目标也持续在《节能减排“十一五”规划》《节能减排“十二五”规划》中被提出，其中《节能减排“十一五”规划》的目标是下降20%，《节能减排“十二五”规划》的目标是下降16%。上述3个节能减排目标也均被列入中国经济和社会发展中长期规划中。

尽管省级地方政府(省、自治区和直辖市)都被要求调整其经济增长方式和相关政策以实现节能减排目标，但是这并不能必然保证地方在节能减排方面的努力能够实现国家的整体目标，如果地方层面节能减排努力缺乏明确的可测度的目标，则有可能导致全国节能减排政策执行的低效。因此将国家层面的节能减排目标分解到省级层面非常必要，此外由于中国不同地区的经济和社会发展水平、资源禀赋和能源结构等情况差别明显，在节能减排目标分解过程中应该将上述特征考虑进去，并根据各地实际的能源强度和碳强度等度量能源和排放效率的指标，合理进行节能减排目标的分解。在全要素的框架下进行能源环境效率评价的DEA工具此时也可以用于节能减排目标的分解或CO_2排放配额的分配。节能减排目标的分解本质上是一个总量受控的资源配置问题，即将能源消费总量和CO_2排放总量合理分配到各个节能减排主体，因此本书下面将基于DEA资源配置模型进行分析探讨*。

9.1 受控资源配置非参数ZSG-DEA模型

传统的CCR-DEA模型(Charnes et al.，1978)具有如式(9-1)所示的形式：

---

* 本章的部分内容曾发表于以下文章：

Wang K, Zhang X, Wei Y M, et al. 2013. Regional allocation of CO_2 emissions allowance over provinces in China by 2020. Energy Policy, 54: 214-229.

$$
\begin{aligned}
& E_{\mathrm{CCR}} = \min \theta \\
& \text{s.t.} \ \sum_{j=1}^{n} \lambda_j y_{rj} \geqslant y_{rk}, r = 1,2,\cdots,s \\
& \sum_{j=1}^{n} \lambda_j x_{ij} \leqslant \theta x_{ik}, i = 1,2,\cdots,m \\
& \lambda_j \geqslant 0, j = 1,2,\cdots,n
\end{aligned} \tag{9-1}
$$

式中，θ 为 CCR-DEA 模型下第 k 个 DMU 的效率测度；E_{CCR} 为 DMU_k 的最优效率值；x_{ij} 和 y_{rj} 分别为 DMU_j 的投入、产出值；x_{ik} 和 y_{rk} 则分别为当前被评价的 DMU_k 的投入、产出值；λ_j 为强度变量。在模型(9-1)中，共有 n 个 DMU，每个 DMU 有 s 项投入和 m 项产出。传统的 CCR-DEA 模型假设所有的投入、产出指标都是完全相互独立的，即每个 DMU 的投入、产出值的大小不影响其他 DMU 的投入、产出值的大小。然而在一些情况下，上述相互独立这一条件并不存在，即对所有待评价 DMU 而言，某一项投入或产出的总量是一定的，此时如果一个非有效的 DMU 试图通过增加其某项产出而提升其效率时，其他的 DMU 就必须在该项产出上有所缩减，从而维持该项产出的总量固定不变(Gomes et al., 2008; Gomes and Souza，2010)；反之，如果一个无效的 DMU 试图通过减少其某项投入而提升效率，则其他 DMU 就必须在该项投入上有所增加，从而维持该项投入的总量固定不变。在 CO_2 排放总量控制和能源消费总量控制的条件下进行效率评估，就是上述问题的一个较为典型的例子。

为了将总量控制的问题纳入考量，Lins 等(2003)提出了一个新的 ZSG-DEA 模型，该模型将零和博弈的概念引入了 DEA 评价的框架中，即在该模型下，一个特定 DMU 在某项投入或产出上的所得(或所失)必然为其他 DMU 在同一项投入或产出上的所失(或所得)，也即将所有 DMU 视为总体时，净的投入或产出的增加或减少量为零。也就是说，当非有效的 DMU 在搜寻其有效前沿面上对应的投影点时，该 DMU 必须减少一定量的投入或增加一定量的产出，而受制于某项投入或产出总量固定的约束，在上述过程中，其他 DMU 则必须自身消化掉该 DMU 减少的那一部分投入或自身牺牲掉该 DMU 增加的那一部分产出。上述特定的投入、产出处理方式，将 ZSG-DEA 模型区别于传统的 DEA 模型，即在 ZSG-DEA 模型下，一个 DMU 在通过变化其投入、产出而搜寻其有效前沿面上的投影点的过程中，其面对的有效前沿面的位置也会不断发生移动。

由于 ZSG-DEA 模型具备上述特性，其可以用作当投入、产出在不同 DMU 之间不具有独立性(或投入产出总量受控)条件下的效率评价问题，而 CO_2 排放配额分配及效率评价(CO_2 emissions allowance allocation and efficiency evaluation)问题正是这样一个典型的问题(Gomes and Lins，2008)。

最早由 Gomes 和 Lins(2008)提出的 ZSG-DEA 模型是基于面向投入的(input-oriented)径向 CCR-DEA 模型构建的，在该模型中所有投入指标的调整均是按照一定的比例进行的，并且模型假设规模收益不变，另外在 Gomes 和 Lins(2008)的模型中仅有一个投入指标(CO_2 排放)是总量受控指标。然而在本书面对的问题中，需要考虑多个总量受控的指标，并且在 DMU 搜寻其有效前沿面上投影时，不同的指标可能需要以不同的比例进行调节。另外我们考虑到规模收益不变的假设仅仅在每一个 DMU 均处于最优生产规模时才合适，因此规模收益可变的假设应该更加合理。基于此，我们在 Gomes 和 Lins(2008)模型的基础上提出如式(9-2)所示的模型：

$$
\begin{aligned}
& E_{\text{ZSG}} = \min \sum_{i=1}^{m} w_i \theta_i \\
\text{s.t. } & \sum_{j=1}^{n} \lambda_j y_{rj} \geqslant y_{rk}, r = 1,2,\cdots,s \\
& \sum_{j=1}^{n} \lambda_j x_{ij} \left[1 + \frac{x_{ik}(1-\theta_i)}{\sum\limits_{j=1, j\neq k}^{n} x_{ij}} \right] \leqslant \theta_i x_{ik}, i = 1,2,\cdots,m \\
& \sum_{i=1}^{m} w_i = 1, w_i \geqslant 0, i = 1,2,\cdots,m \\
& \lambda_j \geqslant 0, j = 1,2,\cdots,n
\end{aligned}
\tag{9-2}
$$

式中，θ_i 为对应于第 i 项总量受控投入指标的 DMU_k 的 ZSG-DEA 效率度量；w_i 为归一化的评价者确定的针对 θ_i 的权重；E_{ZSG} 为 DMU_k 的集成加权平均效率值；x_{ij} 和 y_{rj} 及 x_{ik} 和 y_{rk} 分别为投入和产出指标；λ_j 为强度变量，即 DMU_j 对于效率前沿面的“贡献”值。

模型(9-2)中当前被评价 DMU_k 试图缩减其投入以提升效率，因此 θ_i 可以视为第 i 项投入的缩减率(decrease rate)，因此 $x_{ik}(1-\theta_i)$ 即为该 DMU 在第 i 项投入上的缩减量(decrease)，并且该缩减量需要进一步被分配到其他 n–1 个 DMU 上，以维持第 i 项投入的总量不变，而其他 DMU 在该项投入上的量则会上升。上述过程保证了 DMU_k 的投入缩减量等于其他 DMU_j ($j\neq k$)的投入增加量。将投入缩减量 $x_{ik}(1-\theta_i)$ 分配给其他 DMU 时，可以采用如下策略：即给各 DMU_j ($j\neq k$)增加的第 i 项投入按照其原来所拥有的第 i 项投入量在第 i 项投入总量中所占的比重确定。例如，上述比例对 DMU_j 来说为 $x_{ij}\Big/\sum\limits_{j=1, j\neq k}^{n} x_{ij}$，则将 $x_{ik}(1-\theta_i)$ 重新分配后，DMU_j 的

第 i 项投入变为 $x_{ij}\left[1+x_{ik}(1-\theta_i)\Big/\sum\limits_{j=1,j\neq k}^{n}x_{ij}\right]$。

上述 ZSG-DEA 模型通过重新分配某项总量受控的投入资源以实现非有效的 DMU 的效率提升，因此，在一定次数的分配调整过后，所有的 DMU 都将被投影到一个新的效率前沿面上，即所有的 DMU 均将变得有效。相比最初的 DEA 效率前沿面，最终确定的 ZSG-DEA 效率前沿面位于一个较低的水平，这是因为最初有效的那些 DMU 在重新分配资源后不得不承担一些额外的投入或损失一些产出以“补偿”那些原来非有效的 DMU 的投入减少或产出增加。需要注意的一点是，上述资源重新分配策略存在一个中央控制机构，其在有能力安排各 DMU 的投入、产出行为，以及有权力在各 DMU 之间分配资源的前提下是合理可行的。

9.2　CO_2 排放配额分配 ZSG-DEA 模型

本书在分配 CO_2 排放配额（CO_2 减排目标）时，还需要同时考虑能源强度下降目标的分解和非化石能源消费量比重上升目标的分解，因此相关模型的求解需要同时满足上述三个目标的实现。另外，由于直接将强度节能减排目标进行分解较为困难，本书考虑将强度节能减排目标首先转变为总量目标，再将总量目标合理分解到各个节能减排主体。基于此，我们先给出中国 2020 年 40%～45%CO_2 排放强度下降和能源强度下降等目标实现时，相应的 CO_2 排放量和能源消费总量等的预测值。然后根据一定的规则，首先将上述 CO_2 排放量和能源消费总量分配到各省份，该规则可以是以当前（2006～2010 年）各省份 CO_2 排放量和能源消费总量占全国总量的比重确定未来初始分配量；其次采用 ZSG-DEA 模型对初始分配量进行重新分配，不断调整不同省份之间的 CO_2 排放空间和能源消费量，以实现各省份排放效率、能源效率不断提升的目标；最后分配得到的方案即是所有省份均达到 ZSG-DEA 效率前沿面的分配结果。

为了在配额分配过程中综合反映不同省份的人口和经济发展状况，在 ZSG-DEA 模型中我们选取的产出指标为各省份国民生产总值（GDP，以 2005 年不变价十亿元计）、人口（POP，以百万人计），而投入指标为能源消费总量（TE，以百万吨标准煤计）、CO_2 排放量（CO_2，以百万吨计）、非化石能源消费量（NF，以百万吨标煤计）。上述三项投入指标均为总量受控指标，且需要在不同省份之间分配。为此，在模型（9-2）的基础上，我们进一步给出如式（9-3）所示的 CO_2 排放配额分配模型：

$$
\begin{aligned}
& E'_{\mathrm{ZSG}} = \min w^{\mathrm{TE}}\theta^{\mathrm{TE}} + w^{\mathrm{CO_2}}\theta^{\mathrm{CO_2}} + w^{\mathrm{NF}}\theta^{\mathrm{NF}} \\
& \text{s.t. } \sum_{j=1}^{n}\lambda_j y_j^{\mathrm{GDP}} \geqslant y_k^{\mathrm{GDP}} \\
& \sum_{j=1}^{n}\lambda_j y_j^{\mathrm{POP}} \geqslant y_k^{\mathrm{POP}} \\
& \sum_{j=1}^{n}\lambda_j x_j^{\mathrm{TE}}\left[1+\frac{x_k^{\mathrm{TE}}(1-\theta^{\mathrm{TE}})}{\sum\limits_{j=1,j\neq k}^{n} x_j^{\mathrm{TE}}}\right] \leqslant \theta^{\mathrm{TE}} x_k^{\mathrm{TE}} \\
& \sum_{j=1}^{n}\lambda_j x_j^{\mathrm{CO_2}}\left[1+\frac{x_k^{\mathrm{CO_2}}(1-\theta^{\mathrm{CO_2}})}{\sum\limits_{j=1,j\neq k}^{n} x_j^{\mathrm{CO_2}}}\right] \leqslant \theta^{\mathrm{CO_2}} x_k^{\mathrm{CO_2}} \\
& \sum_{j=1}^{n}\lambda_j x_j^{\mathrm{NF}}\left[1+\frac{x_k^{\mathrm{NF}}(1-\theta^{\mathrm{NF}})}{\sum\limits_{j=1,j\neq k}^{n} x_j^{\mathrm{NF}}}\right] \leqslant \theta^{\mathrm{NF}} x_k^{\mathrm{NF}} \\
& w^{\mathrm{TE}} + w^{\mathrm{CO_2}} + w^{\mathrm{NF}} = 1, w^{\mathrm{TE}}, w^{\mathrm{CO_2}}, w^{\mathrm{NF}} > 0 \\
& \lambda_j \geqslant 0; j = 1,\cdots,n
\end{aligned}
\tag{9-3}
$$

式中，θ^{TE}、$\theta^{\mathrm{CO_2}}$和θ^{NF}分别为对应能源消费、CO_2排放、非化石能源消费的效率度量；w^{TE}、$w^{\mathrm{CO_2}}$和w^{NF}分别为对应上述三个效率度量的归一化的评价者确定的权重，如果假设这三个效率度量在ZSG-DEA集成效率E'_{ZSG}度量中的作用相同，则可以将上述权重值均设为1/3。模型(9-3)给出的E'_{ZSG}的概念如下：具有相同的能源消费总量和相同的CO_2排放量，以及相同的非化石能源消费量的不同的省份中，具有较高的GDP产出和维持了更多人口的那一个省份，被认为是更加有效的省份；反之，具有相同的GDP产出并维持了相同的人口的不同省份中，具有较少的能源消费总量和较少的CO_2排放量，以及较少的非化石能源消费量的省份，被认为更加有效。

9.3　基于DEA方法的节能减排目标区域分解

9.3.1　相关历史数据和预测数据

基于上述模型(9-3)，我们对中国2020年CO_2强度减排、能源强度下降、非化石能源消费量比重上升三个目标在 30 个省份之间进行了区域间的分配研究。

相关的历史数据为 2005 年中国各省份的 GDP、人口、能源消费总量、CO_2 排放量、非化石能源消费量数据，其中前三项数据来源于《2006 中国统计年鉴》和《中国能源统计年鉴 2006》，30 个省份的合计数据分别是 19895.8 十亿元(2005 年价格)，1280.5 百万人，以及 2623.2 百万吨标煤。采用 IPCC(2006)、中国国家标准(GB/T 2589—2008)等提供的参数，我们估算的 CO_2 排放量数据为 5951.5 百万吨。而根据相关参考方法我们估算的非化石能源消费量为 168.7 百万吨。基于上述数据，我们进一步估算得到中国 2005 年的能源强度、CO_2 排放强度和非化石能源消费量比重分别为 1.32 吨标煤/万元、2.99 吨 CO_2/万元、6.4%。另外，中国 30 个省份的 GDP、人口、能源和排放数据均列入了表 9-1，西藏、香港、澳门和台湾 4 个省份由于缺乏相关数据，没有纳入分析。

表 9-1　中国 30 个省份的 GDP、人口、能源和排放数据(2005 年)

省份	GDP/十亿元(2005 年价格)	人口/百万人	能源消费总量/百万吨标煤	CO_2 排放量/百万吨	非化石能源消费量/百万吨标煤	能源强度/(吨标煤/万元)	CO_2 排放强度/(吨 CO_2/万元)	非化石能源消费量占比/%
北京	697.0	15.4	55.2	110.5	2.6	0.79	1.59	4.6
天津	390.6	10.4	41.2	99.3	0.5	1.05	2.54	1.1
河北	1001.2	68.5	197.5	507.1	3.7	1.97	5.07	1.9
山西	423.1	33.6	123.1	307.1	1.8	2.91	7.26	1.4
内蒙古	390.5	23.9	96.4	266.5	1.2	2.47	6.83	1.3
辽宁	804.7	42.2	146.9	334.2	4.3	1.82	4.15	2.9
吉林	362.0	27.2	59.6	162.7	3.8	1.65	4.49	6.4
黑龙江	551.4	38.2	80.3	172.2	2.7	1.46	3.12	3.4
上海	924.8	17.8	80.7	179.7	1.4	0.87	1.94	1.7
江苏	1859.9	74.8	169.0	425.0	2.1	0.91	2.29	1.2
浙江	1341.8	49.0	120.3	254.4	14.1	0.90	1.90	11.7
安徽	535.0	61.2	65.2	162.7	1.0	1.22	3.04	1.6
福建	655.5	35.4	61.6	133.4	10.3	0.94	2.04	16.7
江西	405.7	43.1	42.9	104.1	3.5	1.06	2.57	8.1
山东	1836.7	92.5	236.1	579.3	2.6	1.29	3.15	1.1
河南	1058.7	93.8	146.3	337.2	3.0	1.38	3.18	2.1
湖北	659.0	57.1	98.5	197.2	11.3	1.49	2.99	11.5
湖南	659.6	63.3	91.1	191.6	10.9	1.38	2.90	11.9
广东	2255.7	91.9	177.7	352.8	19.5	0.79	1.56	11.0
广西	398.4	46.6	49.8	112.1	8.5	1.25	2.81	17.1
海南	89.8	8.3	8.2	16.1	0.5	0.91	1.79	6.2
重庆	346.8	28.0	43.6	83.4	6.1	1.26	2.40	14.0
四川	738.5	82.1	113.0	171.1	19.4	1.53	2.32	17.2
贵州	200.5	37.3	64.3	155.8	5.5	3.21	7.77	8.6
云南	346.2	44.5	60.2	145.5	12.1	1.74	4.20	20.1

续表

省份	GDP/十亿元（2005年价格）	人口/百万人	能源消费总量/百万吨标煤	CO_2排放量/百万吨	非化石能源消费量/百万吨标煤	能源强度/（吨标煤/万元）	CO_2排放强度/（吨CO_2/万元）	非化石能源消费量占比/%
陕西	393.4	37.2	54.2	113.9	1.8	1.38	2.89	3.3
甘肃	193.4	25.9	43.7	89.3	7.1	2.26	4.62	16.2
青海	54.3	5.4	16.7	21.4	4.8	3.07	3.94	28.9
宁夏	61.3	6.0	25.1	52.8	0.8	4.10	8.61	3.2
新疆	260.4	20.1	55.1	113.2	1.7	2.11	4.35	3.1
中国30个省份	19895.9	1280.5	2623.2	5951.5	168.6	1.32	2.99	6.4

为了得到2020年的相关预测数据，我们设置了如下分析情景。第一，根据国务院发展研究中心的预测（Wang，2005）和EIA（2009）的预测，2011～2020年中国的GDP增长率分别为5.3%和6.4%（低增长情景），以及8%和7.4%（高增长情景），基于此我们假设期间中国的基准GDP增长率为6.4%（基准情景），因此，2020年全国GDP总量将为68.3万亿元（2005年价格），在此基础上，为了做进一步的敏感性分析，我们另外设置了三种经济增长情景：低增长情景（GDP增长率为5.3%）、中高增长情景（GDP增长率为7.4%）、高增长情景（GDP增长率为8%）。

第二，根据联合国经济和社会事务部（United Nations Department of Economic and Social Affairs）对中国人口的预测，假设中国2020年的人口为14.3亿人（UNDESA，2009），在四种情景下我们均使用上述预测值。

第三，在国际能源署（International Energy Agency，IEA）（IEA，2009）和ERI（2009）的研究中，中国2020年的CO_2排放量分别为96亿吨和102亿吨。因为中国提出要在2020年使排放强度下降40%～45%，基于上面给出的基准情景下中国2020年的GDP总量，中国2020年目标实现时的CO_2排放强度应该在1.65～1.79吨CO_2/万元，现在我们考虑选取CO_2排放强度下降45%的高目标，则2020年中国CO_2排放量的控制目标将是112亿吨。

第四，在中国“十一五”规划中，能源强度的下降目标为20%，截至2010年底，上述目标在各省份基本完成，全国实现了19.1%的能源强度下降目标。在“十二五”规划中，国家又提出了16%的能源强度下降目标。本书中，我们假设“十二五”和“十三五”时期，中国的能源强度还将分别下降16%和15%，基于此，2020年中国能源消费总量将为6427.7百万吨标煤。

第五，根据《可再生能源中长期发展规划》（NDRC，2007），2020年全国非化石能源消费量比重将上升到15%，基于该目标，届时中国的非化石能源消费量将达到964.2百万吨（基准情景）。

上述2020年中国各项经济、能源、排放指标预测值，根据当前（2006～2010

年) 各省份上述指标值在全国所占的比重，初步被分解到了 30 个省份，相关初始分配结果见表 9-2。

表 9-2　中国 30 个省份 2020 年 GDP、人口、能源消费总量、CO_2 排放量、非化石能源消费量初始分配数据 (基准情景)

省份	GDP/十亿元 (2005 年价格)	人口/百万人	能源消费总量/百万吨标煤	CO_2 排放量/百万吨	非化石能源消费量/百万吨标煤
北京	2302.2	18.9	121.6	162.1	14.7
天津	1438.5	12.9	104.3	183.2	2.6
河北	3308.3	76.7	465.4	908.4	21.2
山西	1386.7	37.6	295.0	551.7	10.2
内蒙古	1540.3	26.5	266.6	628.9	7.1
辽宁	2825.0	47.2	339.2	672.9	24.4
吉林	1311.8	29.9	135.4	286.3	21.7
黑龙江	1821.2	41.9	188.9	299.0	15.5
上海	3047.7	21.4	190.9	284.4	7.9
江苏	6495.9	84.1	423.9	782.3	12.0
浙江	4492.3	56.4	285.7	476.9	80.6
安徽	1831.7	66.6	158.4	325.6	5.9
福建	2301.7	39.5	157.1	255.8	58.8
江西	1379.6	48.1	103.5	206.1	19.9
山东	6333.2	103.2	583.3	1046.2	14.6
河南	3635.8	103.0	357.6	683.0	17.4
湖北	2293.4	62.5	246.2	409.0	64.7
湖南	2301.8	70.1	238.2	361.5	62.1
广东	7671.1	105.9	444.8	625.3	111.5
广西	1392.0	52.0	124.8	217.7	48.7
海南	307.9	9.3	21.6	32.7	2.9
重庆	1231.3	31.1	124.0	174.0	35.0
四川	2550.4	89.0	290.5	340.5	111.1
贵州	678.7	40.7	135.8	273.0	31.6
云南	1134.2	49.7	144.1	268.6	69.2
陕西	1414.5	41.0	141.3	246.0	10.4
甘肃	626.2	28.5	100.9	159.9	40.4
青海	185.3	6.1	42.5	43.7	27.6
宁夏	206.3	6.8	61.5	112.3	4.6
新疆	833.4	23.2	134.7	216.1	9.8
中国 30 个省份	68278.4	1429.8	6427.7	11233.1	964.1

除上述基准情景外，我们还提出三种参考情景，上述五项指标下的全国层面上的相关数据见表 9-3。

表 9-3 中国 2020 年 GDP、人口、能源消费总量、CO_2 排放量、非化石能源消费量数据（参考情景）

情景	GDP/十亿元（2005 年价格）	人口/百万人	能源消费总量/百万吨标煤	CO_2 排放量/百万吨	非化石能源消费量/百万吨标煤
低增长情景	61538.8	1430.0	5793.2	10124.5	869.0
中高增长情景	74973.6	1430.0	7058.0	12334.9	1058.7
高增长情景	79268.9	1430.0	7462.3	13041.5	1119.3

9.3.2 CO_2 排放配额在中国 30 个省份间的分配情况

本节中的 DMU 即为中国 30 个省级行政区域（西藏和港澳台地区除外）。首先，我们需要明确有哪些省份在 2020 年预测指标和节能减排目标初始分解方案下是有效单元，哪些省份是无效单元。其次，我们进一步给出一个 CO_2 排放配额分配的有效方案，也即为实现中国到 2020 年 CO_2 强度减排承诺，以及实现能源强度下降目标和非化石能源消费量比重上升目标，如何将总量一定的 CO_2 排放配额和能源消费总量份额有效地分配到中国 30 个省份。

表 9-4 中，第 2 列～第 5 列显示了中国 30 个省份 2020 年三项指标（能源消费总量、CO_2 排放配额总量、非化石能源消费量）下的初始投入数值，以及各省份通过模型（9-1）计算得到的 CCR-DEA 效率值。CCR-DEA 效率值是指每个省份通过消费一定量的能源投入和排放一定量的非期望产出即 CO_2 排放，以产出一定量的 GDP 并维持一定量的人口的绩效水平。上述三种投入都具有受控的总量值，该总量值通过模型（9-3）计算的 ZSG-DEA 效率值在各省份之间进行分配调整，通过多次迭代调整，最终可以获得 2020 年 CO_2 排放配额总量值在 30 个省份之间的最终分配方案，该方案见表 9-4 的第 7 列。此外，表 9-4 还显示了分配调整后各省份的能源消费总量（第 6 列）、非化石能源消费量（第 8 列）情况，以及最终 ZSG-DEA 效率值（第 9 列）。ZSG-DEA 效率值是指每个省份通过使用总量固定的能源投入和占用总量固定的 CO_2 排放配额生产 GDP 和维持人口的绩效水平。从表 9-4 中的结果可以看出，通过 ZSG-DEA 模型的效率测度和配额分配调整后，所有省份的效率值均提升到单位 1.000。

表 9-4 中国 30 个省份调整分配后的各投入指标及相应的效率值情况（基准情景）

省份	初始值				调整值（经过 5 次迭代调整后）			
	能源消费总量/百万吨标煤	CO_2 排放配额总量/百万吨	非化石能源消费量/百万吨标煤	初始 CCR-DEA 效率值	能源消费总量/百万吨标煤	CO_2 排放配额总量/百万吨	非化石能源消费量/百万吨标煤	重新分配后的最终ZSG-DEA 效率值
北京	121.6	162.1	14.7	1.000	163.6	221.4	40.1	1.000
天津	104.3	183.2	2.6	1.000	140.4	250.2	7.2	1.000
河北	465.4	908.4	21.2	0.495	331.7	657.3	22.2	1.000
山西	295.0	551.7	10.2	0.382	145.7	293.7	10.2	1.000

续表

省份	初始值				调整值(经过 5 次迭代调整后)			
	能源消费总量/百万吨标煤	CO_2 排放配额总量/百万吨	非化石能源消费量/百万吨标煤	初始 CCR-DEA 效率值	能源消费总量/百万吨标煤	CO_2 排放配额总量/百万吨	非化石能源消费量/百万吨标煤	重新分配后的最终 ZSG-DEA 效率值
内蒙古	266.6	628.9	7.1	0.401	143.2	275.2	8.9	1.000
辽宁	339.2	672.9	24.4	0.463	261.0	500.1	16.0	1.000
吉林	135.4	286.3	21.7	0.514	130.9	258.9	8.7	1.000
黑龙江	188.9	299.0	15.5	0.633	182.2	360.6	12.1	1.000
上海	190.9	284.4	7.9	1.000	256.9	388.4	21.7	1.000
江苏	423.9	782.3	12.0	1.000	570.4	1068.4	32.9	1.000
浙江	285.7	476.9	80.6	0.679	340.0	475.2	85.6	1.000
安徽	158.4	325.6	5.9	1.000	213.1	444.6	16.1	1.000
福建	157.1	255.8	58.8	0.653	185.5	266.9	47.9	1.000
江西	103.5	206.1	19.9	1.000	139.2	281.5	54.4	1.000
山东	583.3	1046.2	14.6	0.814	581.9	1112.3	35.5	1.000
河南	357.6	683.0	17.4	0.747	387.4	784.8	27.3	1.000
湖北	246.2	409.0	64.7	0.517	209.4	316.8	56.4	1.000
湖南	238.2	361.5	62.1	0.581	218.9	338.8	58.4	1.000
广东	444.8	625.3	111.5	0.829	590.8	832.4	149.8	1.000
广西	124.8	217.7	48.7	0.716	162.6	258.9	40.8	1.000
海南	21.6	32.7	2.9	1.000	29.1	44.6	7.9	1.000
重庆	124.0	174.0	35.0	0.558	109.8	164.7	29.4	1.000
四川	290.5	340.5	111.1	0.636	277.5	425.7	75.4	1.000
贵州	135.8	273.0	31.6	0.522	130.1	271.4	9.8	1.000
云南	144.1	268.6	69.2	0.564	155.0	239.1	41.7	1.000
陕西	141.3	246.0	10.4	0.702	151.9	308.5	10.8	1.000
甘肃	100.9	159.9	40.4	0.505	89.1	137.5	23.9	1.000
青海	42.5	43.7	27.6	0.297	18.9	29.0	5.2	1.000
宁夏	61.5	112.3	4.6	0.243	23.1	47.6	1.7	1.000
新疆	134.7	216.1	9.8	0.445	88.3	178.6	6.2	1.000
合计	6427.7	11233.1	964.1	—	6427.6	11233.1	964.2	—
平均值	—	—	—	0.663	—	—	—	1.000

表 9-4 显示，在模型(9-1)下有 7 个省份是 CCR-DEA 有效的：北京、天津、上海、江苏、安徽、江西和海南。这些有效省份的 CO_2 排放预期量占了到 2020 年全国 CO_2 排放配额总量的 24%。其余的 23 个省份均是 CCR-DEA 无效省份，其中效率值最低的省份是宁夏，其效率值仅为 0.243。30 个省份的平均效率值是 0.663。可以基于表 9-4 提供的评价结果进行比较分析，以北京和广西为例可以发现，尽管这两个省份具有基本相同的能源消费总量、CO_2 排放配额总量和非化石能源消费量，但是北京的 GDP 较广西高 65%，因此北京较广西也更加有效。类似

地，江西和贵州的能源消费总量和 CO_2 排放配额总量也相似，但江西的 GDP 却是贵州的 2 倍多且江西维持了更多的人口，这意味着贵州的效率较江西要低。

通过利用模型(9-3)，可以产生一个新的反映中国 30 个省份 CO_2 排放配额分配的 ZSG-DEA 效率前沿面。如前所述，重新分配配额之后，所有省份均变得有效。模型(9-3)中与能源消费总量、CO_2 排放配额总量、非化石能源消费量对应的三个效率度量 θ^{TE} 、θ^{CO_2} 和 θ^{NF} 的均值，以及集成效率值 E'_{ZSG} 在(5 次)迭代调整过程中的变化(提升)过程如图 9-1 所示，图中可以看出上述四项效率值的提升速度都比较快，说明模型(9-3)及相关迭代算法的寻优速度较快，经过少数几次的运算，即可得到满足要求的分配结果。需要指出的一点是，上述最终分配结果中并非所有的省份在各项指标上都达到帕累托有效状态，这是由于有些省份的 GDP 产出指标下具有正松弛项。不过，CO_2 排放配额总量和能源消费总量投入指标下并没有正松弛项。这主要是由于本书构建的 ZSG-DEA 模型所涉及的全部投入指标均有各自的固定总量，不会产生无边界的投入下降的情况。

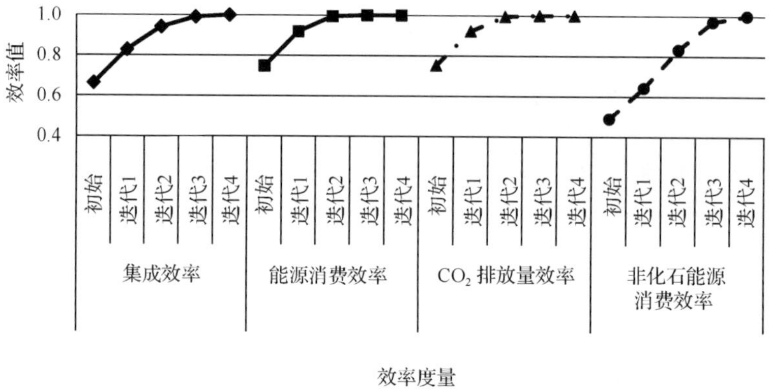

图 9-1　历次迭代中各项效率度量均值的提升过程

在 5 次迭代调整过程中，不同省份具有不同的 CO_2 排放配额分配调整量(图 9-2)。其中 13 个省份(北京、天津、黑龙江、上海、江苏、安徽、江西、河南、广东、广西、海南、四川和陕西)的 CO_2 排放配额在再次分配后，出现了较为明显的上升，其中上升最显著(+36%)的省份是那些由模型(5-1)计算得到的初始 CCR-DEA 效率值为单位 1.000 的有效省份，如北京、上海、江西等。与之相反，也有 10 个省份的 CO_2 排放配额再次分配后出现了下降，这些省份包括河北、山西、内蒙古、辽宁、湖北、云南、甘肃、青海、宁夏和新疆。其中，CO_2 排放配额减少最为明显的是宁夏(–57%)，其次是内蒙古(–56%)和山西(– 46%)。其余的 7 个省份再次分配后的碳排放配额变化量甚微，调整量均不超过 10%。

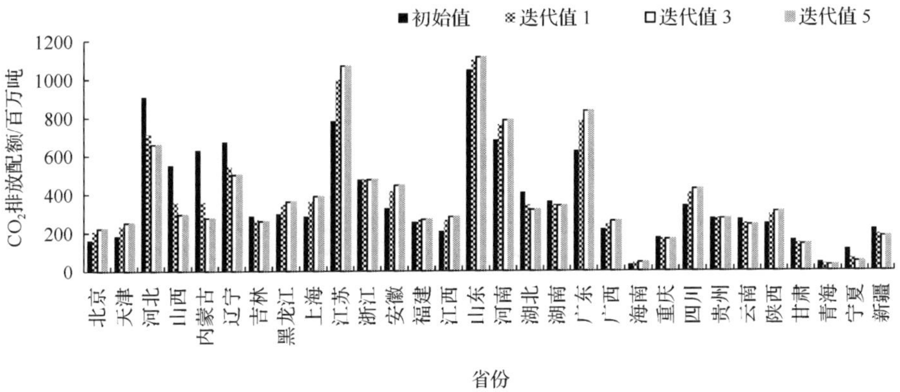

图 9-2　区域 CO_2 排放配额分配量的调整过程

9.3.3　CO_2 排放配额分配结果分析和讨论

总体来看，ZSG-DEA 模型的分配结果可以认为是一个合理的 CO_2 排放配额分配初始方案，以及在实现的 CO_2 排放配额交易的过程中的第一步工作。理想情况下，为了提升参与 CO_2 配额分配的所有省份的效率，对那些原本效率就较高的省份(如山东、河南、广东、广西，其初始 CCR-DEA 效率值均高于 0.7)来讲，它们可以在提升能源使用效率和 CO_2 排放效率，以及集成效率的同时，获得更多的 CO_2 排放配额，但这往往会压缩其他省份的 CO_2 排放配额。相反的，对那些就原本效率表现不佳的省份(如宁夏、内蒙古、山西、青海，其初始 CCR-DEA 效率均低于或约等于 0.4)，其效率提升的途径将是减少其 CO_2 排放量或分得的 CO_2 排放配额，从而给其他高效省份提供更多的 CO_2 排放空间。此外，对于那些初始 CCR-DEA 有效的省份(如北京、上海、江西、海南等)，在对 CO_2 排放配额进行重新分配后，其仍然是有效省份，并且其 CO_2 排放配额也会有所增加。因此，我们可以说在分配总量固定的资源(CO_2 排放配额)时，ZSG-DEA 方法将“照顾”那些处在最优运营规模或接近最优运营规模的省份，即 ZSG-DEA 效率值较高的省份，但是，与此相反，ZSG-DEA 方法也会“惩罚”那些效率值较低的、距离最优运营规模较远的省份。

我们进一步分别计算了 2005 年(基于历史数据)及 2020 年(基于总量控制的基准情景下重新分配的结果数据)的各省份能源强度、CO_2 排放强度和非化石能源在一次能源消费中的比重，表 9-4 的第 6 列～第 8 列和表 9-5 的第 2 列～第 4 列分别展示了计算结果。通过表 9-5(最后 3 列)及图 9-3 和图 9-4，我们可以进一步对比分析上述指标具体的变动。2005～2020 年，宁夏、青海、内蒙古、山西的能源强度下降最为显著，其降幅均在 60%以上。在同一时期，广东的能源强度降幅是最少的，其次是江苏、上海、安徽、江西，其变化率都在 10%以下。此外，可以接受但不推荐的一点是，在 ZSG-DEA 模型的 CO_2 配额分配和调整过程中，海南的能源强度在这一时期可增加 3%左右，这主要是因为相比中国的其他省份，海南的能源消费结构更加均衡，其煤炭消费比重较低，而清洁能源和可再生能源消费比重相对较高，使得海南的能源强度在全国 30 个省份中排名非常靠前。

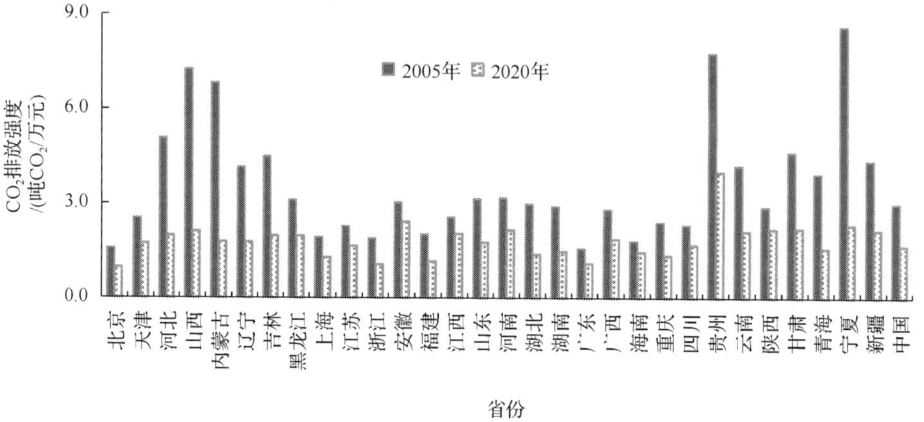

图 9-3　2020 年和 2005 年中国 30 个省份 CO_2 排放强度对比

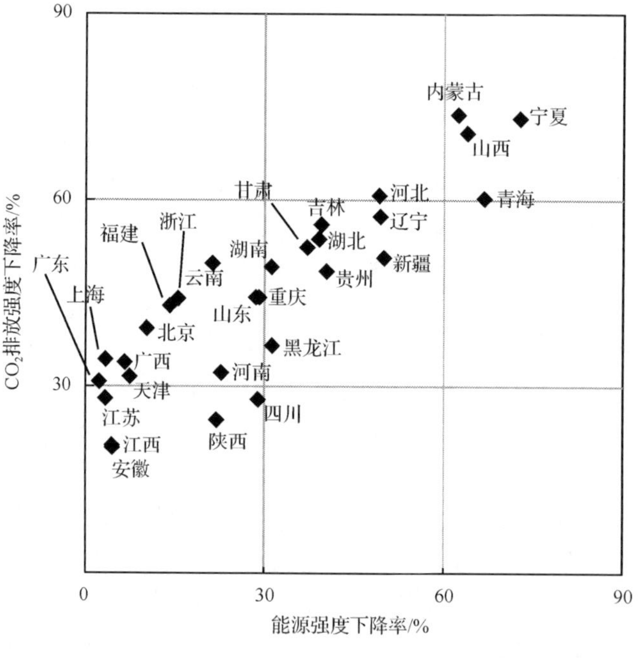

图 9-4　2020 年和 2005 年对比中国 30 个省份能源强度下降率和 CO_2 排放强度下降率

从图 9-3 中可以看出，宁夏和内蒙古的 CO_2 排放强度在 2005 年～2020 年这段时间下降程度最大(约–73%)，其次是山西、河北和青海，其 CO_2 排放强度下降均超过 60%。图 9-4 显示，为实现 2020 年全国节能减排目标，宁夏、内蒙古、山西和青海需要承担较大的 CO_2 减排任务，其 CO_2 排放强度和能源强度下降都必须达到 60%以上。而安徽、江西、江苏、四川、陕西、海南的节能减排负担相对较轻，其排放强度和能源强度下降均在 30%以下。其余地区则需要负担中等程度的节能减排任务，其中多数省份能源强度下降率相对 CO_2 排放强度下降率要低一些。

表 9-5　2020 年中国 30 个省份的能源强度、CO_2 排放强度、非化石能源消费量占比及其较 2005 年的变化情况（基准情景）

省份	能源强度/（吨标煤/万元）	CO_2 排放强度/（吨 CO_2/万元）	非化石能源消费量占比/%	能源强度变化率/%	CO_2 排放强度变化率/%	非化石能源消费量占比变化率/%
北京	0.71	0.96	24.51	−10.3	−39.3	19.9
天津	0.98	1.74	5.11	−7.4	−31.6	4.0
河北	1.00	1.99	6.68	−49.2	−60.8	4.8
山西	1.05	2.12	6.97	−63.9	−70.8	5.5
内蒙古	0.93	1.79	6.18	−62.3	−73.8	4.9
辽宁	0.92	1.77	6.14	−49.4	−57.4	3.2
吉林	1.00	1.97	6.65	−39.4	−56.1	0.3
黑龙江	1.00	1.98	6.67	−31.3	−36.6	3.3
上海	0.84	1.27	8.43	−3.4	−34.4	6.7
江苏	0.88	1.64	5.77	−3.3	−28.0	4.5
浙江	0.76	1.06	25.18	−15.6	−44.2	13.5
安徽	1.16	2.43	7.57	−4.5	−20.2	6.0
福建	0.81	1.16	25.80	−14.2	−43.0	9.1
江西	1.01	2.04	39.05	−4.5	−20.5	30.9
山东	0.92	1.76	6.10	−28.5	−44.3	5.0
河南	1.07	2.16	7.06	−22.9	−32.2	5.0
湖北	0.91	1.38	26.95	−38.9	−53.8	15.5
湖南	0.95	1.47	26.68	−31.2	−49.3	14.8
广东	0.77	1.09	25.36	−2.2	−30.6	14.4
广西	1.17	1.86	25.11	−6.6	−33.9	8.0
海南	0.95	1.45	27.23	3.7	−19.2	21.0
重庆	0.89	1.34	26.73	−29.1	−44.4	12.7
四川	1.09	1.67	27.17	−28.9	−28.0	10.0
贵州	1.92	4.00	7.57	−40.2	−48.5	−1.0
云南	1.37	2.11	26.88	−21.4	−49.8	6.8
陕西	1.07	2.18	7.11	−22.1	−24.7	3.8
甘肃	1.42	2.20	26.83	−37.0	−52.5	10.7
青海	1.02	1.57	27.23	−66.8	−60.3	−1.7
宁夏	1.12	2.31	7.35	−72.7	−73.2	4.1
新疆	1.06	2.14	7.03	−49.9	−50.7	3.9
中国 30 个省份	0.94	1.65	15.0	−28.9	−45.0	8.6

2020 年，14 个省份的非化石能源在一次能源消费中的比重高于全国平均水平(15%)，其中 11 个是在中国南部或西南地区，该地区的水电资源较为丰富，如云南、四川、广西和湖北。而其余几个省份位于中国的西北部地区，如青海、甘肃，该地区具有较为丰富的风电资源。

我们又按照各地区能源强度和 CO_2 排放强度下降的百分比将中国 30 个省份分为节能减排负担低、中、高三类。能源强度下降方面，中国西北和北部地区的内蒙古、宁夏、青海、山西 4 个省份的节能负担较高，其能源强度下降率需超过 60%，且其平均下降率达到 66%。辽宁、河北、新疆、贵州 4 个省份需要承担中高程度的节能负担(能源强度下降率在 41%～60%)，其平均下降率为 47%，4 个省份中 2 个位于东部沿海地区，2 个位于中西部内陆地区。还有 11 个省份需要承担中低程度的节能负担，这些省份大部位于中国的中西部地区，其能源强度下降的百分比在 21%～40%。而其余 10 个省份的节能负担较低(能源强度下降率低于 20%)，其平均能源强度下降率只有 7%。

CO_2 排放强度下降方面，西北地区的 3 个省份和华北地区的 2 个省份需要承担较高负担的 CO_2 减排任务，其 CO_2 排放强度的平均降幅为 68%。而东部地区的 4 个省份和西部地区的 2 个省份的 CO_2 减排负担较低，其 CO_2 排放强度平均降幅为 23%。余下的 19 个省份则承担中等负担的 CO_2 减排任务，这其中承担中高负担的 CO_2 减排任务的省份中，辽宁和吉林属于东北地区，湖北和湖南属于中部地区，这 4 个省份均是中国的重工业基地，而那些承担中低负担的 CO_2 减排任务的省份中，北京、天津、上海和重庆，以及浙江、山东、广东都被认为是中国经济和社会发展最发达的省份。

在一般情况下，CO_2 排放配额分配方案显示，CCR-DEA 初始效率较高的省份所承担的节能减排负担较小，根据计算得出，中国有 7 个省份符合该情况，其中大部分省份位于东部地区。在过去的 30 年里，这些省份都经历了最快速的经济增长和社会发展，而且其 2005 年能源强度和 CO_2 排放强度均低于中国的平均水平。相反，具有较低 CCR-DEA 初始效率的省份，如中国西部地区的 4 个省份，则需承担较高负担的节能减排任务。与东部和中部地区相比，西部地区人口密度低，且具有较丰富的自然资源，但其经济和社会发展相对落后，其 2005 年的能源强度和 CO_2 排放强度都高于中国的平均水平。

根据设定的另外三个参考的经济增长情景，即低增长情景(GDP 年增长率为 5.3%)，中高增长情景(GDP 年增长率为 7.4%)，以及高增长情景(GDP 年增长率为 8%)，我们可以测算出到 2020 年中国的 GDP 的三种情况，结果见表 9-6。

表 9-6　中国 2020 年 GDP、能源消费总量、CO_2 排放量、非化石能源消费量(参考情景)

情景	低增长情景	中高增长情景	高增长情景
GDP/十亿元(2005 年价格)	61538.8(–6739.3)*	74973.6(+6695.4)	79268.9(+10990.8)
能源消费总量/百万吨标煤	5793.2(–634.4)	7058.0(+630.3)	7462.3(+1034.7)
CO_2 排放量/百万吨	10124.5(–1108.8)	12334.9(+1101.6)	13041.5(+1808.2)
非化石能源消费量/百万吨	869.0(–95.2)	1058.7(+94.5)	1119.3(+155.2)

*半角括号中数据代表较基准情景减少(–)或增加(+)。

相应地，要实现 45%的 CO_2 排放强度减排目标，2020 年中国 CO_2 排放量，在低增长情景下要达到 10124.5 百万吨，在中高增长情景下要达到 10124.5 百万吨，在高增长情景下要达到 13041.5 百万吨(表 9-6 和图 9-5)。这意味着若使 2020 年 CO_2 排放强度保持在 1.65 吨 CO_2/千元(2005 不变价)，低增长情景下中国的 CO_2 排放量将低于基准情景 9.87%，中高增长情景和高增长情景下将分别高于基准情景 9.81%和 16.10%。此外，与 2010 年水平相比，低增长情景、基准情景、中高增长情景和高增长情景下，2020 年 CO_2 排放量将分别增加 724 百万吨、1833 百万吨、2935 百万吨和 3641 百万吨。

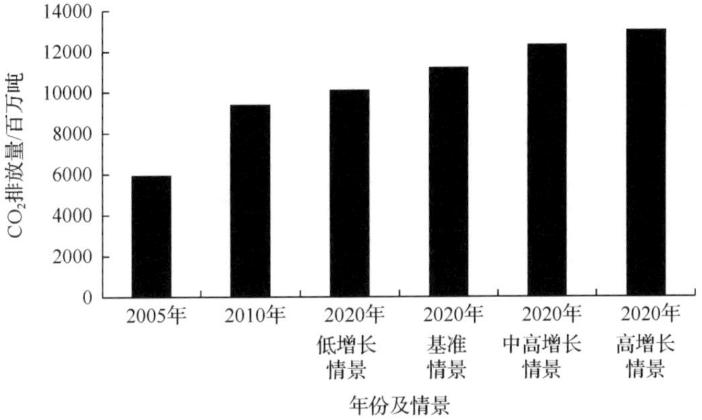

图 9-5　中国 2005 年和 2010 年 CO_2 排放量及低增长情景、基准情景、中高增长情景、高增长情景下 2020 年 CO_2 排放量

此外，不同情景下中国 2020 年的能源消费总量和非化石能源消费量的计算结果也记录在表 9-6 中。低增长情景下的能源消费总量会比基准情景下低 634.4 百万吨标煤，中高增长情景下的能源消费总量会比基准情景下高 630.3 百万吨标煤，而高增长情景下的能源消费总量会比基准情景下高 1034.7 百万吨标煤。低增长情景下的非化石能源消费量将比基准情景下低 95 百万吨标煤，中高增长情景和高增长情景下非化石能源消费量将分别比基准情景下高 9400 百万吨标煤和 15500 百万吨标煤。三种情景下中国 30 个省份的 GDP、CO_2 碳排放配额、能源消费总量和非化石能源消费量具体情况见表 9-7。

表 9-7 2020 年中国 30 个省份 GDP、能源消费总量、CO_2 排放量、非化石能源消费量配额分配情况（参考情景）

指标	GDP/十亿元(2005 年价格)			能源消费总量/百万吨标煤			CO_2 排放量/百万吨			非化石能源消费量/百万吨标煤		
参考情景	低增长	中高增长	高增长	低增长	中高增长	高增长	低增长	中高增长	高增长	低增长	中高增长	高增长
北京	2075.0	2528.0	2672.8	147.5	179.6	189.9	199.6	243.1	257.1	36.1	44.0	46.6
天津	1296.5	1579.6	1670.1	126.6	154.2	163.0	225.5	274.7	290.5	6.5	7.9	8.3
河北	2981.7	3632.7	3840.8	299.0	364.3	385.1	592.4	721.7	763.1	20.0	24.3	25.7
山西	1249.8	1522.6	1609.9	131.3	160.0	169.1	264.7	322.5	341.0	9.2	11.2	11.8
内蒙古	1388.3	1691.4	1788.3	129.1	157.3	166.3	248.1	302.2	319.5	8.0	9.7	10.3
辽宁	2546.1	3102.0	3279.7	235.2	286.6	303.0	450.8	549.2	580.6	14.4	17.6	18.6
吉林	1182.3	1440.4	1522.9	118.0	143.8	152.0	233.4	284.3	300.6	7.9	9.6	10.1
黑龙江	1641.4	1999.8	2114.3	164.2	200.0	211.5	325.0	396.0	418.7	10.9	13.3	14.1
上海	2746.9	3346.6	3538.3	231.6	282.1	298.3	350.1	426.5	451.0	19.5	23.8	25.1
江苏	5854.7	7132.9	7541.5	514.1	626.3	662.2	962.9	1173.1	1240.3	29.7	36.2	38.2
浙江	4048.9	4932.8	5215.4	306.5	373.4	394.8	428.3	521.8	551.7	77.2	94.1	99.4
安徽	1650.9	2011.3	2126.6	192.1	234.0	247.4	400.7	488.2	516.2	14.5	17.7	18.7
福建	2074.5	2527.4	2672.2	167.2	203.7	215.4	240.5	293.0	309.8	43.1	52.6	55.6
江西	1243.4	1514.8	1601.6	125.5	152.9	161.6	253.7	309.1	326.8	49.0	59.7	63.1
山东	5708.1	6954.2	7352.7	524.4	638.9	675.5	1002.5	1221.4	1291.3	32.0	39.0	41.2
河南	3276.9	3992.3	4221.0	349.1	425.3	449.7	707.3	861.8	911.1	24.6	30.0	31.7

续表

指标	GDP/十亿元(2005 年价格)			能源消费总量/百万吨标煤			CO_2 排放量/百万吨			非化石能源消费量/百万吨标煤		
参考情景	低增长	中高增长	高增长	低增长	中高增长	高增长	低增长	中高增长	高增长	低增长	中高增长	高增长
湖北	2067.0	2518.3	2662.5	188.7	229.9	243.1	285.5	347.9	367.8	50.8	61.9	65.5
湖南	2074.6	2527.6	2672.4	197.3	240.3	254.1	305.4	372.0	393.3	52.6	64.1	67.8
广东	6913.9	8423.3	8905.9	532.5	648.7	685.9	750.2	914.0	966.4	135.0	164.5	173.9
广西	1254.6	1528.5	1616.1	146.6	178.6	188.8	233.4	284.3	300.6	36.8	44.8	47.4
海南	277.5	338.1	357.5	26.3	32.0	33.8	40.2	49.0	51.8	7.1	8.7	9.2
重庆	1109.8	1352.0	1429.5	99.0	120.6	127.5	148.4	180.8	191.2	26.5	32.2	34.1
四川	2298.7	2800.5	2961.0	250.1	304.7	322.2	383.7	467.5	494.2	67.9	82.8	87.5
贵州	611.7	745.2	787.9	117.2	142.8	151.0	244.6	298.0	315.1	8.9	10.8	11.4
云南	1022.2	1245.4	1316.8	139.7	170.3	180.0	215.5	262.6	277.6	37.6	45.8	48.4
陕西	1274.9	1553.2	1642.2	136.9	166.8	176.3	278.1	338.8	358.2	9.7	11.9	12.5
甘肃	564.4	687.6	727.0	80.3	97.8	103.4	123.9	151.0	159.6	21.5	26.2	27.7
青海	167.0	203.5	215.2	17.1	20.8	22.0	26.1	31.9	33.7	4.6	5.7	6.0
宁夏	185.9	226.5	239.5	20.8	25.4	26.8	42.9	52.3	55.2	1.5	1.9	2.0
新疆	751.1	915.1	967.6	79.6	97.0	102.6	161.0	196.2	207.4	5.6	6.8	7.2
中国 30 个省份	61538.7	74973.6	79269.2	5793.5	7058.1	7462.3	10124.4	12334.9	13041.4	868.7	1058.8	1119.1

第10章　市场与环境容量约束下的DEA绩效评价建模与应用

针对传统的运作效率和环境效率评价模型没有充分考虑到市场竞争和环境规制的约束，因而难以充分有效地评价特定行业特定目标条件下的效率评价这一问题，本章提出了市场与环境容量约束下的DEA绩效评价模型，并应用该模型开展了中国火电行业运作绩效和环境绩效测算*。

10.1　效率分析和有效性分析建模概述

前沿面分析是一个被广泛用于进行电力行业生产效率分析的一种方法。如本书第1章和第2章所述，非参数规划DEA方法，可以帮助研究人员在不进行函数形式假设的情况下，构建多个包含多投入、多产出的DMU的生产前沿面，进而基于该生产前沿面测算出各个DMU的相对生产效率，该生产效率也可以通过多个输出的加权和及多个输入的加权和的比例来定义。在相同投入的情况下，如果一个DMU的期望产出不少于其他DMU，则这个DMU被认为是有效的，反之，则是无效的，有效的DMU位于生产前沿面上。

许多实证研究使用DEA方法对电力行业生产运作效率进行分析。Sueyoshi和Goto（2001）使用松弛调节的DEA方法分析日本的电力生产公司在1984～1993年的运作效率，他们从DEA方法得出的结果中发现，生产和传输之间的集成不一定能够提高运作效率。Kwoka和Pollitt（2007）利用DEA方法测评了1994～2003年美国电力行业在并购风潮时期电力企业的相对效率，他们的研究发现企业并购并不能确保绩效改善。Chitkara (1999) 使用DEA和Malmquist指数方法评价印度1991～1995年国家火力发电公司拥有的发电机组的运作效率，研究发现，深入的员工培训能够提高生产效率。Jha和Shrestha (2006) 使用DEA方法评价尼泊尔电力部门水电站的效率，他们发现大约80%的发电机组属于低效率机组（效率得分小于90%），同时大部分发电机组对应员工投入数有可能减少6.8%。Vaninsky (2006) 基于DEA方法对1991～2004年的美国电力生产行业进行了效率评价，研究指出，1994～2000年，

---

* 本章的部分内容曾发表于以下文章：

Wang K, Zhang J, Wei Y M. 2017. Operational and environmental performance in China's thermal power industry: Taking an effectiveness measure as complement to an efficiency measure. Journal of Environmental Management, 192: 254-270.

美国电力生产效率稳定在 99%～100%，然而 2004 年，该效率下降至 94.61%，Vaninsky 还在文中预测了美国 2010 年电力生产效率为 96.80%。Abbott（2006）基于 DEA 方法研究了 1969～1999 年澳大利亚电力供应行业的生产效率，研究发现，自 20 世纪 80 年代中期起，澳大利亚电力供应行业生产效率取得长足进步。

20 世纪 80 年代，中国开始了电力行业市场化的进程，国内外众多学者对中国电力行业的改革和发展给予了积极关注。Lam 和 Shiu（2004）根据省际面板数据，采用 DEA 方法评价了中国 1995～2000 年电力行业的技术效率，发现直辖市和东部沿海省份具有更高的技术效率，并且燃料效率和装机容量利用率会明显影响电力行业的技术效率。Xie 等（2012）使用 DEA 方法评价了 2006～2009 年中国 30 个省份电力生产的运作效率。在 DEA 模型中，Xie 将装机容量、设备投入、煤炭投入量、电力行业劳动力及电力生产过程中的自用电作为投入，将电力作为期望产出进行效率评价。Chen（2002）使用 DEA 方法计算了台湾电力公司 22 个地区分公司的效率，他发现无效的地区分公司的首要任务是找到它们的参考目标，它们可以参照有效的地区分公司改进自己的生产过程。Chien 等（2003）评价了台湾电力公司下属的 17 个服务中心的效率，研究发现效率最低的一个服务中心呈现规模效率递增。Chien 等（2003）建议通过合并服务中心的方式来提供运作效率。

类似地，也有很多研究利用 DEA 方法开展环境绩效评价建模。Sueyoshi 等（2010）使用 DEA 方法评价美国的《清洁空气法案》对煤电厂的影响，他们发现就运作表现及节能措施而言，美国的《清洁空气法案》覆盖的煤电厂效率相对更高。Korhonen 和 Luptacik （2004）使用 DEA 方法评价了欧洲 24 个电厂的环境效率，他们的研究给出了处在低效率状态电厂的污染物排放的改进空间。Nag（2006）使用 DEA 方法评价了印度 70 个电厂的生产效率和环境效率并肯定了印度南部和北部地区发电厂为完成节能减排目标而进行的努力。Bi 等（2014）运用 DEA 方法评价了 2007～2009 年中国各个地区的火力发电系统的全要素能源效率，他们发现环境效率是影响中国电力行业绩效表现的一个重要因素。Yang 和 Pollitt（2009）分别使用传统的 DEA 方法及几个变量约束的 DEA 方法评价了中国 800 余座燃煤电厂的运作效率，研究指出，传统的 DEA 模型识别出的效率比较低的发电厂，其无效性的部分来源是该发电厂处于相对不利的生产环境。

可以看出，无论是国内还是国外，很多绩效评价研究还是使用传统的效率评价方法，并没有考虑市场竞争及排放限额的影响。近年来，包括中国电力行业在内的全球电力行业面临着越来越激烈的市场竞争和越来越严格的环境规制，在此条件下为电力行业企业和政府监管部门开发新的绩效评价工具以适应新的评价需求，越来越迫切。传统的企业运作效率和环境效率评价模型，并没有充分考虑到市场竞争和环境规制的影响，因此它们难以充分地评价电力行业完成特定市场目标时的运作绩效表现（即运作有效性），同时也难以有效地评价该行业完成具体减排目标时的环境绩效表现(即环境有效性)。

10.2 考虑市场与环境容量约束的改进 DEA 绩效评价模型

为应对上面提出的挑战，本书介绍了考虑市场与环境容量约束的改进 DEA 绩效评价模型，下面将基于运作、环境和整体三个角度介绍运作绩效、环境绩效和整体绩效三组建模方法。每一组绩效评价都包括效率和有效性两部分。其中，运作绩效包含运作效率和考虑电力市场容量约束的运作有效性，环境绩效包含环境效率和考虑完成减排目标约束的环境有效性，整体绩效包含整体效率及同时考虑电力市场容量约束和完成减排目标约束的整体有效性。

10.2.1 运作绩效评价建模

考虑一个多投入、多产出的电力生产过程，令 $x \in R_+^I$ 代表投入变量，$y \in R_+^J$ 代表期望产出变量，$b \in R_+^Q$ 代表非期望产出变量。定义生产可能集为：$T = \{(x, y, b) \in R_+^{I+J+Q} : x\text{生产}(y, b)\}$。定义 $i = \{1, 2, \cdots, I\}$ 为投入变量序列号的集合；$j = \{1, 2, \cdots, J\}$ 为期望产出变量序列号的集合；$q = \{1, 2, \cdots, Q\}$ 为非期望产出变量序列号的集合；$k = \{1, 2, \cdots, K\}$ 为评价对象序列号的集合；$t = \{1, 2, \cdots, T\}$ 为评价年份序列号的集合。序列号 r 代表当前正在被评价的 DMU。x_{ikt} 代表第 t 年第 k 个地区电力行业的第 i 个投入的数值；y_{jkt} 代表第 t 年第 k 个地区电力行业是第 j 个期望产出的数值；b_{qkt} 代表第 t 年第 k 个地区电力行业的第 q 个非期望产出的数值。本书将通过方向距离函数(directional distance function，DDF)增加期望产出，以此衡量 DMU 的效率，为此定义 $\boldsymbol{g}_j^y$ 为第 j 个期望产出增加的方向向量(非负方向向量)。之前的研究曾表明，在 DDF 方法中，对于方向向量的选择将影响最终的效率评价结果。在许多研究中，方向向量是一个预设好的值，如 0、+1、−1 或者是评价单元的投入或产出数据。然而这些方向向量的选择被认为是武断的，缺少相关经济含义和政策含义。DDF 方法中的方向向量的选取当前仍然是一个重要的研究问题。本书，我们将使用 Färe 等(2013)及 Hampf 和 Krüger(2014a，2014b)提出的基于外生规范约束的内生方向向量法。

先采用模型(10-1)计算运作效率：

$$\max_{\lambda_k, \mu_k, \theta^o, \boldsymbol{g}_j^y} \theta^o$$

$$\text{s.t.} \sum_{k=1}^{K} (\lambda_k + \mu_k) x_{ikt} \leqslant x_{irt}, \quad i = 1, 2, \cdots, I$$

$$\sum_{k=1}^{K}\lambda_k y_{jkt} \geqslant y_{jrt} + \theta^o \boldsymbol{g}_j^y,\ j=1,2,\cdots,J$$

$$\sum_{k=1}^{K}\lambda_k b_{qkt} \leqslant b_{qrt},\ q=1,2,\cdots,Q \tag{10-1}$$

$$\sum_{k=1}^{K}(\lambda_k + \mu_k)=1$$

$$\sum_{k=1}^{K}\boldsymbol{g}_j^y = 1,\ j=1,2\cdots,J$$

$$\lambda_k,\mu_k,\boldsymbol{g}_j^y \geqslant 0$$

式中，决策变量 λ_k 为第 k 个评价对象凸组合的权重乘数；μ_k 为 Podinovski 技术弱可自由处置决策变量；$\boldsymbol{g}_j^y$ 为内生方向向量；θ^o 为模型(10-1)的最优解，它反映了无效性，如果 $\theta^o=0$，则该 DMU 是有效率的；反之则是无效率的。然而，θ^o 不能直观地反映效率。而且，效率的取值范围一般为(0, 1)。因此，本书在式(10-2)中定义 D_{jt}^o 来衡量第 t 年第 r 个地区第 j 个期望产出的运作效率：

$$D_{jt}^o = \frac{y_{jrt}}{y_{jrt} + \theta^o \boldsymbol{g}_j^y} \tag{10-2}$$

如果 $D_{jt}^o=1$，那么被评价单元被认为是运作有效率的；否则，被评价单元被认为是运作无效率的。

模型(10-1)是一个非线性规划模型，但是它可以转换成一个线性规划模型。定义 $\boldsymbol{g}_j^y = \theta_{y_j}\Big/\sum_{j=1}^{J}\theta_{y_j}$，此时 $\boldsymbol{g}_j^y$ 仍满足 $\sum_{j=1}^{J}\boldsymbol{g}_j^y=1$，那么模型(10-1)可以转换成线性规划模型(10-3)：

$$\max_{\lambda_k,\mu_k,\theta_{yj}} \sum_{j=1}^{J}\theta_{y_j}$$

$$\text{s.t.} \sum_{k=1}^{K}(\lambda_k + \mu_k)x_{ikt} \leqslant x_{irt},\ i=1,2,\cdots,I$$

$$\sum_{k=1}^{K}\lambda_k y_{jkt} \geqslant y_{jrt} + \theta_{y_j},\ j=1,2,\cdots,J$$

$$\sum_{k=1}^{K}\lambda_k b_{qkt} \leqslant b_{qrt},\ q=1,2,\cdots,Q \tag{10-3}$$

$$\sum_{k=1}^{K}(\lambda_k+\mu_k)=1$$

$$\lambda_k,\mu_k,\boldsymbol{g}_j^y \geqslant 0$$

运作绩效包含运作效率和运作有效性两个部分，模型(10-1)和模型(10-2)可以用来计算运作效率，下面给出的模型(10-4)可以用来计算运作有效性：

$$\max_{\lambda_k,\mu_k,\theta^{oE},\boldsymbol{g}_j^y} \theta^{oE}$$

$$\text{s.t.}\sum_{k=1}^{K}(\lambda_k+\mu_k)x_{ikt} \leqslant x_{irt},\ i=1,2,\cdots,I$$

$$\sum_{k=1}^{K}\lambda_k y_{jkt} \geqslant y_{jrt}^P+\theta^{oE}\boldsymbol{g}_j^y,\ j=1,2,\cdots,J$$

$$d_{jrt} \geqslant y_{jrt}^P+\theta^{oE}\boldsymbol{g}_j^y,\ j=1,2,\cdots,J$$

$$\sum_{k=1}^{K}\lambda_k b_{qkt} \leqslant b_{qrt},\ q=1,2,\cdots,Q \tag{10-4}$$

$$\sum_{k=1}^{K}(\lambda_k+\mu_k)=1$$

$$\sum_{j=1}^{J}\boldsymbol{g}_j^y=1,\ j=1,2,\cdots,J$$

$$\lambda_k,\mu_k,\boldsymbol{g}_j^y \geqslant 0$$

式中，$y^P \in R_+^J$ 为惩罚期望产出，用来衡量期望产出和需求水平之间的差距。如果期望产出小于需求水平，那么这个地区的电力行业就会出现电力短缺，会导致需要从其他地区购买电力而花费额外费用；反之，如果期望产出大于需求水平，将会导致资源浪费，在电力行业表现为浪费发电用煤或者其他相关原材料投入。

为此，我们采用以下的有效性衡量方法：定义 d_{jkt} 代表第 t 年第 k 个地区的电力行业第 j 种期望产出的需求水平，这会在后面用来计算惩罚期望产出 y_{jkt}^P。如果 $y_{jkt} < d_{jkt}$，那么电力生产企业就丢失了多售卖 $d_{jkt}-y_{jkt}$ 个单位电力的机会，则惩罚期望产出为 $y_{jkt}^P=y_{jkt}-\alpha_{jkt}(d_{jkt}-y_{jkt}) \geqslant 0$。如果 $y_{jkt} > d_{jkt}$，那么电力生产企业

就浪费了生产 $y_{jkt}-d_{jkt}$ 个单位电力的能源和原材料投入，则惩罚期望产出 $y_{jkt}^{P}=d_{jkt}-\beta_{jkt}(y_{jkt}-d_{jkt})\geqslant 0$。在计算惩罚期望产出 y_{jkt}^{P} 时，我们使用惩罚因子 $\alpha_{jkt}\geqslant 0$ 及 $\beta_{jkt}\geqslant 0$ 表达电力紧缺和资源浪费对于有效性衡量的影响。

与式(10-2)类似，我们在式(10-5)中定义 D_{jt}^{oE} 计算运作有效性：

$$D_{jt}^{oE}=\frac{y_{jrt}^{P}}{y_{jrt}^{P}+\theta^{oE}\boldsymbol{g}_{j}^{y}} \tag{10-5}$$

模型(10-1)与模型(10-4)的区别在于对期望产出(电力生产)的处理。在模型(10-4)中，我们使用了考虑需求水平影响的惩罚期望产出。在式(10-5)中，如果 $D_{jt}^{oE}=1$，则被评价单元是运作有效的，否则，被评价单元是运作无效的。

图 10-1 展示了由运作效率 D_{jt}^{o} 和运作有效性 D_{jt}^{oE} 两个维度组成的战略地位图。我们使用所有运作效率得分和所有运作有效性得分的均值进行高与低的分区。

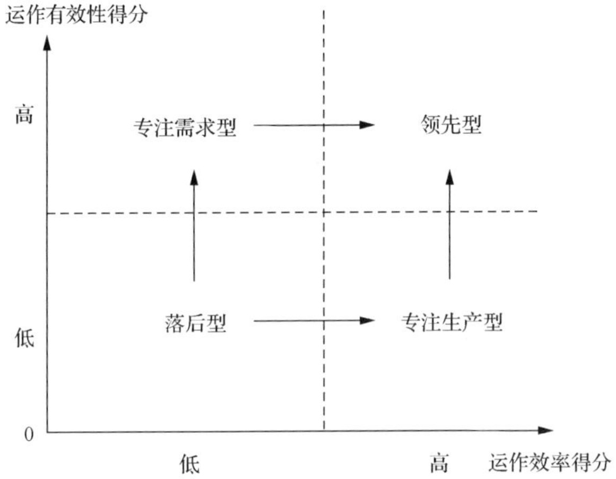

图 10-1　运作绩效战略地位图

从图 10-1 中可以得到以下几个方面。

(1) 如果一个地区的电力行业的运作效率得分和运作有效性得分都处于低分区，那么我们认为这个地区在电力生产和满足当地需求水平两方面都表现得很糟糕，未来这个地区的发电行业在提高技术水平及开拓当地电力市场两方面都需要取得长足进步。我们将这一类型的地区标记为落后型。

(2) 如果一个地区的电力行业的运作效率得分处于高分区，运作有效性得分处于低分区，这表明这一地区专注于电力生产技术的提升，却忽略了电力生产与当地需求水平的匹配关系。在这一情况下，这种类型的地区不仅应专注于电力生产技术的提升，而且需要花更多的精力关注电力的供需平衡。我们将这一类型的地区标记为专注生产型。

(3) 如果一个地区的电力行业的运作效率得分处于低分区，运作有效性得分处于高分区，这表明这一地区的电力生产与当地的需求水平相匹配，但它的电力生产技术是低效的。这种类型的地区需要改进它们的发电技术并更有效率地组合它们的投入资源。我们将这一类型的地区标记为专注需求型。

(4) 如果一个地区的发电行业的运作效率得分和运作有效性得分都处于高分区，那么这一地区在电力生产效率及与当地的需求水平相匹配两方面都表现得十分出色。因此，我们将这一类型的地区标记为领先型。图 10-1 中的箭头也表明了运作绩效改进的可行路径。

10.2.2　环境绩效评价建模

传统的生产可能集及基于传统的生产可能集的 DEA 模型中，期望产出都遵循着强可自由处置性假设，但是这个假设不能直接应用于非期望产出。现实生产情况中，减少非期望产出数量，相应地会减少期望产出的数量。也就是说，效率评价中遵循的强可自由处置性假设忽略了减少非期望产出可能需要相应降低生产活动水平(即减少期望产出)。所以期望产出和非期望产出需要同时遵循某个比例的约束，学者们将这一理论称之为弱可自由处置性(Färe et al., 2013)。

关于投入与产出的强可自由处置性的定义如下：定义一个生产可能集 $(x,y,b)\in T$，如果存在 $x'\geqslant x$ 且 $0\leqslant y\leqslant y'$，那么 $(x',y',b)\in T$。弱可自由处置性的定义如下：定义一个生产可能集 $(x,y,b)\in T$，如果 $0\leqslant \rho\leqslant 1$，那么 $(x,\rho y,\rho b)\in T$。一般在生产过程中考虑非期望产出的影响时，会采用弱可自由处置性假设。本书中，我们使用基于 Podinovski 凸技术的弱可自由处置性假设，不同于传统的弱可自由处置性假设，这一假设建立的生产前沿面必须是凸性前沿面，并且依次可建立一个最低程度的弱可自由处置性的技术前沿面。Podinovski 凸技术是对于所有的投入与期望产出做强可自由处置性假设，而 Kuosmanen 和 Podinovski (2009) 又将非期望产出加入这一凸技术假设。与 Lee (2015) 的研究相似，我们考虑对超过排放限额的非期望产出进行惩罚，这时会发生这样的情况，惩罚过后的非期望产出可能超出了生产可能集的范围，而不遵循非期望产出的弱可自由处置性假设。

定义 $\boldsymbol{g}_q^b$ 为第 q 个非期望产出的非负方向向量，我们给出模型(10-6)计算环境效率：

$$\max_{\lambda_k,\mu_k,\theta^e,\boldsymbol{g}_q^b} \theta^e$$

$$\text{s.t.} \sum_{k=1}^{K}\left(\lambda_k+\mu_k\right)x_{ikt}\leqslant x_{irt},\quad i=1,2,\cdots,I$$

$$
\begin{aligned}
&\sum_{k=1}^{K}\lambda_k y_{jkt} \geqslant y_{jrt},\ j=1,2,\cdots,J \\
&\sum_{k=1}^{K}\lambda_k b_{qkt} \leqslant b_{qrt}-\theta^e \boldsymbol{g}_q^b,\ q=1,2,\cdots,Q \\
&\sum_{k=1}^{K}(\lambda_k+\mu_k)=1 \\
&\sum_{q=1}^{Q}\boldsymbol{g}_q^b=1,\ Q=1,2,\cdots,Q \\
&\lambda_k,\mu_k,\boldsymbol{g}_q^b \geqslant 0
\end{aligned}
\tag{10-6}
$$

模型(10-6)中的变量与模型(10-1)中的变量一致。所以类似地，模型(10-6)中的最优解 θ^e 仅能够反映被评价地区电力行业的环境无效率性。为此，我们采用式(10-7)中的 D_{qt}^e 直接计算环境效率：

$$
D_{qt}^e(x_t,y_t,b_t)=\frac{b_{qrt}-\theta^e \boldsymbol{g}_q^b}{b_{qrt}} \tag{10-7}
$$

下面，我们在考虑排放限额的情况下，给出可以计算环境有效性的模型(10-8)：

$$
\begin{aligned}
&\max_{\lambda_k,\mu_k,\theta^{eE},\boldsymbol{g}_q^b} \theta^{eE} \\
&\text{s.t.} \sum_{k=1}^{K}(\lambda_k+\mu_k)x_{ikt} \leqslant x_{irt},\ i=1,2,\cdots,I \\
&\sum_{k=1}^{K}\lambda_k y_{jkt} \geqslant y_{jrt},\ j=1,2,\cdots,J \\
&\sum_{k=1}^{K}\lambda_k b_{qkt} \leqslant b_{qrt}^P-\theta^{eE} \boldsymbol{g}_q^b,\ q=1,2,\cdots,Q \\
&\sum_{k=1}^{K}(\lambda_k+\mu_k)=1 \\
&\sum_{q=1}^{Q}\boldsymbol{g}_q^b=1,\ Q=1,2,\cdots,Q \\
&\lambda_k,\mu_k,\boldsymbol{g}_q^b \geqslant 0
\end{aligned}
\tag{10-8}
$$

式中，$b^P \in R_+^Q$ 为惩罚非期望产出或奖励非期望产出，用来衡量超额排放或者不足排放与排放限额之间的差距，这里的不足排放是指超额减排使得最终排放低于排放限额。我们定义 l_{qkt} 代表第 t 年第 k 个地区的电力行业第 q 种非期望产出的排放限额。如果 $b_{qkt} > l_{qkt}$，即该地区的发电系统实际的排放量大于排放限额，那么 $b_{qkt} - l_{qkt}$ 单位的排放量将会被惩罚，实际生产环境中，惩罚措施可能是进行现金处罚等。本书中，我们令惩罚非期望产出 $b_{qkt}^Q = b_{qrt} + \gamma_{qkt}(b_{qkt} - l_{qkt}) \geqslant 0$ 实现对于超额非期望产出的惩罚，其中定义 $\gamma_{qkt} \geqslant 0$ 为惩罚因子。相反，如果 $b_{qkt} < l_{qkt}$，那么该地区的发电系统节省了 $l_{qkt} - b_{qkt}$ 单位的非期望产出限额，如果当地有非期望产出排放额度的交易市场，那么它们可以通过卖出节省的排放额度获得额外收益，本书中，我们令奖励非期望产出 $b_{qkt}^Q = b_{qrt} - \delta_{qkt}(l_{qkt} - b_{qkt}) \geqslant 0$ 实现对于额外减排非期望产出的奖励，其中定义 $\delta_{qkt} \geqslant 0$ 为奖励因子。

θ^{eE} 是模型(10-8)的最优解，反映了环境无效性。在式(10-9)中，我们将使用 θ^{eE} 计算环境有效性：

$$D_{qt}^{eE}(x_t, y_t, b_t) = \frac{b_{qkt}^Q - \theta^{eE}\boldsymbol{g}_q^b}{b_{qkt}^Q} \tag{10-9}$$

与运作绩效评价建模中的战略地位图的定义相似，图 10-2 展示了由环境效率 D_{qt}^e 和环境有效性 D_{qt}^{eE} 两个维度组成的二维战略位图。我们使用所有环境效率得分和所有环境有效性得分的均值进行高与低的分区。

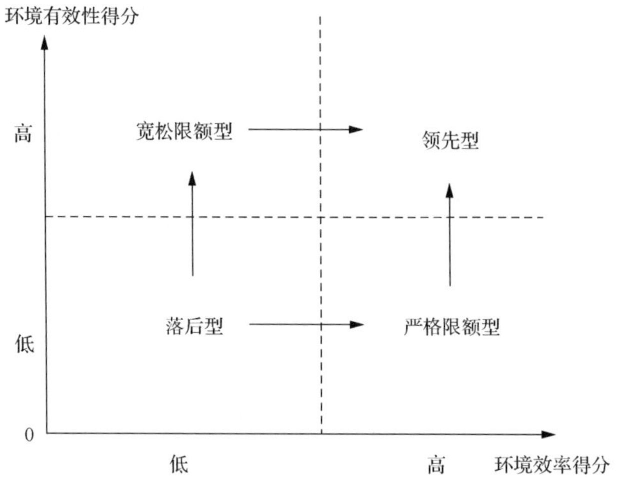

图 10-2　环境绩效战略地位图

类似地，我们从图 10-2 中可以得到如下结论。

(1) 如果一个地区的电力行业的环境效率得分和环境有效性得分都处于低分区，说明在使用相同投入资源的情况下，由于减排技术的无效性，这一地区的电力排放量高于其他地区；而且，考虑排放限额的情况下，这一地区的电力减排效果与当地的排放目标也不匹配。我们将这一类型的地区标记为落后型。

(2) 如果一个地区的电力行业环境效率得分处于高分区，环境有效性得分处于低分区，那么说明这个地区的排放限额对于这个地区来说是较为严格的。环境效率得分处于高分区说明这个地区的电力行业的减排技术是先进的，但是设定减排目标时将过多的减排压力放到这个地区的电力行业上，这使得这个地区的电力行业的环境有效性得分处于低分区。我们将这一类型的地区标记为严格限额型。

(3) 如果一个地区的电力行业的环境效率得分处于低分区，环境有效性得分处于高分区，那么说明这个地区的排放限额对于这个地区来说是宽松的。环境效率得分处于低分区说明这个地区的电力行业的减排技术是落后的，但是为其设定的减排目标较为宽松，这使得这个地区的电力行业环境有效性得分处于高分区。我们将这一类型的地区标记为宽松限额型。

(4) 如果一个地区的电力行业的环境效率得分和环境有效性得分都处于高分区，那么这一地区在减排效果及完成减排目标两方面都表现得十分出色，因此，我们将这一类型的地区标记为领先型。图 10-2 的箭头也表明了环境绩效改进的可行路径。

10.2.3　运作与环境整体绩效评价建模

在 10.2.1 节和 10.2.2 节中，我们通过模型(10-1)和模型(10-4)可以得到运作绩效评价结果，通过模型(10-6)和模型(10-8)可以获取环境绩效评价结果。但在现实中，各地区发电行业无法将运作绩效和环境绩效的测度和提升独立进行，即不能只专注运作绩效的提升而忽略了环境绩效的改善，也不能一味追求环境绩效的提升而放缓对运作绩效的改进。面对越来越激烈的市场竞争和越来越严格的环境管控，各地区电力行业需要同时改善其运作绩效和环境绩效，才能在根本上提升其竞争力。下面，我们将运作绩效和环境绩效融合为整体绩效开展分析，与运作绩效和环境绩效类似，整体绩效也包含了整体效率测度和整体有效性测度两个部分。模型(10-10)可以用作整体效率测度：

$$\max_{\lambda_k,\mu_k,\theta^{oe},\boldsymbol{g}_j^y,\boldsymbol{g}_q^b} \theta^{oe}$$

$$\text{s.t.} \sum_{k=1}^{K}\left(\lambda_k+\mu_k\right)x_{ikt} \leqslant x_{irt}, \quad i=1,2,\cdots,I$$

$$\sum_{k=1}^{K}\lambda_k y_{jkt} \geqslant y_{jrt} + \theta^{oe}\boldsymbol{g}_j^y,\ \ j=1,2,\cdots,J$$

$$\sum_{k=1}^{K}\lambda_k b_{qkt} \leqslant b_{qrt} - \theta^{oe}\boldsymbol{g}_q^b,\ \ q=1,2,\cdots,Q \tag{10-10}$$

$$\sum_{k=1}^{K}(\lambda_k + \mu_k) = 1$$

$$\sum_{j=1}^{J}\boldsymbol{g}_j^y + \sum_{q=1}^{Q}\boldsymbol{g}_q^b = 1$$

$$\lambda_k, \mu_k, \boldsymbol{g}_j^y, \boldsymbol{g}_q^b \geqslant 0$$

在此基础上，进一步将需求水平和排放限额纳入绩效考核中，可以通过模型(10-11)计算整体有效性：

$$\max_{\lambda_k,\mu_k,\theta^{oeE},\boldsymbol{g}_j^y,\boldsymbol{g}_q^b} \theta^{oeE}$$

$$\text{s.t.} \sum_{k=1}^{K}(\lambda_k + \mu_k)x_{ikt} \leqslant x_{irt},\ \ i=1,2,\cdots,I$$

$$\sum_{k=1}^{K}\lambda_k y_{jkt} \geqslant y_{jrt}^P + \theta^{oeE}\boldsymbol{g}_j^y,\ \ j=1,2,\cdots,J$$

$$d_{jrt} \geqslant y_{jrt}^P + \theta^{oeE}\boldsymbol{g}_j^y,\ \ j=1,2,\cdots,J$$

$$\sum_{k=1}^{K}\lambda_k b_{qkt} \leqslant b_{qrt}^P - \theta^{oeE}\boldsymbol{g}_q^b,\ \ q=1,2,\cdots,Q \tag{10-11}$$

$$\sum_{k=1}^{K}(\lambda_k + \mu_k) = 1$$

$$\sum_{j=1}^{J}\boldsymbol{g}_j^y + \sum_{q=1}^{Q}\boldsymbol{g}_q^b = 1$$

$$\lambda_k, \mu_k, \boldsymbol{g}_j^y, \boldsymbol{g}_q^b \geqslant 0$$

与运作绩效和环境绩效评价模型一样，θ^{oe} 和 θ^{oeE} 仅能够反映整体无效率性和整体无效性，因此，我们通过式(10-12)和式(10-13)给出 D_t^{oe} 和 D_t^{oeE} 衡量整体效率和整体有效性：

$$D_t^{oe}\left(x_t, y_t, b_t\right) = \omega_1 \frac{y_{jrt}}{y_{jrt} + \theta^{oe} \mathbf{g}_j^y} + \omega_2 \frac{b_{qrt} - \theta^{oe} \mathbf{g}_q^b}{b_{qrt}} \tag{10-12}$$

$$D_t^{oeE}\left(x_t, y_t, b_t\right) = \omega_1 \frac{y_{jrt}^P}{y_{jrt}^P + \theta^{oeE} \mathbf{g}_j^y} + \omega_2 \frac{b_{qrt}^P - \theta^{oeE} \mathbf{g}_q^b}{b_{qrt}^P} \tag{10-13}$$

式中，ω_1 和 ω_2 分别为在整体绩效评价中，运作绩效和环境绩效所占的比重。

基于运作效率和运作有效性，我们可以生成运作绩效战略地位图；基于环境绩效和环境有效性，我们可以生成环境绩效战略地位图；同样的，基于整体效率和整体有效性，可以生成整体绩效战略地位图。图 10-3 展示了由整体效率 D_t^{oe} 和整体有效性 D_t^{oeE} 两个维度组成的二维整体绩效战略地位图。同样的，我们使用所有整体效率得分和所有整体有效性得分的均值进行高与低的分区。

从图 10-3 中可以得到如下结论。

(1) 如果一个地区的电力行业的整体效率得分和整体有效性得分都处于低分区，说明这一地区的电力行业在运作绩效和环境绩效发面都有巨大的提升潜能。具体来说，这一地区的电力行业需要改进它的发电技术及减排技术。此外，这一地区的电力行业还需要关注并调整其电力生产量与当地需求水平的匹配关系，进而提升运作有效性，同时还要注重按照排放限额调整自身的排放水平。我们将这一类型的地区标记为落后型。

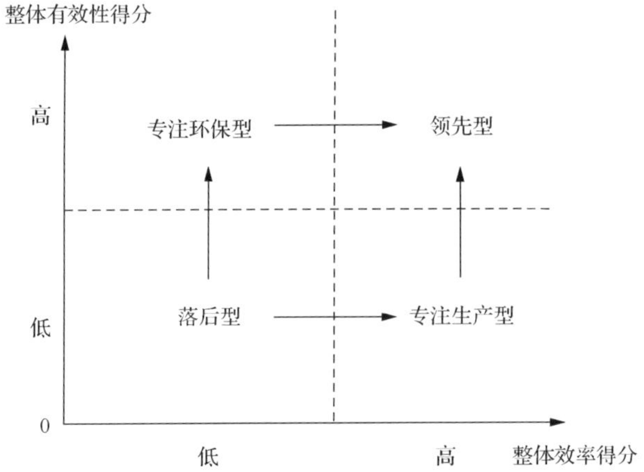

图 10-3　二维整体绩效战略地位图

(2) 如果一个地区的电力行业的整体效率得分处于高分区，整体有效性得分处于低分区，说明这一地区的电力行业在发电技术及减排技术方面处于领先地位，但这一地区的电力行业生产了过多电力而导致了资源浪费，以及这一发电系统忽略了减排目标的实现。我们将这一类型的地区标记为专注生产型。

(3) 如果一个地区的电力行业的整体效率得分处于低分区，整体有效性得分处于高分区，说明这一地区的电力行业将精力过多放在减排目标的实现上，而忽略了发电和减排的技术效率提升。我们将这一类型的地区标记为专注环保型。

(4) 如果一个地区的电力行业的整体效率得分和整体有效性得分都处于高分区，说明这一地区的电力行业在运作绩效和环境绩效方面都表现得十分出色，不仅它的发电技术和减排技术处于领先水平，而且它在满足当地需求水平，实现减排目标方面都表现出色。我们将这一类型的地区标记为领先型。图 10-3 的箭头表明了运作和环境整体绩效改进的可行路径。

在电力行业中，从需求水平的角度出发，如果发生了电力过剩，那么会引起电力生产投入资源的浪费或者产生额外的机会成本。然而，如果发生了电力不足，那么会影响正常的生活与生产等经济活动。很显然，电力不足的后果比电力过剩的后果要更严重，因此，在设定惩罚因子α_{jkt}和β_{jkt}时应该体现出这一区别。根据以前学者的经验(Lee, 2015)，我们将做以下设定：$\alpha_{jkt}=1$，$\beta_{jkt}=0.01$。

从环境管控的角度出发，实际排放量低于排放限额的行为是值得鼓励的，然而在中国整体环境形势十分严峻的情况下，我们也不能鼓励低于排放限额的地区电力行业生产更多的化石能源电力，并相应产生更多的排放，因此，我们对奖励因子δ_{qkt}做如下的设定：$\delta_{qkt}=0$。相反，实际排放量超过排放限额的行为是不被允许的，需要进行严厉惩罚，因此，我们对惩罚因子γ_{qkt}做如下的设定：$\gamma_{qkt}=0.01$。

上面提到过，ω_1和ω_2代表在整体绩效评价中，运作绩效和环境绩效所占的比重，本书中，我们认为在进行整体绩效评价时，运作绩效和环境绩效同等重要，因此，做如下的设定：$\omega_1=\omega_2=0.5$。参数α_{jkt}、β_{jkt}、γ_{qkt}、δ_{qkt}、ω_1和ω_2可以根据相关政策的倾向进行灵活调整。例如，如果未来认为提升环境绩效的表现更加重要，就可以增加γ_{qkt}和ω_2的比重。

10.2.4 效率分析和有效性分析建模方法总结

图 10-4 是对于包含效率分析和有效性分析在内的绩效评价建模机理的总结示意图，为了能在三维结构中清晰地表示出来，图中使用了只含一种投入、一种期望产出及一种非期望产出的例子，但该简化不影响图 10-4 有效展示效率分析与有效性分析的区别，以及运作绩效、环境绩效和整体绩效三者之间的关系。

图 10-4 是一个三维图，图中的三个坐标含义如下：x 轴代表投入，y 轴代表期望产出，b 轴代表非期望产出；图中的点 F 代表一个地区的电力行业；$x-y$ 平

面中的 D_0D_1 及 y-b 平面中的 D_0D_2 代表这一地区的电力需求水平；x-b 平面中的 L_0L_1 及 y-b 平面中的 L_0L_2 代表这一地区电力行业的排放限额。

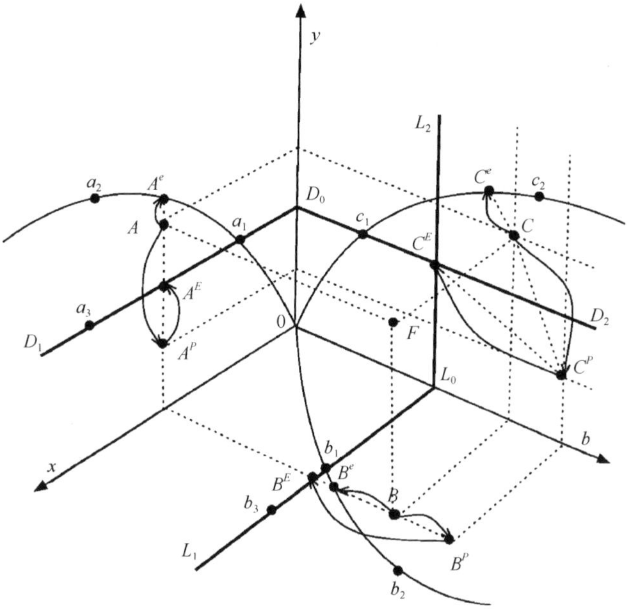

图 10-4　运作绩效、环境绩效和整体绩效评价建模方法机理总结示意图

首先，我们解释运作绩效评价建模方法的图示。图 10-4 中的点 A 是点 F 在 x-y 平面中的投影，而且它处在直线 A^eA^E 上，直线 A^eA^E 平行于 y 轴，代表投入(x)与非期望产出(b)不变，只对期望产出(y)进行调整。那么运作效率和运作有效性的衡量也就是对点 F 的 y 值进行调整。在传统的产出导向的 DEA 模型中，近似曲线 $0a_1a_2$ 代表生产前沿面。在近似曲线 $0a_1a_2$ 上的点代表在给定的投入及非期望产出水平下，所能够达到的最大期望产出，因此，点 A^e 可以看做点 A 在曲线 $0a_1a_2$ 上的投影。点 A 与点 A^e 之间的距离，即虚线 AA^e，反映了运作无效率性，同时也反映了点 F 在运作效率方面可提升的空间。

如果将需求水平的影响纳入运作绩效评价，我们能够得到一个新的截断生产前沿面，也就是图 10-4 中的折线段 $0a_1a_3$。在折线段 $0a_1a_3$ 上的点表示在投入与非期望产出给定的情况下，最理想的期望产出水平。为了展现需求水平对于绩效评价的影响及得到更符合实际情况的评价结果，需要先对点 A 进行惩罚，在图 10-4 中反映的就是将点 A 惩罚为点 A^P。从图中我们可以明显看出，点 A 的期望产出也就是发电量是高于当地的电力需求水平 D_0D_1，多余的电量 AA^E 不能够被本地消费而可能导致浪费。因此，点 A^E 是点 A 在折线段 $0a_1a_3$ 上的投影，那么点 A^P 与点 A^E 之间的距离，也就是虚线 A^PA^E 代表了点 F 的运作无效性。

其次，我们解释环境绩效评价建模方法的图示。图 10-4 中点 B 是点 F 在 x-b 平面中的投影，而且点 B 处在直线 B^PB^E 上，直线 B^PB^E 平行于 b 轴，代表投入(x)与期望产出(y)不变，只对非期望产出(b)进行调整。那么环境效率和环境有效性的衡量也就是通过对点 F 的 b 值进行调整来体现的。在 x-b 平面中，曲线 $0b_1b_2$ 代表生产前沿面，在生产前沿面上的点表示在给定投入和期望产出的水平下，所能够达到的最优排放水平，因此，点 B^e 可以看做点 B 在曲线 $0b_1b_2$ 上的投影。点 B 与点 B^e 之间的距离，也就是虚线 BB^e，反映了环境无效率性，通过这个环境无效率性，可以得到点 F 的环境效率，同时虚线 BB^e 也反映了点 F 在污染物排放上的减排潜力。

相似地，如果将排放限额的影响纳入环境绩效评价，我们能够得到一个新的截断生产前沿面，也就是图中 x-b 平面上的折线段 $0b_1b_3$。在折线段 $0b_1b_3$ 上的点表示在投入、期望产出、排放限额给定的情况下，所能够达到的最理想的非期望产出排放水平。为了展现排放限额对于绩效评价的影响及得到更真实的评价结果，需要对被评价地区的电力行业进行处罚或者是奖励，图 10-4 中的点 B 将被惩罚为点 B^P。可以从图 10-4 中看出，点 B 的排放明显高于当地的排放限额 L_0L_1，那么超出部分也就是虚线 BB^E 所表示的超额排放量将被惩罚。点 B^E 是点 B^P 在新截断前沿面 $0b_1b_3$ 上的投影，那么点 B^E 与点 B^P 之间的距离，也就是虚线 B^EB^P 反映了点 F 的环境无效性。

最后，我们再解释整体绩效评价建模方法的图示。点 C 是点 F 在 y-b 平面中的投影，在 y-b 平面上，投入保持不变，整体效率和整体有效性的衡量通过调整期望产出与非期望产出同时体现。当不考虑需求水平和排放限额的影响时，曲线 $0c_1c_2$ 是生产前沿面。点 C^e 是点 C 在生产前沿面 $0c_1c_2$ 上的投影，点 C^e 与点 C 之间的距离反映了点 F 的整体无效性，也表明了点 F 在改进电力生产技术效率及减少污染物排放方面的改进空间。

当我们将需求水平和排放限额纳入整体绩效评价时，能够得到一条新的截断生产前沿面。如图 10-4 所示，考虑需求水平和排放限额的影响后得到一条新的生产前沿面，如折线段 $0c_1C^EL_0$。在截断生产前沿面 $0c_1C^EL_0$ 上的点代表运作效率最高且发电量与当地的需求水平一致，同时减排技术效率最高且严格完成减排目标的地区的电力行业。当我们要衡量其他地区的电力行业时，我们同样也要先对评价对象进行必要的惩罚。从图 10-4 中可以明显看出，点 C 的发电量高于当地的电力需求水平 D_0D_2，其污染物排放量也高于当地的排放限额 L_0L_2，对点 C 进行惩罚后得到点 C^P，进而我们可以在折线段 $0c_1C^EL_0$ 上找到点 C^P 的投影点 C^E，那么点 C^P 与点 C^E 之间的距离，即虚线 C^PC^E 就反映了被评价地区发电行业的整体无效性。

10.2.5　绩效变化评价建模

随着时间的推移，对于现有技术的改进及新技术的出现会引领新的竞争模式。技术进步、销售形式的多样化、效率改进都将影响电力行业的发展，并推动各地区电力行业竞争力的提升。下面，我们将基于全局 Malmquist 指数介绍三组建模方法以识别电力行业在评价期间的运作绩效及环境绩效的变化情况。

Färe 等(1992)在研究中提出，时间 $t\sim t+1$ 的 Malmquist 指数可以用于衡量该时间段评价对象生产率的变化，而且这个生产率变化能够被分解为效率变化及技术变化。Pastor 和 Lovell(2005)将 Malmquist 指数扩展为全局 Malmquist 指数，该指数解决了在指数构造过程中可能出现的跨期 DEA 模型无可行解的问题，同时全局 Malmquist 指数也是连续的和可乘的(即具有传递性)。

我们分别使用全局 Malmquist 指数及它的分解形式衡量生产率变化、有效性变化及技术变化。首先，我们给出模型(10-14)，并定义一个全局 Malmquist 指数，$\mathrm{OM}_{\mathrm{t}}^{t+1}$ 捕捉时间 $t\sim t+1$ 的运作生产率的变化情况。$\mathrm{OM}_t^{t+1}<1$、$\mathrm{OM}_t^{t+1}=1$ 及 $\mathrm{OM}_t^{t+1}>1$ 分别说明运作生产率退步、不变及改进。

其次，如模型(10-14)所示，$\mathrm{OM}_{\mathrm{t}}^{t+1}$ 能够分解为运作有效性变化(CIE^o)及运作技术变化(CIT^o)。同样，$\mathrm{CIE}^o<1$、$\mathrm{CIE}^o=1$ 及 $\mathrm{CIE}^o>1$ 也分别说明了运作有效性退步、运作有效性不变及运作有效性进步。$\mathrm{CIT}^o<1$、$\mathrm{CIT}^o=1$ 及 $\mathrm{CIT}^o>1$ 分别说明了运作技术退步、运作技术不变及运作技术进步。$D_G^{oE}(x_t,y_t,b_t)$ 与 $D_G^{oE}(x_{t+1},y_{t+1},b_{t+1})$ 代表的是交叉期的运作有效性(或相较于全局前沿面衡量的运作有效性)，它们分别代表在全部评价时期的所有 DMU 组成的生产前沿面下，被评价单元在时间 t 与时间 $t+1$ 的运作有效性。

$$
\begin{aligned}
\mathrm{OM}_t^{t+1} &= \left[\frac{D_{t+1}^{oE}(x_{t+1},y_{t+1},b_{t+1})}{D_G^{oE}(x_t,y_t,b_t)}\times\frac{D_G^{oE}(x_{t+1},y_{t+1},b_{t+1})}{D_t^{oE}(x_t,y_t,b_t)}\right]^{\frac{1}{2}} \\
&= \frac{D_{t+1}^{oE}(x_{t+1},y_{t+1},b_{t+1})}{D_t^{oE}(x_t,y_t,b_t)}\times\left[\frac{D_t^{oE}(x_t,y_t,b_t)}{D_{t+1}^{oE}(x_{t+1},y_{t+1},b_{t+1})}\times\frac{D_G^{oE}(x_{t+1},y_{t+1},b_{t+1})}{D_G^{oE}(x_t,y_t,b_t)}\right]^{\frac{1}{2}} \quad (10\text{-}14) \\
&= \mathrm{CIE}^o\times\mathrm{CIT}^o
\end{aligned}
$$

再次，我们定义一个全局 Malmquist 指数 EM_t^{t+1}，捕捉时间 $t\sim t+1$ 的环境生产率的变化情况。类似地，$\mathrm{EM}_t^{t+1}<1$、$\mathrm{EM}_t^{t+1}=1$ 及 $\mathrm{EM}_t^{t+1}>1$ 分别说明环境生产率退步、环境生产率不变及环境生产率改进。如模型(10-15)所示，EM_t^{t+1} 能够分解为环境有效性变化(CIE^e)及环境技术变化(CIT^e)。同样的，$\mathrm{CIE}^e<1$、$\mathrm{CIE}^e=1$ 及 $\mathrm{CIE}^e>1$ 也

分别说明了环境有效性退步、环境有效性不变及环境有效性进步。$\mathrm{CIT}^e<1$、$\mathrm{CIT}^e=1$ 及 $\mathrm{CIT}^e>1$ 也分别说明了减排技术退步、减排技术不变及减排技术进步。

$$
\begin{aligned}
\mathrm{EM}_t^{t+1}&=\left[\frac{D_{t+1}^{eE}\left(x_{t+1},y_{t+1},b_{t+1}\right)}{D_G^{eE}\left(x_t,y_t,b_t\right)}\times\frac{D_G^{eE}\left(x_{t+1},y_{t+1},b_{t+1}\right)}{D_t^{eE}\left(x_t,y_t,b_t\right)}\right]^{\frac{1}{2}}\\
&=\frac{D_{t+1}^{eE}\left(x_{t+1},y_{t+1},b_{t+1}\right)}{D_t^{eE}\left(x_t,y_t,b_t\right)}\times\left[\frac{D_t^{eE}\left(x_t,y_t,b_t\right)}{D_{t+1}^{eE}\left(x_{t+1},y_{t+1},b_{t+1}\right)}\times\frac{D_G^{eE}\left(x_{t+1},y_{t+1},b_{t+1}\right)}{D_G^{eE}\left(x_t,y_t,b_t\right)}\right]^{\frac{1}{2}}\\
&=\mathrm{CIE}^e\times\mathrm{CIT}^e
\end{aligned}
\tag{10-15}
$$

最后，我们定义一个全局 Malmquist 指数 OEM_t^{t+1}，测度时间 $t\sim t+1$ 的整体生产率的变化情况。同样，我们设定 $\mathrm{OEM}_t^{t+1}<1$、$\mathrm{OEM}_t^{t+1}=1$ 及 $\mathrm{OEM}_t^{t+1}>1$ 分别代表整体生产率退步、整体生产率不变及整体生产率改进。如模型(10-16)所示，OEM_t^{t+1} 能够分解为整体有效性变化（CIE^{oe}）及整体技术变化（CIT^{oe}）。同样的，$\mathrm{CIE}^{oe}<1$、$\mathrm{CIE}^{oe}=1$ 及 $\mathrm{CIE}^{oe}>1$ 也分别说明了整体有效性退步、整体有效性不变及整体有效性进步。$\mathrm{CIT}^{oe}<1$、$\mathrm{CIT}^{oe}=1$ 及 $\mathrm{CIT}^{oe}>1$ 分别说明了整体技术退步、整体技术不变及整体技术进步。

$$
\begin{aligned}
\mathrm{OEM}_t^{t+1}&=\left[\frac{D_{t+1}^{oeE}\left(x_{t+1},y_{t+1},b_{t+1}\right)}{D_G^{oeE}\left(x_t,y_t,b_t\right)}\times\frac{D_G^{oeE}\left(x_{t+1},y_{t+1},b_{t+1}\right)}{D_t^{oeE}\left(x_t,y_t,b_t\right)}\right]^{\frac{1}{2}}\\
&=\frac{D_{t+1}^{oeE}\left(x_{t+1},y_{t+1},b_{t+1}\right)}{D_t^{oeE}\left(x_t,y_t,b_t\right)}\times\left[\frac{D_t^{oeE}\left(x_t,y_t,b_t\right)}{D_{t+1}^{oeE}\left(x_{t+1},y_{t+1},b_{t+1}\right)}\times\frac{D_G^{oeE}\left(x_{t+1},y_{t+1},b_{t+1}\right)}{D_G^{oeE}\left(x_t,y_t,b_t\right)}\right]^{\frac{1}{2}}\\
&=\mathrm{CIE}^{oe}\times\mathrm{CIT}^{oe}
\end{aligned}
\tag{10-16}
$$

10.3 基于改进 DEA 的电力行业运作绩效和环境绩效评价

我们将 10.2 节中介绍的市场与环境容量约束下的 DEA 绩效评价模型及相关测度应用于 2006～2013 年中国 30 个省份的电力行业运作效率和运作有效性，以及环境效率和环境有效性的评价。

10.3.1 评价指标和数据

我们使用的数据为 2006～2013 年中国 30 个省份的数据，包含了完整的“十一五”期间及“十二五”期间的前三年（“十二五”期间后两年的数据在本书最初撰写时暂时无法获取)。为了使下面表述便利，我们使用“十一五”代表 2006～2010 年这段时间，“十二五”代表 2011～2013 年这段时间。

这里使用的数据包括三类投入、一类期望产出、两类非期望产出。具体来说，三类投入分别为：①电力行业的装机容量；②各地电力行业每年的煤炭消费量；③各地电力行业每年的员工数。

一类期望产出为发电量。因为中国某些地区的电力生产并不能够满足当地的电力需求，所以在中国存在大量省与省之间的电力调度实现电力的二次分配。我们使用两个维度的期望产出衡量这种分配：①每年各地生产的电量。这一维度的期望产出用来衡量在电力的二次分配前的绩效表现。②每年各地的供电量。这一维度的期望产出用来衡量电力的二次分配后的绩效表现。此外，我们用每年每个省份的用电量代表需求水平。

两类非期望产出为各省份电力行业每年的 SO_2 和 CO_2 排放量。另外，根据国家的“十一五”和“十二五”节能减排目标，可以得到相应的 SO_2 和 CO_2 排放限额。具体来说，“十一五”期间 SO_2 减排目标是到 2010 年时相比 2006 年，每年的 SO_2 排放量降低 29.11%(从 2006 年的每年排放 1.35×10^7 吨降低至 2010 年的每年排放 9.57×10^6 吨)。“十二五”期间，SO_2 减排目标是到 2015 年时相比 2011 年，每年的 SO_2 排放量降低 16.32%(从 2011 年的每年排放 9.56×10^6 吨下降至 2015 年的每年排放 8.00×10^6 吨)。“十一五”和“十二五”期间，并没有设立 CO_2 绝对量的下降目标，也没有设定 CO_2 排放强度的下降目标。因此，我们使用单位发电量消耗标准煤量的下降目标来推算 CO_2 减排目标。“十一五”与“十二五”期间，单位发电量消耗标准煤量的下降目标分别是下降 4.05%(从 2006 年的 370 克标煤/千瓦时下降至 355 克标煤/千瓦时)和下降 2.40%(从 2011 年的 333 克标煤/千瓦时下降至 325 克标煤/千瓦时)。

在此基础上，我们定义 CEL_{kt}、C_{kt}、CR_{kt}、E_{kt} 及 TCR_{kt} 分别代表第 k 个省份第 t 年的 CO_2 排放限额、CO_2 排放量、单位发电消耗标准煤量、发电量及单位发电消耗标准煤量下降目标。那么第 k 个省份第 t 年的 CO_2 排放限额计算方法如式(10-17)所示：

$$\mathrm{CEL}_{kt}=\left(\frac{C_{kt}}{\mathrm{CR}_{kt}}\right)\times E_{kt}\times \mathrm{TCR}_{kt} \tag{10-17}$$

除了 SO_2 和 CO_2 排放量下降目标，“十一五”节能减排目标中还提出了电力行业粉尘排放量的下降目标，下降目标为 55.6%(从 2006 年的每年排放 3.60×10^6 吨下降至 2010 年的每年排放 1.60×10^6 吨)。此外，在“十二五”节能减排目标中还提出了 NO_x 排放量的下降目标，下降目标为 34.1%(从 2011 年的每年排放 1.07×10^7 吨下降至 2015 年的每年排放 7.05×10^6 吨)。然而，粉尘排放量和 NO_x

排放量这两种污染物的下降目标只有一个时期有，无法做到将“十一五”和“十二五”两个时期进行对比，因此本书暂不对这两种污染物进行分析。投入、产出数据的描述性统计分析，可以参考 Wang 等(2017b)的论文。

10.3.2 运作绩效评价

表 10-1 为中国 30 个省份的电力行业在“十一五”和“十二五”期间的运作绩效表现情况。

表 10-1 中国 30 个省份的电力行业在“十一五”和“十二五”期间的运作绩效表现情况

省份/缩写	“十一五”期间					“十二五”期间				
	效率		有效性		战略地位	效率		有效性		战略地位
	得分	排名	得分	排名		得分	排名	得分	排名	
北京/BJ	0.9630	14	0.4904	30	PF	1.0000	1	0.5000	30	PF
天津/TJ	0.9815	10	0.9153	26	PF	1.0000	1	0.9992	1	L
河北/HB	0.9409	17	0.8777	28	PF	0.9447	15	0.9898	25	L
山西/SX	0.9656	13	0.9952	20	L	0.9232	19	0.9949	22	L
内蒙古/IM	0.8681	26	0.9952	19	DF	0.8018	27	0.9937	23	DF
辽宁/LN	0.9021	19	0.9806	23	DF	0.7612	28	0.9927	24	DF
吉林/JL	0.7089	30	0.9974	13	DF	0.6301	30	0.9964	15	DF
黑龙江/HLJ	0.8161	28	0.9968	15	DF	0.7531	29	0.9969	13	DF
上海/SH	1.0000	1	0.8750	29	PF	1.0000	1	0.8885	29	PF
江苏/JS	1.0000	1	0.9987	2	L	1.0000	1	0.9986	5	L
浙江/ZJ	0.9962	8	0.9993	1	L	1.0000	1	0.9991	2	L
安徽/AH	0.9020	20	0.9963	18	DF	0.9927	13	0.9954	20	L
福建/FJ	0.9994	7	0.9977	11	L	1.0000	1	0.9976	8	L
江西/JX	0.7926	29	0.9982	5	DF	0.8453	25	0.9987	4	DF
山东/SD	0.9757	11	0.9973	14	L	0.8693	23	0.9990	3	DF
河南/HN	0.8731	25	0.9979	8	DF	0.8880	21	0.9983	6	DF
湖北/HuB	1.0000	1	0.9949	21	L	0.9896	14	0.9951	21	L
湖南/HuN	0.8652	27	0.9980	6	DF	0.9374	17	0.9971	10	L
广东/GD	1.0000	1	0.9108	27	PF	1.0000	1	0.9422	27	PF
广西/GX	0.8918	21	0.9887	22	DF	0.9059	20	0.9979	7	PF
海南/HaN	1.0000	1	0.9978	10	L	1.0000	1	0.9971	11	L
重庆/CQ	0.8839	23	0.9526	24	Lag	0.9435	16	0.9706	26	PF
四川/SC	0.9589	15	0.9978	9	L	1.0000	1	0.9964	16	L
贵州/GZ	0.9755	12	0.9979	7	L	0.8734	22	0.9974	9	DF
云南/YN	0.8813	24	0.9982	4	DF	1.0000	1	0.9971	12	L

续表

省份/缩写	"十一五"期间					"十二五"期间				
	效率		有效性		战略地位	效率		有效性		战略地位
	得分	排名	得分	排名		得分	排名	得分	排名	
陕西/SaX	0.9040	18	0.9967	16	DF	0.9366	18	0.9957	18	L
甘肃/GS	0.9537	16	0.9982	3	L	0.8564	24	0.9969	14	PF
青海/QH	1.0000	1	0.9448	25	PF	1.0000	1	0.9091	28	PF
宁夏/NX	0.9866	9	0.9976	12	L	0.9960	12	0.9959	17	L
新疆/XJ	0.8916	22	0.9963	17	DF	0.8429	26	0.9955	19	DF

注：DF、PF、L、Lag 分别代表专注需求型、专注生产型、领先型、落后型，其具体战略地位还可参考图 10-1。

"十一五"期间，河北每年的电力生产量和消费量之间的差距为1.65×10^7兆瓦时，"十二五"期间这一差距缩小为3.20×10^6兆瓦时。可以看出，相比于"十一五"期间，河北在"十二五"期间生产更多的电量满足本省的电力消费需求。结合表 10-1，河北在"十二五"期间的电力生产量与电力消费需求量之间差距的缩小提升了河北的运作有效性，而运作有效性的提升让河北的战略地位从"十一五"期间的专注生产型转变为"十二五"期间的领先型。类似地，运作有效性提升也发生在天津，天津也由"十一五"期间的专注生产型转变为"十二五"期间的领先型。

我们还能从表 10-1 中看到，安徽、河南、广西及云南 4 个省份，从"十一五"期间的专注需求型转变为"十二五"期间的领先型。这说明相比于"十一五"期间，这 4 个省份在"十二五"期间不仅在电力生产方面保持了较高的运作效率，而且运作有效性也得到了提升。以河南为例，它在"十一五"与"十二五"期间的运作有效性得分分别为 0.9979 与 0.9983，而它的运作效率得分从"十一五"期间的 0.8731 提升为"十二五"期间的 0.8880。

中国在"十一五"期间并没有提出全国未来的总体能源分布规划，而到"十二五"期间，中国提出了新的整体能源发展规划。在这份规划中，中国未来的宏观能源布局将呈现"5+2"的形式，即 5 个能源基地加 2 个能源带。5 个能源基地分别为东北、山西、鄂尔多斯、西南和新疆，2 个能源带分别为东部核能能源带和南海深海油气能源带。作为能源基地，上述地区需要生产更多的电力并向外输出以满足其他地区的电力消费需求，反映到运作绩效评价中，因为这些省份多生产了其他省份消费的电力，会导致这些省份的运作有效性评价结果变差。从表 10-1 中我们可以看出，山西、内蒙古、陕西及宁夏在"十二五"期间的运作有效性得分下降明显，考虑到这些省份是拥有较好资源禀赋的省份，虽然它们自身在运作有效性方面退步了，但这种变化是符合中国整体能源发展规划需求的。

图 10-5 是中国 30 个省份"十一五"和"十二五"期间在运作绩效视角下的

战略地位气泡图。图中气泡的大小代表相应省份在对应时期年平均发电量的多少。

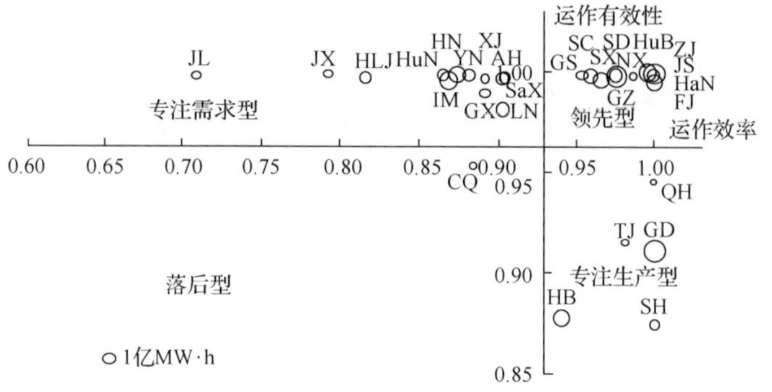

(a) “十一五”期间

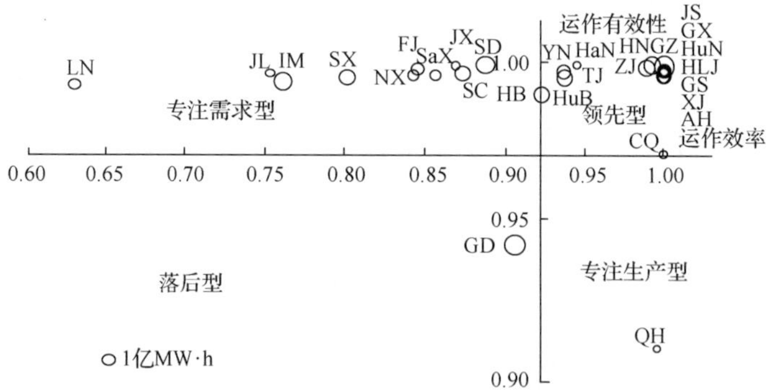

(b) “十二五”期间

图 10-5　运作绩效战略地位气泡图

图中省份名称缩写参照表 10-1

从图 10-5 中可以看出，“十一五”期间，有 11 个省份处于领先型象限，其中山东、山西和江苏处于行业领先地位，相对于其他省份，它们不仅运作绩效表现良好，而且发电量也明显多于其他省份，因此这些省份是提升中国“十一五”期间电力行业运作绩效表现的主要推动力量。同样的，可以看出在“十二五”期间，有 14 个省份处于领先型象限，类似地，其中江苏、广州、浙江及河南是提升中国“十二五”期间电力行业运作绩效表现的主要推动力量。

为了评价中国省际电力调度和传输的效果，我们接下来分析在电力调度分配前后中国 30 个省份电力行业的运作绩效表现。表 10-2 为省际电力调度分配前后中国 30 个省份电力行业的运作绩效表现情况。

“十一五”和“十二五”期间，中国开始逐渐执行“西电东送”政策，即中国西部地区一些化石燃料资源丰富的省份(如贵州、云南、广西、四川、内蒙古及山西等)生产的大量电力，用于中国东部地区一些电力需求量巨大的省份(如广东、上海、江苏、浙江、北京及天津等)的电力消费。分析表明，中国实际的电力跨区域调度和输送与“西电东送”政策预期效果一致。

表 10-2　电力调度分配前后中国 30 个省份电力行业的运作绩效表现情况

省份/缩写	效率		分配前有效性		分配后有效性		调度分配前战略地位	调度分配后战略地位
	得分	排名	得分	排名	得分	排名		
北京/BJ	0.97688	11	0.49403	30	0.99934	21	PF	PF
天津/TJ	0.98846	10	0.94680	25	0.99936	17	L	PF
河北/HB	0.94234	14	0.91973	28	0.99948	6	L	L
山西/SX	0.94970	13	0.99510	19	0.99934	22	L	PF
内蒙古/IM	0.84323	27	0.99465	21	0.99953	3	DF	DF
辽宁/LN	0.84922	26	0.98510	23	0.99938	16	DF	DF
吉林/JL	0.67935	30	0.99704	13	0.99936	18	DF	Lag
黑龙江/HLJ	0.79247	29	0.99687	15	0.99925	24	DF	Lag
上海/SH	1.00000	1	0.88006	29	0.99942	12	PF	L
江苏/JS	1.00000	1	0.99867	2	0.99923	25	L	PF
浙江/ZJ	0.99761	7	0.99923	1	0.99952	4	L	L
安徽/AH	0.93602	16	0.99596	18	0.99933	23	L	PF
福建/FJ	0.99962	6	0.99764	10	0.99946	9	L	L
江西/JX	0.81236	28	0.99837	3	0.99943	11	DF	DF
山东/SD	0.93580	17	0.99791	5	0.99940	14	L	L
河南/HN	0.87871	24	0.99805	4	0.99946	8	DF	DF
湖北/HuB	0.99610	8	0.99496	20	0.99935	20	L	PF
湖南/HuN	0.89229	23	0.99769	9	0.99912	29	DF	Lag
广东/GD	1.00000	1	0.92255	27	0.99940	13	PF	L
广西/GX	0.89707	22	0.99211	22	0.99938	15	DF	DF
海南/HaN	1.00000	1	0.99753	11	0.99916	28	L	PF
重庆/CQ	0.90623	21	0.95936	24	0.99922	27	Lag	Lag
四川/SC	0.97433	12	0.99729	12	0.99904	30	L	PF
贵州/GZ	0.93723	15	0.99773	8	0.99951	5	L	L
云南/YN	0.92584	18	0.99776	6	0.99945	10	DF	DF
陕西/SaX	0.91619	20	0.99631	16	0.99936	19	DF	Lag
甘肃/GS	0.91723	19	0.99773	7	0.99947	7	DF	DF
青海/QH	1.00000	1	0.93143	26	0.99963	1	PF	L
宁夏/NX	0.99015	9	0.99696	14	0.99955	2	L	L
新疆/XJ	0.87338	25	0.99602	17	0.99922	26	DF	Lag

注：DF、PF、L、Lag 分别代表专注需求型、专注生产型、领先型、落后型，其具体战略地位还可参考图 10-1。

从表 10-2 中可以看出，上海、青海及广东从电力调度分配前的专注生产型转变为电力调度分配后的领先型。这一转变的原因是它们在电力调度分配后运作有效性提升，即它们的电力供应量与电力消费需求量之间差距的缩小。电力调度分配前，上海、青海及广东的运作有效性得分分别为 0.88006、0.93143 及 0.92255，而电力调度分配后它们的运作有效性得分分别增加至 0.99942、0.99963 及 0.99940。

举例来说，在电力调度分配前，上海生产的电力并不能够满足本市的电力消费需求，每年需要从其他省份(主要是江苏、河北和四川)输入1.02×10^7兆瓦时电量。同样的，在电力调度分配前，广东如果只靠自己生产的电力支撑本省的电力消费，每年将会出现2.16×10^7兆瓦时的电力缺口，而这部分缺口主要由从贵州、云南、湖北及湖南调入的电量弥补。然而青海的情况刚好相反，青海生产的电量远远高于本省的电力消费需求，多余的部分用来支持其他省份的电力消费需求。如果没有将电力调度分配的影响纳入运作绩效评价中(电力调度分配前)，青海的战略地位为专注生产型，而将电力调度分配的影响纳入运作绩效评价中(电力调度分配后)，则青海的战略地位变为领先型。由此看出，将电力调度分配的影响纳入运作绩效评价中，将有助于给电力输入大省(如上海与广东)和电力输出大省(如青海)一个更加客观和符合实际的运作绩效评价结果。此外，中国 30 个省份在电力调度分配前的平均运作有效性得分为 0.9657，这一得分在电力分配后上升为 0.9994，同时，上述过程中，没有一个省份电力调度分配后的运作有效性得分低于电力调度分配前的运作有效性得分，这说明中国的省际电力调度与输送从整体来看是比较有效的。

接下来，我们分析由全局 Malmquist 指数 OM 及其分解的 CIE^o 和 CIT^o 所展示的运作生产率变化情况。图 10-6 为“十一五”与“十二五”期间中国 30 个省份电力行业的平均运作绩效变化率。“十一五”期间中国 30 个省份电力行业平均 OM 、CIE^o 和 CIT^o 分别是 0.9982、0.9981 及 1.0010，而“十二五”期间这些指标分别是变为 1.0054、1.0048 及 1.0006。这说明，“十二五”期间中国电力行业的 OM 的提升要高于“十一五”期间，同时，CIE^o 是运作生产率提升的主要推动力量。如图 10-6 所示，“十一五”期间，重庆、北京及广西是运作有效性提升的前 3 名，而“十二五”期间，河北、辽宁及天津排为运作有效性提升的前 3 名。

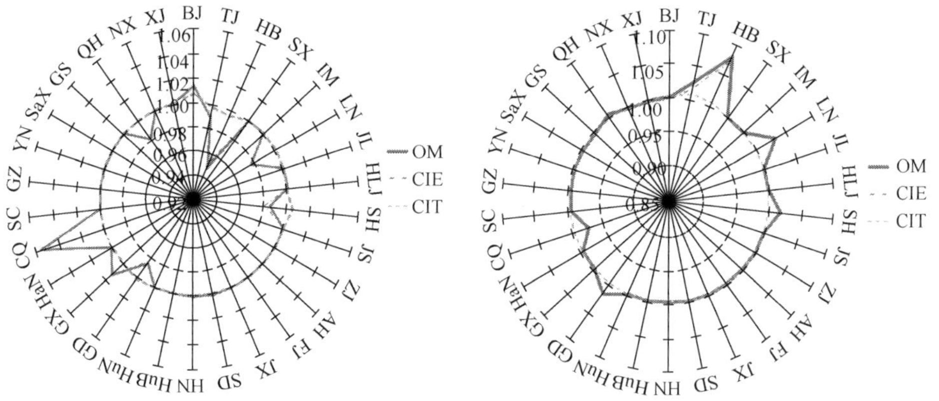

(a)“十一五”期间　　(b)“十二五”期间

图 10-6　“十一五”和“十二五”期间中国 30 个省份电力行业的平均运作绩效变化率

图中省份名称缩写参照表 10-1

10.3.3　环境绩效评价：CO_2 减排绩效

本书在进行环境绩效评价时，考虑了两种非期望产出，即 CO_2 和 SO_2。所以我们将环境绩效分为两部分：CO_2 减排绩效与 SO_2 减排绩效。

图 10-7 展示了中国 30 个省份“十一五”和“十二五”期间在 CO_2 减排绩效方面的战略地位气泡图。图中气泡的大小代表了相应省份在相应时期内年平均 CO_2 排放量。我们根据生产单位电量消耗标准煤量的下降目标推算出“十一五”期间中国 30 个省份平均每年 CO_2 排放限额为 36.7 亿吨，而“十一五”期间中国 30 个省份实际平均每年 CO_2 排放量为 31.9 亿吨。

同理，“十二五”期间，我们根据生产单位电量消耗标准煤量的下降目标推算出中国 30 个省份平均每年 CO_2 排放限额为 47.4 亿吨，而“十二五”期间中国 30 个省份实际平均每年 CO_2 排放量为 37.5 亿吨。从推算的目标设定和实际完成情况来看，中国电力行业的 CO_2 减排目标要求并不高，整体上看完成起来还是比较轻松的。这一结果我们也能够从图 10-7 中看出，其中无论是“十一五”还是“十二五”期间，环境有效性和环境效率呈现高度线性相关关系。这说明中国大部分省份的电力行业 CO_2 排放量是低于推算的 CO_2 排放限额的，这也说明我们推算的中国所设定的电力行业 CO_2 排放限额是较为宽松和保守的。未来中国电力行业 CO_2 减排潜力还是很大的，后续在设定电力行业 CO_2 排放限额时可以适当提高标准，适当增加电力行业的 CO_2 减排压力。

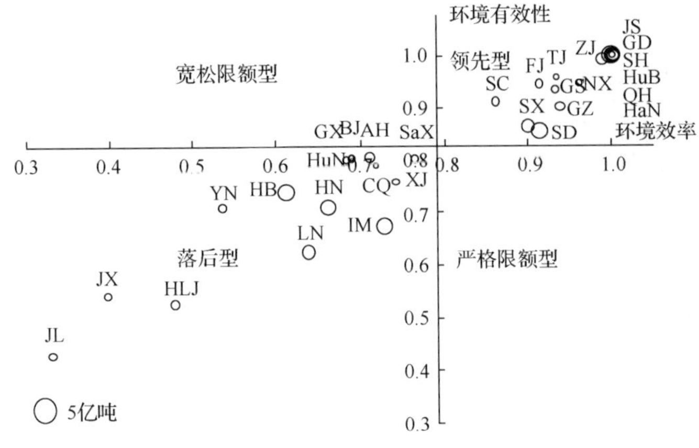

(a) “十一五”期间

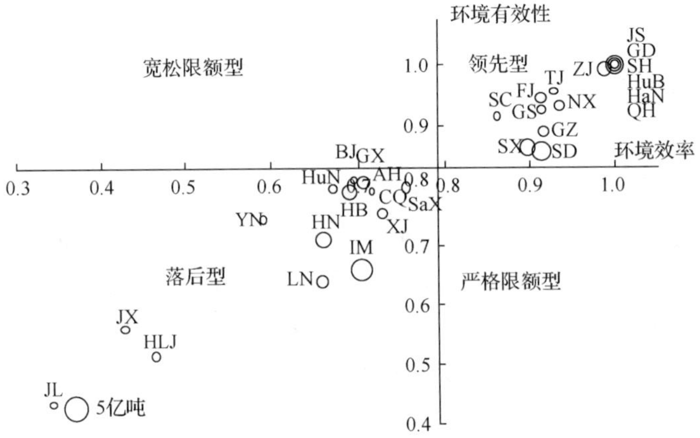

(b) “十二五”期间

图 10-7　中国 30 个省份“十一五”和“十二五”期间在 CO_2 减排绩效方面的战略地位气泡图

图中省份名称缩写参照表 10-1

从图 10-7 中可以发现，无论是“十一五”还是“十二五”期间，浙江和江苏的环境效率和环境有效性得分都很高，而且它们的 CO_2 排放量也明显高于其他战略地位为领先型的省份。相反，内蒙古和河南的环境效率和环境有效性得分都较低，而且它们的 CO_2 排放量也明显高于其他战略地位为落后型的省份。这说明浙江和江苏的电力行业是中国电力行业整体 CO_2 减排绩效提升的主要推动力量，而内蒙古和河南则是中国电力行业整体 CO_2 减排绩效提升的主要阻碍力量。

图 10-8 为中国 30 个省份“十一五”和“十二五”期间电力行业的平均 CO_2 减排有效性变化率。“十一五”期间，中国 30 个省份电力行业平均 EM 、CIE^e 和 CIT^e 分别是 1.0256、1.0168 及 1.0115，而“十二五”期间，中国 30 个省份电力行业平均 EM 、CIE^e 和 CIT^e 分别是 1.0322、1.0265 及 1.0060。可以明显看出，“十

二五”期间，中国电力行业的CIE^e的提升高于“十一五”期间，同时，在“十二五”期间，CIE^e的提升是CO_2减排相关的环境生产率提升的主要推动力量。类似地，我们还能够发现，“十二五”期间，中国电力行业的CIT^e的提升小于“十一五”期间。从图 10-8 中可以看到，“十一五”期间，北京、重庆和云南是CO_2减排有效性提升的前三名，而在“十二五”期间，内蒙古、黑龙江和河南排为CO_2减排有效性提升的前三名。

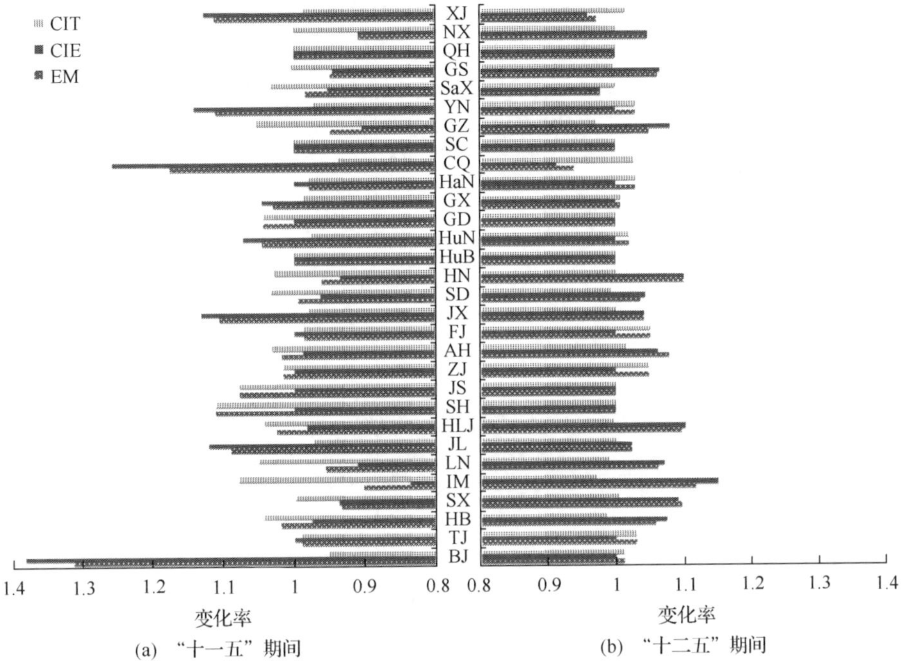

图 10-8　中国 30 个省份“十一五”和“十二五”期间电力行业的平均CO_2减排有效性变化率
图中省份名称缩写参照表 10-1

10.3.4　环境绩效评价：SO_2减排绩效

类似的分析也可以应用于SO_2减排绩效分析。图 10-9 为中国 30 个省份“十一五”和“十二五”期间在SO_2减排绩效方面的战略地位气泡图。图中气泡的大小代表了相应省份在相应时期内年平均SO_2排放量。

“十一五”期间，中国 30 个省份电力行业SO_2减排目标为到 2010 年排放量下降至9.57×10^6吨，实际上 2009 年中国 30 个省份就完成了这一目标。“十二五”期间，中国电力行业SO_2阶段性减排目标为到 2013 年排放量下降至8.87×10^6吨，而中国“十二五”期间平均每年实际SO_2排放量为7.54×10^6吨。这说明从整体来看，中国 30 个省份电力行业SO_2减排目标的设定是相对宽松的。从图 10-9 中可以发现类似的结果，无论是“十一五”还是“十二五”期间，环境有效性和环境效率呈现高度线性相关的关系，这说明中国大部分省份电力行业 SO_2 排放量是低于 SO_2 排放限额的，这也说明中国所设定的电力行业 SO_2 排放限额是相对宽松和保守的。

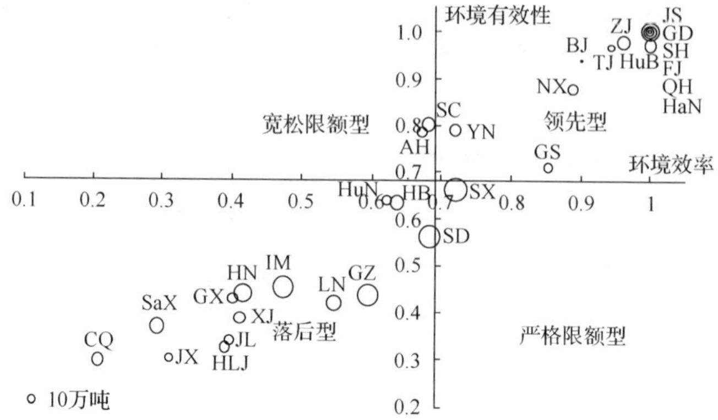

(a) “十一五”期间

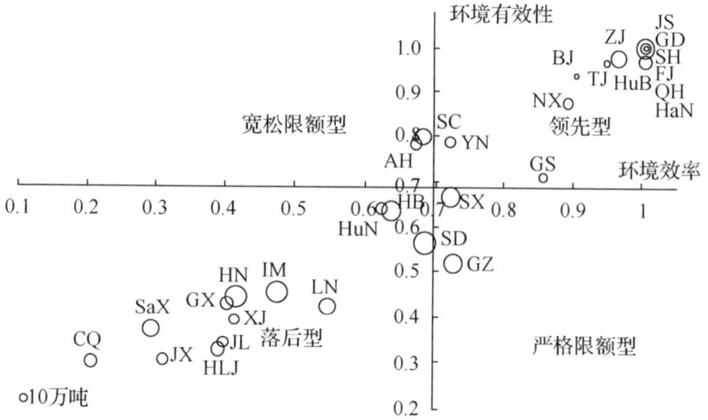

(b) “十二五”期间

图 10-9　中国 30 个省份“十一五”和“十二五”期间在 SO_2 减排绩效方面的战略地位气泡图

图中省份名称缩写参照表 10-1

同时，我们也可以从图 10-9 中看出，江苏和广东的电力行业是提升中国电力行业整体 SO_2 减排绩效的主要推动力量，因为这两个省份不仅拥有很高的环境效率和环境有效性得分，而且它们的 SO_2 排放量明显高于其他处于领先型地位的省份。相反，重庆和陕西的电力行业是中国电力行业整体 SO_2 减排绩效提升的主要阻碍力量。下面我们进一步分析中国 30 个省份“十一五”和“十二五”期间电力行业的 SO_2 减排绩效变化情况。“十一五”期间，中国 30 个省份电力行业平均 EM 、CIE^e 和 CIT^e 分别是 1.0650、0.9708 和 1.0935。“十二五”期间，中国 30 个省份电力行业平均 EM 、CIE^e 和 CIT^e 分别是 1.0816、0.9800 和 1.1041。可以看出，CIT^e 的

提升在 SO_2 减排相关的环境生产率提升过程中扮演了重要的角色，而 CIE^e 的下降阻碍了 SO_2 减排相关的环境生产率的进一步提升。图 10-10 为中国 30 个省份“十一五”和“十二五”期间电力行业的平均 SO_2 减排有效性变化率。从图 10-10 中可以看到，“十一五”期间，北京、上海和浙江是 SO_2 减排有效性提升的前三名，而在“十二五”期间，山西、陕西和宁夏是 SO_2 减排有效性提升的前三名。

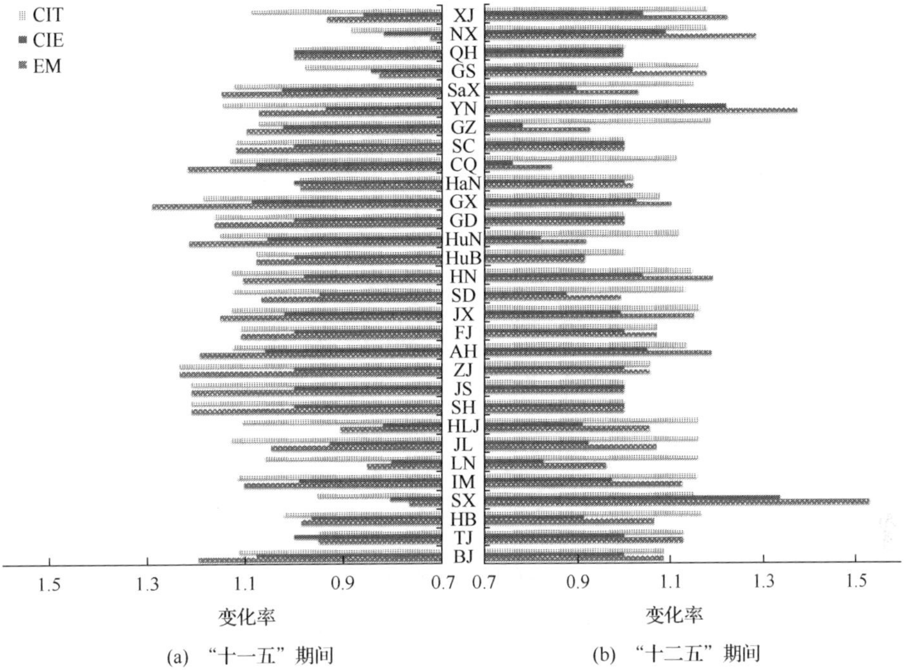

图 10-10　中国 30 个省份“十一五”和“十二五”期间电力行业的平均 SO_2 减排有效性变化率

图中省份名称缩写参照表 10-1

10.3.5　整体绩效评价

整体绩效是运作绩效和环境绩效的融合，它提供了一个同时考虑满足市场需求水平及完成特定减排目标所付出努力的综合绩效评价。

根据中国 30 个省份在“十一五”和“十二五”期间整体绩效表现的计算结果。首先，我们可以发现，云南和河北从“十一五”期间的专注环境型转变为“十二五”期间的领先型，这说明这两个省份通过电力生产技术提升及 CO_2、SO_2 减排技术提升，改进了它们的整体绩效表现。

其次，我们注意到，贵州和山西从“十一五”期间的专注生产型转变为“十二五”期间的落后型，这说明这两个省份在“十二五”期间的整体有效性有所下降。然而，我们需要注意的是，根据中国的“西电东送”政策，这两个省份整体有效性下降是合理且可以接受的。“西电东送”政策鼓励中国部分中西部省份(如贵州和山西)增加它们的电力生产和调出，以满足中国东部沿海省份(如广东和浙江)的电力消费需求。

再次，可以发现在“十一五”期间，甘肃生产的17.71%的电量用于满足其他省份的电力消费需求，而到了“十二五”期间，这一数字上升为31.05%。“十二五”期间，甘肃电力生产量和电力消费之求量之间差距的增大导致了甘肃从“十一五”期间的领先型转变为“十二五”期间的落后型。然而由于中国“十二五”期间提出的整体能源发展规划，这一转变也是合理且可以接受的。在上述“5+2”布局的整体能源发展规划中，甘肃是5大能源基地之一，它的定位为大力发展电力生产并大量调出除本省消费需求之外电力以支持华北地区(如河北、山东、北京和天津)的电力消费需求。从以上这些现象可以看出，在“十二五”期间，中国的省际电力调度分配和传输是符合相关能源规划的发展目标的。

图 10-11 为中国 30 个省份“十一五”和“十二五”期间电力行业的平均 OEM、CIE^{OE}、CIT^{OE} 情况。图中的横坐标和纵坐标分别代表 CIE^{OE} 和 CIT^{OE}，图中气泡大小代表 OEM 的大小。

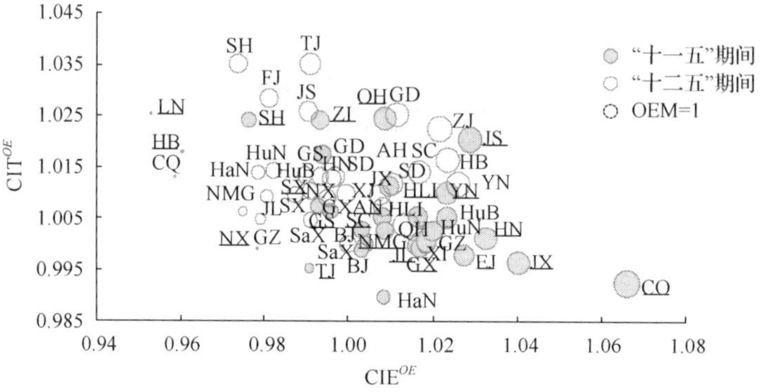

图 10-11　中国 30 个省份“十一五”和“十二五”期间电力行业的平均 OEM、CIE^{OE}、CIT^{OE} 情况

图中省份编写参照表 10-1

从图中可以看出，代表各省份电力行业“十一五”期间的气泡大部分集中在图的右下角，而代表各省份电力行业“十二五”期间的气泡大部分位于图中的上半部分。这说明，“十一五”期间，CIE^{oe} 的提升是中国电力行业整体生产率提升的主要推动力量，而在“十二五”期间，CIE^{oe} 的提升和 CIT^{oe} 的提升共同推动了中国电力行业 OEM 的进步。

第 11 章　方向距离函数和影子价格估算建模与应用

本章主要介绍距离函数和方向距离函数的主要特性，给出借助方向距离函数开展投入、产出影子价格估算的参数方法与非参数方法，同时应用该方法对中国钢铁行业 CO_2 排放的边际减排成本进行估算和分析。另外，本章将信息不确定性考虑到建模测算过程中，对传统的钢铁行业影子价格估算模型和过程进行改进和利用，即采用基于不同方向向量的方向距离函数方法，弥补传统方向距离函数模型无法将企业实际生产策略及节能减排行为的不可观测性考虑在内的缺陷*。

11.1　距离函数与方向距离函数

距离函数和方向距离函数是常见的用于效率测度的工具。在多投入、多产出的情况下，Shephard (1970) 定义了距离函数 (distance function，DF)，给出了生产技术结构特征的函数表达形式。投入距离函数 (input distance function，IDF) 描述了投入集合的技术特征，采用缩减投入的方法测度生产者所在的生产点到生产可能性边界的距离，其表达式为 (Kumbhakar and Lovell，2007)

$$D_i(y,x)=\max\{\lambda : x/\lambda \in P(x)\} \tag{11-1}$$

IDF 给出了生产者的投入向量径向缩减，但对于既定产出向量依然可行的最大缩减值。如图 11-1 所示，投入 x 对于产出 y 是可行的，但是产出 y 也可以由更少的投入 (x/λ^*) 来实现，此时 $D_i(y,x)=\lambda^*>1$。

产出距离函数 (output distance function，ODF) 描述了产出集合的技术特征，采用扩张产出的方法测度生产者所在的生产点到生产可能性边界的距离，其表达式为 (Kumbhakar and Lovell，2007)

$$D_o(x,y)=\min\{\mu : x/\mu \in P(x)\} \tag{11-2}$$

ODF 给出了生产者的产出向量扩张时，在既定投入向量的情况下仍然可行的最大增长。如图 11-2 所示，产出 y 可以由投入 x 生产，但投入 x 后的产出实际上有能力呈径向扩张生产出更多的产出 (y/μ^*)，此时 $D_o(x,y)=\mu^*<1$。

---

* 本章的部分内容曾发表于以下文章：

Wang K, Che L, Ma C, Wei Y M. 2017. The shadow price of CO_2 emissions in China's iron and steel industry. Science of the Total Environment, 598: 272-281.

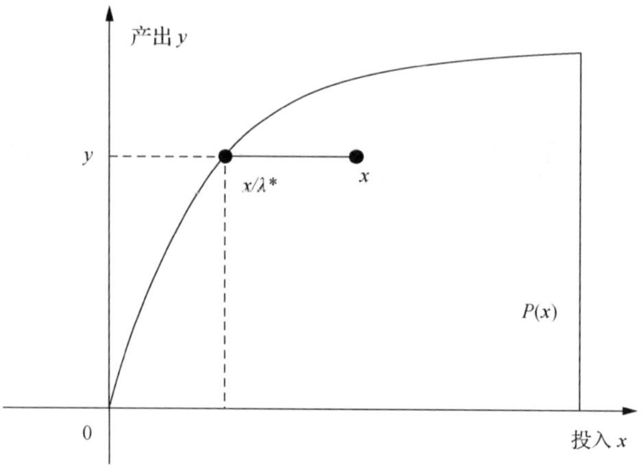

图 11-1　投入距离函数

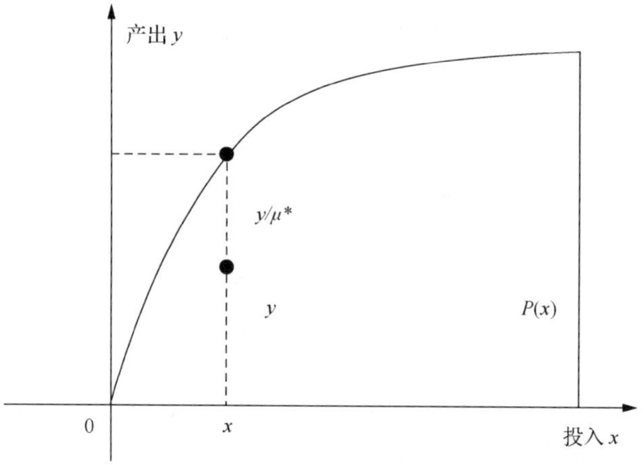

图 11-2　产出距离函数

下面我们考虑这样一个生产厂商，该厂商采用 N 个投入 $x=(x_1, x_2,\cdots, x_N)\in \boldsymbol{R}_+^N$ 去生产 M 个期望产出 $y=(y_1, y_2,\cdots, y_M)\in \boldsymbol{R}_+^M$ 及 J 个非期望产出 $b=(b_1, b_2,\cdots, b_J)\in \boldsymbol{R}_+^J$。该生产过程的生产可能集定义为

$$P(x)=\left\{ (y,b):x \text{ 可以产出}(y,b) \right\} \tag{11-3}$$

生产可能集 $P(x)$ 包含所有可行的投入、产出向量组合。根据 Färe 等(2006)的推理，$P(x)$ 需要符合如下 5 个假设：

(1) $P(x)$ 为一个紧集，最小的集合为 $P(0)=\{0,0\}$。

(2) 投入 x 满足强可自由处置性，如 $x'\geqslant x$，则 $P(x')\supseteq P(x)$。

(3) 期望产出 y 和非期望产出 b 的联合性，如 $(y,b)\in P(x)$ 并且 $b=0$，则 $y=0$。生产期望产出必然会附带产生非期望产出，如果没有产生非期望产出，则意味着也没有期望产出的产生。

(4) 期望产出 y 和非期望产出 b 的联合弱可自由处置性，如 $(y,b)\in P(x)$ 并且 $0\leqslant\alpha\leqslant 1$，则 $(\alpha y, \alpha b)\in P(x)$。期望产出和非期望的缩减可以以任意比例实现。

(5) 期望产出 y 的强可自由处置性，如 $(y,b)\in P(x)$，则对于 $y_0\leqslant y$，$(y_0,b)\in P(x)$。期望产出缩减，非期望产出不缩减也是可行的。

在以上假设条件下，产出导向的方向距离函数 $\overrightarrow{\mathrm{ODDF}}$ 就可以定义为产出沿着特定方向向量 $\boldsymbol{g}$ 调整的最大数量，其数学表达式为

$$\overrightarrow{\mathrm{ODDF}}(x, y, b; \boldsymbol{g}) = \max\left\{ \beta : (y+\beta\boldsymbol{g}_y, b-\beta\boldsymbol{g}_b)\in P(x)\right\} \tag{11-4}$$

在式(11-4)中，$\boldsymbol{g}=(\boldsymbol{g}_y,-\boldsymbol{g}_b)$ 为方向向量，代表在扩张期望产出的同时减少非期望产出。如图 11-3 所示，为产出导向的方向距离函数示意图，向量 $\boldsymbol{g}_y$ 和 $\boldsymbol{g}_b$ 均为正数，β 是非负数。M 为决策单元，期望产出 y 和非期望产出 b 沿着方向向量 $\boldsymbol{g}=(\boldsymbol{g}_y,-\boldsymbol{g}_b)$ 进行调整，直至到达产出边界 $(y+\beta^*\boldsymbol{g}_y, b-\beta^*\boldsymbol{g}_b)\in P(x)$，此时 $\beta^*=\overrightarrow{\mathrm{ODDF}}(x, y, b; \boldsymbol{g})$，$\beta^*$ 即为 $\overrightarrow{\mathrm{ODDF}}$ 的值。

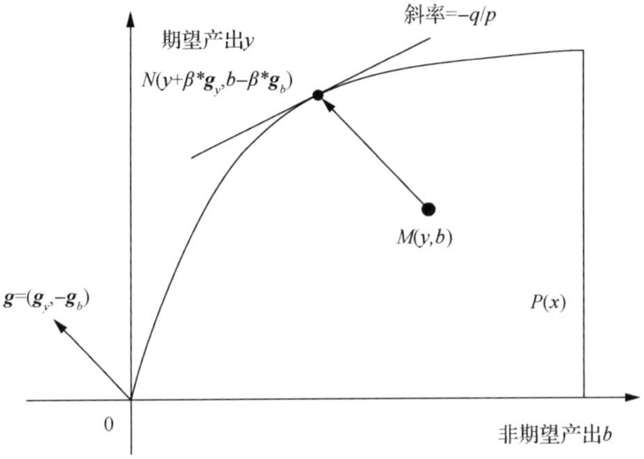

图 11-3　产出导向的方向距离函数示意图

根据 Bellenger 和 Herlihy(2010) 在论文中展示的推理，$\overrightarrow{\mathrm{ODDF}}$ 还需符合生产可能集合 $P(x)$ 的一些性质：

性质 1：当且仅当 $(y,b)\in P(x)$ 时，$\overrightarrow{\mathrm{ODDF}}(x, y, b; \boldsymbol{g})\geqslant 0$；

性质 2：当 $(y,b)\geqslant(y',b)\in P(x)$ 时，$\overrightarrow{\mathrm{ODDF}}(x, y', b; \boldsymbol{g})\geqslant\overrightarrow{\mathrm{ODDF}}(x, y, b; \boldsymbol{g})$；

性质 3：当 $(y,b)\leqslant(y,b')\in P(x)$ 时，$\overrightarrow{\mathrm{ODDF}}(x, y, b'; \boldsymbol{g})\geqslant\overrightarrow{\mathrm{ODDF}}(x, y, b; \boldsymbol{g})$；

性质 4：当 $(y,b)\in P(x)$ 时，$\overrightarrow{\mathrm{ODDF}}(x, \theta_y, \theta_b; \boldsymbol{g})\geqslant 0$，$0\leqslant\theta\leqslant 1$；

性质 5：$\overrightarrow{\mathrm{ODDF}}(x, y, b; \boldsymbol{g})\geqslant 0$ 在 $(y,b)\in P(x)$ 是凹的；

性质 6：$\overrightarrow{\text{ODDF}}(x, y+\alpha \boldsymbol{g}_y, b-\alpha \boldsymbol{g}_b; \boldsymbol{g}) = \overrightarrow{\text{ODDF}}(x, y, b; \boldsymbol{g}) - \alpha, \alpha > 0$。

其中，性质 1 保证了如存在可行的方向向量 $\boldsymbol{g}$，则 $\overrightarrow{\text{ODDF}}$ 是非负数；性质 2 描述了期望产出的单调性及强可自由处置性；性质 3 指的是在非期望产出扩张、投入和期望产出不变的情况下，效率是没有得到提升的；性质 4 为期望产出和非期望产出的弱可自由处置性；性质 5 定义了产出的替代弹性；性质 6 表明了方向距离函数的转换性及同质性，当期望产出沿着 $\alpha \boldsymbol{g}_y$ 进行扩张，非期望产出沿着 $\alpha \boldsymbol{g}_b$ 进行缩减时（$\alpha > 0$），则 $\overrightarrow{\text{ODDF}}$ 的值将变小，效率得到提升。

11.2　基于参数与非参数模型的影子价格估算

11.2.1　影子价格推导

我们先介绍利用方向距离函数及收益函数之间的对偶关系，推导影子价格表达式的过程（Färe et al., 2006）。令 $p = (p_1, p_2, \cdots, p_M) \in R_+^M$ 代表期望产出的价格，$q = (q_1, q_2, \cdots, q_J) \in R_+^J$ 代表非期望产出的价格，则考虑的非期望产出的收益函数 $R(x, p, q)$ 可以定义为

$$R(x,p,q) = \max_{y,b} \left\{ py - qb : (y,b) \in P(x) \right\} \tag{11-5}$$

$R(x,p,q)$ 描述了当期望产出的价格为 p，非期望产出的价格为 q 时，给定投入 x 的情况下，生产者可以获得的最大可行收益。将产出方向向量 $\boldsymbol{g}=(\boldsymbol{g}_y, -\boldsymbol{g}_b)$ 与收益函数 $R(x,p,q)$ 结合，$R(x,p,q)$ 则变为

$$R(x,p,q) = \max_{y,b} \left\{ py - qb : \overrightarrow{\text{ODDF}}(x,y,b;\boldsymbol{g}) \geqslant 0 \right\} \tag{11-6}$$

$$(y+\beta \boldsymbol{g}_y, b-\beta \boldsymbol{g}_b) = \left\{ \left(y + \overrightarrow{\text{ODDF}}(x,y,b;\boldsymbol{g}) \cdot \boldsymbol{g}_y, b - \overrightarrow{\text{ODDF}}(x,y,b;\boldsymbol{g}) \cdot \boldsymbol{g}_b \right) \in P(x) \right\} \tag{11-7}$$

式（11-7）说明，如果产出向量 $\boldsymbol{g}=(\boldsymbol{g}_y, -\boldsymbol{g}_b)$ 是可行的，则 DMU 是可以通过沿着方向向量 $\boldsymbol{g}$ 移动实现无效性的降低的。因此，我们可以得到：

$$R(x,p,q) \geqslant py - qb + p \cdot \overrightarrow{\text{ODDF}}(x,y,b;\boldsymbol{g}) \cdot \boldsymbol{g}_y - q \cdot \overrightarrow{\text{ODDF}}(x,y,b;\boldsymbol{g}) \cdot \boldsymbol{g}_b \tag{11-8}$$

当式（11-8）不等式右边为实际收益 $(py - qb)$ 加上无效性降低产生的收益之和时，不等式左边为可获得的最大收益。非期望产出产生的成本要从期望产出的收益中去掉，因此无效性降低产生的收益可以分为两部分：一部分源于期望产出的增加 $\left[p \cdot \overrightarrow{\text{ODDF}}(x,y,b;\boldsymbol{g}) \cdot \boldsymbol{g}_y \right]$，另一部分源于非期望产出的减少 $\left[q \cdot \overrightarrow{\text{ODDF}}(x,y,b;\boldsymbol{g}) \cdot \boldsymbol{g}_b \right]$。

将式(11-8)变形后，可以得到$\overrightarrow{\text{ODDF}}$和$R(x,p,q)$的关系描述为

$$\overrightarrow{\text{ODDF}}(x,y,b;\boldsymbol{g})=\min_{p,q}\left\{\frac{R(x,p,q)-(py-qb)}{p\boldsymbol{g}_y-q\boldsymbol{g}_b}\right\} \tag{11-9}$$

假设$\overrightarrow{\text{ODDF}}$和$R(x,p,q)$都是可微的，则将式(11-9)分别对期望产出 y 和非期望产出 b 求一阶导数，可得

$$\partial\overrightarrow{\text{ODDF}}(x,y,b;\boldsymbol{g})/\partial y=-p/(p\cdot\boldsymbol{g}_y-q\cdot\boldsymbol{g}_b) \tag{11-10}$$

$$\partial\overrightarrow{\text{ODDF}}(x,y,b;\boldsymbol{g})/\partial b=q/(p\cdot\boldsymbol{g}_y-q\cdot\boldsymbol{g}_b) \tag{11-11}$$

因此，如果p_{m}为第 m 个期望产出y_m的市场价格，则第 j 个非期望产出 b_j 的影子价格 q_j，即非期望产出的边际减排成本为

$$q_j=-p_m\left[\frac{\partial\overrightarrow{\text{ODDF}}(x,y,b;\boldsymbol{g})/\partial b_j}{\partial\overrightarrow{\text{ODDF}}(x,y,b;\boldsymbol{g})/\partial y_m}\right] \tag{11-12}$$

11.2.2　非参数化估算方法

上面我们已经定义了产出导向的$\overrightarrow{\text{ODDF}}$的表达式，为进一步计算影子价格，则需要估算$\overrightarrow{\text{ODDF}}$，该估算过程可以通过非参数化或者参数化的方法实现。我们介绍非参数化的 DEA 估计方法。

根据 Kaneko 等(2010)和 Lee 等(2002)等的推理，估算$\overrightarrow{\text{ODDF}}$的优化模型为

$$\begin{aligned}
&\overrightarrow{\text{ODDF}}(x_k,y_k,b_k;\boldsymbol{g})=\max\beta_k\\
&\text{s.t.}\sum_{i=1}^{N}\lambda_i x_i\leqslant x_k\\
&\sum_{i=1}^{N}\lambda_i y_i\geqslant y_k+\beta_k\boldsymbol{g}_y\\
&\sum_{i=1}^{N}\lambda_i b_i\leqslant b_k+\beta_k\boldsymbol{g}_b\\
&\lambda_i\geqslant 0;i=1,2,\cdots,N
\end{aligned} \tag{11-13}$$

式中，$\boldsymbol{g}$ 为方向向量；$\overrightarrow{\text{ODDF}}(x_k,y_k,b_k;\boldsymbol{g})$为第 k 个 DMU 的无效性得分 β_k；λ_i 为第 i 个 DMU 的权重变量。为了估计所有 DMU 的无效性得分，上述模型需循环 N 次。非参数化估算方法不需要对函数形式进行预先设定，当然也不需要为非期望

产出的影子价格设定符号限制，因此，根据非参数方法估算出来的影子价格值，其符号可能为正也可能为负。

11.2.3 参数化估计方法

$\overrightarrow{\text{ODDF}}$ 也可以通过参数化方法进行估计，该方法需要预先为方向距离函数设定一个函数形式。本节将介绍采用二次函数的表达形式来估算 $\overrightarrow{\text{ODDF}}$，原因是不同于柯布道格拉斯函数及超越对数函数，二次函数的表达形式更加灵活，具有二次可微性且满足方向距离函数的转换性质(Färe et al., 2005; Färe et al., 2006; Du and Mao, 2015)。假设有 $k = 1, 2,\cdots, K$ 个 DMU，$n = 1, 2,\cdots, N$ 个投入变量 x，$m = 1, 2,\cdots, M$ 个期望产出变量 y，$j = 1, 2,\cdots, J$ 个非期望变量 b，则 k 的二次函数方向距离函数形式可表示为[以方向向量 $\boldsymbol{g}$=(1,−1)为例，该方向向量的经济含义为通过扩张期望产出，同时削减非期望产出的方式来提升效率]

$$\begin{aligned}\overrightarrow{\text{ODDF}} &= (x_k, y_k, b_k; 1, -1)\\ &= \alpha + \sum_{n=1}^{N}\alpha_n x_{nk} + \sum_{m=1}^{M}\beta_m y_{mk} + \sum_{j=1}^{J}\gamma_j b_{jk} + \frac{1}{2}\sum_{n=1}^{N}\sum_{n'=1}^{N}\alpha_{nn'}x_{nk}x_{n'k}\\ &\quad + \frac{1}{2}\sum_{m=1}^{M}\sum_{m'=1}^{M}\beta_{mm'}y_{mk}y_{m'k} + \frac{1}{2}\sum_{j=1}^{J}\sum_{j'=1}^{J}\gamma_{jj'}b_{jk}b_{j'k} + \sum_{n=1}^{N}\sum_{m=1}^{M}\delta_{nm}x_{nk}y_{mk}\\ &\quad + \sum_{n=1}^{N}\sum_{j=1}^{J}\eta_{nj}x_{nk}b_{jk} + \sum_{m=1}^{M}\sum_{j=1}^{J}\mu_{nj}y_{mk}b_{jk}\end{aligned} \tag{11-14}$$

为了计算影子价格，需要估算出上式的所有未知参数 α、β、γ、δ、η、μ。未知参数可以通过线性规划或者随机前沿分析(stochastic frontier analysis，SFA)方法来估计。

这里我们以评价能源效率为例，简要介绍一下 SFA 方法，详细的 SFA 方法介绍，可以参考 Kumbhakar 和 Lovell(2007)的文献。考虑式(11-15)中的生产可能性集合：

$$T=\left\{(\boldsymbol{K},\boldsymbol{L},\boldsymbol{E},\boldsymbol{Y}):(\boldsymbol{K},\boldsymbol{L},\boldsymbol{E})\text{ 可以生产出 }\boldsymbol{Y}\right\} \tag{11-15}$$

式中，T 包含了所有可行的投入、产出向量组合，是一个闭 合且有边界的集合。我们假设，K 为资本投入向量，L 为劳动力投入向量，E 为能源投入向量，Y 为产出向量(一般为 GDP 或实物量产出)。另外，在这里假设投入及产出都具有强可自由处置性，即如果$(\boldsymbol{K}',\boldsymbol{L}',\boldsymbol{E}')\geqslant(\boldsymbol{K},\boldsymbol{L},\boldsymbol{E})$ 并且 $\boldsymbol{Y}'\leqslant\boldsymbol{Y}$，$(\boldsymbol{K}',\boldsymbol{L}',\boldsymbol{E}',\boldsymbol{Y}')\in T$。

为从投入、产出角度测度能源效率，我们定义关于能源投入的 Shephard 投入距离函数：

$$D^E(\boldsymbol{K},\boldsymbol{L},\boldsymbol{E},\boldsymbol{Y})=\sup\left\{\alpha:(\boldsymbol{K},\boldsymbol{L},\boldsymbol{E}/\alpha,\boldsymbol{Y})\in T\right\} \tag{11-16}$$

式(11-16)描述了在保证其他投入和产出向量可行的条件下，尽可能地缩减能源投入量。$\boldsymbol{E}/\boldsymbol{D}^E(\boldsymbol{K},\boldsymbol{L},\boldsymbol{E},\boldsymbol{Y})$为生产者通过尽可能缩减能源投入提升能源效率的理想能源投入量。我们定义理想能源投入量与实际能源投入量的比值为能源效率指数(energy efficiency index，EEI)(Zhou et al., 2012b)：

$$\mathrm{EEI}=1/D^E(\boldsymbol{K},\boldsymbol{L},\boldsymbol{E},\boldsymbol{Y}) \tag{11-17}$$

若 EEI = 1，则该生产者已位于生产前沿面之上；若 EEI>1，代表该生产者还可以进一步改善能源效率表现。假设有 $i=1,2,\cdots,n$ 个 DMU，则第 i 个 DMU 的能源距离函数为 $D^E(K_i,L_i,E_i,Y_i)$。为了估算 $D^E(K_i,L_i,E_i,Y_i)$，需要为其设定一个特定的函数形式，此处应该用柯布道格拉斯函数，原因是其形式简单，取对数以后能够变成线性函数(Boyd，2008)，如式(11-18)所示：

$$\ln D^E(K_i,L_i,E_i,Y_i)=\beta_0+\beta_K\ln K_i+\beta_L\ln L_i+\beta_E\ln E_i+\beta_Y\ln Y_i+v_i \tag{11-18}$$

式中，v_i 为随机变量，代表统计噪声及近似误差项；β 为待估计系数。

由于能源效率函数与能源投入是线性同质的，则有

$$D^E(K_i,L_i,E_i,Y_i)=E_iD^E(K_i,L_i,1,Y_i) \tag{11-19}$$

$$\ln D^E(K_i,L_i,E_i,Y_i)=\ln E_i+\beta_0+\beta_K\ln K_i+\beta_L\ln L_i+\beta_E\ln 1+\beta_Y\ln Y_i+v_i \tag{11-20}$$

从式(11-18)和式(11-20)可以推导出 $\beta_E=1$。将 $\beta_E=1$ 代入式(11-18)，我们可以得到：

$$\ln(1/E_i)=\beta_0+\beta_K\ln K_i+\beta_L\ln L_i+\beta_Y\ln Y_i+v_i-\mu_i \tag{11-21}$$

式中，$\mu_i=\ln D^E(K_i,L_i,E_i,Y_i)$ 为非负随机变量，测度了生产过程中的技术无效性。式(11-21)中的未知参数可以通过最大似然估计方法来估算，v_i 及 μ_i 的分布假设需提前设定。参数估算过程可以由开源软件 Frontier 4.1 实现(Coelli，1996)，第 i 个 DMU 的 EEI 则为

$$\mathrm{EEI}_i=\exp(-\hat{\mu}_i) \tag{11-22}$$

SFA 需要为统计噪声预先设定分布假设，而且在估算过程中还需设定非线性约束。本书选取线性规划的方法对未知参数进行估算(Aigner and Chu，1968; Murty et al., 2007)。通过最小化所有 DMU 与生产前沿面的距离之和，就可以估算出所有未知参数，该线性规划模型表达式为

$$
\begin{aligned}
\min \ & \sum_{k=1}^{K}[\overrightarrow{\text{ODDF}}(x_k, y_k, b_k; 1, -1) - 0] \\
\text{s.t. } & \text{(i) } \overrightarrow{\text{ODDF}}(x_k, y_k, b_k; 1, -1) \geqslant 0, \ k = 1, 2, \cdots, K \\
& \text{(ii) } \partial\overrightarrow{\text{ODDF}}(x_k, y_k, b_k; 1, -1) / \partial b_j \geqslant 0, \ j = 1, 2, \cdots, J; k = 1, 2, \cdots, K \\
& \text{(iii) } \partial\overrightarrow{\text{ODDF}}(x_k, y_k, b_k; 1, -1) / \partial y_m \leqslant 0, \ m = 1, 2, \cdots, M; k = 1, 2, \cdots, K \\
& \text{(iv) } \partial\overrightarrow{\text{ODDF}}(x_k, y_k, b_k; 1, -1) / \partial x_n \geqslant 0, \ n = 1, 2, \cdots, N; k = 1, 2, \cdots, K \\
& \text{(v) } \sum_{m=1}^{M}\beta_m - \sum_{j=1}^{J}\gamma_j = -1, \sum_{m'=1}^{M}\beta_{mm'} - \sum_{j=1}^{J}\mu_{mj} = 0, m = 1, 2, \cdots, M \\
& \quad \sum_{j'=1}^{J}\gamma_{jj'} - \sum_{m=1}^{M}\mu_{mj} = 0, j = 1, 2, \cdots, J; \sum_{m=1}^{M}\delta_{nm} - \sum_{j=1}^{J}\eta_{nj} = 0, n = 1, 2, \cdots, N \\
& \text{(vi) } \alpha_{nn'} = \alpha_{n'n}, n \neq n'; \beta_{mm'} = \beta_{m'm'} \ m \neq m'; \gamma_{jj'} = \beta_{j'j}, \ j \neq j
\end{aligned}
\tag{11-23}
$$

模型(11-23)中，约束条件(i)保证了所有 DMU 都落在生产前沿面之上或前沿面之内；约束条件(ii)～(iv)保证了产出及投入的单调性质；约束条件(v)描述了 $\overrightarrow{\text{ODDF}}$ 的转换性质；约束条件(vi)规定了 $\overrightarrow{\text{ODDF}}$ 的对称性质(Färe et al., 1992)。

11.3 钢铁行业 CO_2 边际减排成本估算

钢铁行业是国民经济的重要基础产业，是国家经济水平和综合国力的重要标志之一。近 30 年来，中国钢铁行业取得了长足的进步，特别是近 10 来发展迅猛。但随着中国经济的快速增长，其资源和能源消费约束明显显现，高污染、高能耗的特点也使钢铁行业在防污减排、节能降耗等方面承受着巨大的压力。中国钢铁行业能源消耗占全国能源消耗总量的 15%左右，其 CO_2 排放量是全国 CO_2 排放量的主要来源之一，约占全国 CO_2 排放量的 12%，占全国工业 CO_2 排放量的 27%(Guo and Fu, 2010; Xie et al., 2017)。钢铁行业是高消耗、高污染的“大户”，是国家推进节能减排工作的重点产业，其节能减排工作的成效关系到全社会整体节能减排工作的成效。

目前，中国的节能减排政策大多是以强制性的行政手段降低能源强度及 CO_2 排放量，其由于缺乏经济效益受到了广泛的批评(Wang et al., 2017a)。中国的 CO_2 排放交易市场仍处于起步阶段，如何建立公平、完善、有效的 CO_2 排放交易市场是急需解决的问题之一。CO_2 排放交易机制是降低 CO_2 排放量，提高 CO_2 排放交易市场运行效率的方法之一。CO_2 的影子价格可以看作是 CO_2 的边际减排成本。估算 CO_2 的影子价格，对于政策制定者来讲，能够为其提供基础性的参考信息，有利于合理分配 CO_2 减排任务；对于企业来讲，能够帮助其准确掌握自己的边际减排成本，合理评价参与 CO_2 排放权交易的成本及收益，以调整自己的减排行为与生产策略。

下面，我们应用上面介绍的方法对中国钢铁行业 CO_2 排放的边际减排成本进行估算和分析。

11.3.1　考虑决策行为不确定性的钢铁企业 CO_2 边际减排成本估算

所谓影子价格，是指在生产投入、产品价格等条件固定的情况下，能够反映某种资源的稀缺程度，使该资源得到合理配置的价格(Shen and Lin，2017)。钢铁企业的 CO_2 作为一种非期望产出，其影子价格代表着每减少一单位 CO_2 排放所导致的收益的减少量，可用于估算边际减排成本。参与 CO_2 排放交易的钢铁企业的影子价格，即企业 CO_2 的边际减排成本，在均衡条件下等于 CO_2 排放权的交易价格。因此准确地测算钢铁企业 CO_2 的影子价格，可为 CO_2 排放权交易机制设计提供重要参考。

在影子价格估算模型中，方向向量 $\boldsymbol{g}=(\boldsymbol{g}_y,-\boldsymbol{g}_b)$ 是被评价单元的产出调整的方向，代表待评价生产者的生产及减排策略。以往的研究大多数都武断地选取某一个方向向量，然而，由于我们并不确定钢铁企业会采取哪一种生产及减排策略，仅仅选取某一个特定的方向调整产出以测度效率是不尽合理的。原因主要有两点，一是在一般情况下，无法观测到企业在某一特定时期真正采取的调整生产和减排策略；二是企业在生产经营过程中，不同时期所采取的生产和减排策略也可能发生变化。

因此，本书将这种不确定信息考虑在内，选取了如图 11-4 所示的三种方向向量 $\boldsymbol{g}=(1,0)$，$\boldsymbol{g}=(1,-1)$ 及 $\boldsymbol{g}=(0,-1)$ 估算 CO_2 减排成本，目的是给出钢铁企业 CO_2 边际减排成本的一个区间范围。三种不同的方向有着不同的经济含义：$\boldsymbol{g}=(1,0)$ 代表钢铁企业在扩大生产的同时，保持 CO_2 排放量不变；$\boldsymbol{g}=(1,-1)$ 代表钢铁企业在扩大生产的同时，减少 CO_2 排放量；$\boldsymbol{g}=(0,-1)$ 代表钢铁企业保持生产量不变，仅减少 CO_2 排放量。

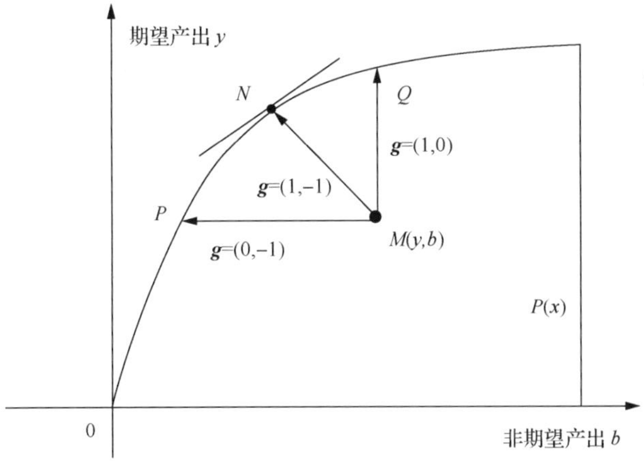

图 11-4　三种不同的钢铁企业生产及节能减排策略

在 11.2.3 节中，已经给出了 $\boldsymbol{g}=(1,-1)$ 方向向量下的建模方法，在对其他两个方向向量 $\boldsymbol{g}=(1,0)$ 和 $\boldsymbol{g}=(0,-1)$ 下的估算模型进行建模时，需要对模型(11-23)的约束条件(v)进行修订(Färe et al., 2005; Chambers，2002)，其他约束条件保持不变，修订后的约束条件有如下形式，条件(11-24)对应方向向量 $\boldsymbol{g}=(1,0)$，而条件(11-25)对应方向向量 $\boldsymbol{g}=(0,-1)$：

$$\begin{aligned}&\sum_{m=1}^{M}\beta_m=-1;\sum_{m'=1}^{M}\beta_{mm'}=0,m=1,2,\cdots,M\\&\sum_{m=1}^{M}\delta_{nm}=0;n=1,2,\cdots,N\\&\qquad \boldsymbol{g}=(1,0)\end{aligned}\qquad(11\text{-}24)$$

$$\begin{aligned}&\sum_{j=1}^{J}\gamma_j=1;\sum_{j'=1}^{J}\gamma_{jj'}=0,\ j=1,2,\cdots,J\\&\sum_{j=1}^{J}\eta_{nj}=0,n=1,2,\cdots,N\\&\qquad \boldsymbol{g}=(0,-1)\end{aligned}\qquad(11\text{-}25)$$

考虑数据的可获得性，我们以 2014 年中国 49 家主要的钢铁企业为研究对象，对其 CO_2 边际减排成本进行评价。样本数据来源为钢联数据库(http://data.mysteel.com)。

钢铁企业样本选取的标准有以下三个方面：一是要保证企业投入、产出变量的完整性，即所选取的企业样本可以获取到所有的投入、产出指标数据。考虑到钢铁企业生产的过程及其产生的非期望产出，本书共选取五个投入变量，分别是能源消费总量(万吨标准煤)、总耗新水量(万吨)、总职工人数(人)、高炉设备情况(立方米)和转炉设备(吨)，两个产出变量，分别是作为期望产出的钢铁企业总产值(亿元)和作为非期望产出的 CO_2 排放量(万吨)。二是要保证钢铁企业样本的多样性，也就是说钢铁企业样本最好包含不同特征的钢铁企业，以保证样本的代表性。最终选取的样本包括上市或未上市、不同生产规模、不同投产年限及不同所在区域的钢铁企业。三是选取的钢铁企业样本的地理位置覆盖广泛，本书选取的企业覆盖了中国 26 个主要省份，其中青海、宁夏、西藏、新疆、海南及香港、澳门、台湾 8 个省份，由于缺乏可靠有效的钢铁企业数据而没有纳入分析。

49 家钢铁企业样本的名称由编号 1～49 代替，钢铁企业样本编号和名称对应单见表 11-1。表 11-2 给出了钢铁企业样本投入、产出数据的描述性统计。

表 11-1　钢铁企业样本编号和名称对应表

编号	企业名称	所在地区	编号	企业名称	所在地区
1	建龙集团	北京	26	杭钢集团	浙江
2	天津钢管	天津	27	马钢股份	安徽
3	天津天钢	天津	28	新钢集团	江西
4	天津天铁	天津	29	江西萍钢	江西
5	唐钢集团	河北	30	三钢集团	福建
6	邯钢集团	河北	31	济钢集团	山东
7	承钢集团	河北	32	莱钢集团	山东
8	宣钢集团	河北	33	青钢集团	山东
9	新兴铸管	河北	34	安钢集团	河南
10	太钢集团	山西	35	武钢集团	湖北
11	包钢集团	内蒙古	36	鄂城钢铁	湖北
12	新抚钢	辽宁	37	新冶钢	湖北
13	鞍钢集团	辽宁	38	湘钢集团	湖南
14	凌钢集团	辽宁	39	涟钢集团	湖南
15	营口中板	辽宁	40	衡钢集团	湖南
16	本钢集团	辽宁	41	冷水江	湖南
17	首钢通钢	吉林	42	广东韶钢	广东
18	西钢集团	黑龙江	43	柳钢集团	广西
19	略阳钢铁	陕西	44	攀钢集团	四川
20	龙门钢铁	陕西	45	威刚集团	四川
21	酒钢集团	甘肃	46	达钢集团	四川
22	宝钢集团	上海	47	昆钢股份	云南
23	南京钢铁	江苏	48	首钢水城	贵州
24	沙钢集团	江苏	49	重钢集团	重庆
25	永钢集团	江苏			

表 11-2　钢铁企业样本投入、产出数据的描述性统计

变量	指标(单位)	平均值	标准差	最大值	最小值
投入变量	能源消费总量 / 万吨标煤	470.27	356.52	1929.87	38.29
	总耗新水量 / 万吨	3224.75	3517.31	17618.25	247.82
	总职工人数 / 人	26635.94	25932.67	149673.00	1463.00
	高炉设备情况 / 立方米	6804.94	6109.23	30576.00	1000.00
	转炉设备 / 吨	521.86	537.11	2790.00	45.00
期望产出	钢铁企业总产值 / 亿元	893.63	845.02	3937.21	62.46
非期望产出	CO_2 排放量 / 万吨	1383.24	1371.38	7496.07	105.76

在估算影子价格之前，为避免出现收敛性问题，先对原始数据进行预处理，所有的投入、产出数据都进行均值标准化，三个方向向量的方向距离函数未知参数的估算结果见表 11-3。

表 11-3　三个方向向量的方向距离函数未知参数的估算结果

参数	估算值			参数	估算值		
	$g=(1,0)$	$g=(1,-1)$	$g=(0,-1)$		$g=(1,0)$	$g=(1,-1)$	$g=(0,-1)$
α	0.0625	−0.0120	−0.0501	η_4	0.0000	−0.0209	0.0000
α_1	0.0964	0.1617	−0.0003	η_5	−0.0170	−0.0215	0.0000
α_2	0.6730	0.2430	−0.0085	δ_1	0.5466	−0.2615	−0.0060
α_3	0.2951	0.3857	0.3842	δ_2	−0.3618	0.0618	0.1598
α_4	0.0000	−0.0004	0.0000	δ_3	−0.1371	−0.0418	−0.1705
α_5	−0.0015	−0.0023	0.0000	δ_4	0.0000	−0.0209	0.0000
β_1	−1.0000	−0.7729	−0.6563	δ_5	−0.0476	−0.0215	0.0000
e	0.0228	0.2271	1.0000	μ	0.2216	0.1052	−0.2459
α_{11}	0.0096	0.4759	0.0108	$\alpha_{12}=\alpha_{21}$	−0.4321	0.1804	0.0014
α_{22}	0.5364	−0.3343	−0.2330	$\alpha_{13}=\alpha_{31}$	−0.0497	−0.1459	0.0005
α_{33}	−0.0416	−0.0769	−0.0436	$\alpha_{14}=\alpha_{41}$	0.0000	0.0600	0.0000
α_{44}	0.0000	−0.0190	0.0000	$\alpha_{15}=\alpha_{51}$	0.0499	0.0374	0.0000
α_{55}	−0.0112	−0.0077	0.0000	$\alpha_{23}=\alpha_{32}$	0.1057	0.1267	0.1588
β_2	0.0000	0.1052	0.0623	$\alpha_{24}=\alpha_{42}$	0.0000	0.0020	0.0000
γ_2	−0.0186	0.1052	0.0000	$\alpha_{25}=\alpha_{52}$	0.0223	0.0057	0.0000
η_1	−0.0687	−0.2615	−0.0036	$\alpha_{34}=\alpha_{43}$	0.0000	0.0025	0.0000
η_2	−0.0962	0.0618	0.0838	$\alpha_{35}=\alpha_{53}$	0.0234	0.0136	0.0000
η_3	−0.0002	−0.0418	−0.0802	$\alpha_{45}=\alpha_{54}$	0.0000	0.0128	0.0000

表 11-4 列出了不同方向向量选取下的钢铁企业样本的 CO_2 影子价格估算结果。排名的规则为将影子价格的值从小到大排序，影子价格越低，排名越靠前，影子价格越高，排名越落后。

表 11-4　不同方向向量选取下的钢铁企业样本的 CO_2 影子价格估算结果

企业名称	$g=(1,0)$		$g=(1,-1)$		$g=(0,-1)$		平均值	
	SP/(元/吨)	排名	SP/(元/吨)	排名	SP/(元/吨)	排名	SP/(元/吨)	排名
建龙集团	1223	48	564	8	5770	18	2519	20
天津钢管	5	6	1545	37	9153	47	3568	47
天津天钢	470	37	1177	21	6958	31	2868	33
天津天铁	84	8	459	7	4293	9	1612	7
唐钢集团	637	42	0	1	5125	12	1921	9
邯钢集团	1124	47	353	5	6417	26	2632	26
承钢集团	457	36	380	6	6873	30	2570	25
宣钢集团	245	25	749	9	7327	35	2774	29
新兴铸管	419	34	1615	40	7778	39	3271	42
太钢集团	289	27	0	1	3174	7	1154	3
包钢集团	0	1	1836	46	3882	8	1906	8

续表

企业名称	g=(1, 0)		g=(1, −1)		g=(0, −1)		平均值	
	SP/(元/吨)	排名	SP/(元/吨)	排名	SP/(元/吨)	排名	SP/(元/吨)	排名
新抚钢	298	28	1454	34	7497	37	3083	36
鞍钢集团	594	40	749	10	0	1	448	1
凌钢集团	442	35	1184	22	6501	28	2709	28
营口中板	286	26	1288	25	7291	34	2955	34
本钢集团	0	1	126	4	3167	6	1098	2
首钢通钢	98	10	1407	30	6964	32	2823	32
西钢集团	142	16	1457	35	8491	45	3363	45
略阳钢铁	148	19	1807	45	9517	49	3824	49
龙门钢铁	887	44	955	16	5002	11	2282	13
酒钢集团	0	1	1040	18	6210	23	2417	16
宝钢集团	0	1	2331	47	1336	3	1222	4
南京钢铁	236	24	1439	32	5899	20	2525	21
沙钢集团	3899	49	3794	49	1940	4	3211	40
永钢集团	549	39	1453	33	5396	14	2466	18
杭钢集团	181	21	1673	42	7546	38	3133	38
马钢股份	147	18	946	14	2973	5	1355	5
新钢集团	96	9	1001	17	6587	29	2561	24
江西萍钢	403	33	1204	23	6375	25	2661	27
三钢集团	604	41	1153	20	5472	16	2410	15
济钢集团	373	30	750	11	6338	24	2487	19
莱钢集团	668	43	880	13	5645	17	2397	14
青钢集团	135	15	1349	26	7891	40	3125	37
安钢集团	383	31	67	3	6084	21	2178	12
武钢集团	924	45	2363	48	947	2	1411	6
鄂城钢铁	144	17	1591	38	7445	36	3060	35
新冶钢	104	11	1594	39	8024	41	3241	41
湘钢集团	128	13	1421	31	6086	22	2545	22
涟钢集团	357	29	1402	29	5888	19	2549	23
衡钢集团	84	7	1719	43	8841	46	3548	46
冷水江	112	12	1659	41	8187	42	3319	43
广东韶钢	0	1	1265	24	7126	33	2797	31
柳钢集团	978	46	950	15	4370	10	2099	10
攀钢集团	524	38	1387	27	6480	27	2797	30
威刚集团	128	14	1459	36	9186	48	3591	48
达钢集团	194	22	1402	28	8466	44	3354	44

续表

企业名称	g=(1, 0)		g=(1, –1)		g=(0, –1)		平均值	
	SP/(元/吨)	排名	SP/(元/吨)	排名	SP/(元/吨)	排名	SP/(元/吨)	排名
昆钢股份	392	32	820	12	5160	13	2124	11
首钢水城	199	23	1750	44	5413	15	2454	17
重钢集团	170	20	1096	19	8366	43	3211	39
平均值	407	—	1226	—	6058	—	2564	—
标准差	586	—	655	—	2156	—	723	—

注：SP 代表影子价格。

三个不同方向向量 g=(1,0)、g=(1,−1)和 g=(0,−1)下的 CO_2 影子价格的平均值分别为 407 元/吨、1226 元/吨和 6058 元/吨，总体来看，所有方向向量下的影子价格平均值为 2564 元/吨。我们可以看出，在不同的方向向量选取下，某一特定钢铁企业样本 CO_2 排放的影子价格估算结果差异是非常大的。另外，我们发现不同方向向量下的影子价格排名的相关性较低，方向向量 g=(1,0)和方向向量 g=(1,−1)下的影子价格排名的相关系数为 0.289，其他两组的相关性稍微高一点，分别为 0.305[g=(1,−1)和 g=(0,−1)之间]和 0.322[g=(1,0)和 g=(0,−1)之间]。不同方向向量的选取对于影子价格的估计值及排序有着很强的影响，也就是说钢铁企业样本选择不同的生产及减排策略会得出不同的影子价格估算值。从经济含义上看，三种不同的提升效率的方式会导致不同的减排成本。

图 11-5 为不同方向向量选取下钢铁企业样本 CO_2 影子价格变化情况。横坐标的钢铁企业样本按照方向向量 g=(1,0)下的影子价格值升序排列，纵坐标为 CO_2 影子价格估算结果。鉴于我们选取的方向向量已经大范围地覆盖了钢铁企业样本可能选取的提升效率的策略，因此估算出来钢铁企业样本的 CO_2 影子价格的最大值和最小值可以看作是影子价格变化的上限和下限。

对于大部分的钢铁企业，它们的上限和下限分别出现在方向向量 g=(1,0)和 g=(0,−1)上，然而也有一些特殊情况出现。例如，鞍钢集团相对于其他两种提升效率的策略，仅减少 CO_2 排放，不调整钢铁产量可能导致最低的边际减排成本。而对于太钢集团、安钢集团、承钢集团、唐钢集团、武钢集团、邯钢集团及建龙集团这几家钢铁企业，提高钢铁产量的同时降低 CO_2 排放会导致最低的边际减排成本。

估算的结果虽然说明了平均影子价格估计值是较为稳定的，但如果武断地选取某一个特定的方向向量估算影子价格，那么得到的结果偏差较大。这也可以推断出，如果武断地选取某一特定方向向量来估计影子价格的话，一些钢铁企业的 CO_2 边际减排成本是极有可能被低估的，也就是说一些钢铁企业减排的潜力会被低估。因此，在接下来的分析讨论当中，将采用三个方向向量下的影子价格平均值这一变量探索中国钢铁企业 CO_2 边际减排成本的异质性。

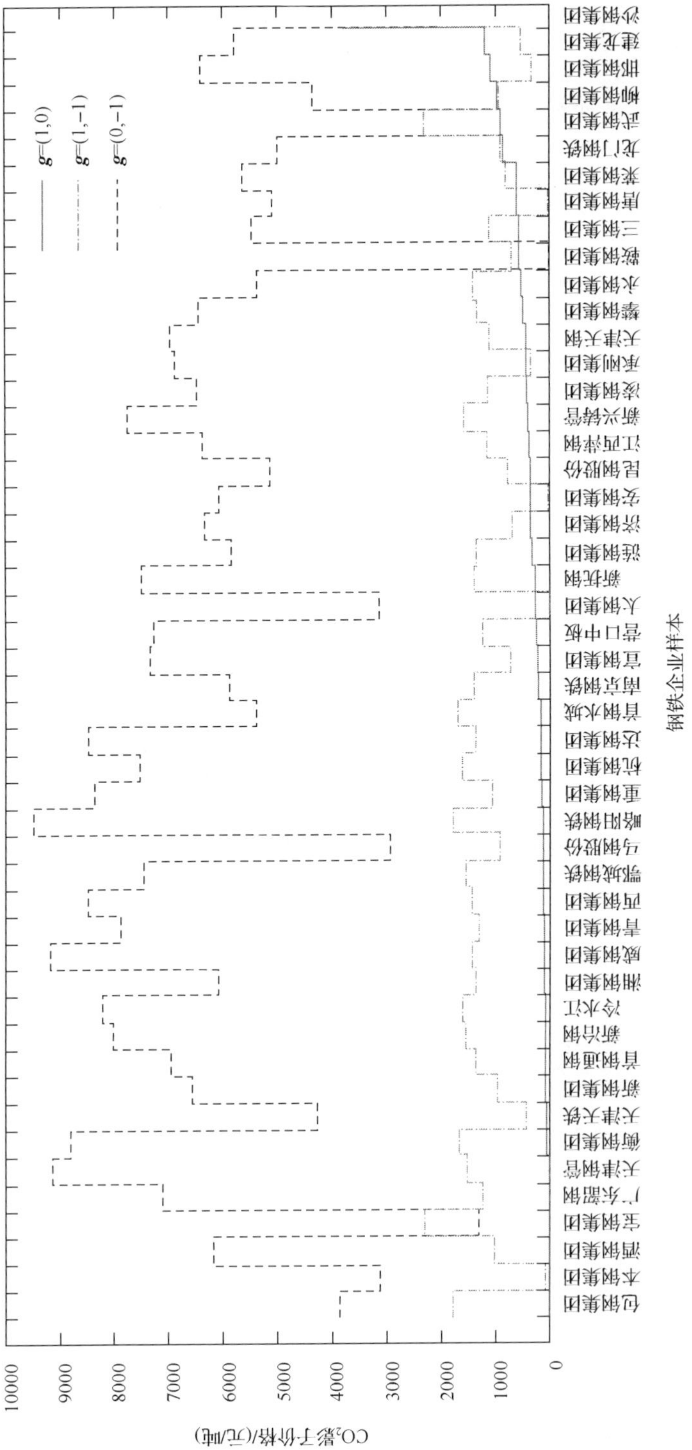

图11-5　不同方向向量选取下钢铁企业样本CO_2影子价格变化情况

11.3.2 中国钢铁企业 CO_2 边际减排成本的异质性

图 11-6 为中国钢铁企业不同组别下的 CO_2 影子价格分布情况。可以看出不同组别下的 CO_2 影子价格存在着大量的异质性。为了探索这种异质性存在的规律，同样对将钢铁企业样本按照不同的特征进行分组讨论。

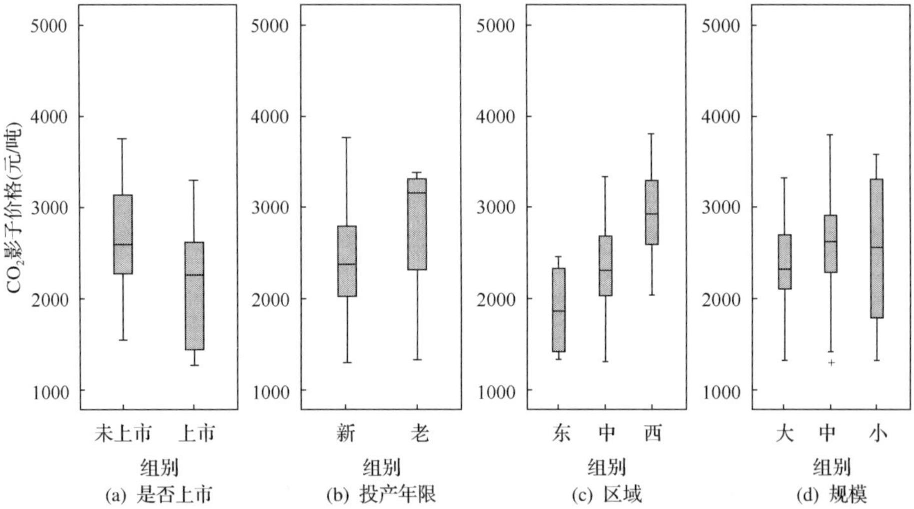

图 11-6 中国钢铁企业不同组别下的 CO_2 影子价格分布情况

图 11-6 对比了不同组别下的 CO_2 影子价格分布情况。从图中可以看出，以是否上市[图 11-6(a)]和不同生产规模[图 11-6(d)]这两种特征进行分组的 CO_2 影子价格差异较大，而以不同投产年限[图 11-6(b)]及所在不同区域[图 11-6(c)]两种特征进行分组的 CO_2 影子价格差异较小。这些观察结果也在表 11-5 中得到了验证，在这

表 11-5 不同组别的 CO_2 影子价格的异质性检验

特征	组别	企业个数/个	影子价格均值/(元/吨)	变异系数	P 值
是否上市	未上市企业	27	2865	0.18	0.002*
	上市企业	22	2195	0.36	
投产年限/年	老钢铁企业（≥50）	36	2585	0.28	0.684*
	新钢铁企业（<50）	13	2505	0.30	
所在区域	东部地区	24	2492	0.30	0.882**
	中部地区	14	2555	0.30	
	西部地区	11	2732	0.23	
规模/百万吨钢材	大型（>10）	14	1915	0.38	0.000**
	中型（5～10）	16	2395	0.18	
	小型（<5）	19	3184	0.11	

*代表 Mann-Whitney U 检验，简称 M-U；**代表 K-W 秩和检验。

里我们检验了各组 CO_2 影子价格之间是否存在显著性的差异。两种检验的零假设均为“钢铁企业不同组别之间的 CO_2 影子价格不存在显著性的差异”。表 11-5 显示，以是否上市和不同生产规模这两种特征进行分组的钢铁企业 CO_2 影子价格差异是显著的，而以不同投产年限及所在不同区域两种特征进行分组的钢铁企业 CO_2 影子价格差异是不显著的。

我们将具体分析讨论造成钢铁企业 CO_2 影子价格异质性的原因。首先，在是否上市这一特征上，我们发现上市钢铁企业的 CO_2 影子价格要显著高于未上市钢铁企业的 CO_2 影子价格。这可能是上市钢铁企业通常会受到更频繁的监管检查，并且需达到更严格的环境信息披露标准，面临着更大的来自社会群众监督的压力，因此需投入更多的设备及资源进行节能减排和环境保护活动。致力于环境保护的设施和资源可能会增加能源消耗总量和附带的 CO_2 排放。例如，中国监管机构规定使用的脱硫脱硝技术会导致更多的能源消耗和 CO_2 排放，该技术在应用过程中的化学反应吸收污染物，却排放出更多的 CO_2。因此，相对于未上市的钢铁企业，上市钢铁企业的 CO_2 减排潜力可能更大，减排成本可能更低。

其次，我们检验生产规模的大小是否会造成 CO_2 影子价格的差异。图 11-6 和表 11-5 都说明了钢铁企业的 CO_2 边际减排成本是有着规模经济效应的，也就是说，随着钢铁企业规模的扩张，其 CO_2 边际减排成本有变低的趋势的。在本书选取的铁企业样本中，大型钢铁企业的平均 CO_2 边际减排成本为 1915 元/吨，中型钢铁企业的平均 CO_2 边际减排成本为 2395 元/吨，小型钢铁企业的平均 CO_2 边际减排成本为 3184 元/吨，大型钢铁企业的 CO_2 边际减排成本显著低于小型钢铁企业的 CO_2 边际减排成本。

不同投产年限的钢铁企业可能有着不同的节能减排技术，因此我们预期它们所负担的 CO_2 边际减排成本可能有着显著性的差异。然而非参数检验的结果与我们的期望并不一致，P 值为 0.684，未通过非参数检验。也就是说，不同投产年限的钢铁企业的 CO_2 影子价格没有显著性的差异。

Wu 和 Ma（2017）对中国城市级别的 CO_2 影子价格进行了估算，发现不同地理位置之间的 CO_2 影子价格平均值存在着大量的异质性。然而我们估算的结果显示，所在不同区域的钢铁企业的 CO_2 影子价格之间的差异是不显著的。在国务院 2011 年 8 月发布的《“十二五”节能减排综合性工作方案》中，东部地区的环境规制要比中西部地区更为严格，因此我们预期所在不同区域的钢铁企业的 CO_2 减排成本应该有显著的差异。然而，非参数检验的结果不符合我们的预期，这种差异并不显著。但是我们发现，在东部地区和中部地区的钢铁企业，它们的 CO_2 影子价格变异系数高于西部地区的钢铁企业。这说明如果这些钢铁企业参与未来的 CO_2 排放权交易市场中，那么位于东、中部地区的钢铁企业有可能受益更大。

表 11-6 简要总结了近年来关于估算中国 CO_2 影子价格的文献，在此我们仅说

明采用 DDF 方法估算出来的 CO_2 影子价格。

表 11-6　近年来关于估算中国 CO_2 影子价格的结果比较

文献	研究对象	年份	方法	影子价格平均值/(元/吨)
Wang 等 (2011)	28 个省份	2007	DDF	475
Wei 等(2012)	29 个省份	1995～2007	SBM	114
Choi 等(2012)	30 个省份	2001～2010	SBM	46
Peng 等(2012)	24 个工业部门	2004、2008	DDF	17500、15200
Lee 和 Zhang (2012)	30 个制造业部门	2009	DF	20
Wei 等(2013)	124 个火电厂	2004	DDF	2060
Chen (2013)	38 个工业部门	1981～2010	DDF	1689
Wang 和 Wei (2014)	3 个城市工业部门	2006～2010	DDF	298
Du 等(2015)	30 个省份	2001～2010	DDF	1300
Du 和 Mao(2015)	1158 个火电厂	2004、2008	DDF	955、1142
Du 等(2016)	648 个燃煤火电厂	2008	DDF	1632
Ma 和 Hailu (2016)	30 个省份	2001～2010	DF/DDF	132/2251
Xie 等(2017)	9 个工业部门	2005～2014	DDF	721
本书对钢铁企业的测算	49 家钢铁企业	2014	DDF	2564

注：SBM、DF、DDF 分别代表基于松弛变量的测度(slacks-based measure)、距离函数、方向距离函数。

Wei 等(2013)估算了中国 2004 年 124 个火电厂的 CO_2 影子价格，平均值为 2060 元/吨；Du 和 Mao(2015)、Du 等(2015)、Du 等(2016)也基于中国不同的火电厂样本，对其 CO_2 影子价格进行了测算，2004 年的估算结果为 955 元/吨，2008 年的估算结果为 1142 元/吨、1632 元/吨；Chen (2013)得出的中国 1981～2010 年 38 个工业部门的 CO_2 影子价格平均值为 1689 元/吨；Xie 等(2017)测算了 2005～2014 年中国 9 个工业部门的 CO_2 影子价格为 721 元/吨。

本章在微观企业层面上估算的 CO_2 影子价格平均值为 2564 元/吨。除了 Peng 等 (2012)与 Wang 和 Wei (2014)的估算结果与本章估算结果存在较大差距以外，本章估算的钢铁行业 CO_2 影子价格要高于其他学者所估算的工业部门 CO_2 影子价格。这在一定程度上表明，即便中国钢铁行业有着巨大的减排潜力，但是相比于其他工业行业，钢铁行业发掘和实现上述减排潜力可能付出的代价会较高，在为其分配减排任务时，应该有所考虑。此外，对于钢铁行业来说，未来积极参与 CO_2 市场交易，也是其实现成本有效减排的可行途径。在全国 CO_2 市场交易的机制下，那些 CO_2 边际减排成本较低的行业或企业可以提升其减排活动水平，而其他减排成本较高的行业及企业则可以选择在 CO_2 排放权市场上购买 CO_2 配额完成其减排履约任务。

第 12 章　改进的影子价格估算非参数建模方法与应用

科学合理地评价能源和 CO_2 排放效率、识别节能减排潜力、估算 CO_2 排放的影子价格，是确定中国区域工业能源效率水平，发掘效率提升潜力和途径，以及探索 CO_2 排放边际减排成本的重要途径。本章介绍了一个基于非参数前沿面模型的污染排放外部性内部化建模机制，以及一个规避负向影子价格测算的方向向量修正机制，构建了一个改进的能源与 CO_2 排放效率测度模型，以及期望和非期望产出共同边际替代率寻优模型。基于该方法，本章对中国 30 个省份的主要城市在“十一五”时期的能源效率和碳排放绩效进行了建模评价，并采用修正的影子价格估算方法，对其工业部门的 CO_2 边际减排成本进行了估算*。

12.1　基于 DEA 的影子价格估算可能存在的问题

自 20 世纪 80 年代以来，DEA 方法已被广泛用于能源和环境效率评价研究，以及环境效率评价中非期望产出的建模过程，根据 Sahoo 等(2011)的研究，基于 DEA 的非期望产出建模方法可以简单分成两类，即直接采用原非期望产出数据并借助弱可自由处置性假设(Färe et al., 1989; Färe and Grosskopf，2003)进行建模，以及采用数据转换方法处理非期望产出或将非期望产出视为投入进行建模(Hailu and Veeman，2001; Seiford and Zhu，2002)。前者将非期望产出(如污染、CO_2 排放)视为弱可自由处置性及零联合性产出，而后者将非期望产出视为强可自由处置性投入性或产出。此处，弱可自由处置性假设代表期望及非期望产出，同时包括在生产效率评价的生产过程中，如果使用 $\boldsymbol{x}$、$\boldsymbol{g}$ 和 $\boldsymbol{b}$ 分别代表生产过程中的投入、期望产出和非期望产出，则弱可自由处置性的参考技术为 $T=\{(\boldsymbol{x},\boldsymbol{g},\boldsymbol{b}):\boldsymbol{x}$ 可生产 $(\boldsymbol{g},\boldsymbol{b})\}$，并且如果 $(\boldsymbol{x},\boldsymbol{g},\boldsymbol{b})\in T$ 且 $\theta\in[0,1]$，则有 $(x,\theta_g,\theta_b)\in T$。该定义表示非期望产出的任何减少可能导致期望产出的减少。

然而，如 Førsund(2008)、Murty 等(2012)、Leleu(2013)等指出的，上述常用

---

* 本章的部分内容曾发表于以下文章：

Wang K, Wei Y M. 2014. China's regional industrial energy efficiency and carbon emissions abatement costs. Applied Energy, 130: 617-631.

的技术均有可能导致出现投入、期望产出和非期望产出之间权衡关系的错误。例如，将非期望产出视为可自由处置性的投入，这种方法不满足有关期望和非期望产出的联合性假设，而联合性是一种应该被遵循的、直观且在经济上合理的假设，即非期望产出的任何减少一定意味着有效的DMU期望产出的同时减少，也就是说，非期望产出不能被完全自由处置，不能在不影响期望产出的情况下任意降低非期望产出。因此，许多研究对将非期望产出视为可自由处置性的投入这一方法提出了质疑。

又如非期望弱可自由处置性假设方法，其对期望及非期望产出的联合性进行了明确建模。然而，在该方法中未对非期望产出的影子价格进行约束，从给出合理的经济学解释的视角出发，在实际建模分析非期望产出时，不对非期望产出的影子价格进行约束的做法并不恰当。例如，污染物等非期望产出的排放，应被视为给决策者带来了成本，即非期望产出的影子价格不应该为零或为负，非正的非期望产出的影子价格是不合理的，因为如果非期望产出的影子价格为负，则期望产出及非期望产出均能带来正的收益，此时站在经济学角度，非期望产出将失去其“非期望”的属性(Leleu，2013)。

另外，使用产出导向的方向距离函数进行建模时，恰当的距离函数方向选择可以同时确保非期望产出的减少及期望产出的增加，但还不足以确保非期望产出被赋予适当的影子价格。

12.2　改进的影子价格估算非参数模型

为解决上述问题，本章介绍改进的影子价格估算非参数模型。Färe 和Grosskopf(2003)的弱可自由处置性非期望产出模型如式(12-1)所示：

$$
\begin{aligned}
&\max \delta \\
&\text{s.t.}\ \sum_{j=1}^{n}\lambda_j g_{rj} \geqslant g_{rj_0} + \delta d_r^g, r=1,2,\cdots,s \\
&\quad\ \sum_{j=1}^{n}\lambda_j b_{fj} = b_{fj_0} - \delta d_f^b, f=1,2,\cdots,h \\
&\quad\ \sum_{j=1}^{n}\lambda_j x_{ij} \leqslant \theta x_{ij_0}, i=1,2,\cdots,m \\
&\quad\ \sum_{j=1}^{n}\lambda_j = \theta \\
&\quad\ \lambda_j \geqslant 0, j=1,2,\cdots,n \\
&\quad\ 0 \leqslant \theta \leqslant 1
\end{aligned}
\tag{12-1}
$$

在模型(12-1)中，$\mathrm{DMU}_j(j=1,\cdots,n)$的投入、期望产出及非期望产出分别用$\boldsymbol{x}=(x_{1j},x_{2j},\cdots,x_{mj})$，$\boldsymbol{g}=(g_{1j},g_{2j},\cdots,g_{sj})$和$\boldsymbol{b}=(b_{1j},b_{2j},\cdots,b_{hj})$表示。$\lambda_j$为通过凸组合连接投入和产出的强度变量。$\theta$ 与模型中第 4 项约束共同用于对规模报酬可变(variable returns to scale, VRS)假设进行建模。$\boldsymbol{d}=(d_r^g,d_f^b)$ $(r=1,2,\cdots,s;f=1,2,\cdots,h)$为方向向量，$\delta$ 为与选定方向相关的期望及非期望产出效率的度量。应注意，模型(12-1)中非期望产出相关的约束(第 2 项约束)为等式约束，其表明该非期望产出的影子价格不受约束[具体可参见模型(12-1)的对偶模型(Leleu，2013)。

为应对上述非期望产出的影子价格不受约束的问题，Leleu(2013)提出了一个稍有异于模型(12-1)的 VRS 条件下保证非期望产出的影子价格非负的弱可自由处置性非期望产出模型(12-2)。模型(12-2)与模型(12-1)基本等价，但具有不同的表现形式，正是这种新的表现形式，导致了对弱可自由处置性和效率测度的经济含义的新解释。

$$
\begin{aligned}
&\max \delta \\
&\text{s.t. } \sum_{j=1}^{n}\lambda_j(g_{rj}-g_{rj_0})\geqslant \sigma g_{rj_0}+\delta d_r^g, r=1,2,\cdots,s \\
&\sum_{j=1}^{n}\lambda_j(b_{fj}-b_{fj_0})\leqslant \sigma b_{fj_0}-\delta d_f^b, f=1,2,\cdots,h \\
&\sum_{j=1}^{n}\lambda_j(x_{ij}-x_{ij_0})\leqslant 0, i=1,2,\cdots,m \\
&\sum_{j=1}^{n}\lambda_j+\sigma=1 \\
&\lambda_j\geqslant 0, j=1,2,\cdots,n \\
&\sigma\geqslant 0
\end{aligned}
\tag{12-2}
$$

模型(12-2)中$\boldsymbol{x}$、$\boldsymbol{g}$、$\boldsymbol{b}$、λ、δ和$\boldsymbol{d}$的定义与模型(12-1)相同，σ 与第 4 项约束共同用于对 VRS 假设进行建模。如果非期望产出相关约束(第 2 项约束)中的不等号被等号取代，则模型(12-2)完全等价于模型(12-1)。类似于模型(12-1)，可以发现，模型(12-2)旨在通过调整共同的 δ 尽可能地增加期望产出、压缩投入和非期望产出，这表明模型(12-1)和(12-2)给出的均是基于方向距离函数的径向调节测度的效率值。

模型(12-2)的对偶模型如式(12-3)所示，基于该对偶模型可以得到有关弱可自由处置性非期望产出的有意义的经济解释：

$$
\begin{aligned}
&\min \phi \\
&\text{s.t.}\ \left(\sum_{r=1}^{s} p_r^g g_{rj} - \sum_{f=1}^{h} p_f^b b_{fj} - \sum\nolimits_{i=1}^{m} p_i^x x_{ij}\right) \\
&\quad -\left(\sum_{r=1}^{s} p_r^g g_{rj_0} - \sum_{f=1}^{h} p_f^b b_{fj_0} - \sum_{i=1}^{m} p_i^x x_{ij_0}\right) \leqslant \phi, j=1,2,\cdots,n \\
&\quad \sum_{r=1}^{s} p_r^g d_r^g + \sum_{f=1}^{h} p_f^b d_f^b = 1 \\
&\quad \sum_{r=1}^{s} p_r^g g_{rj_0} - \sum_{f=1}^{h} p_f^b b_{fj_0} + \phi \geqslant 0 \\
&\quad p_r^g \geqslant 0, r=1,2,\cdots,s \\
&\quad p_f^b \geqslant 0, f=1,2,\cdots,h \\
&\quad p_i^x \geqslant 0, i=1,2,\cdots,m
\end{aligned}
\tag{12-3}
$$

在模型(12-3)中，前 n 个约束计算了参考的 DMU_j($j = 1,\cdots,n$)和当前被评价的 DMU_{j0} 之间的利润差异，ϕ 是上述利润差异的上限，可解释为当前被评价的 DMU_{j0} 的利润无效性的量度。模型(12-3)的优化目标是尽量降低各 DMU 的利润无效性。

模型(12-3)的最优化过程本质上是一个寻找与投入(x_{ij}, $i = 1,2,\cdots,m$)、期望产出($\boldsymbol{g}_{rj}$, $r = 1,2,\cdots,s$)及非期望产出(b_{fj},$f = 1,2,\cdots,h$)相关的最优影子价格的过程，上述影子价格分别由 p_i^x (i=1,2,$\cdots$,m)， p_r^g (r=1,2,$\cdots$,s)和 p_f^b (f=1,2,$\cdots$,h)表示。模型(12-3)中的第 n+1 个约束是归一化条件，确保所有投入和产出的影子价格的一致性。其后一个约束表示来自有效的期望及非期望产出的总收益必须为正。另外，需要注意，模型(12-3)中也包含了非期望产出的影子价格为非负的约束条件($p_f^b \geqslant 0$)。上述约束条件共同形成了模型(12-3)的经济含义：当且仅当期望产出产生的收益($p_r^g g_{rj}$)能够补偿非期望产出带来的成本($p_f^b d_{fj}^b$)时，才能正常开展生产活动。

模型(12-3)寻求增加期望产出的同时减少非期望产出，选择合适的方向向量 $\boldsymbol{d}$=(d_r^g, d_f^b) (r=1,2,$\cdots$,s; f=1,2,$\cdots$,h)是非常重要的，该方向向量也将保证所有被评价的 DMU 可以被投射到效率前沿面的特定区域，在该区域内非期望产出的影子价格即使在不被约束时也不会出现为负的情况。因此，在模型(12-2)和模型(12-3)中对非期望产出相关约束中符号的设置，以及方向向量的选择，可以视为对非期望产出强或弱可自由处置性假设，以及对非期望产出的影子价格为严格非负或可能为负假设的一种折中和权衡的手段。

在模型(12-2)中，如果最优目标值 $\delta^*=0$(且 $\sigma^*=1$)，则被评价的 DMU 在投入利用及期望产出和非期望产出的生产上是有效的，否则认为被评价的 DMU 是无效的($\delta^*>0$)，此时可以通过降低投入过剩(减少投入)、减少期望产出短缺(增加期望产出)，以及降低非期望产出过剩(减少排放)等手段促进其效率提升。相应的期望产出和非期望产出的效率测度，以及被评价 DMU 的集成效率测度，可以通过式(12-4)～式(12-7)中的定义实现：

$$\text{投入效率} = 1-\sigma^* \tag{12-4}$$

$$\text{期望产出效率} = \frac{g_{rj_0}}{g_{rj_0}+\delta^* d_r^g} \tag{12-5}$$

$$\text{非期望产出效率} = \frac{b_{fj_0}-\delta^* d_f^b}{b_{fj_0}} \tag{12-6}$$

$$\text{集成效率} = \frac{1}{m+s+h}\left[m(1-\sigma^*)+\sum_{r=1}^{s}\frac{g_{rj_0}}{g_{rj_0}+\delta^* d_r^g}+\sum_{f=1}^{h}\frac{b_{fj_0}-\delta^* d_f^b}{b_{fj_0}}\right] \tag{12-7}$$

此外，被评价的 DMU 的投入节省、期望产出扩展和非期望产出缩减的潜力可分别表示为 $\sigma^* x_i$、$\delta^* d_r^g$ 及 $\delta^* d_f^b$。类似于 Lee 等(2002)的研究，如果假设期望产出的影子价格等于其市场价格，则与上述期望产出相关(或用期望产出市场价格表征)的非期望产出的相对影子价格可采用 $p_f^b\big/p_r^g$。此类计算表示特定非期望产出的影子价格可作为该非期望产出和特定期望产出之间的边际替代率。此外，非期望产出的边际减排成本也可通过其影子价格表示。

12.3　工业部门能源效率测度及 CO_2 减排成本估算概述

实行改革开放以来，中国经济已经经历了近 40 年的快速增长。但是，经济的快速增长也导致了大量的能源消耗及 CO_2 排放。当前，中国已超越美国，成为世界上最大的能源消费国和 CO_2 排放国(BP，2011; Wang et al., 2013)。为了实现可持续发展，提高能源利用效率，控制温室气体排放，中国政府提出了“建设环境友好型和资源节约型社会”的战略目标，具体来说，在“十一五”和“十二五”期间，中国已经将节约能源和环境保护视为其优先的政策目标之一，两个时期能源强度(单位 GDP 能耗)降低目标分别被设定为 20%和 16%，而主要污染物排放总量(SO_2 等)减排目标分别被设定为 10%和 8%(SCC，2011)。此外，中国还提出了减排行动计划，包括截至 2020 年，实现 CO_2 排放强度(单位 GDP CO_2 排放量)比 2005 年降低 40%～45%。为了实现上述目标，在过去十年间，中国中央政府及各省政府颁布并实施了一系列有关能源利用、环境保护及 CO_2 减排的政策、法规和法律，以支持中国政府采取的相关措施。

2011 年发布的报告显示，在“十一五”期间，中国的能源强度下降了 19.1%，基本上实现了预期的 CO_2 减排目标。然而，在第“十二五”规划的前两年(2011 年和 2012 年)，全国的能源强度仅分别下降了 2.02%和 3.62%，都要低于为实现“十二五”计划总体目标而设置的年度减排目标(3.7%)。因此，本书在最初撰写时估计，中国政府的国家能源强度下降的负担依然很重。在这种情况下，有必要估算中国的能源和排放效率，衡量其节能减排潜力，并估算其 CO_2 减排成本，这可为确定能源利用和 CO_2 排放效率水平，以及效率提升潜力提供有用的信息，并为 CO_2 排放交易体系(已在北京、上海、天津、重庆、湖北、广东和深圳 7 个试点省份初步建立)中 CO_2 价格的评价，以及其他相关能源和环境政策制定提供决策支持。

本章，我们旨在评价中国主要城市的工业能源和 CO_2 排放效率。由于中国的工业部门是最大的能源消费者并产生了约 70%的 CO_2 排放，中国的工业部门能源和排放效率评价的重要性被认为比其他行业更加突出。此外，中国不同省份的自然资源禀赋、能源消费结构、工业结构和经济增长模式各异，而中国不同省份又具有不同的节能减排和环境保护政策措施，因此，对中国的主要省份的工业部门的能源和排放效率开展合理评价十分重要。

能源和排放效率评价往往采取效率指数的形式，DEA 被视为是评价各种 DMU 效率的有效方法。在能源和排放效率评价中，许多研究人员已经采用 DEA 模型(Zhou et al., 2008)。尤其是针对中国的能源和排放效率评价与影子价格估算，相当多的研究提供了重要的参考信息。例如，Wei 等(2007)通过基于 DEA 的 Malmquist 指数研究了中国钢铁行业的能源效率水平和变化情况；Wang 等(2012)结合两种非期望产出处理手段及 DEA 窗口分析技术，评价了中国 30 个省份的全要素能源和排放效率；Li 和 Hu(2012)通过基于松弛调节测度的 SBM-DEA 模型，测量了中国 30 个省份的能源环境效率；Li(2010)采用距离函数 DEA 方法分析了中国各省份的 CO_2 排放效率变化情况；此外，Wang 等(2013)测算了“十一五”期间中国的省际能源效率和能源生产力情况，他们的研究采用非径向方向距离函数方法，并且设计了代表推动节能、CO_2 减排和促进经济增长不同约束的三种优化方案，以分别测量能源效率情况；Yin 等(2014)利用超效率 DEA 模型并纳入非期望产出，衡量了中国省会城市的生态效率，该生态效率的评价结果又进一步被用作城市可持续发展水平的衡量指标；Jin 和 Lin（2014）使用经济产出和污染数据并通过 DEA 方法估算了中国各省份的环境技术效率，他们在研究中还进一步探讨了技术效率和工业污染控制措施对于中国各省份污染强度的影响；Wu 等（2012）基于环境 DEA 模型开发了几个静态和动态能源效率指标，并应用这些指标衡量中国各省份的工业能源效率；此外，Kaneko 等（2010）基于方向距离函数 DEA 方法估计了中国 SO_2 排放的影子价格，Ke 等（2010）采用方向距离函数 DEA 方法研究了中国工业废弃物的影子价格。

12.4　基于改进影子价格模型的工业 CO_2 减排成本估算

相比能源效率评价和其他大气污染物减排成本估算的研究，关注中国 CO_2 减排成本估算的研究较少。例如，Choi 等（2012）应用 SBM-DEA 方法评价了中国各省份的能源和排放效率，以及能源相关 CO_2 排放的边际减排成本；Lee 和 Zhang（2012）通过方向距离函数方法估算了中国 30 个制造业 CO_2 排放的影子价格。然而很少有研究关注中国城市工业部门的 CO_2 减排成本，因此本章我们利用 12.2 节介绍的改进 DEA 方法（Leleu，2013）并参照 Lee 等（2002）的建模过程，首先评价中国主要城市工业部门的能源和 CO_2 排放效率，其次衡量工业节能和 CO_2 减排潜力，并估计 2006～2010 年中国不同城市的工业 CO_2 减排成本。

12.4.1　中国城市工业部门效率评价背景和数据

本节应用模型（12-2）和模型（12-3），以及相关定义，对 2006～2010 年中国主要城市工业部门的能源和排放效率、能源和减排潜力及用影子价格表示的 CO_2 边际减排成本进行评价分析。

考虑到工业部门的生产过程，我们采用资本（工业企业固定资产净值）、劳动力（工业企业就业人数）及能源（工业企业能源消费总量）作为投入（$\boldsymbol{x}$）；采用工业企业增加值作为期望产出（$\boldsymbol{g}$）；采用工业 SO_2 排放总量和工业 CO_2 排放总量作为非期望产出（$\boldsymbol{b}$）。资本、劳动力、能源、工业企业增加值和 SO_2 排放数据来自中国统计年鉴、中国城市统计年鉴、中国环境统计年鉴、中国能源统计年鉴，以及此前的相关研究（Wu，2009; NBS，2007-2011a，2007-2011b，2007-2011c，2007-2011d）。CO_2 排放数据通过采用 IPCC（2006）、Liu 等（2010）、Wang 等（2012）中建议的方法和系数，以及中国主要城市工业部门化石能源消耗数据估算得到。所有货币量，包括固定资产和工业增加值，均转换为 2010 年不变价，并根据年均汇率转化为美元（2006～2010 年，人民币与美元的年均汇率分别为 7.945 元、7.760 元、7.045 元、6.835 元和 6.745 元人民币兑 1 美元）。工业企业的能源消耗总量包括所有类型的能源（煤、石油、天然气和电力），并且各类能源均已转换为标准煤单位。表 12-1 为上述投入和产出数据的描述性统计。

表 12-1 中国 30 个主要城市工业部门投入和产出数据的描述性统计（2006～2010 年）

投入和产出变量	工业企业固定资产净值/十亿美元	工业企业就业人数/万人	工业企业能源消费总量/百万吨标煤	工业企业增加值/十亿美元	工业 SO_2 排放总量/万吨	工业 CO_2 排放总量/百万吨
均值	19.44	60.455	16.90	16.48	11.284	39.62
极大值	119.66	295.630	58.56	90.44	71.154	116.23
极小值	1.30	4.410	0.05	0.98	0.009	0.09
标准差	21.04	59.286	12.08	16.20	11.491	28.02

为了便于分析讨论，根据经济发展和地理特征，我们将中国分为八大经济区：东北地区、北部沿海地区、东部沿海地区、南部沿海地区、黄河中游地区、长江中游地区、西南地区、西北地区。

沈阳、长春和哈尔滨三个工业型城市属于东北地区，该地区内各省份的自然条件和资源禀赋相近，且相互之间存在紧密的经济联系，然而，该地区不少城市面临资源枯竭的问题，需要升级其工业结构以便进一步发展。北部沿海地区主要城市包括两个直辖市——北京和天津，以及石家庄和济南两个省会城市，该地区是中国北方的战略要地，拥有较大的经济总量、良好的基础设施和便捷的交通体系、先进的科技基础及发达的教育条件，地理位置优越。

上海及两个发达省会城市南京和杭州位于东部沿海地区，该地区的现代化进程起步比中国其他地区更早，并与国外保持着更加紧密的经济关系，该地区还同时拥有丰富的自然资源和人力资本。南部沿海地区主要城市包括福州、广州和海口三个沿海城市，自从中国在 20 世纪 80 年代开始实施改革开放以来，它们是较早对外开放的城市，该地区的经济总量排在中国前列，并且该地区的工业部门发展较为完善。

西安、太原、郑州和呼和浩特四个中心城市位于黄河中游地区，该地区被认为是属于资源依赖型地区，具有丰富的煤炭和天然气资源，同时该地区每年向邻近省份输送大量的电力，然而，该地区对于国际市场的开放程度相对较低，其工业结构升级和能源消费结构调整的负担较重。长江中游地区拥有适合于农业生产的最佳自然条件，并保持着最高的人口密度，武汉和长沙是该地区最重要的工业基地，南昌及合肥也是中国中部地区的大型工业城市，类似于黄河中游地区，该地区对于国际市场的开放程度也相对较低，同时面临着产业转型的较大压力。

昆明、贵阳、成都、重庆和南宁五个城市位于相对偏远的西南地区，该地区经济仍处于高速发展阶段，基础设施和交通体系正在不断完善，该地区为少数民族聚居区，其贫困程度要高于中国东部和中部地区，但是，该地区拥有丰富的可再生能源资源，如水电和生物质能，并且与东南亚国家保持着紧密的贸易关系。西北地区的主要城市兰州、西宁、宁夏和乌鲁木齐都属于内陆城市，自然条件相对恶劣，特别是缺水问题较为突出，该地区幅员辽阔，人口稀少，并且市场规模较小，当前，该地区凭借其丰富的石油和天然气资源禀赋，已发展成为中国最大的能源生产基地，该地区还是中国与能源丰富的中亚国家之间开展进一步能源合作的纽带。

12.4.2　中国城市工业部门能源和排放效率

在上述背景下，采用表 12-1 中的投入和产出数据，并通过模型(12-2)和效率定义式(12-4)～式(12-7)，测算了中国 30 个主要城市工业部门的能源和排放集成效率(全要素能源和排放效率)，以及作为其组成部分的投入效率(能源利用效率)、期望产出效率(生产效率)和非期望产出效率(CO_2 排放效率)，并进一步估算了各城市工业部门的节能潜力和 CO_2 减排潜力。由于缺乏数据，西藏和港澳台地区未包括在本章中。表 12-2 为相关的评价结果。

1. 全要素能源和排放集成效率

表 12-2 列出了有关中国主要城市 2006～2010 年的全要素能源和排放集成效率分地区情况，可以看出，北部沿海地区城市工业部门的 5 年平均效率得分为 0.9477，在所有地区中居首位，其次为南部沿海地区，平均得分为 0.9391，而东部沿海地区的平均得分为 0.9353。相反，西北地区城市工业部门的 5 年平均效率得分最低，仅为 0.5488，而西南地区的得分也较低，为 0.7011。平均来看，全要素能源和排放效率方差为 0.399，中国沿海城市的工业部门表现最好，西部地区城市表现最差，长江和黄河中游地区城市和东北地区城市排名居中。

图 12-1 为中国 30 个主要城市工业部门的 5 年平均全要素能源和排放集成效率情况。从图 12-1 中可以看出，天津的效率得分最高(0.988)，其次是海口、上海、广州、沈阳，其效率得分都在 0.95 以上。这些城市(除海口外)都属于中国的经济发达城市，也表现出了更高的全要素能源和排放集成效率。虽然海口不属于经济发达城市，但其经济主要依靠第一和第三产业，工业能源消耗和 CO_2 排放相对较低，可能导致了其较高的全要素能源和排放集成效率。包括上述 5 个城市在内，中国总共有 14 个城市的全要素能源和排放集成效率得分在 0.90 以上，它们的平均效率得分为 0.945。这表明在 2006～2010 年，如果这些城市的工业部门能够运行在能源利用、CO_2 排放和生产技术的有效前沿面上，大约一半的中国主要城市工业部门可以释放出约 5%的全要素能源和排放集成效率增长潜力。

表 12-2　中国主要城市工业能源和排放效率

效率	区域	2006 年		2007 年		2008 年		2009 年		2010 年		5 年平均值	
		得分	排名	得分	排名	得分	排名	得分	排名	得分	排名	得分	排名
全要素能源和排放效率	东北地区	0.7458	5	0.8107	5	0.7920	6	0.8802	5	0.9274	5	0.8312	6
	北部沿海地区	0.8930	1	0.9333	3	0.9576	1	0.9703	1	0.9841	1	0.9477	1
	东部沿海地区	0.8902	2	0.9409	2	0.9371	3	0.9505	4	0.9577	4	0.9353	3
	南部沿海地区	0.8677	3	0.9505	1	0.9537	2	0.9539	3	0.9695	3	0.9391	2
	黄河中游地区	0.7484	4	0.8635	4	0.8552	5	0.8390	6	0.8643	6	0.8341	5
	长江中游地区	0.7271	6	0.7669	6	0.8849	4	0.9597	2	0.9697	2	0.8617	4
	西南地区	0.6396	7	0.6911	7	0.7035	7	0.7213	7	0.7501	7	0.7011	7
	西北地区	0.4829	8	0.4888	8	0.5027	8	0.6002	8	0.6694	8	0.5488	8
	30 个主要城市平均值	0.7371	—	0.7924	—	0.8123	—	0.8479	—	0.8755	—	0.8130	—
能源利用效率	东北地区	0.7809	5	0.7904	5	0.8164	6	0.8631	6	0.9170	6	0.8336	5
	北部沿海地区	0.9578	2	0.9532	4	0.9812	3	0.9898	3	1.0000	2.5	0.9764	3
	东部沿海地区	1.0000	1	1.0000	1.5	1.0000	1.5	1.0000	1.5	1.0000	2.5	1.0000	1
	南部沿海地区	0.8908	3	1.0000	1.5	1.0000	1.5	1.0000	1.5	1.0000	2.5	0.9782	2
	黄河中游地区	0.8263	4	0.9544	3	0.9311	4	0.9076	5	0.9400	5	0.9119	4
	长江中游地区	0.6452	6	0.6388	6	0.8689	5	0.9737	4	1.0000	2.5	0.8253	6
	西南地区	0.6310	7	0.6335	7	0.6597	7	0.6578	7	0.6958	7	0.6555	7
	西北地区	0.4326	8	0.3644	8	0.3802	8	0.4483	8	0.5332	8	0.4318	8
	30 个主要城市平均值	0.7539	—	0.7727	—	0.8131	—	0.8385	—	0.8708	—	0.8098	—

续表

效率	区域	2006 年		2007 年		2008 年		2009 年		2010 年		5 年平均值	
		得分	排名	得分	排名	得分	排名	得分	排名	得分	排名	得分	排名
CO_2 排放效率	东北地区	0.7349	5	0.8515	5	0.7925	6	0.9081	5	0.9469	4	0.8468	5
	北部沿海地区	0.8509	2	0.9290	1	0.9460	1	0.9606	1	0.9739	1	0.9321	1
	东部沿海地区	0.8058	4	0.9021	4	0.8937	4	0.9178	4	0.9306	5	0.8900	4
	南部沿海地区	0.8662	1	0.9172	2	0.9225	2	0.9192	3	0.9480	3	0.9146	2
	黄河中游地区	0.6807	6	0.7866	6	0.7954	5	0.7817	7	0.8029	8	0.7694	6
	长江中游地区	0.8339	3	0.9102	3	0.9151	3	0.9566	2	0.9503	2	0.9132	3
	西南地区	0.6654	7	0.7654	7	0.7684	7	0.8054	6	0.8238	6	0.7657	7
	西北地区	0.5325	8	0.6257	8	0.6386	8	0.7679	8	0.8200	7	0.6769	8
	30 个主要城市平均值	0.7380	—	0.8282	—	0.8283	—	0.8710	—	0.8928	—	0.8316	—
生产效率	东北地区	0.6625	5	0.7900	5	0.7178	6	0.8758	4	0.9195	3	0.7931	5
	北部沿海地区	0.7827	2	0.8823	1	0.9103	1	0.9314	1	0.9568	1	0.8927	1
	东部沿海地区	0.7297	4	0.8414	4	0.8353	4	0.8677	5	0.8851	5	0.8318	4
	南部沿海地区	0.8014	1	0.8688	2	0.8774	2	0.8850	3	0.9208	2	0.8707	2
	黄河中游地区	0.6500	6	0.7446	6	0.7469	5	0.7481	6	0.7602	8	0.7299	6
	长江中游地区	0.7591	3	0.8649	3	0.8727	3	0.9242	2	0.9175	4	0.8677	3
	西南地区	0.6133	7	0.7150	7	0.7053	7	0.7437	7	0.7655	7	0.7086	7
	西北地区	0.5344	8	0.5885	8	0.5984	8	0.7205	8	0.7770	6	0.6438	8
	30 个主要城市平均值	0.6851	—	0.7799	—	0.7777	—	0.8300	—	0.8550	—	0.7855	—

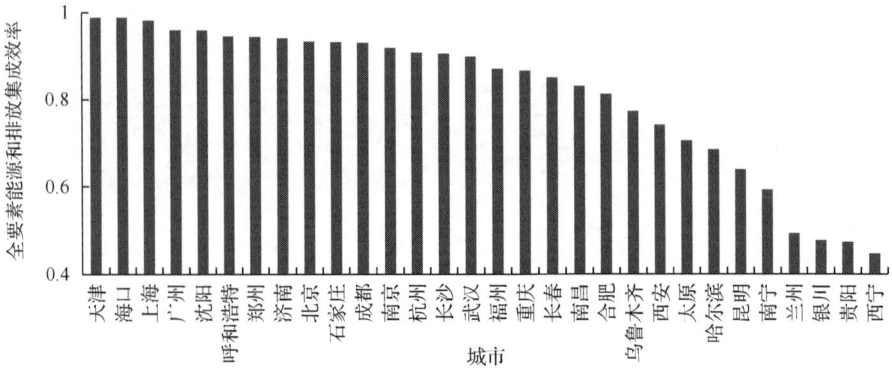

图 12-1　中国 30 个主要城市工业部门的 5 年平均全要素能源和排放集成效率情况

与此相反，也有 10 个城市的工业部门全要素能源和排放集成效率得分低于 0.80，其平均效率得分仅为 0.604。这意味着，如果它们能够在有效前沿面上运行，这些城市的工业部门还可以实现平均约 40%的全要素能源和排放集成效率增长。在这 10 个城市中，西宁的全要素能源和排放集成效率得分(0.448)最低，其次是贵阳、银川、兰州和南宁，其效率得分都低于 0.60。所有这些城市都位于中国的西北和西南地区，被认为是中国经济最不发达的地区。我们进一步使用非参数单侧秩和检验分析区域间效率的差异，结果表明，5 个表现最好的城市(天津、海口、上海、广州和沈阳)和 5 个表现最差的城市(西宁、贵阳、银川、兰州和南宁)的工业部门之间存在显著的全要素能源和排放集成效率差异(显著性水平为 1%)，这表明截至 2010 年，从区域工业全要素能源和排放集成效率的角度来看，中国工业部门的发展水平仍然存在较明显的区域不平衡性。

图 12-2 为中国 30 个主要城市全要素能源和排放集成效率变化及分解后的变化情况。可以发现，尽管中国主要城市工业部门之间仍存在较大的效率差异，但中国 30 个主要城市工业部门的平均全要素能源和排放集成效率从 2006 年的 0.737

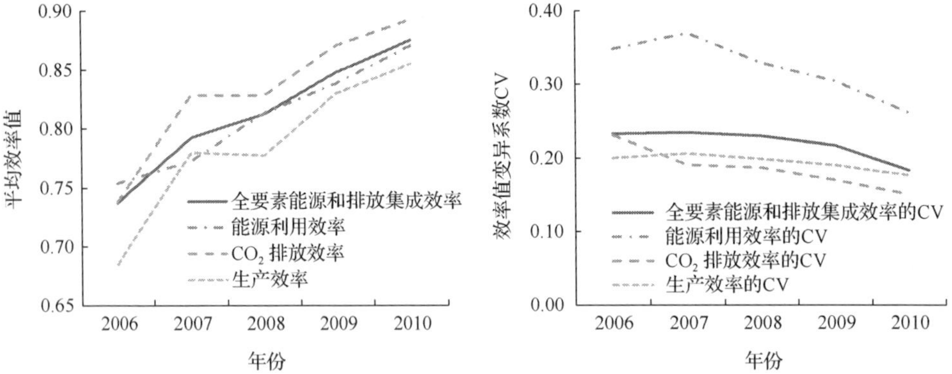

图 12-2　中国 30 个主要城市工业全要素能源和排放集成效率变化及分解后的变化情况

持续增长到 2010 年的 0.875。此外，这些城市的全要素能源和排放集成效率的变异系数从 2006 年的 0.23 下降至 2010 年的 0.18，这表明区域间发展不平衡的问题已经开始有所缓解。

此外，从图 12-2 中还可以看出，对于中国各大城市的工业部门而言，在研究期间的绝大多数时间内，平均能源利用效率低于平均 CO_2 排放效率，这表明，在现阶段促进能源利用效率的提升，对推进中国主要城市工业部门全要素能源和排放集成效率的提升，将发挥更显著的作用。

2. 能源利用效率和 CO_2 排放效率

按照 12.2 节所给出的效率定义，全要素能源和排放集成效率，可被分解为能源利用效率、CO_2 排放效率、生产效率三个部分。如图 12-2 所示，从 2006～2010 年，所有上述效率值都有所增加，其中，在该时期，能源利用效率是每年持续提升的，2006～2007 年，CO_2 排放效率和生产效率有所提升，但在 2008 年的全球金融危机期间，CO_2 排放效率和生产效率出现了暂时的轻微下降，随后从 2009 年开始，CO_2 排放效率和生产效率又恢复到了提升的轨道中。此外，在同一时期，能源利用效率和 CO_2 排放效率的 CV 都有所减小，能源利用效率的 CV 从 0.35 减小到 0.26，同时 CO_2 排放效率的 CV 从 0.23 减小到 0.15，表明中国不同地区城市工业部门之间的差距已经开始缩小，这种变化不仅表现在全要素能源和排放集成效率方面，而且表现在分解的能源利用效率和 CO_2 排放效率方面。地区间效率差异的减小，将对促进不同区域的均衡发展起到非常重要的作用。

图 12-3 为 2006～2010 年，中国 30 个主要城市工业平均 CO_2 排放效率和能源利用效率值。关于能源利用效率，有 11 个城市的工业部门的能源利用效率值达到

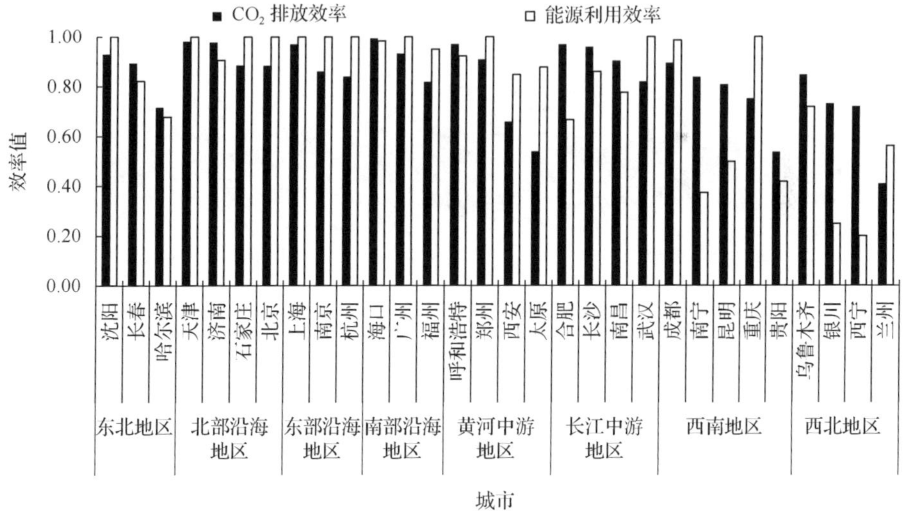

图 12-3　2006～2010 年中国 30 个主要城市工业平均 CO_2 排放效率和能源利用效率值

1，其中 7 个城市(如天津和上海)位于沿海地区，仅有 1 个城市(重庆)位于西部地区。在此期间，中国 30 个主要城市的平均能源利用效率值都处于 0.1999(西宁)～1(沈阳、广州等)，总体的平均能源利用效率值为 0.810，说明如果所有这些城市的工业部门，都能够在能源利用效率前沿面上运行，则可以整体上带来平均近 19%的能源利用效率提升，进而释放出可观的工业能源节约量。

类似地分析 CO_2 排放效率，从图 12-3 可以发现，没有任何一个城市工业部门的 CO_2 排放效率值达到 1，最高的平均 CO_2 排放效率来自海口，而最低的平均 CO_2 排放效率值来自兰州，所有城市工业部门的 CO_2 排放效率值都处在 0.411～0.994。有 11 个城市工业部门的 CO_2 排放效率值在 0.90 以上，其中 5 个城市是沿海地区的城市，而另外 5 个城市位于黄河中游和长江中游地区。2006～2010 年，所有这 30 个城市工业部门的 CO_2 排放效率值的平均值为 0.832，说明如果所有这些城市的工业部门，都能够在 CO_2 排放效率的前沿面上运行，则可以整体上带来平均约 17%的 CO_2 排放效率提升，同时释放出相同比例的 CO_2 减排潜力。

图 12-4 是按照中国 8 个经济区域整理的主要城市工业能源利用效率箱线图。图中显示其中 4 个地区的能源利用效率值中位数最高(效率值均达到 1)，这 4 个地区分别是：北部沿海地区、东部沿海地区、南部沿海地区、长江中游地区。这 4 个地区的能源利用效率值中位数高于黄河中游地区的能源利用效率值中位数(0.930)，而东北地区的能源利用效率值中位数(0.809)和西南地区的能源利用效率值中位数(0.513)紧随其后，西北地区的能源利用效率值中位数(0.375)是最低的。

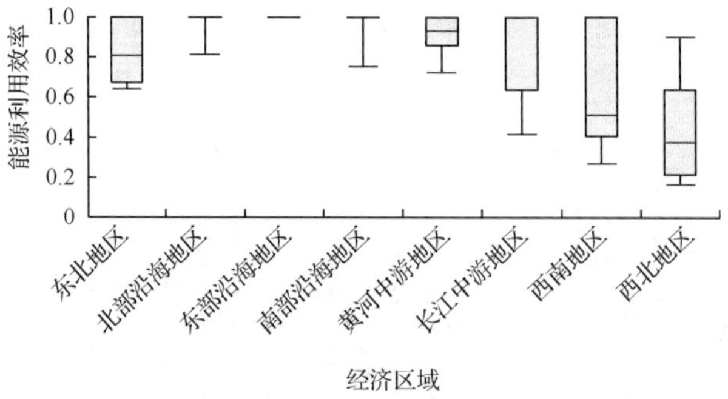

图 12-4　中国 8 个经济区域主要城市工业能源利用效率箱线图

对于能源利用效率值的差异而言，西南地区的能源利用效率值差异最大，长江中游地区和西北地区的能源利用效率值差异排在西南地区之后。而在东北地区、黄河中游地区、南部沿海地区和北部沿海地区，其能源利用效率值差异相对较小。总体而言，相比于北方地区，以及黄河和长江中游地区，沿海地区内部各主要城市的工业能源利用效率值水平更高、分布更集中。相反，西北地区内部各主要城市的工业能源利用效率值是中国所有城市中水平最低，且分布最分散的。这些结果表明，相比中国发达的沿海地区城市，西北地区城市提高工业能源利用效率和降低区域内部城市间工业发展不平衡性的负担更加沉重。

图 12-5 为中国 8 个经济区域主要城市工业 CO_2 排放效率箱线图。各地区均没有 CO_2 排放效率值中位数达到 1 的情况出现，而且在这 8 个区域之间，与能源利用效率值中位数的差异相比，其 CO_2 排放效率值中位数的差异要小一些，CO_2 排放效率值中位数介于 0.712(西北地区)～0.951(南部沿海地区)。此外，在北部沿海地区和长江中游地区，CO_2 排放效率值的中位数相对较高(在 0.90 以上)，而在东北地区、西南地区和黄河中游地区，CO_2 排放效率值中位数都低于 0.85。

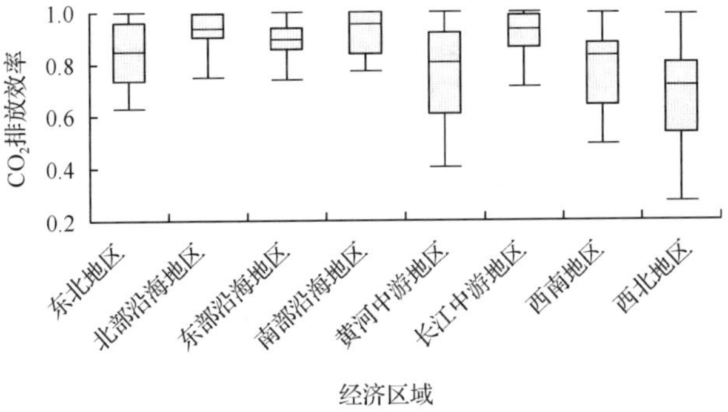

图 12-5 中国 8 个经济区域主要城市工业 CO_2 排放效率箱线图

从图 12-5 中也可以看出，西北地区 CO_2 排放效率值的差异最大，而黄河中游地区、西南地区和东北地区 CO_2 排放效率值的差异，排在西北地区之后。其余 4 个地区 CO_2 排放效率值的差异相对较小。以上结果说明，西部地区和黄河中游地区的城市未来提升其工业部门 CO_2 排放效率的任务最为艰巨，此外，上述地区内部城市间工业部门的均衡发展也应得到足够的重视。

根据各主要城市工业能源利用效率和 CO_2 排放效率的 5 年平均值，我们将 30 个城市按照能源效率和 CO_2 排放效率的高低(以效率中位数划分高低)，分为四个组别，分类结果见表 12-3。

表 12-3 主要城市工业能源利用效率和 CO_2 排放效率分组

组别	高能源利用效率	低能源利用效率
高 CO_2 排放效率	沈阳[1]、天津[2]、石家庄[2]、北京[2]、上海[3]、海口[4]、广州[4]、呼和浩特[5]、郑州[5]、成都[7]	长春[1]、济南[2]、合肥[6]、长沙[6]、南昌[6]
低 CO_2 排放效率	南京[3]、杭州[3]、福州[4]、武汉[6]、重庆[7]	哈尔滨[1]、西安[5]、太原[5]、南宁[7]、昆明[7]、贵阳[7]、乌鲁木齐[8]、银川[8]、西宁[8]、兰州[8]
地区标注	1-东北地区；2-北部沿海地区；3-东部沿海地区；4-南部沿海地区；5-黄河中游地区；6-长江中游地区；7-西南地区；8-西北地区	

其中值得注意的是，几乎所有的北部沿海地区城市都属于双高效率组(仅有济

南例外)；而所有的西北地区城市都属于双低效率组；在黄河中游地区，有两个城市(呼和浩特和郑州)属于双高效率组，其余两个城市(西安和太原)则属于双低效率组；东部和南部沿海地区的所有城市，都属于高能源效率组，其中上海、海口和广州也在高排放效率组中；在西南地区，经济相对发达的城市(成都和重庆)属于高能源效率组，而其他三个经济不发达的城市(南宁、昆明和贵阳)仍处于双低效率组中；长江中游地区的城市均属于低–高(或高–低)效率组，这些城市均未能同时达到能源利用有效和 CO_2 排放有效。

高能源利用效率，但低 CO_2 排放效率的城市，特征是其工业能源消费结构属于高碳强度型，与双高效率组的城市相比，其工业部门能源消费中的煤炭消费占比偏高。相反的，低能源利用效率，但高 CO_2 排放效率的城市，特征是其工业部门的能源强度较低，进而导致其工业部门排放的 CO_2 相对较少，但这些城市工业生产中的能源利用效率与双高效率组的城市相比要低。

3. CO_2 排放效率和经济发展关系浅析

一些已有的关于中国区域环境(或 CO_2 排放)库兹涅茨(EKC 或者 CKC)曲线的研究指出在污染物(如 SO_2、NO_x、废水和固体废物)排放水平或 CO_2 排放水平与经济发展水平之间，存在着一个倒 U 形的关系(Auffhammer and Carson，2008; Song et al., 2008)。也就是说，随着经济发展水平的提升，经济对环境的负面影响呈现一个先升高后降低的趋势，经济增长首先带来环境压力的提升，当达到一定阈值之后，经济的进一步发展又会使得环境压力下降(Dinda，2004)。EKC 曲线揭示出一个国家或地区经济发展水平变化时，其环境质量变化的规律性。

本章，我们进一步简要分析各地区工业 CO_2 排放效率与经济发展之间是否存在上述 EKC 关系。其中，各地经济发展水平分别用中国 30 个主要城市的人均工业增加值(IVAPC)和人均 GDP(GDPPC)来表示。通过使用模型(12-2)和定义式(12-6)，计算出工业 CO_2 排放效率值，同时，通过借助《中国城市统计年鉴》的数据计算得到各地区各年的 IVAPC 和 GDPPC 数值，相关数据均转换为 2010 年不变价。

本章首先使用的 EKC 回归模型如式(12-8)所示：

$$\mathrm{CO_2}E_i = c_i + \beta_1 \mathrm{IVAPC}_i + \beta_2 \mathrm{IVAPC}_i^2 + \beta_3 \mathrm{IVAPC}_i^3 + \varepsilon_i \tag{12-8}$$

式中，CO_2E 为工业 CO_2 排放效率值；下标 i 为一个城市的工业部门；c 为常数项；β 为解释变量的系数；ε 为一个随机误差项。

利用面板最小二乘横截面固定效应方法得到的回归结果显示，所有变量的系数都不显著地区别于零，因此，虽然可以得到关于 IVPAC 一次项的一个正系数、二次项的一个负系数、三次项的一个正系数，但是无法由此确定在中国主要城市工业部门的 CO_2 排放效率和人均工业增加值水平之间存在环境 EKC 关系。

其次，本章使用另一个 EKC 回归模型，用于分析各地区工业 CO_2 排放效率和地区经济发展水平之间的关系：

$$CO_2E_i = c_i + \beta_1 \text{GDPPC}_i + \beta_2 \text{GDPPC}_i^2 + \beta_3 \text{GDPPC}_i^3 + \boldsymbol{\eta} \mathbf{z}_i + \varepsilon_i \tag{12-9}$$

式中，CO_2E 为工业 CO_2 排放效率值；下标 i 为一个城市的工业部门；c 为常数项；β 为解释变量的系数；z 为可能影响工业 CO_2 排放效率的其他因素向量；η 为其他解释变量的系数向量；ε 为一个随机误差项。

图 12-6 为利用面板最小二乘横截面固定效应方法得到的回归结果，表明在 CO_2 排放效率和 GDPPC 之间，可能存在着一个 N 形的关系。

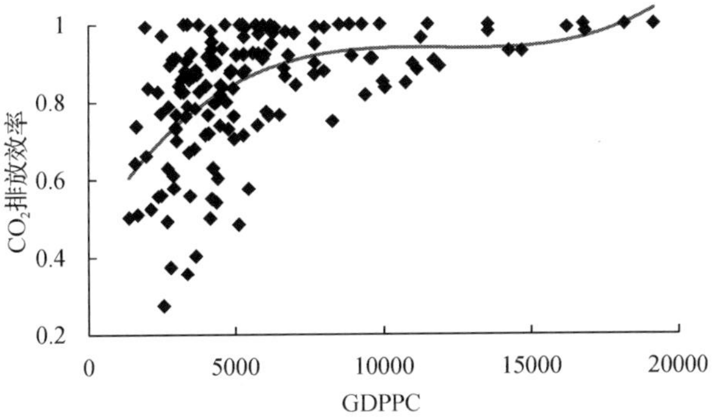

图 12-6　利用面板最小二乘横截面固定效应方法得到的工业 CO_2 排放效率和人均 GDPPC 之间的关系

如表 12-4 中第 2 列所示，GDPPC 的一次项系数为正、二次项系数为负、三次项系数为正，意味着在经济增长的早期阶段，CO_2 排放效率随之提高，之后 CO_2 排放效率会经历一个增长放缓甚至降低的阶段，而当经济增长达到一个特定的更高水平之后，CO_2 排放效率又会进一步提升。表 12-4 中，所有的估算系数都在 5%的显著性水平下区别于零，R^2 和调整后 R^2 值都较高，同时 D-W 值接近于 2，说明残差项是独立的。

表 12-4　环境(碳)EKC 曲线的系数估计

变量	回归 1	回归 2
c	0.4868*** (16.957) [0.000]	0.4128*** (11.046) [0.000]
GDPPC	0.1076*** (9.322) [0.000]	0.0953*** (7.777) [0.000]

续表

变量	回归 1	回归 2
$GDPPC^2$	–0.0085*** (–6.456) [0.000]	–0.0071*** (–4.701) [0.000]
$GDPPC^3$	0.0002*** (5.363) [0.000]	0.0002*** (3.727) [0.0003]
ENEPC	—	0.0374*** (3.234) [0.0016]
R^2	0.995	0.997
Adj – R^2	0.994	0.996
F	782.174 [0.000]	1029.623 [0.000]
D-W	1.852	1.894

注：在圆括号和方括号中的数值分别为 t 统计量和 P 值；D-W 为 Durbin-Watson 统计量；**和***分别为 5%和 1%的显著性水平。

上述结果说明在中国 31 个主要城市工业部门的 CO_2 排放效率和 GDPPC 之间可能存在着近似的环境(碳)EKC 曲线关系。根据三次方程的特点，可在点 GDPPC=12052 美元处，得到 N 形 EKC 曲线的转折点，然而由于本章中 EKC 曲线是一条单调递增的曲线，所以在这条 EKC 曲线上，没有任何拐点。这一结果说明，工业 CO_2 排放效率会随着中国 31 主要城市的经济发展而持续提高，只是在这个过程中，当 GDPPC 低于 12052 美元时，随着 GDPPC 的提高，工业 CO_2 排放效率的提升速度将放缓，而且当 GDPPC 超过 12052 美元时，随着 GDPPC 的提高，工业 CO_2 排放效率的提升速度将加快。

表 12-4 的第 3 列给出了基于另一个面板最小二乘横截面固定效应方法所得到的回归结果，其中，人均工业能源消耗量(ENEPC)是一个新增的变量。该回归结果也揭示出，在 CO_2 排放效率和 GDPPC 水平之间存在着一个 N 形关系。同样的，在这条 EKC 曲线上没有任何拐点，而在 GDPPC=12341 美元的位置可以得到一个转折点。根据上述两个回归方程的计算结果，我们可以得出如下判断，在中国 31 个主要城市中，环境(碳)EKC 曲线存在于工业 CO_2 排放效率水平和 GDPPC 水平之间，而且工业 CO_2 排放效率随着 GDPPC 水平的提高而增加，特别是当 GDPPC 达到 12052～12341 美元水平时，工业 CO_2 排放效率的提高速度将加快。

在 CO_2 排放效率和 GDPPC 水平之间存在 N 形关系的可能原因如下所述。在最近 10 年，中国经济发展阶段中的前期，工业部门的能源利用效率已显著提升，导致了工业企业增加值的提高比工业能源消耗量和相关 CO_2 排放的增加更快。但是，在随后的经济波动下行期间，大量的能源密集型工业项目得到批准并开始投资兴建，在促进工业新一轮发展的同时，也推动了工业领域能源消耗和CO_2排放的快速上升，这一时期，CO_2排放效率的提升受到抑制，甚至出现短暂的中断现象。在此之后，当经济增长速度恢复到一定的水平时，政府部门开始注意到，此前为刺激经济增长而造成的能源消费快速增加和污染加剧是不可持续的，所以开始实施更加严格的环境规制和CO_2排放控制措施，特别是在经济发达地区，政府甚至已经将节能减排和控制CO_2排放放在经济工作的突出位置，进而使得工业部门CO_2排放效率又回到持续提升的轨道中。

12.4.3 中国城市工业部门节能减排潜力

按照12.2节所提出的效率测度方法，利用模型(12-2)的最优解，可以进一步计算出投入减少、期望产出增加、非期望产出下降的潜力。图12-7和图12-8分别为2006～2010年，中国8个经济区域主要城市工业部门的节能潜力、理论节能目标及各区域节能潜力占比情况。

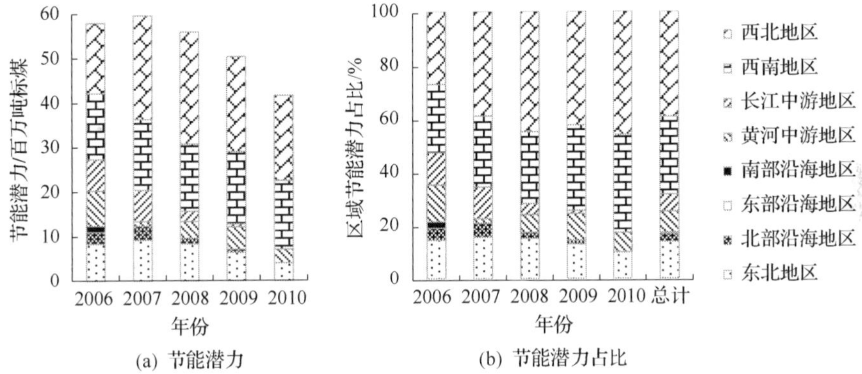

(a) 节能潜力 (b) 节能潜力占比

图12-7 2006～2010年中国8个经济区域主要城市工业部门的节能潜力及区域节能潜力占比情况

如图12-7(a)所示，2006年中国30个主要城市工业部门的节能潜力总计达到57.89百万吨标煤，在2007年进一步增加到59.62百万吨标煤，在此之后，中国30个主要城市工业部门的节能潜力，从2008年的55.93百万吨标煤持续减少到2010年的41.65百万吨标煤。如图12-7(b)所示在8个经济区域中，西北地区城市工业部门的节能潜力占比最高，达到39%，西南地区和东北地区城市工业部门的节能潜力占比分别为29%和14%，排名为第二位和第三位。在2006～2010年，上述3个地区城市工业部门的节能潜力，在所有中国30个主要城市工业部门的节能潜力中，所占的比例基本都超过80%。其他几个区域30个主要城市工业部门的节能潜力相对较低，所占比重均在10%以下。

图12-8给出了部分年份中国8个经济区域主要城市工业部门的节能潜力和理

论节能目标，综合来看，北部地区和东部沿海地区城市的工业部门由于其能源利用效率相对其他地区较高，其节能潜力较小，但考虑到上述地区工业部门较其他地区更高的能源消费总量，其节能潜力的发掘仍不可忽视。

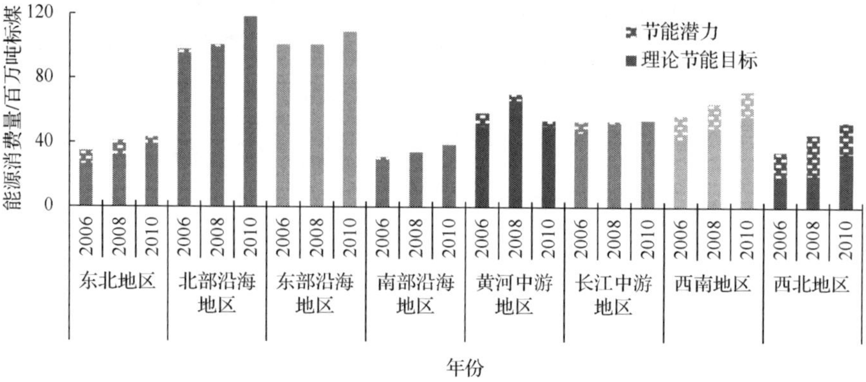

图 12-8　2006～2010 年中国 30 个主要城市工业部门的节能潜力及理论节能目标情况

图 12-9 和图 12-10 分别为 2006～2010 年，中国 8 个经济区域主要城市工业部门的 CO_2 减排潜力、理论 CO_2 减排目标及各区域 CO_2 减排潜力占比情况。

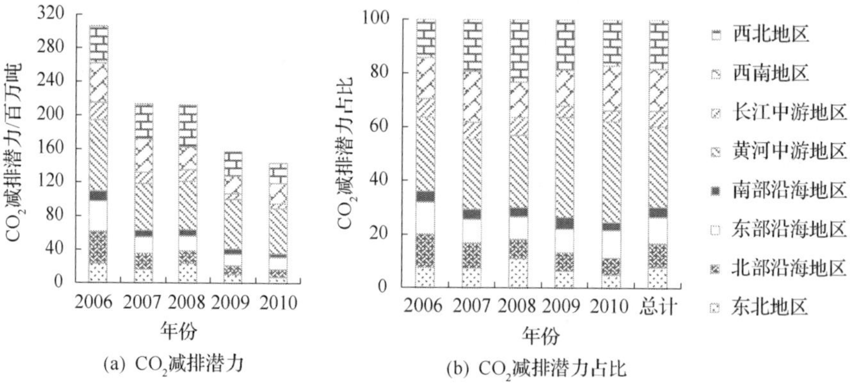

图 12-9　2006～2010 年中国 30 个主要城市工业部门的 CO_2 减排潜力及区域 CO_2 减排潜力的占比情况

不同于工业部门节能潜力的特征，首先，图 12-9(a)说明，中国 30 个主要城市工业部门总体的 CO_2 减排潜力，从 2006 年的 305.41 百万吨，减少到 2010 年的 143.48 百万吨。其中最显著的 CO_2 减排潜力降低，发生在北部沿海地区城市工业部门中(–75%)和东北地区城市工业部门中(–70%)。

其次，从图 12-9 中可以看出，黄河中游地区城市工业部门具有最大的 5 年累计工业 CO_2 减排潜力(310.11 百万吨)，该潜力占中国 30 个主要城市总体

累计工业 CO_2 减排潜力的 30%。而西北、西南和东部沿海地区城市累计工业 CO_2 减排潜力也达到 100 百万吨以上，该潜力也占中国 30 个主要城市总体累计工业 CO_2 减排潜力的 10%。此外，剩下的 4 个经济区域城市工业部门的 CO_2 减排潜力低于 95 百万吨，在中国 30 个主要城市总体累计工业 CO_2 减排潜力中的占比不超过 9%。上述结果表明，中国城市工业部门的 CO_2 减排的主要负担存在于黄河中游地区，而南方沿海地区和长江中游地区城市工业部门的 CO_2 减排负担相对较轻。西北地区、西南地区、东部和北部沿海地区城市工业部门的 CO_2 减排负担在黄河中游地区与南方沿海地区和长江中游地区之间。

如图 12-10 所示，2006～2010 年，黄河中游地区、北部沿海地区和东部沿海地区的城市工业部门是最主要的 CO_2 排放来源，同时上述地区城市工业部门的 CO_2 减排潜力也较其他地区偏高，因此，这些地区的城市工业部门将在未来中国 30 个主要城市工业部门的 CO_2 减排过程中发挥最为重要的推动作用。

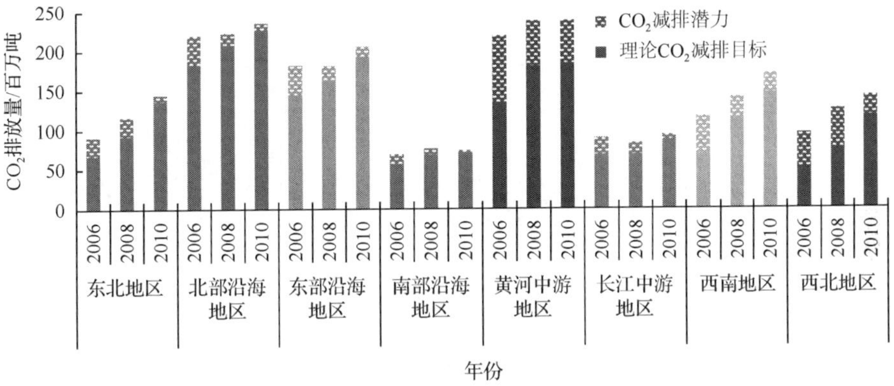

图 12-10　中国 30 个主要城市工业部门的 CO_2 减排潜力及理论 CO_2 减排目标情况

12.4.4　中国城市工业部门 CO_2 减排成本

除了效率评价之外，我们进一步通过模型(12-3)估算了中国 30 个主要城市工业部门 CO_2 边际减排成本。表 12-5 给出了各地区城市工业部门 CO_2 排放的影子价格。由于上述 CO_2 排放的影子价格可以被视为由工业增加值表征的 CO_2 减排成本机会，所以该影子价格也可以代表中国 30 个主要城市工业部门的 CO_2 边际减排成本。

从表 12-5 中可以看出，2006～2010 年，中国 30 个主要城市工业部门 CO_2 排放的影子价格的算术平均值(CO_2 平均边际减排成本)是 56.61 美元 / 吨，30 个城市工业部门 CO_2 排放的影子价格的加权算术平均值(用 CO_2 排放量作为权重调整后的 CO_2 平均边际减排成本)是 45.81 美元 / 吨 CO_2。该价格高于本书最初开展研究时欧盟 CO_2 交易市场的 CO_2 配额交易价格，2012 年欧盟 CO_2 交易市场的平均价格是 8.12€ / 吨 CO_2。本书估计的 CO_2 排放的影子价格高于 Choi 等(2012)估计的 2001～2010 年平均 7.2 美元 / 吨的 CO_2 排放的影子价格，但是低于 Wang 等(2011)估计的 2007 年约 73.1 美元 / 吨的 CO_2 排放的影子价格。

表 12-5 主要城市工业部门 CO_2 排放的影子价格 (单位：美元/吨)

影子价格表征的 CO_2 边际减排成本(2010 年美元价格)	地区	年份					平均值
		2006	2007	2008	2009	2010	
影子价格的算数平均值	东北地区	17.24	6.20	8.27	10.34	12.24	10.86
	北部沿海地区	10.96	12.77	15.85	18.20	26.50	16.86
	东部沿海地区	171.57	178.74	372.34	203.36	240.34	233.27
	南部沿海地区	51.97	7.35	9.07	29.20	12.21	21.96
	黄河中游地区	6.66	4.39	5.37	6.07	17.40	7.97
	长江中游地区	34.37	4.62	81.00	43.06	84.70	49.55
	西南地区	36.91	12.76	43.12	136.00	171.97	80.15
	西北地区	22.16	30.28	35.87	36.21	36.93	32.29
	主要城市平均	43.98	32.14	71.36	60.30	75.28	56.61
影子价格的加权算数平均值	东北地区	10.91	6.22	8.50	10.82	12.70	9.99
	北部沿海地区	11.49	13.38	16.69	19.40	23.51	16.96
	东部沿海地区	164.72	168.80	287.51	115.09	124.61	170.70
	南部沿海地区	36.36	13.62	16.07	53.42	20.42	27.68
	黄河中游地区	6.06	4.36	5.34	5.69	10.12	6.32
	长江中游地区	17.68	6.34	29.67	20.66	43.16	23.60
	西南地区	27.39	13.66	27.23	88.88	97.23	54.48
	西北地区	22.54	32.48	36.88	35.12	34.33	32.83
	主要城市平均	40.86	36.89	59.34	43.48	47.84	45.81

环境经济学原理指出，CO_2 减排的边际成本与 CO_2 排放量呈负相关关系，即如果一个地区的 CO_2 排放量较高，则该地区的 CO_2 边际减排成本较低。本章我们仅仅估算了中国城市层面的工业部门 CO_2 排放的影子价格，而不是中国省级层面或者国家层面化石能源消费相关的 CO_2 排放的影子价格，所以本章涉及的 CO_2 排放量，要低于 Choi 等(2012)的研究中涉及的 CO_2 排放量，由此，本章估算得到的 CO_2 排放的影子价格相对较高是可以理解的。此外，Wang

等(2011)计算得到的影子价格偏高，可能来源于其所采用的方向距离函数方法的建模特性，即该方法在测度效率时，为同时增加期望产出并降低非期望产出，而选择特定的方向向量，不同的方向选取对影子价格的估计会产生显著的影响。

根据表 12-5 显示的影子价格的加权算术平均值，可以发现，2006～2010 年，中国 30 个主要城市工业部门 CO_2 排放的影子价格，在 36.89～59.34 美元 / 吨波动。5 年的平均价格的最高值为 170.70 美元 / 吨，出现在东部沿海地区城市，而最低值为 6.32 美元/吨，出现在黄河中游地区城市。除了上述两个地区之外，西部地区城市工业 CO_2 排放的影子价格要高于其他沿海地区和长江黄河中游地区城市工业 CO_2 排放的影子价格。

图 12-11 为中国 30 个主要城市工业 CO_2 排放的平均影子价格和工业 CO_2 排放效率平均值之间的关系。从图中可以看出，总体而言，在上述两个变量之间，存在一个正相关关系，说明具有较高工业 CO_2 排放效率的城市，可能也承受着相对较高的 CO_2 排放的影子价格。

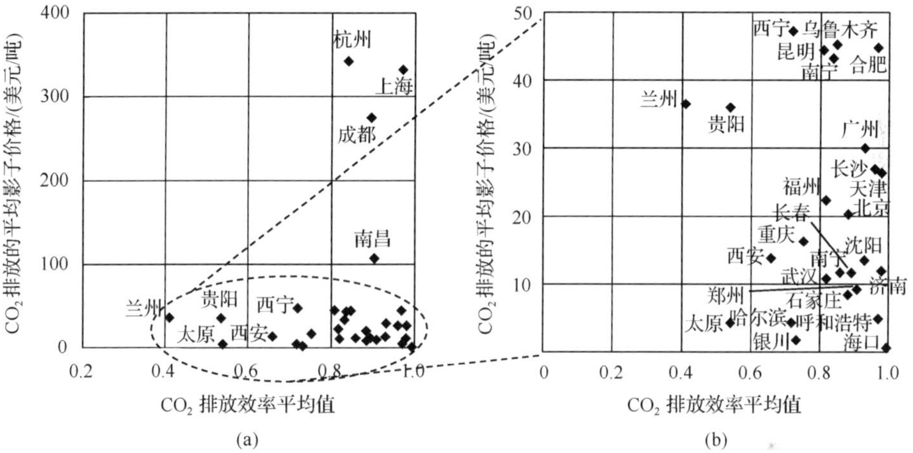

图 12-11　中国 30 个主要城市工业 CO_2 排放的平均影子价格和 CO_2 排放效率平均值之间的关系

在中国 30 个主要城市工业部门之中，杭州具有最高的 CO_2 边际减排成本，而海口具有最低的 CO_2 边际减排成本。在中国 30 个主要城市当中，杭州、上海、成都、南昌和西宁的 CO_2 边际减排成本分别位于前 5 位，这 5 个城市的 CO_2 边际减排成本都超过了 45 美元/吨；而银川、太原、哈尔滨和呼和浩特的 CO_2 边际减排成本均低于 5 美元/吨，在中国 30 个主要城市当中，其 CO_2 边际减排成本排名倒数。

不同区域之间工业 CO_2 边际减排成本存在巨大差异这一现实，为建立一个跨区域的 CO_2 排放权交易体系提供了必要性和可能性，通过这样一个体系，可以在全国范围内有效降低工业 CO_2 减排的整体成本。

图 12-12 为全部 150 个样本点(中国 30 个主要城市工业部门 5 年的数据)的 CO_2 排放的影子价格与 CO_2 排放效率之间的关系，可以看出，根据 CO_2 排放的影子价格的分布情况，可以将观测点可分为三个组，第一组包括 CO_2 排放的影子价格低于 30 美元/吨的观测点，第二组包括 CO_2 排放的影子价格在 30～200 美元/吨的观测点，第 3 组包括 CO_2 排放的影子价格高于 200 美元/吨的观测点(图 12-13)。

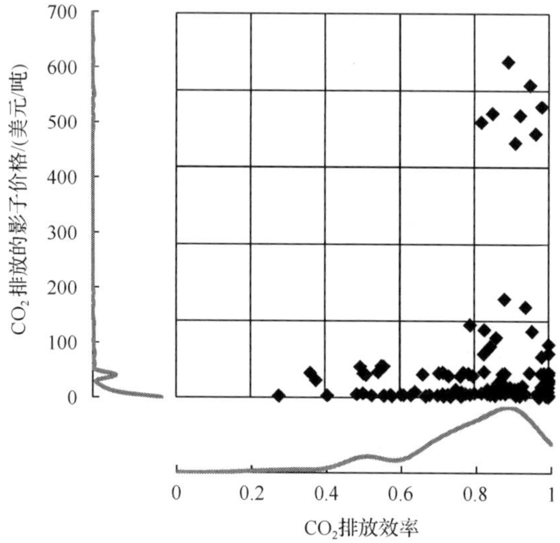

图 12-12　150 个样本点 CO_2 排放的影子价格与 CO_2 排放效率之间的关系

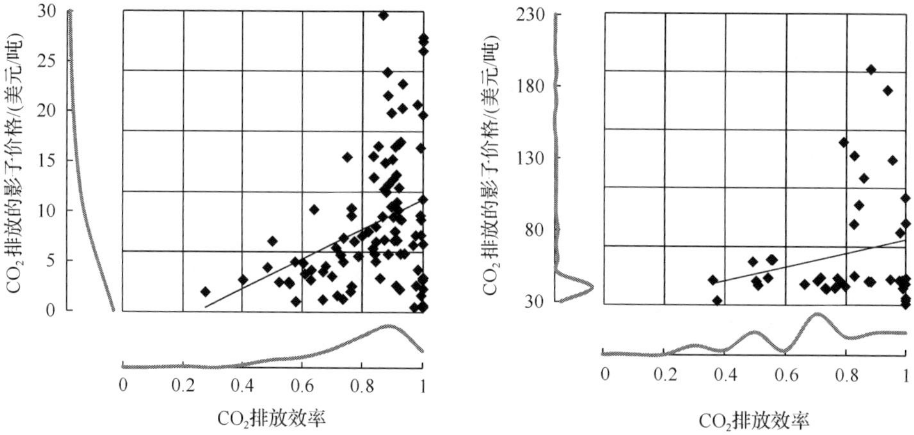

(a) 第一组　　(b) 第二组

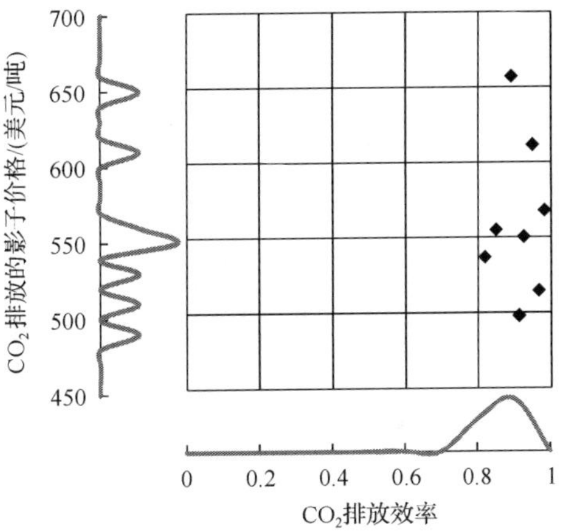

(c) 第三组

图 12-13　分组样本点 CO_2 排放的影子价格与 CO_2 排放效率之间的关系

在第一组样本中[图 12-13(a)]，可以看到 CO_2 排放的影子价格与 CO_2 排放效率之间，有一个相对明显的线性正相关关系，但是，在第二组和第三组样本中[图 12-13(b)、(c)]，这两个变量之间的关系却并不明显。这个结果说明，我们在前面提出的有关具有较高工业 CO_2 排放效率的城市也承担着相对较高的 CO_2 边际减排成本这一判断，仅仅适用于具有相对较低 CO_2 排放的影子价格的地区，在本书中，该类地区 2006～2010 年的工业 CO_2 排放的影子价格均低于 30 美元/吨，其平均 CO_2 排放的影子价格为 8.8 美元/吨。

第 13 章　考虑误差项影响的半参数效率评价建模

效率评价模型的合理建立与选取对评价结果十分重要。在基于前沿面的效率测度建模方法中，传统的参数测度方法虽然考虑了误差项的影响，但假设过于严格、模型设计过于局限，以及难以避免生产函数形式选择对评价结果产生显著影响的缺陷，使得该方法存在巨大的改进空间；同时，传统的非参数测度方法存在的有偏估计、无法检验等问题，以及对 DMU 异质性和系统随机误差的忽视，成为了该方法在使用中的缺陷和进一步发展的瓶颈。参数与非参数测度方法的有机结合成为近年来的重要研究方向，这种有机结合的目的在于综合两种测度方法的优势，消除彼此的劣势，从而帮助评价者得到更加准确的生产前沿面估计，进而得到更加科学合理的效率与生产力评价结论。本章首先回顾参数和非参数效率评价的基本模型，分析其各自的优势和存在的缺陷；其次概述半参数效率评价模型的特性，在此基础上进一步详细介绍在 DEA 模型的基础上通过引入凸性非参数最小二乘法(convex nonparametric least squares，CNLS)估计技术无效项和随机误差项，进而将 DEA 模型发展成一个具有随机分析属性的半参数模型，即随机非参数数据包络(stochastic nonparametric envelopment of data，StoNED)模型的建模过程。

13.1　参数、非参数和半参数效率评价模型概述

效率与生产力的评价是一个跨学科的综合性研究问题，贯穿于经济管理、决策分析、运筹学等各个学科分支，它可以为决策者提供规模与运行的有效信息。近年来，效率分析的理论方法被广泛应用于各个领域，包括农业、金融业、能源环境业、医疗保险业等。同时，效率分析的研究又可以从不同层面展开。在微观应用中，包含了个人层面、公司层面和行业层面等；而在宏观应用中，则包含了系统层面、国家层面和区域层面等。面临效率问题日益增加的关注度，如何准确有效地建模，评价效率与生产力，成为了研究的关键问题之一。

综合来看，效率与生产力的评价方法目前可以分为三个分支，即参数测度方法、非参数测度方法和半参数测度方法。参数测度方法基于计量模型，用统计方法估计生产前沿函数的参数，并在此基础上，对效率与生产力进行评价，如随机前沿面技术(SFA)。参数测度方法往往需要提前给定生产函数形式，除了被用于效率与生产力的评价，还经常被应用于非期望产出的影子价格的估计(Vardanyan and Noh,2006; Färe et al.,2012; Matsushita and Yamane,2012; Du et al.,2016)。但是，

参数方法过于依赖生产函数形式的选择，针对不同的研究对象所需要的生产函数形式也各不相同，因此，在效率与生产力的测度中具有一定的局限性。

非参数测度方法基于数学规划模型，如 DEA 方法，该方法不需要有关生产函数形式的任何假设，在效率与生产力分析中的应用更加广泛（Pathomsiri et al., 2008; Macpherson et al.,2010; Wang et al.,2012; Arabi et al.,2014）。但是，非参数方法没有考虑评价数据中随机误差的影响，并忽视 DMU 的异质性，造成分析结果对异常值十分敏感。

半参数测度方法是一种结合了参数测度方法和非参数测度方法各自的优点而提出的效率和生产力测度方法，如 StoNED 方法，它可以在考虑误差的情况下，提供更加合理和准确的效率与生产力评价结果（Johnson and Kuosmanen，2011; Kuosmanen，2012; Li et al., 2016; Kuosmanen and Johnson，2017）。

综上所述，因为完全的参数测度方法和完全的非参数测度方法都有其各自的优缺点，将两者结合的半参数测度方法便引起了越来越多的关注。

13.1.1　参数 SFA 模型及其缺陷

SFA 模型是前沿分析方法中参数方法的典型代表，由 Aigner 等（1977）及 Meeusen 和 van den Broeck（1977）分别独立提出，它是一种用随机前沿生产函数进行效率评价的模型，利用参数回归技术，将误差项分解为两部分：一部分为技术无效性，另一部分为随机误差。SFA 模型需要提前确定生产前沿面的形式（如柯布-道格拉斯函数、三角函数和二次函数）和误差项的分布（如正态分布和半正态分布），并把技术无效项的条件期望作为 DMU 的技术效率值。它是一个概率模型，将估计的生产前沿面与实际生产前沿面的偏差视为误差项，消除了由 DMU 的异质性、测量和数据整理的随机误差、规格误差等原因导致的随机误差影响。因此，参数 SFA 模型的效率测量结果直接有效，且受异常点的影响较小，分析结果是无偏的，具有渐进有效性和一致性等优点，有更好的可靠性和可比性。

但在估算过程中，SFA 模型也有一些缺点。首先，由于强调生产函数的具体形式，虽然方便检验，并易于展开深入研究，但函数形式的不同假定会对评价结果有显著的影响；其次，因为 SFA 模型是计量模型，不方便处理多产出的问题，需要将多个产出合并为一个总产出才可以求解；最后，当投入的数量过多时，如果各个投入间的相关关系较强，也会对评价结果的可靠性产生影响。

13.1.2　非参数 DEA 模型及其缺陷

DEA 模型是一种最常用的非参数前沿效率分析方法，它是以相对效率为前提，对同一类型 DMU 的效率与生产力进行评价。DEA 模型是一个基于公理的数学规划模型，不需要提前假设任何生产前沿面的形式和技术无效项的分布。与经济模型和参数模型相比，DEA 模型的优点在于它基于生产理论的公理，对生产前沿面进行非参数估计，因而估计结果相对稳健，这些生产理论公理包括投入和期望产出的可自由处置性(单调性)、生产函数的凸性(或凹性)、规模收益不变(同质性)等，同时，非参数 DEA 方法一般会采用线性规划估计生产前沿面，便于处理多投入、多产出的情况。

但该模型也存在一些不可避免的缺点。首先，效率评估结果会受到 DMU 个数的限制，也就是当 DMU 数量与投入、产出指标数量接近时，该模型得到的效率评价结果将与实际情况有较大偏差。其次，因为非参数 DEA 模型不需要提前设定具体的函数形式，并将所有估计生产前沿面和实际生产前沿面的误差都视为技术无效性，使得估计结果有偏差，也无法检验。再次，由于没有考虑系统中随机误差的影响，并忽视 DMU 的异质性，生产可能集包含了所有 DMU 的投入、产出观测值，使得模型分析对异常值十分敏感。最后，生产前沿面是由观测值构成的分段线性前沿面边界，在进行一些经济分析时，对部分 DMU 的测量存在困难。

13.1.3 半参数 CNLS 和 StoNED 模型的特性

传统的效率分析方法都是完全的参数测度方法或者非参数测度方法，这两种方法都有各自的优点和缺点。例如，非参数 DEA 模型虽然没有考虑随机误差，但它基于生产公理性质估计了非参数的前沿面；而参数 SFA 模型虽然不是完全的基于公理性质，但它同时考虑了技术无效性和随机误差的影响。因此，这两个模型并不存在竞争关系，而是互补关系。为了应对对生产函数假设条件过严的争议和对效率与生产力测度、非期望产出的影子价格评价的精准性的追求，学者们开始致力于参数测度方法和非参数测度方法的结合，以及在建模中各取所长的可能性研究。

近年来，Kuosmanen(2008)、Kuosmanen 和 Johnson(2010)、Kuosmanen 和 Kortelainen(2012)把 DEA 模型和 SFA 模型结合在一个统一的框架下，提出了半参数效率测度建模方法，推动了效率分析和非期望产出的影子价格估计建模的发展。他们在 DEA 模型的基础上通过引入 CNLS 方法估计技术无效项和随机误差项，将 DEA 模型发展成一个具有随机分析属性的半参数模型，称作 StoNED 模型。与参数测度方法和非参数测度方法相比，StoNED 模型不以具体的生产函数形式为必要条件，并将 DMU 的异质性和规格误差等随机误差纳入模型中，同时，该模型对投入、产出的个数亦没有限制。

总的来说，StoNED 模型在效率分析领域的发展不仅仅是一个技术创新，更是一种模式的转换。它为效率评价、前沿面估计和经济生产分析等都提供了一个更为普遍和灵活的分析技术(Johnson and Kuosmanen，2015)。本章在后面部分将分别介绍 CNLS 建模方法和 StoNED 建模方法。

13.2　基于 CNLS 模型的效率评价

13.2.1　CNLS 模型的建模过程

考虑样本中有 n 个 DMU，每个 DMU 用投入、生产期望产出和非期望产出表示。为了与 SFA 模型保持直接的联系，这里引进一个多投入、单产出的生产问题，形成了生产前沿面函数 $f(\boldsymbol{x},\boldsymbol{b})$，其中，$\boldsymbol{x}$ 为 m 维度的投入向量，$\boldsymbol{b}$ 为 h 维度的非期望产出向量。生产前沿面函数 $f(\boldsymbol{x},\boldsymbol{b})$ 代表了生产可能集 $\boldsymbol{T}=\{(\boldsymbol{x},\boldsymbol{y},\boldsymbol{b})\in\boldsymbol{R}_+^{m+1+h}: y\leqslant f(\boldsymbol{x},\boldsymbol{b})\}$ 的边界，也就是用投入 $\boldsymbol{x}$ 可能生产的最大产出。假设生产函数 f 满足连续性、单调递增性和凹性，等同于传统 DEA 模型中生产可能集的可自由处置性和凸集性质。但 CNLS 模型与 SFA 模型不一样的是，这里没有提前对函数形式有任何的假设，也就是函数 f 不必满足光滑性和可微性等性质。

因为有技术无效项和随机误差的影响，DMU_i $(i=1,2,\cdots,n)$ 的期望产出的观测值 y_i 可能会与 $f(\boldsymbol{x}_i,\boldsymbol{b}_i)$ 有差异。通常，生产函数可以表示为

$$\begin{aligned} y_i &= f(\boldsymbol{x}_i,\boldsymbol{b}_i)+\varepsilon_i \\ &= f(\boldsymbol{x}_i,\boldsymbol{b}_i)+v_i-u_i,\ \forall i=1,2,\cdots,n \end{aligned} \tag{13-1}$$

式中，ε_i 为误差项，类似于 Aigner 等(1977)提出的 SFA 模型，可以将其分解为两个独立的随机变量，即数据的随机误差项 v_i 和投入、产出的技术无效项 $u_i>0$。具体地，技术无效项的均值为正，且方差有限，即 $E(u_i)=\mu>0$，$\mathrm{Var}(u_i)=\sigma_u{}^2<\infty$。同时，随机误差项的均值为零，且方差有限，即 $E(v_i)=0$，$\mathrm{Var}(v_i)=\sigma_v{}^2<\infty$。且非期望产出和投入一样被看作自变量(Cropper and Oates, 1992)。

Kuosmanen(2008)首次提出了 CNLS 模型的评价方法，这个模型测量了一个未知的生产函数 $f\in F_2$，F_2 为连续的、单调递增的凹函数集合。通过求解一个无穷维的最小二乘问题的最优解，可以得到 CNLS 模型估计的生产函数 f，也就是

$$\begin{aligned} \min_f \ & \sum_{i=1}^{n}\left[y_i-f(\boldsymbol{x}_i,\boldsymbol{b}_i)\right]^2 \\ \text{s.t.}\ & f\in F_2 \end{aligned} \tag{13-2}$$

式中，F_2 为包含了无穷多个生产函数的集合，使得模型(13-2)可以通过不断地尝试和纠错后求解。通常来讲，对于任意给定的向量$(\boldsymbol{x},\boldsymbol{b})$，模型(13-2)的解不唯一；但对于特定的 DMU$(\boldsymbol{x}_i,y_i,\boldsymbol{b}_i)$ $(i=1,2,\cdots,n)$ 来说，$f(\boldsymbol{x}_i,\boldsymbol{b}_i)$ 是唯一的。

因此，对于给定的观测值$(\boldsymbol{x}_i,y_i,\boldsymbol{b}_i)$ $(i=1,2,\cdots,n)$，可以通过以下有限维的规划模型求解得到：

$$
\begin{aligned}
&\min_{\partial_i,\beta_i,c_i,\varepsilon_i} \sum_{i=1}^{n}\varepsilon_i^2 \\
&\text{s.t.}\ \ y_i=\partial_i+\boldsymbol{\beta}_i'\boldsymbol{x}_i+\boldsymbol{c}_i'\boldsymbol{b}_i+\varepsilon_i,\ \forall i=1,2,\cdots,n \\
&\qquad \partial_i+\boldsymbol{\beta}_i'\boldsymbol{x}_i+\boldsymbol{c}_i'\boldsymbol{b}_i\leqslant\partial_h+\boldsymbol{\beta}_h'\boldsymbol{x}_i+\boldsymbol{c}_h'\boldsymbol{b}_i,\ \forall i,h=1,2,\cdots,n \\
&\qquad \boldsymbol{\beta}_i,\boldsymbol{c}_i\geqslant 0,\ \forall i=1,2,\cdots,n
\end{aligned}
\tag{13-3}
$$

式中，∂_i、$\boldsymbol{\beta}_i$ 分别为真实生产函数的一个正切超平面的截距项和斜率项；ε_i 为残差项。Kuosmanen（2008）证明了模型（13-2）与模型（13-3）在最优解下的目标函数是相等的。

可以看到，模型（13-3）的目标函数是一个二次函数，且约束条件都是线性的，因此，该模型是一个二次规划问题。其中，约束条件的第一个等式表示生产函数的线性回归方程，n 个回归方程表示了未知生产函数的 n 个潜在超平面；约束条件的第一个不等式则表示了 Afriat（1967，1972）不等关系，表征了生产函数的凹性性质；约束条件的第二个不等式则表征了生产函数的单调性，即投入和非期望产出对于期望产出都是单调递增的。

在 CNLS 模型的求解过程中，为了减少变量个数和约束条件个数、降低求解的难度，可以对模型（13-3）进行一些转换。例如

$$
\begin{aligned}
&\min_{\vartheta,\beta,c} \left\|\boldsymbol{y}-\vartheta\right\|^2 \\
&\text{s.t.}\ \ \vartheta_i-\vartheta_h\geqslant\boldsymbol{\beta}_i'\left(\boldsymbol{x}_i-\boldsymbol{x}_h\right)+\boldsymbol{c}_h'\left(\boldsymbol{b}_i-\boldsymbol{b}_h\right),\ \forall i,h=1,2,\cdots,n \\
&\qquad \boldsymbol{\beta}_i,\boldsymbol{c}_i\geqslant 0,\ \forall i=1,2,\cdots,n
\end{aligned}
\tag{13-4}
$$

式中，约束条件中的第一个不等式仍然表示 Afriat（1967，1972）不等关系，表征生产函数的凹性性质；第二个不等式也仍然表征生产函数的单调性；目标函数是最小化期望产出观测值 $\boldsymbol{y}$ 和期望产出估计值 ϑ 的距离，等价于模型（13-3）中最小化误差项的平方和，因为在目标函数中引入了原本的等式约束，进而减少了约束条件的个数。同时，用关系 $\partial_i=\vartheta_i-\boldsymbol{\beta}_i'\boldsymbol{x}_i-\boldsymbol{c}_i'\boldsymbol{b}_i$ 中的变量 ϑ_i 替换掉了截距项 ∂_i，加上等式约束减少，变量的个数也随之减少了。

13.2.2　误差项为乘数形式的 CNLS 模型

通常情况下，误差项都是以加数形式加在生产函数中，如式（13-1）所示，代表了各个 DMU 的误差项是同方差的，也就是规模收益不变。但在某些情形中，乘数形式更加符合实际问题，如大公司往往比小公司在实际问题中容易有更大的随机系统误差，也就是说，误差项的方差会随着公司规模的增加而增加。这时，需要用一个异方差的模型使得方差随着公司规模的增加而增大，误差项的乘数形式便可以实现这个特点。当加数形式的误差项模型中考虑了系统技术无效性时，

估计后的平均生产函数平移为前沿面后，截距项将会偏离原点，使得生产前沿面违背了生产理论的公理，即“免费的午餐”原理。这时，误差项的乘数形式模型则是以围绕原点扩张生产函数获得生产前沿面，而不是平移形式，因此，用乘数形式的误差项模型估计的生产前沿面仍然穿过原点，满足生产理论公理。总的来说，采用乘数形式的误差项有两个原因，一方面，如 Kuosmanen 和 Kortelainen（2012）指出，根据非期望产出的弱可自由处置性假设形成了一个凸性的生产可能集，类似于边际收益递减模型情形，因此，采用乘数形式后不需要像加法形式的模型对生产规模再进行任何假设；另一方面，乘数形式的模型避免了规模越大产出越大的异常值结果。

这里，假设生产函数中有一个乘数形式的误差项，则模型（13-1）中的投入、产出的关系可以表示为

$$
\begin{aligned}
&y_i = f\left(\boldsymbol{x}_i,\boldsymbol{b}_i\right)\exp\left(\varepsilon_i\right),\ \forall i=1,2,\cdots,n\\
&\varepsilon_i=n_i-u_i
\end{aligned}
\tag{13-5}
$$

将式（13-5）进行对数转换后，可以得到：

$$
\varepsilon_i=\ln\left(y_i\right)-\ln\left[f\left(\boldsymbol{x}_i,\boldsymbol{b}_i\right)\right],\ \forall i=1,2,\cdots,n \tag{13-6}
$$

此时，对应的乘数形式误差项的 CNLS 模型为

$$
\begin{aligned}
&\min_{\partial_i,\beta_i,c_i,\varepsilon_i}\ \sum_{i=1}^{n}\varepsilon_i^{\ 2}\\
&\text{s.t.}\ \ \varepsilon_i=\ln\left(y_i\right)-\ln\left(\partial_i+\boldsymbol{\beta}_i'\boldsymbol{x}_i+\boldsymbol{c}_i'\boldsymbol{b}_i\right),\ \forall i=1,2,\cdots,n\\
&\qquad \partial_i+\boldsymbol{\beta}_i'\boldsymbol{x}_i+\boldsymbol{c}_i'\boldsymbol{b}_i\leqslant\partial_h+\boldsymbol{\beta}_h'\boldsymbol{x}_i+\boldsymbol{c}_h'\boldsymbol{b}_i,\ \forall i,h=1,2,\cdots,n\\
&\qquad \boldsymbol{\beta}_i,\boldsymbol{c}_i\geqslant 0,\ \forall i=1,2,\cdots,n
\end{aligned}
\tag{13-7}
$$

式中，$\partial_i+\boldsymbol{\beta}_i'\boldsymbol{x}_i+\boldsymbol{c}_i'\boldsymbol{b}_i$ 为实际生产函数的第 i 个超平面对应的产出；类似地，目标函数是最小化误差项的平方和，第一个等式表示了生产函数的对数回归方程，第一个不等式表示 Afriat（1967，1972）不等关系，表征了生产函数的凹性，第三个不等式则代表了生产函数的单调递增性。

和模型（13-3）类似，在求解过程中，为了降低求解的难度，可以对模型（13-7）进行一些等价转换来减少变量个数和约束条件个数，例如

$$
\begin{aligned}
&\min_{\vartheta_i,\beta_i,c_i}\ \sum_{i=1}^{n}\left[\ln\left(\frac{\vartheta_i}{y_i}\right)\right]^2\\
&\text{s.t.}\ \ \vartheta_i-\vartheta_h\geqslant\boldsymbol{\beta}_i'\left(\boldsymbol{x}_i-\boldsymbol{x}_h\right)+\boldsymbol{c}_h'\left(\boldsymbol{b}_i-\boldsymbol{b}_h\right),\ \forall i,h=1,2,\cdots,n\\
&\qquad \boldsymbol{\beta}_i,\boldsymbol{c}_i\geqslant 0,\ \forall i=1,2,\cdots,n
\end{aligned}
\tag{13-8}
$$

式中，也和加数形式模型一致，约束条件中的第一个不等式仍然表征(Afriat, 1967，1972)不等关系，表征生产函数的凹性性质；第二个不等式仍然表征生产函数的单调性；目标函数仍然表示最小化期望产出观测值 $\boldsymbol{y}$ 和期望产出估计值 ϑ 的距离，等价于模型(13-7)中最小化误差项的平方和，因为在目标函数中引入了原本的等式约束，进而减少了约束条件的个数。同时，用关系 $\partial_i = \vartheta_i - \boldsymbol{\beta}_i'\boldsymbol{x}_i - \boldsymbol{c}_i'\boldsymbol{b}_i$ 中的变量 ϑ_i 替换掉了截距变量 ∂_i，加上等式约束减少，也减少了变量的个数。

值得注意的是，乘数形式的误差项和对数回归方程使得 CNLS 模型优化问题转换为了一个非线性规划问题，明显增加了求解的复杂性。同时，Mekaroonreung 和 Johnson(2012)证明了当且仅当 $\dfrac{y_i}{\partial_i + \boldsymbol{\beta}_i'\boldsymbol{x}_i + \boldsymbol{c}_i'\boldsymbol{b}_i} \geqslant \dfrac{1}{e}$，$\forall i=1,2,\cdots,n$ 成立时，模型(13-7)中目标函数为凹函数，也就是说，此时模型(13-7)的局部最优解才等同于全局最优解。

13.2.3 CNLS 模型与 DEA 模型的关系

Kuosmanen 和 Johnson(2010)首次阐述了 DEA 模型和 CNLS 模型的关系，并证明了 DEA 模型是 CNLS 模型的一个特例。

以单产出的 DEA 模型为例，对应的规模收益可变的生产函数 f 可以通过以下模型获得

$$
\begin{aligned}
\hat{\boldsymbol{f}}^{\mathrm{DEA}}(\boldsymbol{x}_i,\boldsymbol{b}_i) &= \min_{\partial,\beta,c}\left\{\partial_i + \boldsymbol{\beta}_i'\boldsymbol{x}_i + \boldsymbol{c}_i'\boldsymbol{b}_i \,\middle|\, \partial_i + \boldsymbol{\beta}_i'\boldsymbol{x}_i + \boldsymbol{c}_i'\boldsymbol{b}_i \geqslant y_i, \forall i=1,2,\cdots,n\right\} \\
&= \max_{\lambda}\left\{\sum_{j=1}^{n}\lambda_j y_j \,\middle|\, \boldsymbol{x} \geqslant \sum_{j=1}^{n}\lambda_j x_j ; \sum_{j=1}^{n}\lambda_j = 1\right\}
\end{aligned}
\tag{13-9}
$$

式中，最小化的模型可以视为 DEA 模型的加项模型，而最大化的模型可以视为 DEA 模型的包络模型。根据对偶理论可以推导出这两个模型是等价的。

再考虑一个对误差项有约束的 CNLS 模型，如式(13-10)所示：

$$
\begin{aligned}
&\min_{\partial_i,\boldsymbol{\beta}_i,\boldsymbol{c}_i,\varepsilon_i} \sum_{i=1}^{n}\varepsilon_i^2 \\
&\text{s.t.}\ \ y_i = \partial_i + \boldsymbol{\beta}_i'\boldsymbol{x}_i + \boldsymbol{c}_i'\boldsymbol{b}_i + \varepsilon_i,\ \forall i=1,2,\cdots,n \\
&\qquad \partial_i + \boldsymbol{\beta}_i'\boldsymbol{x}_i + \boldsymbol{c}_i'\boldsymbol{b}_i \leqslant \partial_h + \boldsymbol{\beta}_h'\boldsymbol{x}_i + \boldsymbol{c}_h'\boldsymbol{b}_i,\ \forall i,h=1,2,\cdots,n \\
&\qquad \boldsymbol{\beta}_i, \boldsymbol{c}_i \geqslant 0,\ \forall i=1,2,\cdots,n \\
&\qquad \varepsilon_i \leqslant 0,\ \forall i=1,2,\cdots,n
\end{aligned}
\tag{13-10}
$$

可以看到，模型(13-10)是在传统 CNLS 模型的基础上加上了误差项的符号约束。Kuosmanen 和 Johnson(2010)证明了该模型与产出导向的规模收益可变的

DEA 加项模型等价。在应用及求解过程中，因为线性规划比二次规划在求解时间上更有优势，选择 DEA 模型的线性规划形式来求解更加有效。

13.3　基于 StoNED 模型的效率评价

13.3.1　StoNED 模型的建模过程

当前最常用的评价效率的半参数模型是 StoNED 模型。StoNED 模型由 Kuosmanen 和 Kortelainen(2012)提出，同时考虑了统计随机误差和投入产出的技术无效性，该方法是 DEA 模型和 SFA 模型在统一框架下的集成。通常，StoNED 模型建模可以分为三个步骤：①利用 Kuosmanen (2008)提出的 CNLS 模型估计出一个平均的分段线性生产函数形式，并估计出产出的条件均值 $E\left[y_i \middle| (\boldsymbol{x}_i,\boldsymbol{b}_i)\right]$；②根据一些参数方法(如矩估计方法、拟似然估计等)计算出 CNLS 模型的误差项中技术无效项的均值 $\hat{\mu}$；③利用条件均值 $\hat{E}\left(u_i \middle| \hat{\varepsilon}_i\right)$ 计算每个 DMU 的技术无效性。除了第一步是必要的以外，研究者可以根据研究需求选择第二步和第三步的计算途径。

1) CNLS 回归估计

当生产函数中存在系统技术无效性时，在 CNLS 模型中，干扰性的均值 $E(\varepsilon_i)=E(v_i-u_i)=-E(u_i)<0$。这时，模型违背了 Gauss-Markov 定理，使得最后估计的生产函数 f 不满足一致性性质。这时，需要构建一个条件均值函数 $\boldsymbol{g}$ 对原来的函数进行等价转换，即：

$$\boldsymbol{g}(\boldsymbol{x}_i,\boldsymbol{b}_i)=E\left(y_i \middle| (\boldsymbol{x}_i,\boldsymbol{b}_i)\right)=f(\boldsymbol{x}_i,\boldsymbol{b}_i)-E(u_i) \tag{13-11}$$

此时，转换后的函数满足无偏性和一致性的性质，且技术无效性 $\boldsymbol{u}$ 与投出产出集合 (x, b) 相互独立。

因此，对式(13-1)进行修正后得到：

$$y_i=f(\boldsymbol{x}_i,\boldsymbol{b}_i)-\mu+[\varepsilon_i+\mu]=g(\boldsymbol{x}_i,\boldsymbol{b}_i)+\gamma_i=\partial_i+\beta_i'\boldsymbol{x}_i+\boldsymbol{c}_i'\boldsymbol{b}+\gamma_i,\ \forall i=1,2,\cdots,n \tag{13-12}$$

式中，$\gamma_i=\varepsilon_i+\mu$ 为修正后的误差项，且 $E(\gamma_i)=E(\varepsilon_i+\mu)=0$。对应的 CNLS 模型为

$$\begin{aligned}
&\min_{\partial_i,\boldsymbol{\beta}_i,\boldsymbol{c}_i,\gamma_i} \sum_{i=1}^{n}\gamma_i^2\\
&\text{s.t.}\ \ \gamma_i=y_i-\partial_i+\boldsymbol{\beta}_i'\boldsymbol{x}_i+\boldsymbol{c}_i'\boldsymbol{b}_i,\ \forall i=1,2,\cdots,n\\
&\qquad \partial_i+\boldsymbol{\beta}_i'\boldsymbol{x}_i+\boldsymbol{c}_i'\boldsymbol{b}_i\leqslant\partial_h+\boldsymbol{\beta}_h'\boldsymbol{x}_i+\boldsymbol{c}_h'\boldsymbol{b}_i,\ \forall i,h=1,2,\cdots,n\\
&\qquad \boldsymbol{\beta}_i,\boldsymbol{c}_i\geqslant 0,\ \forall i=1,2,\cdots,n
\end{aligned} \tag{13-13}$$

在求解模型(13-13)的过程中，和传统的 CNLS 模型类似，为了减少变量个数和约束条件个数，从而降低求解的难度，可以对模型(13-13)进行一些转换。

求解模型(13-13)后，可以得到修正误差项的最优解 $\hat{\gamma}_i$ 和平均生产函数 $\hat{g}\left(\boldsymbol{x}_i,\boldsymbol{b}_i\right)$，根据平均生产函数 $\hat{g}\left(\boldsymbol{x}_i,\boldsymbol{b}_i\right)$ 又可以得到如下所示的生产前沿面及生产函数：

$$\hat{g}\left(\boldsymbol{x}_i,\boldsymbol{b}_i\right)=\hat{f}\left(\boldsymbol{x}_i,\boldsymbol{b}_i\right)-\hat{\mu} \tag{13-14}$$

$$\hat{f}\left(\boldsymbol{x}_i,\boldsymbol{b}_i\right)=\hat{g}\left(\boldsymbol{x}_i,\boldsymbol{b}_i\right)+\hat{\mu} \tag{13-15}$$

式中，$\hat{\mu}=\hat{\delta}_u\sqrt{2/\pi}$。

2)技术无效项的均值计算

完成 CNLS 模型中误差项的估计后，有很多种方法可以计算技术无效项的均值 $\hat{\mu}=\hat{\delta}_u\sqrt{2/\pi}$。典型的参数方法有两种：一种是矩估计方法(Aigner et al., 1977)，另一种是拟似然估计方法(Fan et al., 1996)。

矩方估计法需要提前假设技术无效项和随机误差的分布，这里假设技术无效项独立同分布且满足半正态分布，随机误差项独立同分布且满足正态分布，也就是

$$u_i \sim N^+\left(0,\delta_u^2\right), v_i \sim N\left(0,\delta_v^2\right) \tag{13-16}$$

通常，二阶中心矩可以视为样本的方差，三阶中心矩可以视为样本的偏态，也就是

$$\hat{\boldsymbol{M}}_2=\frac{1}{n}\sum_{i=1}^{n}\left[\gamma_i-\hat{\boldsymbol{E}}\left(\gamma_i\right)\right]^2,\ \hat{\boldsymbol{M}}_3=\frac{1}{n}\sum_{i=1}^{n}\left[\gamma_i-\hat{\boldsymbol{E}}\left(\gamma_i\right)\right]^3 \tag{13-17}$$

根据技术无效项的半正态分布和随机误差项的正态分布假设，又可以得到：

$$\boldsymbol{M}_2=\left(\frac{\pi-2}{\pi}\right)\delta_u^2+\delta_v^2,\ \boldsymbol{M}_3=\left(\sqrt{\frac{2}{\pi}}\right)\left(1-\frac{4}{\pi}\right)\delta_u^3 \tag{13-18}$$

将式(13-18)进行等价转换后可以分别得到技术无效项和随机误差项的标准差表达式，即

$$\hat{\delta}_u=\sqrt[3]{\frac{\hat{\boldsymbol{M}}_3}{\sqrt{\sqrt{\frac{2}{\pi}}\left(1-\frac{4}{\pi}\right)}}},\ \hat{\delta}_v=\sqrt{\hat{\boldsymbol{M}}_2-\left(\frac{\pi-2}{\pi}\right)\delta_u^2} \tag{13-19}$$

从而再根据 $\hat{\mu}=\hat{\delta}_u\sqrt{2/\pi}$ 计算得到技术无效项的均值。

拟似然估计方法则先确定了被估计函数的形状，然后运用最大似然函数方法估计 δ_v 和 δ_u。似然函数可以由以下单变量方程表示：

$$\ln L(\lambda) = -n\ln\hat{\delta} + \sum_{i=1}^{n}\ln\Phi\left(\frac{-\hat{\varepsilon}_i\lambda}{\hat{\delta}}\right) - \frac{1}{2\hat{\delta}^2}\sum_{i=1}^{n}\hat{\varepsilon}_i^{\,2} \tag{13-20}$$

式中，Φ 为标准正态分布 $N(0,1)$ 的累计分布函数。

$$\lambda = \delta_u / \delta_v \tag{13-21}$$

$$\hat{\varepsilon}_i = \hat{\gamma}_i - \left(\sqrt{2}\lambda\hat{\delta}\right) \Big/ \left[\pi\left(1+\lambda^2\right)\right]^{1/2} \tag{13-22}$$

$$\hat{\delta} = \left\{\frac{1}{n}\sum_{i=1}^{n}\left(\hat{\gamma}_i\right)^2 \Big/ \left[1 - \frac{2\lambda^2}{\pi(1+\lambda)}\right]\right\}^{1/2} \tag{13-23}$$

将式(13-22)和式(13-23)代入式(13-20)后，函数只剩下一个变量 λ，再通过最大化似然函数后，求得 λ 的最优解 $\hat{\lambda}$。然后，通过式(13-21)和式(13-23)可以分别计算得到技术无效项和随机误差项的标准差 $\hat{\delta}_u = \hat{\delta}\hat{\lambda} / \left(1+\hat{\lambda}\right)$ 和 $\hat{\delta}_v = \hat{\delta} / \left(1+\hat{\lambda}\right)$，从而再根据 $\hat{\mu} = \hat{\delta}_u\sqrt{2/\pi}$ 得到技术无效项的均值。

3)决策单元技术无效性的估计

在已知所有 DMU 的误差项后，可以利用条件均值计算每个 DMU 的技术无效项。具体地，同样假设技术无效项独立同分布且满足半正态分布，随机误差项独立同分布且满足正态分布，给定 $\hat{\delta}_u$、$\hat{\delta}_v$ 后，根据 Jondrow 等(1982)的研究，每个被评价单元 $i\,(i=1,2,\cdots,n)$ 的技术无效项均值可由以下条件均值求得

$$\hat{E}\left(u_i \mid \hat{\varepsilon}_i\right) = -\frac{\hat{\varepsilon}_i\hat{\delta}_u^2}{\hat{\delta}_u^2 + \hat{\delta}_v^2} + \frac{\hat{\delta}_u^2\hat{\delta}_v^2}{\hat{\delta}_u^2 + \hat{\delta}_v^2}\left[\frac{\phi\left(\hat{\varepsilon}_i / \hat{\delta}_v^2\right)}{1 - \Phi\left(\hat{\varepsilon}_i / \hat{\delta}_v^2\right)}\right] \tag{13-24}$$

式中，$\hat{\varepsilon}_{\mathrm{i}} = \hat{\gamma}_i - \hat{\delta}_u\sqrt{2/\pi}$；$\phi$ 为标准正态分布的密度函数；Φ 为标准正态分布的累积分布函数。

13.3.2　误差项为乘数形式的 StoNED 模型

因为误差项的乘数形式在某些应用问题中比加数形式更有效，所以，在 StoNED 模型的第一步运用 CNLS 模型时，很多研究者也会选用误差项的乘数形式。

以乘数形式的误差项和对数回归方程为例，对式(13-5)进行修正后可以得到：

$$\ln\left(y_i\right) = \left\{\ln\left[f\left(\boldsymbol{x}_i, \boldsymbol{b}_i\right)\right] - \mu\right\} + \left[\varepsilon_i + \mu\right] = \ln\left[g\left(\boldsymbol{x}_i, \boldsymbol{b}_i\right)\right] + \gamma_i,\ \forall i=1,2,\cdots,n \tag{13-25}$$

式中，$\gamma_i=\varepsilon_i+\mu$ 为修正后的误差项，且 $E(\gamma_i)=E(\varepsilon_i+\mu)=0$ 。因此，对应的 CNLS 模型可以表示为

$$
\begin{aligned}
&\min_{\partial_i,\boldsymbol{\beta}_i,\boldsymbol{c}_i,\gamma_i} \sum_{i=1}^{n}\gamma_i^2 \\
&\text{s.t.}\quad \gamma_i=\ln(y_i)-\ln(\partial_i+\boldsymbol{\beta}_i'\boldsymbol{x}_i+\boldsymbol{c}_i'\boldsymbol{b}_i),\ \forall i=1,2,\cdots,n \\
&\qquad \partial_i+\boldsymbol{\beta}_i'\boldsymbol{x}_i+\boldsymbol{c}_i'\boldsymbol{b}_i\leqslant\partial_h+\boldsymbol{\beta}_h'\boldsymbol{x}_i+\boldsymbol{c}_h'\boldsymbol{b}_i,\ \forall i,h=1,2,\cdots,n \\
&\qquad \boldsymbol{\beta}_i,\boldsymbol{c}_i\geqslant 0,\ \forall i=1,2,\cdots,n
\end{aligned}
\tag{13-26}
$$

在求解模型(13-26)的过程中，和乘数形式误差项的 CNLS 模型类似，为了降低求解的难度，可以对模型(13-26)进行一些转换，减少变量个数和约束条件个数，从而简化模型。

求解该模型后，可以得到误差项的最优解 $\hat{\gamma}_i$ 和平均生产函数 $\hat{g}(\boldsymbol{x}_i,\boldsymbol{b}_i)$，根据平均生产函数 $\hat{g}(\boldsymbol{x}_i,\boldsymbol{b}_i)$ 又可以得到生产前沿面及生产函数，如式(13-27)和式(13-28)所示：

$$
\ln\left[\hat{g}(\boldsymbol{x}_i,\boldsymbol{b}_i)\right]=\ln\left[\hat{f}(\boldsymbol{x}_i,\boldsymbol{b}_i)\right]-\hat{\mu}=\ln\left[\hat{f}(\boldsymbol{x}_i,\boldsymbol{b}_i)\exp(-\hat{\mu})\right] \tag{13-27}
$$

$$
\hat{f}(\boldsymbol{x}_i,\boldsymbol{b}_i)=\hat{g}(\boldsymbol{x}_i,\boldsymbol{b}_i)\exp(\hat{\mu}) \tag{13-28}
$$

式中，$\hat{\mu}=\hat{\delta}_u\sqrt{2/\pi}$ 。

在计算误差项中技术无效项的均值 $\hat{\mu}$ 和各个 DMU 的技术无效性条件均值 $\hat{E}(u_i|\hat{\varepsilon}_i)$ 时，方法与加数形式误差项的模型一致。

13.3.3　StoNED 模型在影子价格估算中的应用

除了评价效率与生产力以外，根据 13.3 节 stoNED 模型结果可以进一步计算非期望产出的影子价格。这里假设各个企业行为为利润最大化，且最大化利润由期望产出和非期望产出共同创造，对应的利润函数可以表示为

$$
\begin{aligned}
&P(\boldsymbol{p})=\max_{\boldsymbol{x},\boldsymbol{y},\boldsymbol{b}} \boldsymbol{p}_y'\boldsymbol{y}-\boldsymbol{p}_b'\boldsymbol{b}-\boldsymbol{p}_x'\boldsymbol{x} \\
&\text{s.t.}\quad F(\boldsymbol{x},\boldsymbol{y},\boldsymbol{b})=0
\end{aligned}
\tag{13-29}
$$

式中，$\boldsymbol{p}=(\boldsymbol{p}_x,\boldsymbol{p}_y,\boldsymbol{p}_b)$ 为投入、产出的价格；$F(\boldsymbol{x},\boldsymbol{y},\boldsymbol{b})$ 为生产函数。为了计算非期望产出的影子价格，这里加了 $F(\boldsymbol{x},\boldsymbol{y},\boldsymbol{b})=0$ 的约束，也就是只考虑了生产前沿面上的 DMU。

应用拉格朗日方法求一阶导数后，非期望产出 $b_f(f=1,2,\cdots,h)$ 相对于期望产出 $y_r(r=1,2,\cdots,s)$ 的影子价格 p_{bf} 可以通过求解式(13-30)得到：

$$p_{b_f} = p_{y_r}\left[\frac{\partial F\left(\boldsymbol{x},\boldsymbol{y},\boldsymbol{b}\right)}{\partial b_f}\Big/\frac{\partial F\left(\boldsymbol{x},\boldsymbol{y},\boldsymbol{b}\right)}{\partial y_r}\right] \tag{13-30}$$

式中，p_{y_r} 为期望产出 y_r 的市场价格。因此，当只有一个期望产出 y 时，对应的企业 i 的非期望产出 b_f 的相对影子价格为

$$p_{b_{if}} = p_{y_i}\frac{\partial f\left(\boldsymbol{x}_i,\boldsymbol{b}_i\right)}{\partial b_{if}} \tag{13-31}$$

式中，p_{y_i} 为企业 i 卖出期望产出 y 的市场价格。

因为 CNLS 模型假设了投入、产出的线性关系，在加数形式的误差项模型中，非期望产出 b_f 的影子价格为

$$p_{b_{if}} = p_{y_i}\frac{\partial \hat{f}\left(\boldsymbol{x}_i,\boldsymbol{b}_i\right)}{\partial b_{if}}=p_{y_i}\frac{\partial \hat{g}\left(\boldsymbol{x}_i,\boldsymbol{b}_i\right)}{\partial b_{if}} = p_{y_i}\hat{c}_{if} \tag{13-32}$$

式中，$\hat{c}_{if}$ 通过求解模型(13-13)得到。

同理，在乘数形式的误差项模型中，非期望产出 b_f 的影子价格为

$$p_{b_{if}} = p_{y_i}\frac{\partial \hat{f}\left(\boldsymbol{x}_i,\boldsymbol{b}_i\right)}{\partial b_{if}}=p_{y_i}\frac{\partial \hat{g}\left(\boldsymbol{x}_i,\boldsymbol{b}_i\right)}{\partial b_{if}}\exp(\hat{\mu}) = p_{y_i}\hat{c}_{if}\exp(\hat{\mu}) \tag{13-33}$$

式中，$\hat{c}_{if}$ 通过求解模型(13-26)得到。

在测度效率和非期望产出的影子价格时，单独的参数方法和非参数方法各自具有优点，但也有各自的不足，没有研究显示其中一种方法绝对优于另一种。因此，StoNED 模型结合了两者的优点，考虑了参数方法中 SFA 的残差分解为技术无效项和随机误差项，同时也考虑了非参数化方法中 DEA 的分段线性前沿面。从根本上来看，StoNED 模型建立在 DEA 模型和 SFA 模型认可的公理和假设下，在分析过程中依赖于 DEA 模型 和 SFA 模型建立的原理和概念，不需要引入新的方法或概念，因此该模型比较容易理解和应用。同时，StoNED 模型克服了 DEA 模型对任何生产前沿面的偏离都作为非效率成分的缺点，即不能将随机误差项分离出来的问题；StoNED 模型也克服了 SFA 模型中，不恰当的生产函数形式和误差项的分布假设会将随机误差与效率评价混淆的缺点。因此，与单独的参数方法和非参数方法相比，该模型可以更加准确地估计生产前沿面，并得到更加准确的效率评价和非期望产出影子价格测度的结果。

第 14 章　方向距离函数的方向向量选取方法

如 11 章所介绍，方向距离函数是效率与生产力评价的重要方法，可以综合处理多投入、多产出问题，并且可以对期望产出和非期望产出同时进行建模，即在增加期望产出的同时限制非期望产出和投入。近年来，如何在方向距离函数的建模和应用中选择一个合适的方向向量成为研究的重要问题之一。目前国内外已有大量有关方向距离函数方向向量选取技术的研究成果，却很少见到对这些技术进行全面的总结和综述。本章对非参数 DEA 框架下方向距离函数的方向选取技术进行系统的梳理和分类，主要介绍七种典型的方向向量选取技术，并将各类技术统一转化为同时考虑期望产出和非期望产出的无导向模型，进而在一个统一的建模框架下，比较分析各类技术的优缺点，本章最后给出了未来可能的研究方向*。

14.1　方向距离函数的发展及方向向量选取技术的分类

效率与生产力的评价是经济管理和决策分析领域的一个重要问题，它可以为决策者提供规模与运行的有效信息。方向距离函数则是效率与生产力的有效评价方法(Luenberger, 1992; Chambers et al., 1996a)。该方法综合处理多投入、多产出问题，并区分期望产出与非期望产出。与 Shephard (1970)最初提出的距离函数不同，方向距离函数方法可以在增加期望产出的同时限制非期望产出和投入。目前，已有大量的研究采用该方法分析效率改进潜力问题，并将其应用到包括企业决策、能源管理和环境保护等的多个重要领域。

综合来看，基于方向距离函数的测度建模可以分为两个分支，即参数测度方法和非参数测度方法。参数测度方法基于回归模型(如 SFA 模型)，需要提前给定生产函数形式，通常应用于污染物影子价格的估算(Vardanyan and Noh, 2006; Färe et al., 2012; Matsushita and Yamane, 2012; Du et al., 2016)；非参数测量方法基于数学规划模型(如 DEA 模型)，不需要生产函数的任何假设，通常应用于实证研究中的效率与生产力的测度(Pathomsiri et al., 2008; Macpherson et al., 2010; Wang et al., 2012; Arabi et al, 2014)。

近几年，如何在方向距离函数的建模和应用中选择一个合适的方向向量成为

---

* 本章的部分内容曾发表于以下文章：

Wang K, Xian Y, Lee C Y, et al. 2017. On selecting directions for directional distance functions in a non-parametric framework: A review. Annals of Operations Research, doi: 10.1007/s10479-017-2423-5.

研究的关键问题之一。Vardanyan 和 Noh（2006）与 Agee 等（2012）指出方向向量的选取对所有结构参数（如技术效率、技术改变、规模效率、规模改变及总的生产力变化等）的测量有很大影响。Leleu（2013）也指出方向向量的选取将直接决定非期望产出的影子价格。目前，国内外已有大量有关方向距离函数方向向量选取技术的研究成果，却少见对这些技术进行全面的总结。因此，本章系统梳理总结了在非参数 DEA 框架下方向距离函数的方向向量选取技术，归纳比较各类技术的优缺点，以填补这个空白（Wang et al., 2017c）。

本章旨在对方向距离函数方向向量选取技术的发展进行梳理和分类，主要介绍以下七种典型的选取技术，包括武断选取方向向量技术、加条件选取方向向量技术、最短距离方向向量选取技术、最远距离方向向量选取技术、成本最小化方向向量选取技术、利润最大化方向向量选取技术、边际收益最大化方向向量选取技术。本章进一步将各类技术统一转化到同时考虑期望与非期望产出的无导向模型框架下，进而比较分析各类技术的优缺点。

到目前为止，国内外针对方向距离函数方向选取技术的研究大体可以分为两大类：内生的方向选取技术和外生的方向选取技术，其具体分类情况如图 14-1 所示。其中，外生的方向选取技术指的是由评价者提前直接给定方向；内生的方向选取技术指的是由内生机制决定方向。在估算效率与生产力时，研究者根据其研究目的和技术发展水平等因素决定选择不同的技术。

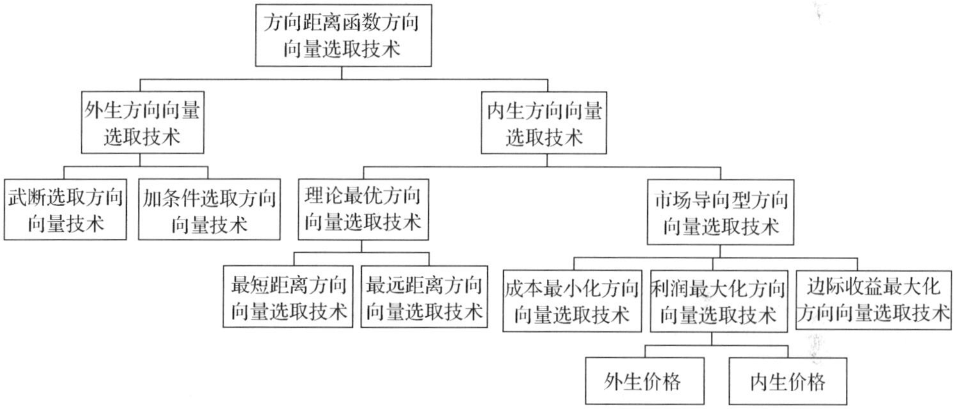

图 14-1　方向距离函数方向向量选取技术的分类

具体分析，外生方向向量选取技术包含武断选取方向向量技术和加条件选取方向向量技术。

（1）武断选取方向向量技术是指研究者没有任何依据，直接给定方向向量，常见的方法有两种：投入、产出观测值方向向量选取技术（Chambers et al., 1996b）和正负单位 1 方向向量选取技术（Färe et al., 2006）。在投入、产出观测值方向向量选取技术中，每个决策单元以各自的投入、产出值为改进方向，使得模型构造相对复杂，如 Kumar(2006)、Oh(2010)、Oum 等(2013)和 Hampf 和 Krüger(2014b)的研究。在正负单位 1 方向向量选取技术中，每个决策单元的方向向量均为正负 1，使得模型构造相对简单，如 Färe 等(2005)、Picazo-Tadeo 等(2005)、Bellenger 和 Herlihy (2009)、Halkos 和 Tzeremes (2013)的研究。武断选取方向向量技术在方向向量选取上不需要任何假设和设置，但也因此缺乏在经济含义、政策限制和理论基础上的解释。此外，Fukuyama 和 Weber(2009)指出，当投入和产出在生产可能集上存在非零松弛时，武断选取方向向量技术下的效率评价结果可能会低估决策单元的无效值，而沿着正负单位 1 方向向量计算的决策单元的无效值不满足单位不变性，也就是效率评价值会受到决策单元投入、产出值的单位的影响。

(2)加条件选取方向向量技术基于武断方向向量选取技术，引进了一些特定的评价情景，如政策约束、影子价格估计、系统完善性和可比性等。很多研究根据不同的政策约束设定不同的情景(Färe et al, 2007; Watanabe and Tanaka, 2007; Picazo-Tadeo et al, 2012; Zhou et al. 2012a; Wang et al., 2013; Njuki and Bravo-Ureta, 2015)。以政策约束为例，Njuki 和 Bravo-Ureta (2015)在正负单位 1 的方向向量下设置了两种情景：一种是存在环境管制时，同时增加期望产出并减少非期望产出；另一种没有环境管制，增加期望产出而不减少非期望产出。再以影子价格估计为例，Lee 等(2002)以每年的生产计划和减排目标为标准选取方向向量，计算污染物的影子价格。有一种典型的加条件选取方向向量技术是为了保证建模系统的完善性，如 Chen 等(2013)通过模型的约束条件为方向向量选取找到一个可行的置信区间，企业则根据实际的生产情况在该区间内选择一个合适的方向向量，这个模型可以克服传统的方向距离函数求解过程中出现不可行解的问题。另外，Fukuyama 和 Weber(2009)证明了方向距离函数在不同方向向量选取下与一些现有的基于松弛测度是模型(Slack-Based Measures，SBM)等价。最后以决策单元之间的可比性为例，Dervaux 等(2009)和 Simar 等(2012)基于(free disposable hull, FDH)方法，提出了在投入导向模型中以所有观测点的投入平均值作为统一的方向向量，使得被评价的决策单元仅参考生产可能集中实际存在的决策单元进行效率改进。与武断选取方向向量技术相比，加条件选取方向向量技术在方向距离函数的建模和应用上有了进一步的改进，它引入了特定的评价情景，包括政策约束的模拟、企业决策的选择和理论系统的完善等，进而降低了方向向量选取的任意性，提升效率评价的合理性。但严格来说，这种技术仍然缺乏经济含义和理论基础的支撑。

内生方向向量选取技术也包含两大类，即理论最优方向向量选取技术和市场导向型方向向量选取技术。

(1)理论最优方向向量选取技术旨在为无效决策单元在生产前沿面上找一个特定的投射点。Frei 和 Harker(1999)最初提出了最小范数(least-norm)模型，用以测量无效决策单元与支撑超平面之间的最短距离，但这个模型无法提供准确的效率评价结果。因此，Baek 和 Lee(2009)引进了最短距离(least-distance)模型，测量无效决策单元与生产前沿面之间的最短距离，该方法可以提供准确的效率评价结果。采用与最短距离模型完全相反的视角，Färe 和 Grosskopf (2010)、Adler 和 Volta (2016)在方向距离函数的加型结构的基础上，最大化所有投入、产出的移动距离，以寻找无效决策单元与生产前沿面的最远距离。同样的，Färe 等(2013)、Hampf 和 Kruger(2014a)也建立了内生机制去识别被评价决策单元的最大改进潜力，该方法通过空间遍历的方法实现。和以往的研究相比，理论最优方向向量选取技术的目的是寻找观测点的理论最优状态。因为最终的效率评价结果在内生机制下有了理论基础的支撑，可以认为理论最优方向向量选取技术比武断选取和加条件选取方向向量技术在数学上更合理。另外，最远距离方向向量选取技术在实际的生产研究中比最短距离方向向量选取技术更有价值，因为被评价的决策单元可以识别出现有生产技术下的最大效率改进潜力。但不可否认的是，最大改进潜力在实际的生产过程中一般是难以实现的。

(2) 市场导向型方向向量选取技术结合了理论最优方向向量选取技术和具体的经济管理含义，如成本最小化、利润最大化和边际收益最大化等企业决策信息。以成本最小化为例，Ray 和 Mukherjee(2000)在效率评价中考虑了投入价格和各个投入价格之间的差异，为被评价决策单元建立成本生产前沿面，以识别到达成本最小化参考点的方向向量。再以利润最大化的长期决策为例，Zofio 等(2013)首先引进了利润效率的概念，在外生给定的投入、产出价格下建立了一个内生模型，识别出使得无效决策单元投影到生产前沿面上最近的利润最大化参考点的方向向量。类似地，Lee(2016)建立了一个模型去识别使得决策单元投影到纳什均衡参考点的方向向量，在这个模型中，企业处于投入、产出价格内生的非完全竞争市场。以边际收益最大化为例，Lee(2014)在 DEA 模型的对偶模型的基础上，给定投入、产出价格，并引进方向边际生产力的概念，以识别使得决策单元投影到边际收益最大化参考点的方向向量。具体来说，市场导向型方向向量选取技术的目的不是为决策单元寻找一个理论最优的方向向量，而是寻找一个具有经济管理含义的最合适的方向向量。因此，考虑了价格信息的市场导向型方向向量选取技术对指导企业决策更有意义。

本章在后续部分将详细介绍七种典型的方向向量选取技术，并将各类技术统一转化为考虑非期望产出的无导向模型，以比较分析各类技术的优缺点。这七种典型的方向向量选取技术具体包括：武断选取方向向量技术、加条件选取方向向量技术、最短距离方向向量选取技术、最远距离方向向量选取技术、成本最小化方向向量选取技术、利润最大化方向向量选取技术、边际收益最大化方向向量选取技术，有关这七种方向向量选取技术下的具体方向名称、来源、方向向量数学表示等信息汇总见表 14-1，表中的具体符号解释详见 14.1～14.5 节的介绍。

表 14-1　方向距离函数的七种典型方向向量选取技术

方向向量选取技术	来源	方向向量 $\left(-\vec{\boldsymbol{g}}_x,\vec{\boldsymbol{g}}_y,-\vec{\boldsymbol{g}}_u\right)$	价格信息
投入、产出观测值方向向量选取技术	Chambers 等（1996b）	$(-\boldsymbol{x},\boldsymbol{y},-\boldsymbol{u})$	无
正负单位 1 方向向量选取技术	Färe 等(2006)	$(-1,1,-1)$	无
最短距离方向向量选取技术	Baek 和 Lee（2009）	$\left(X^E\lambda^*-\boldsymbol{x}_0,Y^E\lambda^*-\boldsymbol{y}_0,U^E\lambda^*-\boldsymbol{u}_0\right)/\beta^*$	无
最远距离方向向量选取技术	Hampf 和 Krüger（2014a）	$(-\phi\otimes\boldsymbol{x},\alpha\otimes\boldsymbol{y},-\delta\otimes\boldsymbol{u})$	无
成本最小化方向向量选取技术	Ray 和 Mukherjee（2000）	$\left(X\lambda^*-\boldsymbol{x}_0,0,\mathrm{U}\lambda^*-\boldsymbol{u}_0\right)/\beta^*$	外生
利润最大化方向向量选取技术	Zofio 等(2013)	$\dfrac{\left(\boldsymbol{x}^*-\boldsymbol{x},\boldsymbol{y}^*-\boldsymbol{y},\boldsymbol{u}^*-\boldsymbol{u}\right)}{\pi(\boldsymbol{w},\boldsymbol{p})-(\boldsymbol{p}\boldsymbol{y}-\boldsymbol{w}\boldsymbol{x})}$	外生
	Lee（2016）	$\dfrac{\left(\boldsymbol{x}_{j_0}^{N*}-\boldsymbol{x}_{j_0},\boldsymbol{y}_{j_0}^{N*}-\boldsymbol{y}_{j_0},\boldsymbol{u}_{j_0}^{N*}-\boldsymbol{u}_{j_0}\right)}{\left(\boldsymbol{p}_{y_{j_0}}^{N*}\boldsymbol{y}_{j_0}^{N*}-\boldsymbol{p}_{x_{j_0}}^{N*}\boldsymbol{x}_{j_0}^{N*}-\boldsymbol{p}_{u_{j_0}}^{N*}\boldsymbol{u}_{j_0}^{N*}\right)-\left(\boldsymbol{p}_{y_{j_0}}^{N}\boldsymbol{y}_{j_0}^{N}-\boldsymbol{p}_{x_{j_0}}^{N}\boldsymbol{x}_{j_0}^{N}-\boldsymbol{p}_{u_{j_0}}^{N}\boldsymbol{u}_{j_0}^{N}\right)}$	内生
边际收益最大化方向向量选取技术	Lee（2014）	$\left(1,\ \phi_{i'}\cdot g_{y_{r'}}^{*}y_{r'}^{\max}/x_i^{\max},\ -\phi_{i'}\cdot g_{u_{f'}}^{*}u_f^{\max}/x_i^{\max}\right)$	外生

14.2　方向距离函数回顾

考虑样本有 n 个决策单元，每个决策单元用投入 $\boldsymbol{x}\in\boldsymbol{R}_+^m$ 生产期望产出 $\boldsymbol{y}\in\boldsymbol{R}_+^s$ 和非期望产出 $\boldsymbol{u}\in\boldsymbol{R}_+^h$。用指标 i、r 和 f 分别代表单个的投入、期望产出和非期望产出，因此，观测值 x_{ij}（i=1,2,⋯,m）、y_{rj}（r=1,2,⋯,s）和 u_{fj}（f=1,2,⋯,h）分别表示决策单元 DMU_j（j=1,2,⋯,n）的第 i 个投入、第 s 个期望产出和第 f 个非期望产出的规模水平。给出生产可能集的定义为

$$T=\left\{(\boldsymbol{x},\boldsymbol{y},\boldsymbol{u})\in\boldsymbol{R}_+^{m+s+h}:\boldsymbol{x}\text{ 可以生产}(\boldsymbol{y},\boldsymbol{u})\right\}\tag{14-1}$$

也就是说，对于每个投入水平 $\boldsymbol{x}$，生产的产出 $(\boldsymbol{y},u)$ 在可行域内。类似地，给出产出集合 $P(\boldsymbol{x})$ 的定义为

$$P(\boldsymbol{x})=\left\{(\boldsymbol{y},\boldsymbol{u}):\boldsymbol{x}\text{ 可以生产}(\boldsymbol{y},\boldsymbol{u})\right\}\tag{14-2}$$

根据以往的研究，生产可能集 T 需要满足以下四个假设：

(1) 凸性（Shephard，1970）；

(2) 投入和期望产出的强可自由处置性假设 (Färe and Primont, 1995)，也就是，如果 $(\boldsymbol{x}, \boldsymbol{y}, \boldsymbol{u}) \in T$，$\boldsymbol{x}^* \geqslant \boldsymbol{x}$，那么 $(\boldsymbol{x}^*, \boldsymbol{y}, \boldsymbol{u}) \in T$，或者，如果 $(\boldsymbol{x}, \boldsymbol{y}, \boldsymbol{u}) \in T$，$\boldsymbol{y} \geqslant \boldsymbol{y}^*$，那么 $(\boldsymbol{x}, \boldsymbol{y}^*, \boldsymbol{u}) \in T$;

(3) 非期望产出的弱可自由处置性假设 (Färe and Grosskopf, 2004)，也就是，如果 $(\boldsymbol{x}, \boldsymbol{y}, \boldsymbol{u}) \in T$，$0 \leqslant \rho \leqslant 1$，则有 $(\boldsymbol{x}, \rho\boldsymbol{y}, \rho\boldsymbol{u}) \in T$;

(4) 期望产出和非期望产出的弱零联合假设 (Färe and Grosskopf, 2004)，也就是，如果 $(\boldsymbol{x}, \boldsymbol{y}, \boldsymbol{u}) \in T$，$\boldsymbol{u}=0$，那么 $\boldsymbol{y}=0$。

在生产过程中，非期望产出会伴随产生相应的成本，如环境管制下的减排成本。因此，Färe 等 (1986) 在效率评价模型中提出了非期望产出的弱可自由处置性假设，也就是减少非期望产出的同时伴随着一定投入或者期望产出的减少。后来，Färe 和 Grosskopf (2004) 指出弱可自由处置假设与零联合假设的连同效应，也就是期望产出和非期望产出总会同时出现。

至于方向距离函数，Shephard (1970) 最初给定了距离函数的概念，即在可行域内按同等比例增加所有产出。随后，Luenberger (1992)、Chambers 等 (1996b) 和 Chung 等 (1997) 引进了方向距离函数估计环境效率和生产力，以便同时考虑期望产出和非期望产出。方向距离函数满足：

$$\vec{\boldsymbol{D}}\left(\boldsymbol{x}, \boldsymbol{y}, \boldsymbol{u}; \vec{\boldsymbol{g}}\right) = \max\left\{\beta : \left(\boldsymbol{x} - \beta\vec{\boldsymbol{g}}_x, \boldsymbol{y} + \beta\vec{\boldsymbol{g}}_y, \boldsymbol{u} - \beta\vec{\boldsymbol{g}}_u\right) \in T\right\} \tag{14-3}$$

式中，$\vec{\boldsymbol{g}} = \left(-\vec{\boldsymbol{g}}_x, \vec{\boldsymbol{g}}_y, -\vec{\boldsymbol{g}}_u\right)$ 为方向向量；$\beta(\geqslant 0)$ 为无效率值。当决策单元的无效率值 $\beta = 0$ 时，被评价为有效；反之，当决策单元的效率值 $\beta > 0$ 时，被评价为无效。可以看出，方向距离函数是距离函数的一般形式。

14.3　外生方向向量选取方法

14.3.1　武断选取方向向量技术

武断选取方向向量技术指的是由研究者提前直接给定方向向量，常见的方法有两种：①投入、产出观测值方向向量 $\vec{\boldsymbol{g}} = \left(-\vec{\boldsymbol{g}}_x, \vec{\boldsymbol{g}}_y, -\vec{\boldsymbol{g}}_u\right) = (-\boldsymbol{x}, \boldsymbol{y}, -\boldsymbol{u})$ (Chambers et al., 1996b)；②正负单位 1 方向向量 $\vec{\boldsymbol{g}} = \left(-\vec{\boldsymbol{g}}_x, \vec{\boldsymbol{g}}_y, -\vec{\boldsymbol{g}}_u\right) = (-1, 1, -1)$ (Färe et al., 2006)。Coggins 和 Swinton (1996) 还提出了一种不太常见的观测值方向向量 $\vec{\boldsymbol{g}} = \left(-\vec{\boldsymbol{g}}_x, \vec{\boldsymbol{g}}_y, -\vec{\boldsymbol{g}}_u\right) = (-\boldsymbol{x}, \boldsymbol{y}, \boldsymbol{u})$，因为没有限制非期望产出，在本章中将不对其作具体分析。

具体地，对于每个被评价的决策单元 DMU_{j0}，可以分别通过线性规划模型 (14-4) 和模型 (14-5) 计算投入、产出观测值方向和正负单位 1 方向向量下的无效率值 β：

$$
\begin{aligned}
&\max_{\beta,\lambda}\ \beta \\
&\text{s.t.}\quad x_{ij_0}-\beta x_{ij_0}\geqslant \sum_{j=1}^{n}x_{ij}\lambda_j,\ \ i=1,2,\cdots,m \\
&\qquad\ y_{ij_0}+\beta y_{ij_0}\leqslant \sum_{j=1}^{n}y_{rj}\lambda_j,\ \ r=1,2,\cdots,s \\
&\qquad\ u_{ij_0}-\beta u_{ij_0}=\sum_{j=1}^{n}u_{fj}\lambda_j,\ \ f=1,2,\cdots,h \\
&\qquad\ \beta,\ \lambda_j\geqslant 0,\ \ j=1,2,\cdots,n
\end{aligned}
\tag{14-4}
$$

$$
\begin{aligned}
&\max_{\beta,\lambda}\ \beta \\
&\text{s.t.}\quad x_{ij_0}-\beta\geqslant \sum_{j=1}^{n}x_{ij}\lambda_j,\ \ i=1,2,\cdots,m \\
&\qquad\ y_{ij_0}+\beta\leqslant \sum_{j=1}^{n}y_{rj}\lambda_j,\ \ r=1,2,\cdots,s \\
&\qquad\ u_{ij_0}-\beta=\sum_{j=1}^{n}u_{fj}\lambda_j,\ \ f=1,2,\cdots,h \\
&\qquad\ \beta,\ \lambda_j\geqslant 0,\ \ j=1,2,\cdots,n
\end{aligned}
\tag{14-5}
$$

模型(14-4)和模型(14-5)中，λ_j均为观测点凸组合的强度变量，两式的前两个不等式约束均表示了投入与期望产出的强可自由处置性假设，最后一个不等式约束则表示了非期望产出的弱可自由处置假设。

14.3.2 加条件选取方向向量技术

加条件选取方向向量技术是对武断选取方向向量技术的扩展，它引进了一些特定的评价情景，如政策约束、影子价格估计、系统完善和可比性等。

具体以政策约束为例，假设决策单元只有一个投入(用能量)、一个期望产出(GDP)和一个非期望产出(污染物排放)，则：①方向向量 $\vec{\boldsymbol{g}}=(-\boldsymbol{x},\boldsymbol{0},\boldsymbol{0})$ [或者 $\vec{\boldsymbol{g}}=(-\boldsymbol{1},\boldsymbol{0},\boldsymbol{0})$]、$\vec{\boldsymbol{g}}=(\boldsymbol{0},\boldsymbol{y},\boldsymbol{0})$ [或者 $\vec{\boldsymbol{g}}=(\boldsymbol{0},\boldsymbol{1},\boldsymbol{0})$]和 $\vec{\boldsymbol{g}}=(\boldsymbol{0},\boldsymbol{0},-\boldsymbol{u})$ [或者 $\vec{\boldsymbol{g}}=(\boldsymbol{0},\boldsymbol{0},-\boldsymbol{1})$]分别表示节能、经济增长和减排的生产情景。②方向向量 $\vec{\boldsymbol{g}}=(-\boldsymbol{x},\boldsymbol{0},-\boldsymbol{u})$ [或者 $\vec{\boldsymbol{g}}=(-\boldsymbol{1},\boldsymbol{0},-\boldsymbol{1})$]表示节能和减排的联合生产情景；方向向量 $\vec{\boldsymbol{g}}=(-\boldsymbol{x},\boldsymbol{y},\boldsymbol{0})$ [或者 $\vec{\boldsymbol{g}}=(-\boldsymbol{1},\boldsymbol{1},\boldsymbol{0})$]表示节能和经济增长的联合生产情景；方向 $\vec{\boldsymbol{g}}=(\boldsymbol{0},\boldsymbol{y},-\boldsymbol{u})$ [或者 $\vec{\boldsymbol{g}}=(\boldsymbol{0},\boldsymbol{1},-\boldsymbol{1})$]则表示减排和经济增长的联合生产情景。③方向向量 $\vec{\boldsymbol{g}}=(-\boldsymbol{x},\boldsymbol{y},-\boldsymbol{u})$ [或者 $\vec{\boldsymbol{g}}=(-\boldsymbol{1},\boldsymbol{1},-\boldsymbol{1})$]是原始的武断选取方向向量，表示了节能、减排和经济增长的联合生产情景。

再以污染物的影子价格估计为例，Lee 等(2002)提出了另一种典型的加条件选取方向向量技术。这个模型以期望产出的生产计划和非期望产出的年度减排目标为背景，将每个决策单元目标年和基准年观测值的差作为单个方向向量，然后以这两年的期望产出为权重，计算一个总的方向向量。因为期望产出和非期望产出均在目标年有增加，所有方向向量 $\vec{g}_y$ 和 $\vec{g}_u$ 均为负。

如图 14-2 所示，给出了四种典型的外生方向向量的产出导向型指向。

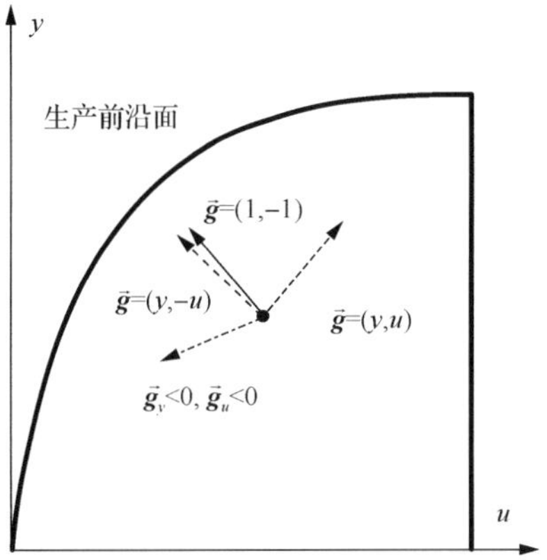

图 14-2　典型的外生方向向量的产出导向型指向

14.3.3　外生方向向量选取技术的缺陷

在实际的应用中，武断选取方向向量技术和加条件选取方向向量技术，赋予了每个投入、产出同等的重要性，缺乏经济和政策含义。在这两种技术中，各个投入、产出间不能自动平衡权重，无法在效率评价中进行优化权衡。同时，Fukuyama 和 Weber (2009)指出，当投入、产出存在不为零的松弛时，沿着外生方向向量会得到偏高的效率评价结果。另外，正负单位 1 方向向量下评价的效率结果不满足单位不变性。

外生方向向量选取技术还有一个明显的缺点，即非期望产出的弱可自由处置性假设会导致生产前沿面上出现斜率为负的向下倾斜的部分(Picazo-Tadeo and Prior, 2009; Murty et al., 2012; Chen and Delmas, 2012)。在这种情况下，一些处于这个部分的无效决策单元会在外生方向向量下被错判为有效。图 14-3 则具体描绘了这一情形：假定生产可能集由三个决策单元(*A*，*B*，*C*)组成，所有决策单元在同一投入水平下生产一个期望产出和一个非期望产出。由于非期望产出的弱可自由处置性假设，生产前沿面上出现了一段向下倾斜的部分 *BC*。可以看到，决策单元 *C* 是无效的，因为它可以在减少非期望产出的同时增加期望产出，最后调整到 *B* 点。但是，如果沿着正负单位 1 的方向向量，决策单元 *C* 将会被错判为有效。

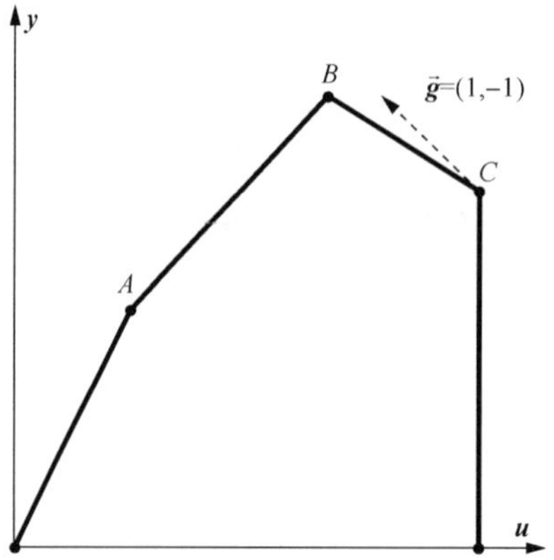

图 14-3　弱可自由处置性假设的误判情形

总体来说，虽然外生方向向量选取十分便利简单，却存在很多缺陷。近年来内生方向向量选取技术引起了研究者越来越多的关注。

14.4　内生理论最优方向向量选取方法

14.4.1　最短距离方向向量选取技术

效率与生产力分析不仅是为了得到一个评价结果，也为了探寻这个结果实现的过程，体现在方向距离函数中方向向量和有效参考点的选取。一种方向向量选取的标准是识别被评价决策单元与有效前沿面的最短距离，即采用有效前沿面上距离最近的点作为参考点。

Frei 和 Harker (1999) 最早在加型 DEA 模型的基础上提出了最小范数模型，他们将被评价决策单元投影到离距最近的支撑超平面，从而将该点到这个超平面的距离视为最短距离。但这个模型有一个缺点，即当支撑超平面与实际有效前沿面分离时，测量的距离和效率值均不准确。

为了克服这个缺陷，Baek 和 Lee (2009) 建立了最短距离模型，它将强有效前沿面上距离被评价决策单元最近的点作为参考点，从而计算效率值。这个模型强调的是被评价决策单元与参考点之间的相似性和接近性，计算步骤可以分为以下四步。

(1) 将所有的决策单元通过如下所示的 RAM (Cooper et al., 1999a) 模型分为有效和非有效两种：

$$
\begin{aligned}
\min_{\lambda_j, s_{ij_0}^-, s_{rj_0}^+} \quad & \varphi = 1 - \frac{1}{m+s}\left(\sum_{i=1}^{m}\frac{s_{ij_0}^-}{R_i^-} + \sum_{r=1}^{s}\frac{s_{rj_0}^+}{R_r^+}\right) \\
\text{s.t.} \quad & x_{ij_0} - s_{ij_0}^- = \sum_{j=1}^{n} x_{ij}\lambda_j,\ i=1,2,\cdots,m \\
& y_{rj_0} + s_{rj_0}^+ = \sum_{j=1}^{n} y_{rj}\lambda_j,\ r=1,2,\cdots,s \\
& \lambda_j, s_{ij_0}^-, s_{rj_0}^+ \geqslant 0 \\
& j=1,2,\cdots,n \\
& i=1,2,\cdots,m \\
& r=1,2,\cdots,s
\end{aligned}
\tag{14-6}
$$

式中，$R_i^- = \max_j\{x_{ij}\} - \min_j\{x_{ij}\}$; $R_r^+ = \max_j\{y_{rj}\} - \min_j\{y_{rj}\}$；$s_{ij_0}^-$ 和 $s_{rj_0}^+$ 分别为 DMU_{j0} 第 i 个投入和第 r 个产出所对应的松弛变量。当效率值 $\varphi = 1$ 时，决策单元被评价为有效；反之，当 $0<\varphi<1$ 时，决策单元被评价为无效。

同时，定义强有效集 E 满足：

$$
\begin{aligned}
E = \Big\{ & (\boldsymbol{x}, \boldsymbol{y}), \max\left(e^{\mathrm{T}}s^+ + e^{\mathrm{T}}s^-\right) = 0 \\
\text{s.t.}\ & \left(\boldsymbol{s}^+, \boldsymbol{s}^-\right) = \left(\boldsymbol{x} - \boldsymbol{X}\lambda, \boldsymbol{Y}\lambda - \boldsymbol{y}\right), \boldsymbol{e}^{\mathrm{T}}\lambda = 1, \lambda \geqslant 0 \Big\}
\end{aligned}
\tag{14-7}
$$

式中，$\boldsymbol{e}^{\mathrm{T}}$ 为单位向量。可以看出，在有效前沿面上的决策单元的参考点是其本身。

(2) 计算强有效集 E 的元素个数 l 和参考平面个数 $\binom{l}{m+s}$。样本中，每个决策单元用 m 个投入生产 s 个产出，因此强有效集中每 $m+s$（$m+s \leqslant l$）个观测点便可形成一个参考平面。此时，对每个被评价决策单元而言，均有 $\binom{l}{m+s}$ 个参考平面。

(3) 通过式 (14-8) 计算无效决策单元 DMU_{j0} 到第 k（$k=1,2,\cdots,\binom{l}{m+s}$）个参考平面的最短距离 d_k 和对应参考点 $(\boldsymbol{x}', \boldsymbol{y}')$：

$$
\begin{aligned}
\min_{\lambda, x_i, y_r} \quad & \sum_{i=1}^{m}\left(\frac{x_i - x_{ij_0}}{R_i^-}\right)^2 + \sum_{r=1}^{s}\left(\frac{y_r - y_{rj_0}}{R_r^+}\right)^2 \\
\text{s.t.} \quad & x_i = \sum_{\mathrm{DMU}_j \in E} x_{ij}\lambda_j,\ i=1,2,\cdots,m \\
& y_r = \sum_{\mathrm{DMU}_j \in E} y_{rj}\lambda_j,\ r=1,2,\cdots,s \\
& \sum_{\mathrm{DMU}_j \in E} \lambda_j = 1 \\
& \lambda_j \geqslant 0,\quad j=1,2,\cdots,n
\end{aligned}
\tag{14-8}
$$

(4) 重复步骤(3)，可以得到一系列的最短距离和参考点，将满足 $d^{*}=\min\{d_k\}$ 的距离定义为整体最短距离，并且将其对应的参考点 $(\boldsymbol{x}^{*},\ \boldsymbol{y}^{*})$ 和效率值 $\varphi=1-\frac{1}{m+s}\left[\sum_{i=1}^{m}\left(\frac{x_i^{*}-x_{ij_0}}{R_i^{-}}\right)^2+\sum_{r=1}^{s}\left(\frac{y_r^{*}-y_{rj_0}}{R_r^{+}}\right)^2\right]^{1/2}$ 定义为最终的效率评价结果。

Baek 和 Lee (2009) 提出的模型没有区分期望产出和非期望产出，我们将非期望产出引进最短距离模型，则方向向量选取的计算步骤分以下四步。

(1) 将所有的决策单元通过如下的 RAM 模型分为有效和非有效两种：

$$
\begin{aligned}
\min_{\lambda,s_{ij_0}^{-},s_{rj_0}^{+},s_{fj_0}^{-}} \quad & \varphi=1-\frac{1}{m+s+h}\left(\sum_{i=1}^{m}\frac{s_{ij_0}^{-}}{\mathrm{R}_{\mathrm{i}}^{-}}+\sum_{r=1}^{s}\frac{s_{rj_0}^{+}}{R_{\mathrm{r}}^{+}}+\sum_{f=1}^{h}\frac{s_{fj_0}^{-}}{R_f^{-}}\right) \\
\text{s.t.} \quad & x_{ij_0}-s_{ij_0}^{-}=\sum_{j=1}^{n}x_{ij}\lambda_j,\ i=1,2,\cdots,m \\
& y_{rj_0}+s_{rj_0}^{+}=\sum_{j=1}^{n}y_{rj}\lambda_j,\ r=1,2,\cdots,s \\
& u_{fj_0}-s_{fj_0}^{-}=\sum_{j=1}^{n}u_{fj}\lambda_j,\ f=1,2,\cdots,h \\
& \lambda_j,s_{ij_0}^{-},s_{rj_0}^{+},s_{fj_0}^{-}\geqslant 0 \\
& j=1,2,\cdots,n \\
& i=1,2,\cdots,m \\
& r=1,2,\cdots,s \\
& f=1,2,\cdots,h
\end{aligned}
\tag{14-9}
$$

式中，$R_i^{-}=\max_j\{x_{ij}\}-\min_j\{x_{ij}\}$；$R_r^{+}=\max_j\{y_{rj}\}-\min_j\{y_{rj}\}$；$R_f^{-}=\max_j\{u_{fj}\}-\min_j\{u_{fj}\}$；$s_{ij_0}^{-}$、$s_{rj_0}^{+}$ 和 $s_{fj_0}^{-}$ 分别为 DMU_{j0} 第 i 个投入、第 r 个期望产出和第 f 个非期望产出所对应的松弛变量。当 $\varphi=1$ 时，决策单元被评价为有效；反之，当 $0<\varphi<1$ 时，决策单元被评价为无效。

同时，定义强有效集 E 满足：

$$
\begin{aligned}
E=\Big\{&(\boldsymbol{x},\boldsymbol{y},\boldsymbol{u}),\max\left(\boldsymbol{e}^{\mathrm{T}}\boldsymbol{s}_i^{-}+\boldsymbol{e}^{\mathrm{T}}\boldsymbol{s}_r^{+}+\boldsymbol{e}^{\mathrm{T}}\boldsymbol{s}_f^{-}\right)=0 \\
&\text{s.t.}\ \left(\boldsymbol{s}_i^{-},\boldsymbol{s}_r^{+},\boldsymbol{s}_f^{-}\right)=\left(\boldsymbol{x}-\boldsymbol{X}\lambda,\boldsymbol{Y}\lambda-\boldsymbol{y},\boldsymbol{u}-\boldsymbol{U}\lambda\right),\boldsymbol{e}^{\mathrm{T}}\lambda=1,\lambda\geqslant 0\Big\}
\end{aligned}
\tag{14-10}
$$

式中，$\boldsymbol{e}^{\mathrm{T}}$ 为单位向量。

(2) 计算强有效集 E 的元素个数 l 和参考平面个数 $\binom{l}{m+s+h}$。样本中，每个决策

单元用 m 个投入生产 s 个期望产出和 f 个非期望产出，因此强有效集中每 $m+s+h$ $(m+s+h\leqslant l)$ 个观测点便可形成一个参考平面。此时，对每个被评价决策单元而言，均有 $\binom{l}{m+s+h}$ 个参考平面。

(3) 计算无效决策单元 DMU_{j0} 到第 $k\left\{k=1,2,\cdots,\binom{l}{m+s+h}\right\}$ 个参考平面的最短距离 d_k 和对应参考点 $(\boldsymbol{x}', \boldsymbol{y}', \boldsymbol{u}')$：

$$
\begin{aligned}
&\min_{\lambda,x_i,y_r,u_f} \sum_{i=1}^{m}\left(\frac{x_i-x_{ij_0}}{R_i^-}\right)^2+\sum_{r=1}^{s}\left(\frac{y_r-y_{rj_0}}{R_r^+}\right)^2+\sum_{f=1}^{h}\left(\frac{u_f-u_{fj_0}}{R_f^+}\right)^2\\
&\text{s.t.}\quad x_i=\sum_{\mathrm{DMU}_j\in E} x_{ij}\lambda_j,\ i=1,2,\cdots,m\\
&\qquad y_r=\sum_{\mathrm{DMU}_j\in E} y_{rj}\lambda_j,\ r=1,2,\cdots,s\\
&\qquad u_f=\sum_{\mathrm{DMU}_j\in E} u_{fj}\lambda_j,\ f=1,2,\cdots,h\\
&\qquad \sum_{\mathrm{DMU}_j\in E}\lambda_j=1\\
&\qquad \lambda_j\geqslant 0,\ \ j=1,2,\cdots,n
\end{aligned}
\tag{14-11}
$$

(4) 重复步骤 (3)，可以得到一系列的最短距离和参考点，将满足 $d^*=\min\{d_k\}$ 的距离定义为整体最短距离，并且将其对应的参考点 $(\boldsymbol{x}^*,\ \boldsymbol{y}^*,\ \boldsymbol{u}^*)$ 和效率值 $\varphi=1-\dfrac{1}{m+s+f}\left[\sum_{i=1}^{m}\left(\dfrac{x_i^*-x_{ij_0}}{R_i^-}\right)^2+\sum_{r=1}^{s}\left(\dfrac{y_r^*-y_{rj_0}}{R_r^+}\right)^2+\sum_{f=1}^{h}\left(\dfrac{u_f^*-u_{fj_0}}{R_f^+}\right)^2\right]^{1/2}$ 定义为最终的效率评价结果。

这时，与模型 (14-11) 等价的方向距离函数模型为

$$
\begin{aligned}
&\min_{\lambda_j,\beta,g_{x_i},g_{y_r},g_{u_f}} \sum_{i=1}^{m}\left(\frac{\beta g_{x_i}}{R_i^-}\right)^2+\sum_{r=1}^{s}\left(\frac{\beta g_{y_r}}{R_r^+}\right)^2+\sum_{f=1}^{h}\left(\frac{\beta g_{u_f}}{R_f^+}\right)^2\\
&\text{s.t.}\quad x_{ij0}-\beta g_{x_i}=\sum_{\mathrm{DMU}_j\in E} x_{ij}\lambda_j,\ i=1,2,\cdots,m\\
&\qquad y_{rj0}+\beta g_{y_r}=\sum_{\mathrm{DMU}_j\in E} y_{rj}\lambda_j,\ r=1,2,\cdots,s\\
&\qquad u_{fj0}-\beta g_{u_f}=\sum_{\mathrm{DMU}_j\in E} u_{fj}\lambda_j,\ f=1,2,\cdots,h\\
&\qquad \sum_{\mathrm{DMU}_j\in E}\lambda_j=1\\
&\qquad \lambda_j,\beta\geqslant 0,\ \ j=1,2,\cdots,n
\end{aligned}
\tag{14-12}
$$

求解这个模型，得到最短距离方向向量为 $\vec{\boldsymbol{g}}=\left(-\vec{\boldsymbol{g}}_x,\vec{\boldsymbol{g}}_y,-\vec{\boldsymbol{g}}_u\right)=\left(\boldsymbol{X}^E\boldsymbol{\lambda}^*-\boldsymbol{x}_0,\boldsymbol{Y}^E\boldsymbol{\lambda}^*-\boldsymbol{y}_0,\boldsymbol{U}^E\boldsymbol{\lambda}^*-\boldsymbol{u}_0\right)/\beta^*$。其中，$\boldsymbol{X}^E$、$\boldsymbol{Y}^E$ 和 $\boldsymbol{U}^E$ 分为代表有效决策单元组成的投入、产出矩阵。

最短距离方向向量选取技术是一种有效的效率评价手段，它可以获得准确的效率值和参考点信息。这个技术最大的创新点在于结合了松弛模型和同比例变化的径向模型，以找到最易达到的参考点。但不可忽视的是，参考点的属性不仅仅只有相似性和接近性，它会随着企业目标和管理者偏好等因素而改变。并且，在实际的生产过程中，企业的最终目的一般为利润最大化、效率改进等，而不仅仅是寻找一条到生产前沿面最容易的改进路径。

14.4.2 最远距离方向向量选取技术

另一种理论最优方向向量选取的标准是识别被评价决策单元与有效前沿面的最远距离，即采用有效前沿面上距离最远的点作为参考点，以识别最大改进潜力。

在这个背景下，Färe 和 Grosskopf (2010)、Adler 和 Volta (2016) 在 SBM 模型的基础上提出了一个新的方向距离函数模型，即用不等式约束取代等式约束，不同比例地调整投入、产出。同时，Färe 等 (2013) 以最大化被评价决策单元的无效性为目标函数，建立了一个内生模型去获得最远距离方向向量。该产出导向模型的非线性规划表示为

$$
\begin{aligned}
&\max_{\beta,\lambda_j,g_{y_{rj0}},g_{u_{fj0}}} \quad \beta \\
&\text{s.t.} \quad x_{ij_0} \geqslant \sum_{j=1}^{n} x_{ij}\lambda_j,\ i=1,2,\cdots,m \\
&\qquad \mathrm{y}_{\mathrm{rj}_0} + \beta g_{y_{rj0}} \leqslant \sum_{j=1}^{n} y_{rj}\lambda_j,\ r=1,2,\cdots,s \\
&\qquad u_{fj_0} - \beta g_{u_{fj0}} = \sum_{j=1}^{n} u_{fj}\lambda_j,\ f=1,2,\cdots,h \\
&\qquad \sum_{r=1}^{s} g_{y_{rj0}} + \sum_{f=1}^{f} g_{u_{fj0}} = 1 \\
&\qquad \beta,\lambda_j,g_{y_{rj0}},g_{u_{fj0}} \geqslant 0 \\
&\qquad j=1,2,\cdots,n \\
&\qquad r=1,2,\cdots,s \\
&\qquad f=1,2,\cdots,h
\end{aligned}
\tag{14-13}
$$

式中，假设了方向向量是非负和标准化的。

类似地，Hampf 和 Krüger(2014a)也提出了一个计算最远距离方向向量的内生模型，该产出导向模型的非线性规划为

$$
\begin{aligned}
&\max_{\beta,\lambda_j,\alpha_{rj_0},\delta_{fj_0}} \quad \beta \\
&\text{s.t.} \quad x_{ij_0} \geqslant \sum_{j=1}^{n} x_{ij}\lambda_j,\ i=1,2,\cdots,m \\
&\qquad y_{rj_0} + \beta\alpha_{rj_0} \otimes y_{rj_0} \leqslant \sum_{j=1}^{n} y_{rj}\lambda_j,\ r=1,2,\cdots,s \\
&\qquad u_{fj_0} - \beta\delta_{fj_0} \otimes u_{fj_0} = \sum_{j=1}^{n} u_{fj}\lambda_j,\ f=1,2,\cdots,h \\
&\qquad \sum_{r=1}^{s}\alpha_{rj_0} + \sum_{f=1}^{f}\delta_{fj_0} = 1 \\
&\qquad \beta,\lambda_j,\alpha_{rj_0},\delta_{fj_0} \geqslant 0 \\
&\qquad j=1,2,\cdots,n \\
&\qquad r=1,2,\cdots,s \\
&\qquad f=1,2,\cdots,h
\end{aligned}
\tag{14-14}
$$

式中，“⊗”为两个向量间的 Hadamard 乘积；$\boldsymbol{\alpha}$ 和 $\boldsymbol{\delta}$ 分别为期望产出和非期望产出的权重向量。这两个向量满足标准化条件，同时，非负假设表示只有不减少期望产出和不增加非期望产出的方向向量才会被选取。

可以看出，模型(14-14)是模型(14-13)的一般形式。权重向量提供了每个期望产出和非期望产出的无效性，描绘了各个产出间的最优权衡结果。但在原始的模型中，研究者们都只是考虑了产出导向的模型，我们将投入引进后，对应模型的非线性规划可以表示为

$$
\begin{aligned}
&\max_{\beta,\lambda_j,\phi_{ij_0},\alpha_{rj_0},\delta_{fj_0}} \quad \beta \\
&\text{s.t.} \quad x_{ij_0} - \beta\phi_{ij_0} \otimes x_{ij_0} \geqslant \sum_{j=1}^{n} x_{ij}\lambda_j,\ i=1,2,\cdots,m \\
&\qquad y_{rj_0} + \beta\alpha_{rj_0} \otimes y_{rj_0} \leqslant \sum_{j=1}^{n} y_{rj}\lambda_j,\ r=1,2,\cdots,s \\
&\qquad u_{fj_0} - \beta\delta_{fj_0} \otimes u_{fj_0} = \sum_{j=1}^{n} u_{fj}\lambda_j,\ f=1,2,\cdots,h
\end{aligned}
\tag{14-15}
$$

$$\sum_{i=1}^{m}\phi_{ij_0}+\sum_{r=1}^{s}\alpha_{rj_0}+\sum_{f=1}^{f}\delta_{fj_0}=1$$
$$\beta,\lambda_j,\phi_{ij_0},\alpha_{rj_0},\delta_{fj_0}\geqslant 0$$
$$j=1,2,\cdots,n$$
$$i=1,2,\cdots,m$$
$$r=1,2,\cdots,s$$
$$f=1,2,\cdots,h$$

式中，ϕ、α、δ 为用于标准化的决策变量。求解这个规划后，得到的最远距离方向向量为 $\vec{\boldsymbol{g}}=\left(-\vec{\boldsymbol{g}}_x,\vec{\boldsymbol{g}}_y,-\vec{\boldsymbol{g}}_u\right)=\left(-\phi\otimes\boldsymbol{x},\alpha\otimes\boldsymbol{y},-\delta\otimes\boldsymbol{u}\right)$。

对于传统的环境效率评价模型，投入、产出间不能自动进行权衡来选取权重，最远距离方向向量选取技术则可以克服这个困难。以上所有的模型都是非径向模型，也就是投入、产出以不同的比率进行调整，每个投入和产出所对应的权重代表了它们各自的重要性。同时，每个被评价的决策单元都可以识别出最大改进潜力，达到工程上的最优状态，这可以通过以观测点为原点的第二象限的空间遍历实现。

然而，虽然最远距离方向向量选取技术使得无效决策单元可以达到理论上最优，但在技术限制、市场竞争、政策约束等因素下，在实际的生产过程中上述理论最优一般难以完全实现。接下来我们将对一些引入了典型的经济含义和企业决策行为的方向向量选取方法加以介绍和分析。

14.5 内生市场导向型方向向量选取方法

DEA 技术构成的前沿面可以用以模拟生产函数，所以经济学中涉及生产函数的很多问题都可以借助 DEA 技术实现，如成本最小化问题、利润最大化问题和边际收益最大化问题等。下面将依次介绍几种融入了经济含义和企业的市场行为的方向距离函数方向向量选取技术。

14.5.1 成本最小化方向向量选取技术

在效率与生产力的研究中，很多学者在建模中融入了成本最小化这种典型的企业行为(Ray and Mukherjee, 2000;Ball et al., 2005;Ray et al., 2008; Granderson and Prior, 2013)，对应获得的效率和生产力评价被称之为成本效率和 Malmquist 成本生产力(malmquist cost productivity，MCP)。该方法考虑了投入的成本和投入要素间的价格差异，构造的效率前沿面为一个成本前沿面。

具体地，给定一个产出水平$(\boldsymbol{y}_0, \boldsymbol{u}_0)$，投入集合满足：

$$V(\boldsymbol{y}_0, \boldsymbol{u}_0) = \{\boldsymbol{x}, \boldsymbol{x}\text{ 可以生产出}(\boldsymbol{y}_0, \boldsymbol{u}_0)\} \tag{14-16}$$

假设被评价的决策单元 DMU_{j0} 的投入价格为 $\boldsymbol{w}_0 = \left(w_{10}, w_{20}, \cdots, w_{m0}\right)^{\mathrm{T}} \in \boldsymbol{R}_+^m$，则它的实际成本 $\boldsymbol{c}_0 = \boldsymbol{w}_0^{\mathrm{T}}\boldsymbol{x}_0$。相应地，它在投入集合 $V(\boldsymbol{y}_0, \boldsymbol{u}_0)$ 中的最小成本可以通过线性规划模型(14-17)求解得到：

$$\begin{aligned}
\min_{x_i}\ & c=\sum_{i=1}^{m} w_{i0}x_i \\
\text{s.t.}\ & x_i \geqslant \sum_{j=1}^{n} x_{ij}\lambda_j,\ i=1,2,\cdots,m \\
& y_{rj_0} \leqslant \sum_{j=1}^{n} y_{rj}\lambda_j,\ r=1,2,\cdots,s \\
& u_{fj_0} = \sum_{j=1}^{n} u_{fj}\lambda_j,\ f=1,2,\cdots,h \\
& \lambda_j \geqslant 0,\ \ j=1,2,\cdots,n
\end{aligned} \tag{14-17}$$

式中，$\boldsymbol{x}$ 为变量；$c=\sum_{i=1}^{m} w_{i0}x_i$；$\boldsymbol{x}\in V(\boldsymbol{y}_0, \boldsymbol{u}_0)$为成本最小化参考点的成本函数。

成本最小化方向向量选取技术考虑了投入的价格信息，使得被评价的决策单元投影到现有技术水平下成本最小的参考点上。因此，从这种技术获得的效率评价结果有助于企业调整生产规模，改进投资决策，从而优化投入资源的配置。同时，监管机构会对企业的成本效率和生产力增长实施调控措施，成本效率评价结果也有助于衡量该调控措施的效果和影响。值得注意的是，从经济学的角度而言，收益最大化和成本最小化对公司管理而言是等价的。当研究收益最大化的企业行为时，模型的构建是类似的，即考虑产出间价格差异的产出导向模型。

然而，上述成本最小化方向向量选取技术只计算了生产成本，没有计算环境成本。在环境管制下，减少非期望产出可能伴随着投入的减少，这些投入本可以用以生产期望产出而带来效益。因此，非期望产出和投入之间可能存在替代关系，这种关系可以用重新配置效率表示。在同时考虑生产成本和环境成本的情况下，假定非期望产出的价格为 $\boldsymbol{k}_0 = \left(k_{10}, k_{20}, \cdots, k_{h0}\right) \in \boldsymbol{R}_+^h$，对应的成本最小化线性规划模型为

$$\begin{aligned}
\min_{x_i,u_f}\ & c=\sum_{i=1}^{m} w_{i0}x_i+\sum_{f=1}^{h} k_{f0}u_f \\
\text{s.t.}\ & x_i \geqslant \sum_{j=1}^{n} x_{ij}\lambda_j,\ i=1,2,\cdots,m \\
& y_{rj_0} \leqslant \sum_{j=1}^{n} y_{rj}\lambda_j,\ r=1,2,\cdots,s \\
& u_f = \sum_{j=1}^{n} u_{fj}\lambda_j,\ f=1,2,\cdots,h \\
& \lambda_j \geqslant 0,\ j=1,2,\cdots,n
\end{aligned} \tag{14-18}$$

与模型(14-18)等价的方向距离函数模型为

$$\begin{aligned}
\min_{\beta,g_{xi},g_{uf}}\ & c=\sum_{i=1}^{m} w_{i0}\left(x_{ij_0}-\beta g_{xi}\right)+\sum_{f=1}^{h} k_{f0}\left(u_{fj_0}-\beta g_{uf}\right) \\
\text{s.t.}\ & x_{ij_0}-\beta g_{xi} \geqslant \sum_{j=1}^{n} x_{ij}\lambda_j,\ i=1,2,\cdots,m \\
& y_{rj_0} \leqslant \sum_{j=1}^{n} y_{rj}\lambda_j,\ r=1,2,\ldots,s \\
& u_{fj_0}-\beta g_{uf} = \sum_{j=1}^{n} u_{fj}\lambda_j,\ f=1,2,\cdots,h \\
& \lambda_j \geqslant 0,\ j=1,2,\cdots,n
\end{aligned} \tag{14-19}$$

求解这个模型，得到成本最小化方向向量为 $\vec{\boldsymbol{g}}=\left(-\vec{\boldsymbol{g}}_x,\vec{\boldsymbol{g}}_y,-\vec{\boldsymbol{g}}_u\right)=\left(\boldsymbol{X\lambda}^*-\boldsymbol{x}_0,\boldsymbol{0},\boldsymbol{U\lambda}^*-\boldsymbol{u}_0\right)/\beta^*$。其中，$\boldsymbol{X}$ 和 $\boldsymbol{U}$ 分别为有效决策单元的投入和非期望产出矩阵。

14.5.2 利润最大化方向向量选取技术

现在我们考虑另一种企业关注的行为——利润最大化，并分为两种情形来识别该行为对应的方向和评价效率值：①投入、产出的价格是外生给定的；②投入、产出的价格是内生决定的。

1) 外生价格

当投入、产出价格是外生给定时，Zofio 等(2013)提出了利润最大化方向向量选取技术。他们将利润无效性的概念融入方向距离函数模型中，并将其分解为技术无效和配置无效。技术无效测量的是观测点到有效前沿面的距离；配置无效测量的是观测点与最优投入、产出组合点的偏离程度(Färe and Logan，1992)。

定义利润函数为 $\pi(\boldsymbol{w},\boldsymbol{p})=\max\limits_{x,y}\left\{\boldsymbol{py}-\boldsymbol{wx},\ (\boldsymbol{x},\boldsymbol{y})\in T\right\}$，其中，$\boldsymbol{w}=(w_1,w_2,\cdots,w_m)\in\boldsymbol{R}_+^m$ 和 $\boldsymbol{p}=(p_1,p_2,\cdots,p_s)\in\boldsymbol{R}_+^s$ 为给定的投入和产出价格，此时利润最大化参考点应该满足 $(\boldsymbol{x}^*,\boldsymbol{y}^*)=\max\left\{\boldsymbol{py}-\boldsymbol{wx},\ (\boldsymbol{x},\boldsymbol{y})\in T\right\}$。

不难看出，$\pi(\boldsymbol{w},\boldsymbol{p})\geqslant\boldsymbol{p}\left[y+\vec{\boldsymbol{D}}(\boldsymbol{x},\boldsymbol{y};\vec{\boldsymbol{g}})\vec{\boldsymbol{g}}_x\right]-\boldsymbol{w}\left[\boldsymbol{x}+\vec{\boldsymbol{D}}(\boldsymbol{x},\boldsymbol{y};\vec{\boldsymbol{g}})\vec{\boldsymbol{g}}_y\right]$，因此有

$$\left[\pi(\boldsymbol{w},\boldsymbol{p})-(\boldsymbol{py}-\boldsymbol{wx})\right]\Big/\left(\boldsymbol{p}\vec{\boldsymbol{g}}_y+\boldsymbol{w}\vec{\boldsymbol{g}}_x\right)\geqslant\vec{\boldsymbol{D}}(\boldsymbol{x},\boldsymbol{y};\vec{\boldsymbol{g}}) \tag{14-20}$$

紧接着，利润无效性 PE、技术无效性 TE 和配置无效性 AE 可以分别被定义为

$$\mathrm{PE}=\left[\pi(\boldsymbol{w},\boldsymbol{p})-(\boldsymbol{py}-\boldsymbol{wx})\right]\Big/\left(\boldsymbol{p}\vec{\boldsymbol{g}}_y+\boldsymbol{w}\vec{\boldsymbol{g}}_x\right) \tag{14-21}$$

$$\mathrm{TE}=\vec{\boldsymbol{D}}(\boldsymbol{x},\boldsymbol{y};\vec{\boldsymbol{g}}) \tag{14-22}$$

$$\mathrm{AE}=\left[\pi(\boldsymbol{w},\boldsymbol{p})-(\boldsymbol{py}-\boldsymbol{wx})\right]\Big/\left(\boldsymbol{p}\vec{\boldsymbol{g}}_y+\boldsymbol{w}\vec{\boldsymbol{g}}_x\right)-\vec{\boldsymbol{D}}(\boldsymbol{x},\boldsymbol{y};\vec{\boldsymbol{g}}) \tag{14-23}$$

式(14-21)～式(14-23)的定义与 Farrell(1957)的定义和分解一致，即 PE=AE+TE。

对每一个被评价的无效决策单元，这里均假设其选取利润最大化的那个点$(\boldsymbol{x}^*,\boldsymbol{y}^*)$作为参考点，也就是识别一个方向向量将观测点$(\boldsymbol{x},\boldsymbol{y})$投影到点$(\boldsymbol{x}^*,\boldsymbol{y}^*)$。同时，方向向量满足标准化假设 $\boldsymbol{w}\vec{\boldsymbol{g}}_x+\boldsymbol{p}\vec{\boldsymbol{g}}_y=1$，由此可以将该方向向量定义为

$$\left(\vec{\boldsymbol{g}}_x^*,\vec{\boldsymbol{g}}_y^*\right)=\left(\boldsymbol{x}-\boldsymbol{x}^*,\boldsymbol{y}^*-\boldsymbol{y}\right)\Big/\left[\pi(\boldsymbol{w},\boldsymbol{p})-(\boldsymbol{py}-\boldsymbol{wx})\right] \tag{14-24}$$

沿着该方向进而可以获得利润无效性为

$$\vec{\boldsymbol{D}}^*(\boldsymbol{x},\boldsymbol{y};\boldsymbol{w},\boldsymbol{p})=\vec{\boldsymbol{D}}\left(\boldsymbol{x},\boldsymbol{y};\vec{\boldsymbol{g}}_x^*,\vec{\boldsymbol{g}}_y^*\right)=\max\left\{\beta:\left(\boldsymbol{x}-\beta\vec{\boldsymbol{g}}_x^*,\boldsymbol{y}+\beta\vec{\boldsymbol{g}}_y^*\right)\in T\right\} \tag{14-25}$$

从理论的角度来说，沿着一个特定的外生方向向量，无法保证可以将被评价的决策单元恰好投影到利润最大化的参考点上。因此，这里需要一个内生模型去调整投入、产出以识别利润最大化方向向量和利润无效性值，该模型为

$$\begin{aligned}
&\max_{\beta,\lambda_j,g^*_{y_{rj0}},g^*_{x_{ij0}}}\ \beta\\
&\text{s.t.}\quad x_{ij_0}-\beta g^*_{x_{ij0}}\geqslant\sum_{j=1}^{n}x_{ij}\lambda_j,\ i=1,2,\cdots,m\\
&\qquad y_{rj_0}+\beta g^*_{y_{rj0}}\leqslant\sum_{j=1}^{n}y_{rj}\lambda_j,\ r=1,2,\cdots,s\\
&\qquad \sum_{r=1}^{s}p_r g^*_{y_{rj0}}+\sum_{i=1}^{m}w_i g^*_{x_{ij0}}=1
\end{aligned} \tag{14-26}$$

$$\sum_{j=1}^{n}\lambda_j=1$$
$$\beta,\lambda_j,g^*_{y_{rj_0}},g^*_{x_{ij_0}}\geqslant 0$$
$$j=1,2,\cdots,n$$
$$i=1,2,\cdots,m$$
$$r=1,2,\cdots,s$$

值得注意的是，以上的研究隐含了生产前沿面上只有一个利润最大化的参考点。然而，在实际的生产过程中，DEA 前沿面是一个分段线性组合，无法确保是严格凸性的，所以有效前沿面上有可能包含一个利润最大化集合。在这种情况下，求解模型(14-26)仍然能得到一个方向向量和效率值，但被评价决策单元沿着这个方向的调整不一定是最小的，也就是有效前沿面上的投影点不一定是离这个点最近的利润最大化参考点(Portelaet al., 2003; Aparicioet al., 2007)。为了解决这个问题，Zofio 等(2013)又提出了计算被评价决策单元与利润最大化参考点的最短欧式距离模型，该模型为

$$\min_{\beta,\lambda_j,g^*_{y_{rj_0}},g^*_{x_{ij_0}}}\left[\pi(\boldsymbol{w},\boldsymbol{p})-(\boldsymbol{py}-\boldsymbol{wx})\right]\times\sqrt{\sum_{i=1}^{m}\left(g^*_{x_{ij_0}}\right)^2+\sum_{r=1}^{s}\left(g^*_{y_{rj_0}}\right)^2}$$

$$\begin{aligned}\text{s.t.}\quad & x_{ij_0}-\left[\pi(\boldsymbol{w},\boldsymbol{p})-(\boldsymbol{py}-\boldsymbol{wx})\right]g^*_{x_{ij_0}}\geqslant\sum_{j=1}^{n}x_{ij}\lambda_j,\ i=1,2,\cdots,m\\ & y_{rj_0}+\left[\pi(\boldsymbol{w},\boldsymbol{p})-(\boldsymbol{py}-\boldsymbol{wx})\right]g^*_{y_{rj_0}}\leqslant\sum_{j=1}^{n}y_{rj}\lambda_j,\ r=1,2,\cdots,s\\ & \sum_{r=1}^{s}p_r g^*_{y_{rj_0}}+\sum_{i=1}^{m}w_i g^*_{x_{ij_0}}=1\\ & \sum_{j=1}^{n}\lambda_j=1\\ & \beta,\lambda_j,g^*_{y_{rj_0}},g^*_{x_{ij_0}}\geqslant 0\\ & j=1,2,\cdots,n\\ & i=1,2,\cdots,m\\ & r=1,2,\cdots,s\end{aligned}\tag{14-27}$$

求解这个规划，得到最优解($\boldsymbol{g}_x^*$，$\boldsymbol{g}_y^*$)，代表了利润最大化方向向量，沿着这个方向可以同时识别现有生产技术下的最大利润和最近的利润最大化参考点。

与最短距离方向向量选取技术一样，原始的利润最大化方向向量选取技术没有区分期望产出和非期望产出。引进非期望产出后，对应的规模收益可变下的利

润无效性非线性规划模型转化为

$$
\begin{aligned}
&\max_{\beta,\lambda_j,g^*_{y_{rj0}},g^*_{x_{ij0}},g^*_{u_{fj0}}} \quad \beta \\
&\text{s.t.}\quad x_{ij_0}-\beta g^*_{x_{ij0}} \geqslant \sum_{j=1}^{n} x_{ij}\lambda_j,\ i=1,2,\cdots,m \\
&\qquad y_{rj_0}+\beta g^*_{y_{rj0}} \leqslant \sum_{j=1}^{n} y_{rj}\lambda_j,\ r=1,2,\cdots,s \\
&\qquad u_{fj_0}-\beta g^*_{u_{fj0}} \geqslant \sum_{j=1}^{n} u_{fj}\lambda_j,\ f=1,2,\cdots,h \\
&\qquad \sum_{r=1}^{s} p_r g^*_{y_{rj0}}+\sum_{i=1}^{m} w_i g^*_{x_{ij0}}+\sum_{f=1}^{h} k_i g^*_{u_{fj0}}=1 \\
&\qquad \sum_{j=1}^{n}\lambda_j=1 \\
&\qquad \beta,\lambda_j,g^*_{y_{rj0}},g^*_{x_{ij0}},g^*_{u_{fj0}} \geqslant 0 \\
&\qquad j=1,2,\cdots,n \\
&\qquad i=1,2,\cdots,m \\
&\qquad r=1,2,\cdots,s \\
&\qquad f=1,2,\cdots,h
\end{aligned}
\tag{14-28}
$$

同时，计算被评价决策单元与利润最大化参考点的最短欧式距离的线性规划模型为

$$
\begin{aligned}
&\min_{\beta,\lambda_j,g^*_{y_{rj0}},g^*_{x_{ij0}},g^*_{u_{fj0}}} \quad \left[\pi(\boldsymbol{w},\boldsymbol{p})-(\boldsymbol{py}-\boldsymbol{wx})\right]\times\sqrt{\sum_{i=1}^{m}\left(g^*_{x_{ij0}}\right)^2+\sum_{r=1}^{s}\left(g^*_{y_{rj0}}\right)^2+\sum_{f=1}^{h}\left(g^*_{u_{fj0}}\right)^2} \\
&\text{s.t.}\quad x_{ij_0}-\left[\pi(\boldsymbol{w},\boldsymbol{p})-(\boldsymbol{py}-\boldsymbol{wx})\right]g^*_{x_{ij0}} \geqslant \sum_{j=1}^{n} x_{ij}\lambda_j,\ i=1,2,\cdots,m \\
&\qquad y_{rj_0}+\left[\pi(\boldsymbol{w},\boldsymbol{p})-(\boldsymbol{py}-\boldsymbol{wx})\right]g^*_{y_{rj0}} \leqslant \sum_{j=1}^{n} y_{rj}\lambda_j,\ r=1,2,\cdots,s \\
&\qquad u_{fj_0}-\left[\pi(\boldsymbol{w},\boldsymbol{p})-(\boldsymbol{py}-\boldsymbol{wx})\right]g^*_{u_{fj0}} \geqslant \sum_{j=1}^{n} u_{fj}\lambda_j,\ f=1,2,\cdots,h \\
&\qquad \sum_{r=1}^{s} p_r g^*_{y_{rj0}}+\sum_{i=1}^{m} w_i g^*_{x_{ij0}}+\sum_{f=1}^{h} k_f g^*_{u_{fj0}}=1 \\
&\qquad \sum_{j=1}^{n}\lambda_j=1
\end{aligned}
$$

$$
\begin{aligned}
&\beta,\lambda_j,g^*_{y_{rj0}},g^*_{x_{ij0}},g^*_{u_{fj0}}\geqslant 0\\
&\quad j=1,2,\cdots,n\\
&\quad i=1,2,\cdots,m\\
&\quad r=1,2,\cdots,s\\
&\quad f=1,2,\cdots,h
\end{aligned}
\tag{14-29}
$$

求解这个规划，得到利润最大化方向向量为

$$
\vec{\boldsymbol{g}}=\left(-\vec{\boldsymbol{g}}_x,\vec{\boldsymbol{g}}_y,-\vec{\boldsymbol{g}}_u\right)=\left(\boldsymbol{x}^*-\boldsymbol{x},\boldsymbol{y}^*-\boldsymbol{y},\boldsymbol{u}^*-\boldsymbol{u}\right)\Big/\left[\pi\left(\boldsymbol{w},\boldsymbol{p}\right)-\left(\boldsymbol{py}-\boldsymbol{wx}\right)\right] \tag{14-30}
$$

从概念上来说，利润最大化方向向量选取技术可以内生地获得一个市场导向型方向向量，并识别最大利润。利润无效性也可以在内生方向向量下分解为技术无效和配置无效。从实践上来说，如果没有考虑企业的利润最大化行为，被评价的决策单元将会由内生模型(14-15)仅仅获得技术无效性。从分析的视角来说，利润最大化方向向量选取技术呈现了企业目标和一个长期的效率改进方向。但这个技术有一个缺点，因为利润最大化参考点会随着时间的推移而改变，从而模型(14-29)中产生的企业目标也会随之改变，违背了生产过程中的一致性性质。另外，利润最大化这个目标过于理想化，限制了投入和产出调整的灵活性。

2) 内生价格

现实生产过程中存在大量的非完全竞争市场，企业往往通过调整投入、产出水平来影响市场价格，也就是投入、产出价格是市场内生给定的。为了在这种环境中进行效率与生产力的评价，Lee 和 Johnson(2015)及 Lee(2016)建立了一个混合互补规划(mixed complementarity problem，MiCP)模型，去识别纳什均衡点和达到该点的方向向量。

假设市场反需求函数是非增的，反供应函数是非减的，且同时满足线性和连续可微，设 θ 为效用函数(或利润函数)；T_j 为决策单元 DMU_j 的生产可能集；则市场的纳什均衡状态 $\left(\boldsymbol{x}^*,\boldsymbol{y}^*\right)=\left[\left(\boldsymbol{x}_1^*,\boldsymbol{y}_1^*\right),\left(\boldsymbol{x}_2^*,\boldsymbol{y}_2^*\right),\cdots,\left(\boldsymbol{x}_n^*,\boldsymbol{y}_n^*\right)\right]\in T_1\times T_2\times\cdots\times T_n$ 满足：

$$
\theta\left(\boldsymbol{x}^*,\boldsymbol{y}^*\right)\geqslant\theta\left(\boldsymbol{x}_j,\hat{\boldsymbol{x}}^*_{(-j)},\boldsymbol{y}_j,\hat{\boldsymbol{y}}^*_{(-j)}\right);\ \forall\left(\boldsymbol{x}_j,\boldsymbol{y}_j\right)\in T_j \tag{14-31}
$$

式中，$\hat{x}^*_{(-j)}=\left(\boldsymbol{x}_1^*,\cdots,\boldsymbol{x}_{j-1}^*,\boldsymbol{x}_{j+1}^*,\cdots,\boldsymbol{x}_n^*\right);\hat{\boldsymbol{y}}^*_{(-j)}=\left(\boldsymbol{y}_1^*,\cdots,\boldsymbol{y}_{j-1}^*,\boldsymbol{y}_{j+1}^*,\cdots,\boldsymbol{y}_n^*\right);j=1,2,\cdots,n$ 。

对于被评价的决策单元 DMU_{j0}，方向向量选取的计算步骤如下。

(1)线性拟合投入 i 和产出 r 的市场价格，得到：

$$
P_i^X\left(\bar{X}_i,\bar{\boldsymbol{X}}_{(-i)}\right)=P_i^{X_0}+\beta_{ii}\bar{X}_i+\sum_{l\neq i}\beta_{il}\bar{X}_l \tag{14-32}
$$

$$P_r^Y\left(\bar{Y}_r,\bar{\boldsymbol{Y}}_{(-r)}\right)=P_r^{Y_0}+\alpha_{rr}\bar{Y}_r+\sum_{h\neq r}\alpha_{rh}\bar{Y}_h \tag{14-33}$$

式中，$\bar{X}_i=\sum_{j\neq j_0}x_{ij}+x_{ij_0}$；$\bar{Y}_r=\sum_{j\neq j_0}y_{rj}+y_{rj_0}$；，$\bar{\boldsymbol{X}}_{(-i)}=\left\{\bar{X}_1,\bar{X}_2,\cdots,\bar{X}_{i-1},\bar{X}_{i+1},\cdots,\bar{X}_m\right\}$；$\bar{\boldsymbol{Y}}_{(-r)}=\left\{\bar{Y}_1,\bar{Y}_2,\cdots,\bar{Y}_{r-1},\bar{Y}_{r-1},\cdots,\bar{Y}_s\right\}$。

(2) 识别纳什均衡点，对应的利润最大化线性规划模型为

$$\begin{aligned}
\mathrm{NPF}_{j_0}^* = &\max_{\lambda_j,x_i,y_r}\ \sum_r P_r^Y\left(\bar{Y}_r,\bar{\boldsymbol{Y}}_{(-r)}\right)y_{rj}-\sum_i P_i^X\left(\bar{X}_i,\bar{\boldsymbol{X}}_{(-i)}\right)x_{ij}\\
\text{s.t.}\quad & x_i\geqslant\sum_{j=1}^n x_{ij}\lambda_j,\ i=1,2,\cdots,m\\
& y_r\leqslant\sum_{j=1}^n y_{rj}\lambda_j,\ r=1,2,\cdots,s\\
& \sum_{j=1}^n\lambda_j=1\\
& \lambda_j\geqslant 0,\ j=1,2,\cdots,n
\end{aligned} \tag{14-34}$$

式中，NPF 为纳什利润函数(Nash profit function, NPF)。求解该模型，得到市场纳什均衡点为$\left(\boldsymbol{x}^{N*},\boldsymbol{y}^{N*}\right)=\left[\left(\boldsymbol{x}_1^{N*},\boldsymbol{y}_1^{N*}\right),\left(\boldsymbol{x}_2^{N*},\boldsymbol{y}_2^{N*}\right),\cdots,\left(\boldsymbol{x}_n^{N*},\boldsymbol{y}_n^{N*}\right)\right]$。

(3) 计算被评价的决策单元 DMU_{j0} 的利润最大化方向向量为

$$\vec{\boldsymbol{g}}=\left(-\vec{\boldsymbol{g}}_x,\vec{\boldsymbol{g}}_y\right)=\left(\boldsymbol{x}_{j_0}^{N*}-\boldsymbol{x}_{j_0},\boldsymbol{y}_{j_0}^{N*}-\boldsymbol{y}_{j_0}\right)\Big/\left[\left(\boldsymbol{p}_{y_{j0}}^{N*}\boldsymbol{y}_{j_0}^{N*}-\boldsymbol{p}_{x_{j0}}^{N*}\boldsymbol{x}_{j_0}^{N*}\right)-\left(\boldsymbol{p}_{y_{j0}}^{N}\boldsymbol{y}_{j_0}^{N}-\boldsymbol{p}_{x_{j0}}^{N}\boldsymbol{x}_{j_0}^{N}\right)\right] \tag{14-35}$$

式中，$\left(\boldsymbol{p}_{y_{j0}}^{N*},\boldsymbol{p}_{x_{j0}}^{N*}\right)$和$\left(\boldsymbol{p}_{y_{j0}}^{N},\boldsymbol{p}_{x_{j0}}^{N}\right)$为分别纳什均衡点$\left(\boldsymbol{y}_{j_0}^{N*},\boldsymbol{x}_{j_0}^{N*}\right)$和观测点$\left(\boldsymbol{y}_{j_0},\boldsymbol{x}_{j_0}\right)$的市场价格。

可以看到，这个方向向量选取技术也没有区分期望产出和非期望产出。在环境管制下引进非期望产出后，限制非期望产出的数量$\hat{U}_f\leqslant\tilde{U}_f$。其中，$\hat{U}_f=\sum_j u_{fj}$，$\tilde{U}_f$为非期望产出 f 的排放标准。类似地，对于被评价的决策单元 DMU_{j0}，对应的方向选取的计算步骤如下。

(1) 线性拟合投入 i，期望产出 r 和非期望产出 f 的市场价格，得到：

$$P_i^X\left(\bar{X}_i,\bar{\boldsymbol{X}}_{(-i)}\right)=P_i^{X_0}+\beta_{ii}\bar{X}_i+\sum_{l\neq i}\beta_{il}\bar{X}_l \tag{14-36}$$

$$P_r^Y\left(\bar{Y}_r,\bar{\boldsymbol{Y}}_{(-r)}\right)=P_r^{Y_0}+\alpha_{rr}\bar{Y}_r+\sum_{h\neq r}\alpha_{rh}\bar{Y}_h \tag{14-37}$$

$$P_f^U\left(\bar{U}_f,\bar{\boldsymbol{U}}_{(-f)}\right)=P_f^{U_0}+\gamma_{ff}\bar{U}_f+\sum_{g\neq f}\gamma_{gf}\bar{U}_g \tag{14-38}$$

式中，$\bar{X}_i=\sum_{j\neq j_0}x_{ij}+x_{ij_0};\bar{Y}_r=\sum_{j\neq j_0}y_{rj}+y_{rj_0};\bar{U}_f=\sum_{j\neq j_0}u_{fj}+u_{fj_0};\bar{\boldsymbol{X}}_{(-i)}=\left\{\bar{X}_1,\bar{X}_2,\cdots,\bar{X}_{i-1},\bar{X}_{i+1},\cdots,\bar{X}_m\right\};\bar{\boldsymbol{Y}}_{(-r)}=\left\{\bar{Y}_1,\bar{Y}_2,\cdots,\bar{Y}_{r-1},\bar{Y}_{r+1},\cdots,\bar{Y}_s\right\},\bar{\boldsymbol{U}}_{(-f)}=\left\{\bar{U}_1,\bar{U}_2,\cdots,\bar{U}_{f-1},\bar{U}_{f+1},\cdots,\bar{U}_h\right\}$。

(2) 识别纳什均衡点，对应的利润最大化线性规划模型为

$$\begin{aligned}
\mathrm{NFP}_{j_0}^{*}=&\max_{\lambda_j,x_i,y_r,u_f}\ \sum_r P_r^Y\left(\bar{Y}_r,\bar{\boldsymbol{Y}}_{(-r)}\right)y_{rj}-\sum_i P_i^X\left(\bar{X}_i,\bar{\boldsymbol{X}}_{(-i)}\right)x_{ij}-\sum_f P_f^U\left(\bar{U}_f,\bar{\boldsymbol{U}}_{(-f)}\right)u_{fj}\\
\text{s.t.}\quad & x_i\geqslant\sum_{j=1}^n x_{ij}\lambda_j,\ i=1,2,\cdots,m\\
& y_r\leqslant\sum_{j=1}^n y_{rj}\lambda_j,\ r=1,2,\cdots,s\\
& u_f\geqslant\sum_{j=1}^n u_{fj}\lambda_j,\ f=1,2,\cdots,h\\
& \hat{U}_f\leqslant\tilde{U}_f\\
& \sum_{j=1}^n\lambda_j=1\\
& \lambda_j\geqslant 0,\ j=1,2,\cdots,n
\end{aligned}\tag{14-39}$$

求解模型(14-39)，得到市场纳什均衡点为

$$\left(\boldsymbol{x}^{N*},\boldsymbol{y}^{N*},\boldsymbol{u}^{N*}\right)=\left[\left(\boldsymbol{x}_1^{N*},\boldsymbol{y}_1^{N*},\boldsymbol{u}_1^{N*}\right),\left(\boldsymbol{x}_2^{N*},\boldsymbol{y}_2^{N*},\boldsymbol{u}_2^{N*}\right),\cdots,\left(\boldsymbol{x}_n^{N*},\boldsymbol{y}_n^{N*},\boldsymbol{u}_n^{N*}\right)\right] \tag{14-40}$$

计算被评价的决策单元 DMU_{j0} 的利润最大化方向向量为

$$\begin{aligned}
\vec{\boldsymbol{g}}=\left(-\vec{\boldsymbol{g}}_x,\vec{\boldsymbol{g}}_y,-\vec{\boldsymbol{g}}_u\right)=&\left(\boldsymbol{x}_{j_0}^{N*}-\boldsymbol{x}_{j_0},\boldsymbol{y}_{j_0}^{N*}-\boldsymbol{y}_{j_0},\boldsymbol{u}_{j_0}^{N*}-\boldsymbol{u}_{j_0}\right)\Big/\\
&\left[\left(\boldsymbol{p}_{y_{j0}}^{N*}\boldsymbol{y}_{j_0}^{N*}-\boldsymbol{p}_{x_{j0}}^{N*}\boldsymbol{x}_{j_0}^{N*}-\boldsymbol{p}_{u_{j0}}^{N*}\boldsymbol{u}_{j_0}^{N*}\right)-\left(\boldsymbol{p}_{y_{j0}}^{N}\boldsymbol{y}_{j_0}^{N}-\boldsymbol{p}_{x_{j0}}^{N}\boldsymbol{x}_{j_0}^{N}-\boldsymbol{p}_{u_{j0}}^{N}\boldsymbol{u}_{j_0}^{N}\right)\right]
\end{aligned}\tag{14-41}$$

式中，$\left(\boldsymbol{p}_{x_{j0}}^{N*},\boldsymbol{p}_{y_{j0}}^{N*},\boldsymbol{p}_{u_{j0}}^{N*}\right)$ 和 $\left(\boldsymbol{p}_{x_{j0}}^{N},\boldsymbol{p}_{y_{j0}}^{N},\boldsymbol{p}_{u_{j0}}^{N}\right)$ 分别为纳什均衡点 $\left(\boldsymbol{x}_{j_0}^{N*},\boldsymbol{y}_{j_0}^{N*},\boldsymbol{u}_{j_0}^{N*}\right)$ 和观测点 $\left(\boldsymbol{x}_{j_0},\boldsymbol{y}_{j_0},\boldsymbol{u}_{j_0}\right)$ 的市场价格。

综上所述，在非完全竞争市场下，这个利润最大化方向向量选取技术采用 MiCP 模型为所有企业识别出了唯一的纳什均衡参考点和到该点的方向向量，得到的效率评价结果可以为企业提高运营策略提供帮助。但和完全竞争市场下的技

术类似，该技术在生产过程中仍然缺乏实践意义，即可能违背一致性性质。

14.5.3 边际收益最大化方向向量选取技术

在方向距离函数的传统应用中，大部分方向向量选取技术都旨在寻求一个效率评价的方向向量而不是生产力提升的方向向量。下面介绍一种考虑边际收益最大化的企业行为，对应追求生产力提升的方向距离函数方向向量选取技术。

边际生产力指的是额外消费一个单位的投入而产生的产出数量，呈现了一种特定投入与一种特定产出间的变化关系。它通常被表示为生产前沿面的差分，以光滑前沿面的偏导计算。然而，DEA 技术形成的是一个分段线性前沿面，并不满足处处可微的性质。为了解决这个问题，Podinovski 和 Førsund(2010)在 DEA 技术中提出了非光滑前沿面的差分定义，并指出边际生产力是 DEA 模型线性规划的对偶因子。在这个研究的基础上，Lee(2014)衍生出了方向边际生产力(directional marginal productivity，DMP)的概念，用于效率与生产力的评价。它可以寻找出方向距离函数中生产力进步的方向向量，识别出最大的边际生产力，并呈现出额外消费一个单位的一种特定投入时多个产出间的最优博弈结果。

用指标 $i' \in m$ 表示一种特定的投入；集合 $S' \in S$ 表示期望产出的一个子集；集合 $H' \in H$ 表示非期望产出的一个子集，这里需要研究这些非期望产出的边际生产力。对于每个被评价的决策单元 DMU_{j0}，对应的规模收益可变情况下的产出导向 DEA 模型表示为

$$
\begin{aligned}
&\max_{\beta,\lambda_j,\mu_j} \ \beta \\
&\text{s.t.}\ \ x_{i'j_0} \geqslant \sum_{j=1}^{n} x_{i'j}(\lambda_j+\mu_j) \\
&\qquad x_{ij_0} \geqslant \sum_{j=1}^{n} x_{ij}(\lambda_j+\mu_j),\ \forall i \neq i' \\
&\qquad y_{r'j_0} + \beta g_{y_{r'j_0}} \leqslant \sum_{j=1}^{n} y_{r'j}\lambda_j,\ \forall r' \in S' \\
&\qquad y_{r'j_0} \leqslant \sum_{j=1}^{n} y_{rj}\lambda_j,\ \forall r \in S \backslash S' \\
&\qquad u_{f'j_0} - \beta g_{u_{f'j_0}} = \sum_{j=1}^{n} u_{f'j}\lambda_j,\ \forall f' \in H' \\
&\qquad u_{f'j_0} = \sum_{j=1}^{n} u_{fj}\lambda_j,\ \forall f \in H \backslash H' \\
&\qquad \mathbf{1}^{\mathrm{T}}\lambda + \mathbf{1}^{\mathrm{T}}\mu = 1 \\
&\qquad \lambda_j,\mu_j \geqslant 0,\ j=1,2,\cdots,n
\end{aligned}
\tag{14-42}
$$

式中，μ_j 为弱可自由处置性决策变量(Kuosmanen, 2005)；最后一个等式约束为规模收益可变情形；同时，这个模型假设方向向量满足标准化限制 $\mathbf{1}^{\mathrm{T}}\boldsymbol{g}_y+\mathbf{1}^{\mathrm{T}}\boldsymbol{g}_u=\mathbf{1}$，以确保满足紧凑性(Färe et al., 2013)。

紧接着，假设 DMU_{j0} 是决策单元 DMU_j 在生产前沿面上投影的有效参考点，则 DMU_{j0} 的方向边际生产力可以通过求解式(14-43)所示的模型得到：

$$
\begin{aligned}
&\min_{\phi_i,\gamma_r,\tau_f,\xi_0}\quad \phi_{i'}\\
&\text{s.t.}\quad \sum_{i=1}^{m}\frac{x_{ij_0}}{x_i^{\max}}\phi_i-\sum_{r=1}^{s}\frac{y_{rj_0}}{y_r^{\max}}\gamma_r+\sum_{f=1}^{h}\frac{u_{fj_0}}{u_f^{\max}}\tau_f+\xi_0=0\\
&\qquad\ \sum_{i=1}^{m}\frac{x_{ij}}{x_i^{\max}}\phi_i-\sum_{r=1}^{s}\frac{y_{rj}}{y_r^{\max}}\gamma_r+\sum_{f=1}^{h}\frac{u_{fj}}{u_f^{\max}}\tau_f+\xi_0\geqslant 0,\ \forall j\\
&\qquad\ \sum_{i=1}^{m}\frac{x_{ij}}{x_i^{\max}}\phi_i+\xi_0\geqslant 0,\ \forall j\\
&\qquad\ \sum_{r'\in S'}\gamma_{r'}g_{y_{r'j_0}}+\sum_{f'\in H'}\tau_{f'}g_{u_{f'j_0}}=1\\
&\qquad\ \phi_i,\gamma_r\geqslant 0,\ i=1,2,\cdots,m;r=1,2,\cdots,s
\end{aligned}
\tag{14-43}
$$

式中，ϕ_i、γ_r、τ_f 和 ξ_0 分别为模型(14-42)中投入约束、期望产出约束、非期望产出约束和凸组合约束的对偶因子；由于有 $x_i^{\max}=\max_j\{x_{ij}\}$、$y_r^{\max}=\max_j\{y_{rj}\}$ 和 $u_f^{\max}=\max_j\{u_{rj}\}$，$\left(\dfrac{x_{ij}}{x_i^{\max}},\dfrac{y_{rj}}{y_r^{\max}},\dfrac{u_{fj}}{u_f^{\max}}\right),\forall j$ 是投入、产出的标准化计算，表示计算结果不会受投入、产出单位的影响。

可以看出，模型(14-43)是模型(14-42)的对偶形式，用于计算在投入 $x_{i'}$ 变化时，产出 $y_{r'},r'\in S'$ 和 $u_{f'},f'\in R'$ 的方向边际生产力：

$$
\frac{\partial\left(y_{r'j_0},u_{f'j_0}\right)}{\partial x_{i'j_0}}=\frac{\phi_{i'}}{x_i^{\max}}\left(g_{y_{r'}}y_{r'}^{\max},-g_{u_{f'}}u_{f'}^{\max}\right),\ \forall r'\in S',\ \forall f'\in R' \tag{14-44}
$$

该方向边际生产力可以帮助企业管理者进行资源的有效重新分配。同时，得到的这个方向向量可以被视为需要研究产出的边际生产力的权重向量，所以不同的方向将会对应不同的方向边际生产力，且方向越靠近某个产出的边际生产力则该产出的权重越大。可以看出，边际生产力是方向边际生产力的特殊形式。根据不同的权重，所有边际生产力可以在生产前沿面上形成一个扇形跨度(方向 $\mathrm{MP}x$ 到 MP_y)，称之为 meta-DEA 前沿面，也就是边际生产可能集。这个前沿面指向对应的投入 $\boldsymbol{x}+\Delta\boldsymbol{x}$，其中 $\Delta\boldsymbol{x}$ 指的是一个特定投入的一个单位额外增加量。

给定投入、期望产出和非期望产出的价格为$\left(P_{x_i},P_{y_r},P_{u_f}\right)$，则被评价的决策单元 DMU_{j0} 所对应的边际收益最大化方向的计算步骤如下。

(1)在方向向量的标准化约束下，给定一个具体的间隔，得到到一系列的权重方向向量。例如，只有两个产出时给定 0.2 的间隔，模型(14-42)中的方向向量依次为$\left(\vec{\boldsymbol{g}}_y,\vec{\boldsymbol{g}}_u\right)$ = (0, 1)、(0.2, 0.8)、(0.4, 0.6)、(0.6, 0.4)、(0.8, 0.2)和(1, 0)。

(2)假设第 φ 个方向满足 $\sum_{r'\in S} g^{\varphi}_{y_{r'}}+\sum_{f'\in R'} g^{\varphi}_{u_{f'}}=1$ 和 $0\leqslant g^{\varphi}_{y_{r'}},g^{\varphi}_{u_{f'}}\leqslant 1, \forall r'\in S'$, $f'\in R', \forall\varphi$，则识别边际收益最大化的最优方向$\left(g^{*}_{y_{r'}},g^{*}_{u_{f'}}\right)$可以求解以下模型得到:

$$\begin{aligned}\left(g^{*}_{y_{r'}},g^{*}_{u_{f'}}\right)=\arg\max_{g^{\varphi}_{y_{r'}},g^{\varphi}_{u_{f'}}}&\left\{\left(\left(\sum_{r'\in S} P_{y_{r'}} g^{\varphi}_{y_{r'}} y^{\max}_{r'}+\sum_{f'\in R'} P_{u_{f'}} g^{\varphi}_{u_{f'}} u^{\max}_{f'}\right)\phi^{\varphi}_{i'}/x^{\max}_{i'}\right.\right.\\&\left.\left.-P_{x_{i'}}\right|\text{模型(14-43)给定价格}\left(P_{x_i},P_{y_r},P_{u_f}\right),\ \forall\varphi\right\}\end{aligned}\tag{14-45}$$

式中，$\left(\sum_{r'\in S'} P_{y_{r'}} g_{y_{r'}} y^{\max}_{r'}+\sum_{f'\in R'} P_{u_{f'}} g_{u_{f'}} u^{\max}_{f'}\right)\phi_{i'}\Big/x^{\max}_{i'}$ 为边际收益；$P_{x_{i'}}$ 为边际成本。

上述方法的目的是测量额外消费一个单位的一种特定投入对生产的影响，也就是在固定投入价格的同时，寻找一个边际收益最大化的产出方向向量。

(3)根据以上步骤，得到边际收益最大化方向向量为

$$\vec{\boldsymbol{g}}=\left(-\vec{\boldsymbol{g}}_x,\vec{\boldsymbol{g}}_y,-\vec{\boldsymbol{g}}_u\right)=\left(-\boldsymbol{g}_x,\partial\left(\boldsymbol{y},\boldsymbol{u}\right)/\partial\boldsymbol{x}\right)=\left(1,\phi_{i'^*}g^{*}_{y_{r'}}y^{\max}_{r'}/x^{\max}_{i},-\phi_{i'^*}g^{*}_{u_{f'}}u^{\max}_{f'}/x^{\max}_{i}\right)\tag{14-46}$$

值得注意的是，在生产前沿面内部的非有效决策单元的边际生产力是无法计算的，以上研究也都是对于生产前沿面上的有效决策单元进行的。所以，这里用某一特定方向下的参考点的边际生产力代替无效决策单元的边际生产力。

当决策单元被评价为技术有效而配置无效时，边际收益最大化方向向量选取技术可以为其提供关于生产力进步的有效信息。在传统方向距离函数的方向向量选取技术中，往往采用投入导向(或者产出导向)模型固定产出水平(或者投入水平)，这违背了自然原则。在实际的生产过程中，投入、产出的调整之间是有关联的，如企业为了防止限制投入而失去市场份额，通常会选择同时增加投入和产出水平。因此，方向边际生产力刚好对投入、产出间的变化关系给出了清晰的解释。另外，边际收益最大化方向向量选取技术强调的是生产力提升，而不仅仅是效率评价。当额外消费一个单位的一种特定投入时，它给出了多个产出间的最优权衡

结果。和利润最大化方向向量选取技术相反的是，边际收益最大化方向向量选取技术呈现了企业的短期目标和资源的动态调整过程，并满足生产的一致性。因此，在实际分析中，企业可以根据自身的评价目的选取合适的效率与生产力评价模型。图 14-4 给出了六种典型的内生方向向量的指向。

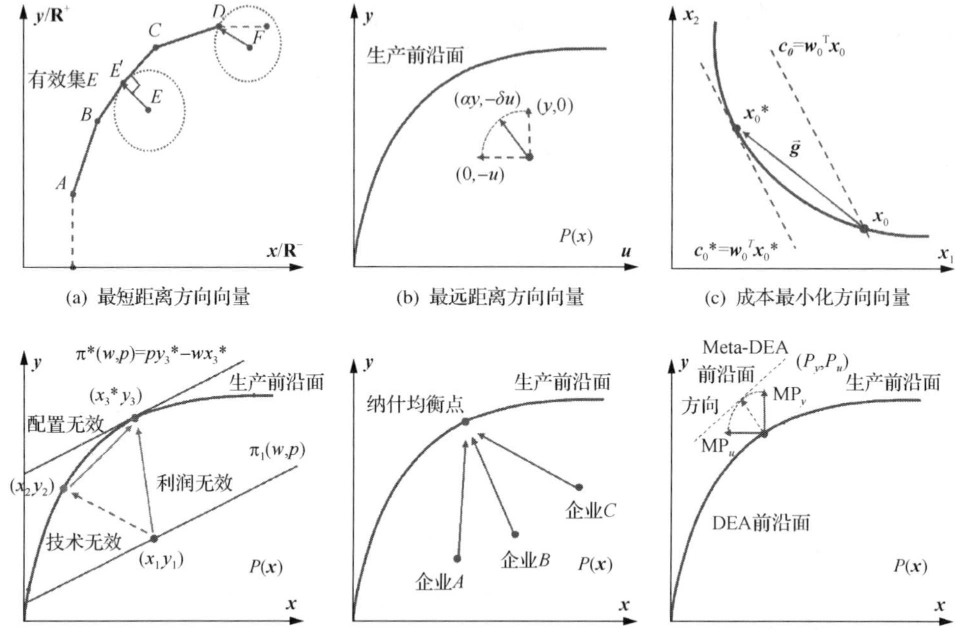

(a) 最短距离方向向量　(b) 最远距离方向向量　(c) 成本最小化方向向量

(d) 利润最大化方向向量(外生价格)　(e) 利润最大化方向向量(内生价格)　(f) 边际收益最大化方向向量

图 14-4　典型的内生方向向量的指向

14.6　方向距离函数方法的研究方向

本章首先对目前国内外有关方向距离函数方向向量选取的研究进行梳理和分类，给出了基于非参数 DEA 框架下外生方向向量选取技术和内生方向向量选取技术两大类方向向量选取技术。其次针对典型的七种方向距离函数方向向量选取技术，具体介绍了每种技术的建模思想和过程，并分析了其优缺点。七种方向距离函数方向向量选取技术包括：武断选取方向向量技术、加条件选取方向向量技术、最短距离方向向量选取技术、最远距离方向向量选取技术、成本最小化方向向量选取技术、利润最大化方向向量选取技术、边际收益最大化方向向量选取技术。

作为经济管理和决策分析的一个相对新的研究领域，有关方向距离函数方向向量选取的研究工作及其应用正在快速增长。为了进一步发展和完善效率与生产力评价理论和方法，整体来看，未来的研究还可能从以下三个方向展开。

(1) 开展更多经济学理论和企业行为的探讨。经济学理论中很多关于生产函数的理论均可以融入方向距离函数方向向量选取建模中，同时，目前的研究大多停留在建模思想的提出和阐述上，没有细致地区分生产函数的长期性和短期性问题。因此，针对具体的效率评价问题，有必要从本源上考虑评价目的及可行性，进一步对方向距离函数方向向量选取的标准进行优化和区分。

(2) 结合相关政策开展研究。不论是理论最优方向向量选取技术还是市场导向型方向向量选取技术，都或多或少地缺乏政策含义的解释。在实际生产过程中，在保证经济高效增长的同时实现环境有效保护这一背景下，企业会受到诸多相关政策的鼓励或限制。因此，在建模过程中将相关政策与理论经济模型有机结合也是必不可少的。

(3) 污染物影子价格的估计方法研究。本章重点探讨了方向距离函数方向向量选取技术的建立及其优缺点分析，并没有具体给出外生给定的投入、产出价格的计算或获取方法，特别是污染物价格，往往不易直接获得相关的市场价格，如何在方向距离函数的建模框架下合理估计污染物影子价格，选用何种模型和相应的建模机制，也是进一步研究的重要方向。

参 考 文 献

毕功兵，梁樑，杨锋. 2007. 两阶段生产系统的 DEA 效率评价模型. 中国管理科学, 15(2): 92-99.

毕功兵，梁樑，杨锋. 2009. 资源约束型两阶段生产系统的 DEA 效率评价模型. 中国管理科学, 17(2): 71-75.

陈国宏，李美娟，陈衍泰. 2007. 组合评价及其计算机集成系统研究. 北京：清华大学出版社.

陈华友. 2008. 基于相容性准则的群组决策专家赋权最优模型. 系统工程与电子技术, 30(6): 1065-1068.

陈珽. 1987. 决策分析. 北京：科学出版社.

杜栋，庞庆华. 2006. 现代综合评价方法与案例精选. 北京：清华大学出版社.

段永瑞. 2006. 数据包络分析：理论和应用. 上海：科学普及出版社.

顾基发. 1990. 综合评价方法. 北京：中国科学技术出版社.

郭均鹏，吴育华. 2004. 区间数据包络分析的主客观求解. 天津工业大学学报, 23(3): 77-79.

郭均鹏，吴育华. 2005. 超效率 DEA 模型的区间扩展. 中国管理科学, 13(2): 40-43.

郭亚军. 2007. 综合评价理论、方法及应用. 北京：科学出版社.

郝海，踪家峰. 2007. 系统分析与评价方法. 北京：经济科学出版社.

郝合瑞，邵春福，陈晓明，等. 2008. 基于组合评价方法的道路运输站场布局评价. 吉林大学学报, 38(6): 1291-1294.

何静. 1995. 只有输出(入)的数据包络分析及其应用. 系统工程学报, 10(2): 48-55.

胡永宏，贺思辉. 2000. 综合评价方法. 北京：科学出版社.

胡毓达. 1994. 多目标规划有效性理论. 上海：上海科学技术出版社.

胡毓达，田川. 1996. 求解群体多指标决策问题的偏爱度法. 系统工程理论与实践, (3): 52-56.

黄绍服，赵韩. 2004. 供应商选择的 AHP/随机 DEA 方法. 重庆大学学报, 27(2): 28-31.

简祯富. 2007. 决策分析与管理. 北京：清华大学出版社.

姜艳萍，樊治平. 2002. 一种三角模糊数互补判断矩阵的排序方法. 系统工程与电子技术, 24(7): 34-36.

李光金，黄韬，岳琳. 2001. 仅有产出的多目标 DEA 及其应用. 四川大学学报, 33(1): 113-115.

梁樑，吴杰. 2006. 区间 DEA 的一种改进的充分排序方法. 系统工程, 24(1): 107-110.

梁樑，熊立，王国华. 2004. 一种群决策中确定专家判断可信度的改进方法. 系统工程, 22(6): 91-94.

梁樑，熊立，王国华. 2005. 一种群决策中专家客观权重的确定方法. 系统工程与电子技术, 27(4): 652-655.

刘英平，高新陵，沈祖诒. 2007. 基于模糊数据包络分析的产品设计方案评价研究. 计算机集成制造系统, 13(11): 2099-2104.

卢纪华，李艳. 2008. 基于 DEA/AHP 的虚拟企业合作伙伴选择研究. 东北大学学报, 29(11): 1661-1664.

马占新，吕喜明. 2007. 带有偏好锥的样本数据包络分析方法研究. 系统工程与电子技术, 29(8): 1275-1281.

孟波. 1995. 有限方案模糊多目标群决策方法的研究. 系统工程, 13(4): 43-46.

孟波，付微. 1998. 一种有限方案多目标群决策方法. 系统工程, 16(4): 57-61.

秦寿康. 2003. 综合评价原理与应用. 北京：电子工业出版社.

盛昭瀚，朱乔，吴广谋. 1996. DEA 理论、方法和应用. 北京：科学出版社.

宋光兴，杨德礼. 2003. 模糊判断矩阵的一致性检验及一致性改进方法. 系统工程, 21(1): 110-116.

宋光兴，邹平. 2001. 多属性群决策者权重的确定方法. 系统工程, 19(4): 83-89.

苏为华，陈骥，朱发仓. 2007. 综合评价技术的扩展与集成问题研究. 北京：中国统计出版社.

田飞, 朱建军, 姚冬蓓, 等. 2008. 三端点区间数互补判断矩阵的一致性及权重. 系统工程理论与实践, (10): 108-113.

王美强, 梁樑. 2008. CCR 模型中决策单元的区间效率值及其排序. 系统工程, 26(4): 109-112.

王美强, 梁樑, 李勇军. 2009. 超效率 DEA 模型的模糊扩展. 中国管理科学, 17(2): 117-124.

王硕, 费树岷, 夏安邦. 2000. 关键技术选择与评价的方法论研究. 中国管理科学, 8(专辑): 69-75.

王旭, 陈嘉佳, 邢乐斌. 2008. 基于"TOPSIS/DEA/AHP"模型的战略性供应商选择. 工业工程, 11(4): 70-73.

王宇, 冯英浚, 庄思勇. 2004. 群组决策 DEA 模式研究. 中国软科学, (10): 140-142.

王宗军. 1998. 综合评价的方法、问题及其研究趋势. 管理科学学报, 1(1): 75-79.

魏权龄. 1988. 评价相对有效性的 DEA 方法——运筹学的新领域. 北京: 中国人民大学出版社.

魏权龄. 2004. 数据包络分析(DEA). 北京: 科学出版社.

魏煜, 王丽. 2000. 中国商业银行效率研究: 一种非参数的分析. 金融研究, (3): 88-96.

吴杰, 梁樑. 2008. 一种考虑所有权重信息的区间交叉效率排序方法. 系统工程与电子技术, 30(10): 1890-1894.

吴杰, 石琴. 2006. 基于 DEA 方法的多指标评价. 系统工程与电子技术, 28(10): 1541-1543.

吴文江, 刘亚俊. 2000. DEA 中确定指标是输入(出)的根据及其应用. 运筹与管理, 9(4): 67-70.

吴育华, 曾祥云, 宋继望. 1999. 带有 AHP 约束锥的 DEA 模型. 系统工程学报, 14(4): 330-333.

徐玖平, 李军. 2005. 多目标决策的理论与方法. 北京: 清华大学出版社.

徐玖平, 吴巍. 2006. 多属性决策的理论与方法. 北京: 清华大学出版社.

徐泽水. 2001. 群组决策中专家赋权方法研究. 应用数学和计算数学学报, 15(1): 19-22.

徐泽水. 2004. 不确定多属性决策方法及应用. 北京: 清华大学出版社.

杨印生, 谢鹏扬, 李洪伟. 2003. 基于 DEA 的加权灰色关联分析方法. 吉林大学学报, 33(1): 98-101.

叶义成, 柯丽华, 黄德育. 2006. 系统综合评价技术及其应用. 北京: 冶金工业出版社.

岳超源. 2003. 决策理论与方法. 北京: 科学出版社.

张炳, 毕军, 黄和平, 等. 2008. 基于 DEA 的企业生态效率评价: 以杭州湾精细化工园区企业为例. 系统工程理论与实践, (4): 159-166.

张荣, 刘思峰. 2009. 一种基于判断矩阵信息的多属性群体决策方法. 系统工程与电子技术, 31(2): 373-375.

张涛, 孙林岩, 孙海虹. 2003. 偏好约束锥 DEA 模型在供应商选择中的应用. 系统工程理论与实践, (3): 77-81.

张忠诚. 2006. 多属性决策问题的一种新方法. 武汉理工大学学报, 28(4): 117-120.

赵旭, 周军民, 蒋振声. 2001. 国有商业银行效率的实证分析. 华南金融研究, 16(1): 25-27.

周黔, 龚咸, 王应明. 1999. 区间 DEA 的一种排序方法. 预测, 18(5): 67-69.

周黔, 王应明. 1999. 区间 DEA 分析. 预测, 18(3): 51-53.

周黔, 王应明. 2001. 区间 DEA 模型研究. 预测, 20(1): 78-80.

周宇峰, 魏法杰. 2006a. 基于模糊判断矩阵信息确定专家权重的方法. 中国管理科学, 14(3): 71-75.

周宇峰, 魏法杰. 2006b. 一种综合评价中确定专家权重的方法. 工业工程, 9(5): 23-27.

Kumbhakar S C, Lovell C A K. 2007. 随机边界分析, 上海: 复旦大学出版社.

Abbott M. 2006. The productivity and efficiency of the Australian electricity supply industry. Energy Economics, 28(4): 444-454.

Adler N, Volta N. 2016. Accounting for externalities and disposability: a directional economic environmental distance function. European Journal of Operational Research, 250(1): 314-327.

Adler N, Friedman L, Sinuany-Stern Z. 2002. Review of ranking methods in the data envelopment analysis context. European Journal of Operational Research, 140(2): 249-265.

Afriat S N. 1967. The construction of utility functions from expenditure data. International Economic Review, 8(1), 67-77.

Afriat S N. 1972. Efficiency estimation of production functions. International Economic Review, 13(3): 568-598.

Agee M D, Atkinson S E, Crocker T D. 2012. Child maturation, time-invariant, and time-varying inputs: their interaction in the production of child human capital. Journal of Productivity Analysis, 38(1): 29-44.

Aigner D J, Chu S F. 1968. On estimating the industry production function. The American Economic Review, 58(4): 826-839.

Aigner D, Lovell C K, Schmidt P. 1977. Formulation and estimation of stochastic frontier production function models. Journal of Econometrics, 6(1): 21-37.

Allen R, Athanassopoulos A, Dyson R G, et al. 1997. Weights restrictions and value judgements in data envelopment analysis: evolution, development and future directions. Annals of Operations Research, 73(0): 13-34.

Andersen P, Petersen N C. 1993. A procedure for ranking efficient units in data envelopment analysis. Management Science, 39(10): 1261-1264.

Aparicio J, Ruiz J L, Sirvent I. 2007. Closest targets and minimum distance to the Pareto-efficient frontier in DEA. Journal of Productivity Analysis, 28(3): 209-218.

Arabi B, Munisamy S, Emrouznejad A, et al. 2014. Power industry restructuring and eco-efficiency changes: a new slacks-based model in Malmquist–Luenberger Index measurement. Energy Policy, 68, 132-145.

Ariff M, Luc C. 2008. Cost and profit efficiency of Chinese banks: a non-parametric analysis. China Economic Review, 19(2): 260-273.

Asmild M, Matthews K. 2012. Multi-directional efficiency analysis of efficiency patterns in Chinese banks 1997-2008. European Journal of Operational Research, 219(2): 434-441.

Asmild M, Pastor J T. 2010. Slack free MEA and RDM with comprehensive efficiency measures. Omega, 38: 475-483.

Asmild M, Holvad T, Hougaard J L, et al. 2009. Railway reforms: do they influence operating efficiency? Transportation, 36(6): 617-638.

Asmild M, Hougaard J L, Kronborg D, et al. 2003. Measuring inefficiency via potential improvements. Journal of Production Analysis, 19(1): 59-76.

Auffhammer M, Carson R T. 2008. Forecasting the path of China's CO_2 emissions using province-level information. Journal of Environmental Economics and Management, 55(3): 229-247.

Avkiran N K. 1999. An application reference for data envelopment analysis in branch banking: helping the novice researcher. International Journal of Bank Marketing, 17(5): 206-220.

Avkiran N K. 2001. Investigating technical and scale efficiencies of Australian universities through data envelopment analysis. Socio-Economic Planning Sciences, 35(1): 57-80.

Baek C, Lee J D. 2009. The relevance of DEA benchmarking information and the least-distance measure. Mathematical and Computer Modelling, 49(1): 265-275.

Ball E, Färe R, Grosskopf S, et al. 2005. Accounting for externalities in the measurement of productivity growth: the Malmquist cost productivity measure. Structural Change and Economic Dynamics, 16(3): 374-394.

Banker R D, Charnes A, Cooper W W. 1984. Some models for estimating technical and scale inefficiencies in data envelopment analysis. Management Science, 30(9): 1078-1092.

Bardhan I R, Cooper W W, Kumbhakar S C. 1998. A simulation study of joint uses of data envelopment analysis and statistical regressions for production function estimation and efficiency evaluation. Journal of Productivity Analysis, 9(3): 249-278.

Bellenger M J, Herlihy A T. 2009. An economic approach to environmental indices. Ecological Economics, 68(8): 2216-2223.

Bellenger M J, Herlihy A T. 2010. Performance-based environmental index weights: are all metrics created equal? Ecological Economics, 69(5): 1043-1050.

Belton V, Vickers S P. 1993. Demystifying DEA-a visual interactive approach based on multiple criteria analysis. Journal of the Operational Research Society, 44(9): 883-896.

Ben-Tal A, Nemirovski A. 1997. Robust truss topology design via semidefinite programming. SIAM Journal on Optimization, 7(4): 991-1016.

Ben-Tal A, Nemirovski A. 1998. Robust convex optimization. Mathematics of Operations Research, 23(4): 769-805.

Ben-Tal A, Nemirovski A. 1999. Robust solutions of uncertain linear programs. Operations Research Letters, 25(1): 1-13.

Ben-Tal A, Nemirovski, A. 2000. Robust solutions of linear programming problems contaminated with uncertain data. Mathematical Programming, 88(3): 411-424.

Berger A N, Humphrey D B. 1997. Efficiency of financial institutions: international survey and directions for future research. European Journal of Operational Research, 98(2): 175-212.

Bi G B, Song W, Zhou P, et al. 2014. Does environmental regulation affect energy efficiency in China's thermal power generation? Empirical evidence from a slacks-based DEA model. Energy Policy, 66, 537-546.

Bian Y W, Yang F. 2010. Resource and environment efficiency analysis of provinces in China: a DEA approach based on Shannon's entropy. Energy Policy, 38(4): 1909-1917.

Bogetoft P, Hougaard J L. 1999. Efficiency evaluations based on potential (non-proportional) improvements. Journal of Production Analysis, 12(3): 233-247.

Bogetoft P, Hougaard J L. 2004. Super efficiency evaluations based on potential slack. European Journal of Operational Research, 152: 14-21.

Bouyssou D. 1999. Using DEA as a tool for MCDM: some remarks. Journal of the Operational Research Society, 50(9): 974-978.

Boyd G A. 2008. Estimating plant level energy efficiency with a stochastic frontier. The Energy Journal, 29(2): 23-43.

BP. 2011. Statistical Review of World Energy. [2017-12-01]. http://www.bp.com/statisticalreview.

Brans J, Vincke P. 1985. PROMETHEE method for multiple criteria decision-making. Management Science, 31: 647-656.

Brans J P, Vincke P, Mareschal B. 1986. How to select and how to rank projects: the PROMETHEE method. European Journal of Operational Research, 24(2): 228-238.

Castelli L, Pesenti R, Ukovich W. 2010. A classification of DEA models when the internal structure of the decision making units is considered. Annals of Operations Research, 173(1): 207-235.

Chambers R G. 2002. Exact nonradical input, output, and productivity measurement. Economic Theory, 20(4): 751-765.

Chambers R G, Chung Y, Färe R. 1996a. Benefit and distance functions. Journal of Economic Theory, 70(2): 407-419.

Chambers R G, Fāure R, Grosskopf S. 1996b. Productivity growth in APEC countries. Pacific Economic Review, 1(3): 181-190.

Chang H. 1998. Determinants of hospital efficiency: the case of central government-owned hospitals in Taiwan. Omega, 26(2): 307-317.

Charnes A, Cooper W W. 1961. Management models and industrial applications of linear programming. New York: John Wiley and Sons.

Charnes A, Neralic L. 1990. Sensitivity analysis of the additive model in data envelopment analysis. European Journal of Operational Research, 48(3): 332-341.

Charnes A, Clark C T, Cooper W W, et al. 1984. A developmental study of data envelopment analysis in measuring the efficiency of maintenance units in the US air forces. Annals of Operations Research, 2(1): 95-112.

Charnes A, Cooper W W, Golany B, et al. 1985. Foundations of data envelopment analysis for Pareto-Koopmans efficient empirical production functions. Journal of Econometrics, 30(1-2): 91-107.

Charnes A, Cooper W W, Huang Z M, et al. 1990. Polyhedral cone-ratio DEA models with an illustrative application to large commercial banks. Journal of Econometrics, 46(1-2): 73-91.

Charnes A, Cooper W W, Lewin A Y, et al. 1994. Data envelopment analysis: theory, methodology, and application. Norwell: Kluwer Academic Publishers.

Charnes A, Cooper W W, Rhodes E. 1978. Measuring the efficiency of decision making units. European Journal of Operational Research, 2: 429-444.

Charnes A, Cooper W W, Wei Q L. 1987. A semi-infinite multicriteria programming approach to data envelopment analysis with infinitely many decision making units. Texas: University of Texas Center for Cybernetic Studies.

Charnes A, Cooper W W, Wei Q L, et al. 1989. Cone ratio data envelopment analysis and multi-objective programming. International Journal of Systems Science, 20(7): 1099-1118.

Charnes A, Rousseau J J, Semple J H. 1996. Sensitivity and stability of efficiency classifications in data envelopment analysis. Journal of Productivity Analysis, 7(1): 5-18.

Chen C M, Delmas M A. 2012. Measuring eco-inefficiency: a new frontier approach. Operations Research, 60(5): 1064-1079.

Chen T Y. 1997. A measurement of the resource utilization efficiency of university libraries. International Journal of Production Economics, 53(1): 71-80.

Chen T Y. 2002. An assessment of technical efficiency and cross-efficiency in Taiwan's electricity distribution sector. European Journal of Operational Research, 137(2): 421-433.

Chen S Y. 2013. What is the potential impact of a taxation system reform on carbon abatement and industrial growth in China? Economic Systems, 37(3): 369-386.

Chen Y, Zhu J. 2004. Measuring information technology's indirect impact on firm performance. Information Technology and Management, 5(1): 9-22.

Chen Y, Cook W D, Li N, et al. 2009. Additive efficiency decomposition in two-stage DEA. European Journal of Operational Research, 196(3): 1170-1176.

Chen Y, Du J, Huo J Z. 2013. Super-efficiency based on a modified directional distance function. Omega, 41(3): 621-625.

Chen Y, Du J, Sherman H D, et al. 2010. DEA model with shared resources and efficiency decomposition. European Journal of Operational Research, 207(1): 339-349.

Chen Y, Liang L, Yang F. 2006a. A DEA game model approach to supply chain efficiency. Annals of Operations Research, 145(1): 5-13.

Chen X G, Skully M, Brown, K. 2005. Banking efficiency in China: application of DEA to pre-and post-deregulation eras: 1993–2000. China Economic Review, 16(3): 229-245.

Chen Y, Liang L, Yang F, et al. 2006b. Evaluation of information technology investment: a data envelopment analysis approach. Computers and Operations Research, 33(5): 1368-1379.

Chien C F, Lo F Y, Lin J T. 2003. Using DEA to measure the relative efficiency of the service center and improve operation efficiency through reorganization. IEEE Transactions on Power Systems, 18(1): 366-373.

Chitkara P. 1999. A data envelopment analysis approach to evaluation of operational inefficiencies in power generating units: a case study of Indian power plants. IEEE Transactions on Power Systems, 14(2): 419-425.

Choi Y, Zhang N, Zhou P. 2012. Efficiency and abatement costs of energy-related CO_2 emissions in China: a slacks-based efficiency measure. Applied Energy, 98: 198-208.

Chung Y H, Färe R, Grosskopf S. 1997. Productivity and undesirable outputs: a directional distance function approach. Journal of Environmental Management, 51 (3) : 229-240.

Cochrane J L, Zeleny M. 1973. Multiple criteria decision making. Columbia: University of South Carolina Press.

Coelli T J. 1996. A guide to FRONTIER version 4.1: a computer program for stochastic frontier production and cost function estimation. CEPA Working papers. Department of Econometrics, University of New England.

Coggins J S, Swinton J R. 1996. The price of pollution: a dual approach to valuing SO_2 allowances. Journal of Environmental Economics and Management, 30 (1) : 58-72.

Cook W D, Green R H. 2005. Evaluating power plant efficiency: a hierarchical model. Computers and Operations Research, 32 (4) : 813-823.

Cook W D, Seiford L M. 2009. Data envelopment analysis (DEA)–Thirty years on. European Journal of Operational Research, 192 (1) : 1-17.

Cook W D, Zhu, J. 2008. CAR-DEA: context-dependent assurance regions in DEA. Operations Research, 56 (1) : 69-78.

Cook W D, Chai D, Doyle J, et al. 1998. Hierarchies and groups in DEA. Journal of Productivity Analysis, 10 (2) : 177-198.

Cook W D, Hababou M, Tuenter H J. 2000. Multicomponent efficiency measurement and shared inputs in data envelopment analysis: an application to sales and service performance in bank branches. Journal of Productivity Analysis, 14 (3) : 209-224.

Cook W D, Kress M, Seiford L M. 1993. On the use of ordinal data in data envelopment analysis. Journal of the Operational Research Society,44 (2) : 133-140.

Cook W D, Kress M, Seiford L M. 1996. Data envelopment analysis in the presence of both quantitative and qualitative factors. Journal of the Operational Research Society, 47 (7) : 945-953.

Cook W D, Liang L, Zhu J. 2010. Measuring performance of two-stage network structures by DEA: a review and future perspective. Omega, 38 (6) : 423-430.

Cook W D, Roll Y, Kazakov A. 1990. A dea model for measuring the relative eeficiency of highway maintenance patrols. INFOR: Information Systems and Operational Research, 28 (2) : 113-124.

Cook W D, Zhu J, Bi G W, et al. 2010. Network DEA: additive efficiency decomposition. European Journal of Operational Research, 207 (2) : 1122-1129.

Cropper M L, Oates W E. 1992. Environmental economics: a survey. Journal of economic literature, 30 (2) : 675-740.

Cooper W W, Li S, Seiford L M, et al. 2001. Sensitivity and stability analysis in DEA: some recent developments. Journal of Productivity Analysis, 15 (3) : 217-246.

Cooper W W, Park K S, Pastor J T. 1999a. RAM: a range adjusted measure of efficiency. Journal of Productivity Analysis, 11: 5-42.

Cooper W W, Park K S, Yu G. 1999b. IDEA and AR-IDEA: models for dealing with imprecise data in DEA. Management science, 45 (4) : 597-607.

Cooper W W, Park K S, Yu G. 2001. An illustrative application of IDEA (imprecise data envelopment analysis) to a Korean mobile telecommunication company. Operations Research, 49 (6) : 807-820.

Cooper W W, Seiford L M, Zhu J. 2000. Handbook on data envelopment analysis. Boston: Kluwer Academic Publishers.

Daniel W W. 1978. Applied nonparametric statistic. Boston: Houghton Mifflin.

Dervaux B, Leleu H, Minvielle E, et al. 2009. Performance of French intensive care units: a directional distance function approach at the patient level. International Journal of Production Economics, 120 (2) : 585-594.

Dinda S. 2004. Environmental Kuznets curve hypothesis: a survey. Ecological economics, 49 (4) : 431-455.

Doyle J, Green R. 1993. Data envelopment analysis and multiple criteria decision making. Omega, 21 (6) : 713-715.

Doyle J, Green R. 1994. Efficiency and cross-efficiency in DEA: derivations, meanings and uses. Journal of the operational research society, 45 (5) : 567-578.

Du L M, Mao J. 2015. Estimating the environmental efficiency and marginal CO_2 abatement cost of coal-fired power plants in China. Energy Policy, 85: 347-356.

Du L M, Hanley A, Wei C. 2015. Estimating the marginal abatement cost curve of CO_2 emissions in China: provincial panel data analysis. Energy Economics, 48: 217-229.

Du L M, Hanley A, Zhang N. 2016. Environmental technical efficiency, technology gap and shadow price of coal-fuelled power plants in China: a parametric meta-frontier analysis. Resource and Energy Economics, 43: 14-32.

Dyson R G, Allen R, Camanho A S, et al. 2001. Pitfalls and protocols in DEA. European Journal of Operational Research, 132 (2) : 245-259.

El Ghaoui L, Lebret H. 1997. Robust solutions to least-squares problems with uncertain data. SIAM Journal on Matrix Analysis and Applications, 18 (4) : 1035-1064.

El Ghaoui L, Oustry F, Lebret H. 1998. Robust solutions to uncertain semidefinite programs. SIAM Journal on Optimization, 9 (1) : 33-52.

EIA. 2009. International energy outlook 2009. Washington: Energy Information Administration.

Emrouznejad A, De Witte K. 2010. COOPER-framework: a unified process for non-parametric projects. European Journal of Operational Research, 207 (3) : 1573-1586.

Entani T, Maeda Y, Tanaka H. 2002. Dual models of interval DEA and its extension to interval data. European Journal of Operational Research, 136 (1) : 32-45.

ERI. 2009. 2050 China energy and CO_2 emissions report. Beijing: Science Press.

Fan Y Q, Li Q, Weersink A. 1996. Semiparametric estimation of stochastic production frontier models. Journal of Business & Economic Statistics, 14 (4) : 460-468.

Färe R, Grosskopf S. 1985. A nonparametric cost approach to scale efficiency. The Scandinavian Journal of Economics, 87 (4) : 594-604.

Färe R, Grosskopf S. 2000. Network DEA. Socio-economic planning sciences, 34 (1) ; 35-49.

Färe R, Grosskopf, S. 2003. Nonparametric productivity analysis with undesirable outputs: comment. American Journal of Agricultural Economics, 85 (4) : 1070-1074.

Färe R, Grosskopf S. 2004. Modeling undesirable factors in efficiency evaluation: comment. European Journal of Operational Research, 157 (1) : 242-245.

Färe R, Grosskopf S. 2010. Directional distance functions and slacks-based measures of efficiency. European journal of operational research, 200 (1) : 320-322.

Färe R, Logan J. 1992. The rate of return regulated version of Farrell efficiency. International journal of production economics, 27 (2) : 161-165.

Färe R, Primont D. 1995. Multi-output production and duality: theory and applications. Boston: Kluwer Academic Publishers.

Färe R, Whittaker G. 1995. An intermediate input model of dairy production using complex survey data. Journal of Agricultural Economics, 46 (2) : 201-213.

Färe R, Grosskopf S, Lovell C K, et al. 1989. Multilateral productivity comparisons when some outputs are undesirable: a nonparametric approach. The Review of Economics and Statistics, 71(1): 90-98.

Färe R, Grosskopf S, Lindgren B, et al. 1992. Productivity changes in Swedish pharamacies 1980-1989: a non-parametric Malmquist approach. In International Applications of Productivity and Efficiency Analysis. Springer Netherlands.

Färe R, Grosskopf S, Noh D W, et al. 2005. Characteristics of a polluting technology: theory and practice. Journal of Econometrics, 126(2): 469-492.

Färe, R, Grosskopf S, Pasurka C. 1986. Effects on relative efficiency in electric power generation due to environmental controls. Resources and energy, 8(2): 167-184.

Färe R, Grosskopf S, Pasurka Jr C A. 2007. Environmental production functions and environmental directional distance functions. Energy, 32(7): 1055-1066.

Färe R, Grosskopf S, Pasurka Jr C A, et al. 2012. Substitutability among undesirable outputs. Applied Economics, 44(1): 39-47.

Färe R, Grosskopf S, Weber W L .2006. Shadow prices and pollution costs in US agriculture. Ecological Economics, 56(1): 89-103.

Färe R, Grosskopf S, Whittaker G. 2013. Directional output distance functions: endogenous directions based on exogenous normalization constraints. Journal of Productivity Analysis, 40(3) 267-269.

Farrell M J. 1957. The measurement of productive efficiency. Journal of the Royal Statistical Society, 120(3): 253-290.

Førsund F R. 2008. Good modelling of bad outputs: pollution and multiple-output production (No. 2008, 30). Memorandum Department of Economics, University of Oslo.

Frei F X, Harker P T. 1999. Projections onto efficient frontiers: theoretical and computational extensions to DEA. Journal of Productivity analysis, 11(3): 275-300.

Friedman L, Sinuany-Stern Z. 1997. Scaling units via the canonical correlation analysis in the DEA context. European Journal of Operational Research, 100(3): 629-637.

Fukuyama H, Weber W L. 2009. A directional slacks-based measure of technical inefficiency. Socio-Economic Planning Sciences, 43(4): 274-287.

Fukuyama H, Weber W L. 2010. A slacks-based inefficiency measure for a two-stage system with bad outputs. Omega, 38(5): 398-409.

Golany B, Roll Y. 1989. An application procedure for DEA. Omega, 17(3): 237-250.

Gomes E G, Lins M E. 2008. Modelling undesirable outputs with zero sum gains data envelopment analysis models. Journal of the Operational Research Society, 59(5): 616-623.

Gomes E G, Souza G D S. 2010. Allocating financial resources for competitive projects using a zero sum gains DEA model. Engevista, 12(1): 4-9.

Gomes E G, Mello J C C B S, Meza L A. 2008. Large discreet resource allocation: a hybrid approach based on DEA efficiency measurement. Pesquisa Operacional, 28(3): 597-608.

Granderson G, Prior D. 2013. Environmental externalities and regulation constrained cost productivity growth in the US electric utility industry. Journal of Productivity Analysis, 39(3): 243-257.

Green R H, Doyle J R. 1995. On maximizing discrimination in multiple criteria decision making. Journal of the Operational Research Society, 46(2): 192-204.

Green R H, Doyle J R, Cook W D. 1996. Preference voting and project ranking using DEA and cross-evaluation. European Journal of Operational Research, 90(3): 461-472.

Grosskopf, S., Margaritis, D., & Valdmanis, V.（2001）. The effects of teaching on hospital productivity. Socio-Economic Planning Sciences, 35(3): 189-204.

Guo Z C, Fu Z X. 2010. Current situation of energy consumption and measures taken for energy saving in the iron and steel industry in China. Energy, 35(11): 4356-4360.

Hailu A, Veeman T S. 2001. Non-parametric productivity analysis with undesirable outputs: an application to the Canadian pulp and paper industry. American Journal of Agricultural Economics, 83(3): 605-616.

Halkos G E, Tzeremes N G. 2009. Exploring the existence of Kuznets curve in countries' environmental efficiency using DEA window analysis. Ecological Economics, 68(7): 2168-2176.

Halkos G E, Tzeremes N G. 2013. A conditional directional distance function approach for measuring regional environmental efficiency: evidence from UK regions. European Journal of Operational Research, 227(1): 182-189.

Halme M, Joro T, Korhonen P, et al. 1999. A value efficiency approach to incorporating preference information in data envelopment analysis. Management Science, 45(1): 103-115.

Hampf B, Krüger J J. 2014a. Optimal directions for directional distance functions: an exploration of potential reductions of greenhouse gases. American Journal of Agricultural Economics, 97(3): 920-938.

Hampf B, Krüger J J. 2014b. Technical efficiency of automobiles: a nonparametric approach incorporating carbon dioxide emissions. Transportation Research Part D: Transport and Environment, 33, 47-62.

Hashimoto A. 1997. A ranked voting system using a DEA/AR exclusion model: a note. European Journal of Operational Research, 97(3): 600-604.

Holvad T, Hougaard J L, Kronborg D, et al. 2004. Measuring inefficiency in the Norwegian bus industry using multi-directional efficiency analysis. Transportation, 31(3): 349-369.

Hougaard J L. 1999. Fuzzy scores of technical efficiency. European Journal of Operational Research, 115(3): 529-541.

Howard R A. 1966. Decision Analysis: applied Decision Theory. Proceedings of the Fourth International Conference on Operational Research. Boston: Stanford Research Institute Press.

Howard R A. 1988. Decision Analysis: practice and promise. Management Science, 34(6): 679-695.

Hua Z S, Bian Y W, Liang L. 2007. Eco-efficiency analysis of paper mills along the Huai River: an extended DEA approach. Omega, 35(5). 578-587.

Hwang C L, Masud A S M. 1979. Multiple objective decision making methods and applications: a state-of-the-art survey. New York: Springer-Verlag.

Hwang C L, Yoon K. 1981. Multiple attribute decision making methods and applications: a state-of-art survey. New York: Springer-Verlag.

IEA. 2009. CO_2 Emissions from fuel combustion. International Energy Agency, Paris, France.

IPCC. 2006. IPCC guidelines for national greenhouse gas inventories: volume II energy. Japan: Institute for Global Environmental Strategies.

Jahanshahloo G R, Vencheh A H, Foroughi A A, et al. 2004. Inputs/outputs estimation in DEA when some factors are undesirable. Applied Mathematics and Computation, 156(1): 19-32.

Jha D K, Shrestha R. 2006. Measuring efficiency of hydropower plants in Nepal using data envelopment analysis. IEEE Transactions on Power Systems, 21(4): 1502-1511.

Jin Y H, Lin L G. 2014. China's provincial industrial pollution: the role of technical efficiency, pollution levy and pollution quantity control. Environment and Development Economics, 19(1): 111-132.

Johnson A L, Kuosmanen T. 2011. One-stage estimation of the effects of operational conditions and practices on productive performance: asymptotically normal and efficient, root-n consistent StoNEZD method. Journal of productivity analysis, 36 (2): 219-230.

Johnson A L, Kuosmanen T. 2015. An introduction to CNLS and StoNED methods for efficiency analysis: economic insights and computational aspects. In Benchmarking for Performance Evaluation. Springer India.

Jondrow J, Lovell C K, Materov I S, et al. 1982. On the estimation of technical inefficiency in the stochastic frontier production function model. Journal of econometrics, 19 (2-3): 233-238.

Kaneko S, Fujii H, Sawazu N, et al. 2010. Financial allocation strategy for the regional pollution abatement cost of reducing sulfur dioxide emissions in the thermal power sector in China. Energy Policy, 38 (5): 2131-2141.

Kao C 2006. Interval efficiency measures in data envelopment analysis with imprecise data. European Journal of Operational Research, 174 (2): 1087-1099.

Kao C. 2009. Efficiency decomposition in network data envelopment analysis: a relational model. European Journal of Operational Research, 192 (3): 949-962.

Kao C, Hwang S N. 2008. Efficiency decomposition in two-stage data envelopment analysis: an application to non-life insurance companies in Taiwan. European journal of operational research, 185 (1), 418-429.

Kao C, Liu S T. 2000. Fuzzy efficiency measures in data envelopment analysis. Fuzzy sets and systems, 113 (3): 427-437.

Ke T Y, Hu J L, Yang W J. 2010. Green inefficiency for regions in China. Journal of Environmental Protection, 1 (3): 330.

Koopmans T C. 1951. The analysis of production as an efficient combination of activities. Koopmans T C. Eds, Activity Analysis of Production and Allocation. New York: Wiley.

Korhonen P J, Luptacik M. 2004. Eco-efficiency analysis of power plants: an extension of data envelopment analysis. European Journal of Operational Research, 154 (2): 437-446.

Kuhn H W, Tucker A W. 1950. Nonlinear Programming. Proceedings of the Second Berkley Symposium on Mathematical Statistics and Probability. Berkley: University of California Press.

Kumar S. 2006. Environmentally sensitive productivity growth: a global analysis using Malmquist–Luenberger index. Ecological Economics, 56 (2): 280-293.

Kuo Y Y, Yang T H, Huang G W 2008. The use of grey relational analysis in solving multiple attribute decision-making problems. Computers & Industrial Engineering, 55 (1): 80-93.

Kuosmanen T 2005. Weak disposability in nonparametric production analysis with undesirable outputs. American Journal of Agricultural Economics, 87 (4): 1077-1082.

Kuosmanen T. 2008. Representation theorem for convex nonparametric least squares. The Econometrics Journal, 11 (2): 308-325.

Kuosmanen T. 2012. Stochastic semi-nonparametric frontier estimation of electricity distribution networks: application of the StoNED method in the finnish regulatory model. Energy Economics, 34 (6): 2189-2199.

Kuosmanen T, Johnson A. 2017. Modeling joint production of multiple outputs in StoNED: directional distance function approach. European Journal of Operational Research, 262 (2): 792-801.

Kuosmanen T, Johnson A L. 2010. Data envelopment analysis as nonparametric least-squares regression. Operations Research, 58 (1): 149-160.

Kuosmanen T, Kortelainen M. 2012. Stochastic non-smooth envelopment of data: semi-parametric frontier estimation subject to shape constraints. Journal of productivity analysis, 38 (1): 11-28.

Kuosmanen T, Podinovski V. 2009. Weak disposability in nonparametric production analysis: reply to Färe and Grosskopf. American Journal of Agricultural Economics, 91 (2): 539-545.

Kwoka J E, Pollitt M G. 2007. Industry restructuring, mergers, and efficiency: evidence from electric power. CWPE0725 & EPRG0708, 2007:1-4. Electricity Policy Research Group. University of Cambridge.

Lai Y J, Hwang C L. 1992. A new approach to some possibilistic linear programming problems. Fuzzy sets and systems, 49(2): 121-133.

Lam P L, Shiu A. 2004. Efficiency and productivity of China's thermal power generation. Review of Industrial Organization, 24(1): 73-93.

Lee A H. 2009. A fuzzy supplier selection model with the consideration of benefits, opportunities, costs and risks. Expert systems with applications, 36(2): 2879-2893.

Lee C Y. 2014. Meta-data envelopment analysis: finding a direction towards marginal profit maximization. European Journal of Operational Research, 237(1): 207-216.

Lee C Y. 2015. Distinguishing operational performance in power production: a new measure of effectiveness by DEA. IEEE Transactions on Power Systems, 30(6): 3160-3167.

Lee C Y. 2016. Nash-profit efficiency: a measure of changes in market structures. European Journal of Operational Research, 255(2), 659-663.

Lee C Y, Johnson A L. 2015. Measuring efficiency in imperfectly competitive markets: an example of rational inefficiency. Journal of Optimization Theory and Applications, 164(2): 702-722.

Lee J D, Park J B, Kim T Y. 2002. Estimation of the shadow prices of pollutants with production/environment inefficiency taken into account: a nonparametric directional distance function approach. Journal of Environmental Management, 64(4): 365-375.

Lee M, Zhang N. 2012. Technical efficiency, shadow price of carbon dioxide emissions, and substitutability for energy in the Chinese manufacturing industries. Energy Economics, 34(5): 1492-1497.

Leleu H. 2013. Shadow pricing of undesirable outputs in nonparametric analysis. European Journal of Operational Research, 231(2): 474-480.

Li M. 2010. Decomposing the change of CO_2 emissions in China: a distance function approach. Ecological Economics, 70(1): 77-85.

Li L B, Hu J L. 2012. Ecological total-factor energy efficiency of regions in China. Energy Policy, 46. 216-224.

Li X B, Reeves G R. 1999. A multiple criteria approach to data envelopment analysis. European Journal of Operational Research, 115(3): 507-517.

Li H Z, Kopsakangas-Savolainen M, Xiao X Z, et al. 2016. Cost efficiency of electric grid utilities in China: a comparison of estimates from SFA–MLE, SFA–Bayes and StoNED–CNLS. Energy Economics, 55: 272-283.

Liang L, Wu J, Cook W D, et al. 2008a. Alternative secondary goals in DEA cross-efficiency evaluation. International Journal of Production Economics, 113(2): 1025-1030.

Liang L, Wu J, Cook W D, et al. 2008b. The DEA game cross-efficiency model and its Nash equilibrium. Operations Research, 56(5): 1278-1288.

Liang L, Yang F, Cook W D, et al. 2006. DEA models for supply chain efficiency evaluation. Annals of Operations Research, 145(1): 35-49.

Lins M P E, Gomes E G, de Mello J C C S, et al. 2003. Olympic ranking based on a zero sum gains DEA model. European Journal of Operational Research, 148(2): 312-322.

Liu S T, Wang R T. 2009. Efficiency measures of PCB manufacturing firms using relational two-stage data envelopment analysis. Expert Systems with Applications, 36(3): 4935-4939.

Liu L C, Wang J N, Wu G, et al. 2010. China's regional carbon emissions change over 1997-2007. International Journal of Energy and Environment, 1 (1): 161-176.

Lovell C K, Pastor J T, Turner J A. 1995. Measuring macroeconomic performance in the OECD: A comparison of European and non-European countries. European Journal of Operational Research, 87 (3): 507-518.

Luenberger D G. 1992. New optimality principles for economic efficiency and equilibrium. Journal of optimization theory and applications, 75 (2): 221-264.

Ma C B, Hailu A. 2016. The marginal abatement cost of carbon emissions in China. Energy Journal, 37 (SI1): 111-127.

Macpherson A J, Principe P P, Smith E R. 2010. A directional distance function approach to regional environmental–economic assessments. Ecological Economics, 69 (10): 1918-1925.

Matsushita K, Yamane F. 2012. Pollution from the electric power sector in Japan and efficient pollution reduction. Energy Economics, 34 (4): 1124-1130.

Meeusen W, van Den Broeck J. 1977. Efficiency estimation from Cobb-Douglas production functions with composed error. International economic review, 18 (2): 435-444.

Mekaroonreung M, Johnson A L 2012. Estimating the shadow prices of SO_2 and NO_x for US coal power plants: a convex nonparametric least squares approach. Energy Economics, 34 (3): 723-732.

Mukherjee K, Ray S C, Miller S M. 2001. Productivity growth in large US commercial banks: the initial post-deregulation experience. Journal of Banking & Finance, 25 (5): 913-939.

Murty M N, Kumar S, Dhavala K K. 2007. Measuring environmental efficiency of industry: a case study of thermal power generation in India. Environmental and Resource Economics, 38 (1): 31-50.

Murty S, Russell R R, Levkoff S B. 2012. On modeling pollution-generating technologies. Journal of Environmental Economics and Management, 64 (1): 117-135.

Nag B. 2006. Estimation of carbon baselines for power generation in India: the supply side approach. Energy Policy, 34 (12): 1399-1410.

NBS. 2007-2011a. China statistical yearbook. Beijing: National Bureau of Statistics of People's Republic of China (NBS).

NBS. 2007-2011b. China energy statistical yearbook. Beijing: National Bureau of Statistics of People's Republic of China (NBS).

NBS. 2007-2011c. China city statistical yearbook. Beijing: National Bureau of Statistics of People's Republic of China (NBS).

NBS. 2007-2011d. China statistical yearbook on environment. Beijing: National Bureau of Statistics of People's Republic of China (NBS).

NDRC. 2007. National Renewable Energy Development Medium- and Long-Term Plans. Beijing: National Development and Reform Commission (NDRC).

Njuki E, Bravo-Ureta B E. 2015. The economic costs of environmental regulation in US dairy farming: a directional distance function approach. American Journal of Agricultural Economics, 97 (4), 1087-1106.

Oh D H. 2010. A global Malmquist-Luenberger productivity index. Journal of productivity analysis, 34 (3): 183-197.

Önüt S, Kara S S, Işik E. 2009. Long term supplier selection using a combined fuzzy MCDM approach: A case study for a telecommunication company. Expert Systems with Applications, 36 (2): 3887-3895.

Oum T H, Pathomsiri S, Yoshida Y. 2013. Limitations of DEA-based approach and alternative methods in the measurement and comparison of social efficiency across firms in different transport modes: An empirical study in Japan. Transportation Research Part E: Logistics and Transportation Review, 57: 16-26.

Ozernoy V M. 1992. Choosing the “Best” multiple criterlv decision-making method. INFOR: Information Systems and Operational Research, 30(2): 159-171.

Pastor J T, Lovell C K. 2005. A global Malmquist productivity index. Economics Letters, 88(2): 266-271.

Pathomsiri S, Haghani A, Dresner M, et al. 2008. Impact of undesirable outputs on the productivity of US airports. Transportation Research Part E: Logistics and Transportation Review, 44(2): 235-259.

Peng Y, Wenbo L, Shi, C. 2012. The margin abatement costs of CO_2 in Chinese industrial sectors. Energy Procedia, 14: 1792-1797.

Picazo-Tadeo A J, Prior D. 2009. Environmental externalities and efficiency measurement. Journal of Environmental Management, 90(11): 3332-3339.

Picazo-Tadeo A J, Beltrán-Esteve M, Gómez-Limón J A. 2012. Assessing eco-efficiency with directional distance functions. European Journal of Operational Research, 220(3): 798-809.

Picazo-Tadeo A J, Reig-Martinez E, Hernandez-Sancho F. 2005. Directional distance functions and environmental regulation. Resource and Energy Economics, 27(2): 131-142.

Podinovski V V, Førsund F R. 2010. Differential characteristics of efficient frontiers in data envelopment analysis. Operations research, 58(6): 1743-1754.

Portela M C A S, Borges P C, Thanassoulis E. 2003. Finding closest targets in non-oriented DEA models: the case of convex and non-convex technologies. Journal of Productivity Analysis, 19(2-3): 251-269.

Puig-Junoy J. 2000. Partitioning input cost efficiency into its allocative and technical components: an empirical DEA application to hospitals. Socio-Economic Planning Sciences, 34(3): 199-218.

Ramanathan R, Ganesh L S. 1994. Group preference aggregation methods employed in AHP: An evaluation and an intrinsic process for deriving members' weightages. European Journal of Operational Research, 79(2): 249-265.

Ray S C, Mukherjee K. 2000. Decomposition of cost competitiveness in US manufacturing: some state-by-state comparisons. Indian Economic Review, 35(2): 133-153.

Ray S C, Chen L, Mukherjee K. 2008. Input price variation across locations and a generalized measure of cost efficiency. International Journal of Production Economics, 116(2): 208-218.

Resti A. 1998. Regulation can foster mergers, can mergers foster efficiency? The Italian case. Journal of Economics and Business, 50(2): 157-169.

Roll Y, Cook W D, Golany B. 1991. Controlling factor weights in data envelopment analysis. IIE transactions, 23(1): 2-9.

Roy B 1968. Classement et choix en présence de point de vue multiples: la method electre. Revue Francaise Informatique Recherche Operationnelle, 8(1): 57-75.

Roy B. 1990. The outranking approach and the foundations of ELECTRE methods. In Readings in multiple criteria decision aid (pp. 155-183). Springer, Berlin, Heidelberg.

Sahoo B K, Luptacik M, Mahlberg B. 2011. Alternative measures of environmental technology structure in DEA: an application. European Journal of Operational Research, 215(3): 750-762.

Sarkis J. 2000. A comparative analysis of DEA as a discrete alternative multiple criteria decision tool. European Journal of Operational Research, 123(3): 543-557.

SCC. 2011. The state council of the People's Republic of China. The 12th Five Year Plan of China. [2017-12-01]. http://www.gov.cn/2011lh/content_1825838.htm.

Seiford L M, Thrall R M. 1990. Recent developments in DEA: the mathematical programming approach to frontier analysis. Journal of Econometrics, 46(1-2): 7-38.

Seiford L M, Zhu J. 1999. Profitability and marketability of the top 55 US commercial banks. Management Science, 45(9): 1270-1288.

Seiford L M, Zhu J. 2002. Modeling undesirable factors in efficiency evaluation. European Journal of Operational Research, 142(1): 16-20.

Seiford L M, Zhu J. 2005. A response to comments on modeling undesirable factors in efficiency evaluation. European Journal of Operational Research, 161(2): 579-581.

Sengupta J K. 1982. Efficiency measurement in stochastic input-output systems. International Journal of Systems Science, 13(3): 273-287.

Sengupta J K. 1990. Transformations in stochastic DEA models. Journal of Econometrics, 46(1-2): 109-123.

Sexton T R, Lewis H F. 2003. Two-stage DEA: an application to major league baseball. Journal of Productivity Analysis, 19(2): 227-249.

Sexton T R, Silkman R H, Hogan A J. 1986. Data envelopment analysis: critique and extensions. Measuring Efficiency: An Assessment of Data Envelopment Analysis. San Francisco: Jossey-Bass.

Shan H J. 2008. Reestimating the Capital Stock of China: 1952-2006. The Journal of Quantitative and Technical Economics, 10: 17-31.

Shen X B, Lin B Q. 2017. The shadow prices and demand elasticities of agricultural water in China: a StoNED-based analysis. Resources, Conservation and Recycling, 127: 21-28.

Shepherd R W. 1970. Theory of cost and production functions. New Jersey: Princeton University Press.

Shi G M, Bi J, Wang J N. 2010. Chinese regional industrial energy efficiency evaluation based on a DEA model of fixing non-energy inputs. Energy Policy, 38(10): 6172-6179.

Simar L, Wilson P W. 1998. Sensitivity analysis of efficiency Scores: how to boots trap in nonparame tric frontier models. Marагement Science, 44(1): 49-61.

Simar L, Vanhems A, Wilson P W. 2012. Statistical inference for DEA estimators of directional distances. European Journal of Operational Research, 220(3): 853-864.

Sinuany-Stern Z, Friedman L. 1998. DEA and the discriminant analysis of ratios for ranking units. European Journal of Operational Research, 111(3). 470-478.

Sinuany-Stern Z, Mehrez A, Barboy A. 1994. Academic departments efficiency via DEA. Computers & Operations Research, 21(5): 543-556.

Song T, Zheng T G, Tong L J. 2008. An empirical test of the enviromental Kuznets curve in China: a penel coitegration approach. China Economic Review. 19(3): 381-392.

Stewart T J. 1994. Data envelopment analysis and multiple criteria decision making: a response. Omega, 22(2): 205-206.

Stewart T J. 1996. Relationships between data envelopment analysis and multicriteria decision analysis. Journal of the Operational Research Society, 47(5): 654-665.

Sueyoshi T. 1999. DEA non-parametric ranking test and index measurement: slack-adjusted DEA and an application to Japanese agriculture cooperatives. Omega, 27(3): 315-326.

Sueyoshi, T, Goto, M. 2001. Slack-adjusted DEA for time series analysis: performance measurement of Japanese electric power generation industry in 1984-1993. European Journal of Operational Research, 133(2): 232-259.

Sueyoshi T, Goto M. 2011a. DEA approach for unified efficiency measurement: assessment of Japanese fossil fuel power generation. Energy Economics, 33: 292-303.

Sueyoshi T, Goto M. 2011b. Measurement of returns to scale and damages to scale for DEA-based operational and environmental Assessment: how to manage desirable (good) and undesirable (bad) outputs? European Journal of Operational Research, 211: 76-89.

Sueyoshi T. Goto M. 2012a. Returns to scale and damages to scale under natural and managerial disposability: Strategy, efficiency and competitiveness of petroleum firms. Energy Economics, 34 (3) : 645-662.

Sueyoshi T, Goto M. 2012b. Environmental assessment by DEA radial measurement: U.S. coal-fired power plants in ISO (Independent System Operator) and RTO (Regional Transmission Organization). Energy Economics, 34(3): 663-676.

Sueyoshi T, Goto M, Ueno T. 2010. Performance analysis of US coal-fired power plants by measuring three DEA efficiencies. Energy Policy, 38 (4) : 1675-1688.

Talluri, S, Yoon, K P. 2000. A cone-ratio DEA approach for AMT justification. International Journal of Production Economics, 66 (2) : 119-129.

Tao S, Zheng T G, Tong L J. 2008. An empirical test of the environmental Kuznets curve in China: a panel cointegration approach. China Economic Review, 19 (3) : 381-392.

Thompson R G, Langemeier L N, Lee C T, et al. 1990. The role of multiplier bounds in efficiency analysis with application to Kansas farming. Journal of Econometrics, 46 (1-2) : 93-108.

Torgersen A M, Førsund F R, Kittelsen S A. 1996. Slack-adjusted efficiency measures and ranking of efficient units. Journal of Productivity Analysis, 7 (4) : 379-398.

UNDESA. 2009. World population prospects: the 2008 revision. New York: United Nations.

Vaninsky A. 2006. Efficiency of electric power generation in the United States: analysis and forecast based on data envelopment analysis. Energy Economics, 28 (3) : 326-338.

Vardanyan M, Noh D W. 2006. Approximating pollution abatement costs via alternative specifications of a multi-output production technology: a case of the US electric utility industry. Journal of Environmental Management, 80 (2) : 177-190.

Vargas L G. 1990. An overview of the analytic hierarchy process and its applications. European Journal of Operational Research, 48 (1) : 2-8.

Von Winderfelt D, Edwards W. 1986. Decision analysis and behavioral research. New York: Cambridge University Press.

Wang M K. 2005. Key issues in China's development (2006-2020). Beijing: China Development Press.

Wang K. 2016. Evaluation and Decomposition of Energy and Environmental Productivity Change Using DEA. In Handbook of Operations Analytics Using Data Envelopment Analysis (pp. 267-297). Springer US.

Wang K, Wei Y M. 2014. China's regional industrial energy efficiency and carbon emissions abatement costs. Applied Energy, 130 (c) : 617-631.

Wang K, Che L, Ma C, et al. 2017a. The shadow price of CO_2 emissions in China′ s iron and steel industry. Science of The Total Environment, 598: 272-281.

Wang Q W, Cui Q J, Zhou D Q, et al. 2011. Marginal abatement costs of carbon dioxide in China: a nonparametric analysis. Energy Procedia, 5 (5) : 2316-2320.

Wang W K, Huang H C, Lai M C. 2005. Measuring the relative efficiency of commercial banks: a comparative study on different ownership modes in China. Journal of American Academy of Business, Cambridge, 7 (2) : 219-223.

Wang K, Wei Y M, Zhang X. 2012. A comparative analysis of China's regional energy and emission performance: which is the better way to deal with undesirable outputs? Energy Policy, 46: 574-584.

Wang K, Wei Y M, Zhang X. 2013. Energy and emissions efficiency patterns of Chinese regions: a multi-directional efficiency analysis. Applied Energy, 104 (2) : 105-116.

Wang K, Xian Y, Lee C Y, et al. 2017c. On selecting directions for directional distance functions in a non-parametric framework: a review. Annals of Operations Research: 1-34.

Wang K, Yu S, Zhang W. 2013. China′ s regional energy and environmental efficiency: a DEA window analysis based dynamic evaluation. Mathematical and Computer Modelling, 58 (5) : 1117-1127.

Wang K, Zhang X, Wei Y M, et al. 2013. Regional allocation of CO_2 emissions allowance over provinces in China by 2020. Energy Policy, 54: 214-229.

Wang K, Zhang J M, Wei Y M. 2017b. Operational and environmental performance in China's thermal power industry: taking an effectiveness measure as complement to an efficiency measure. Journal of Environmental Management, 192: 254-270.

Wang H, Zhou P, & Zhou D Q. 2013. Scenario-based energy efficiency and productivity in China: a non-radial directional distance function analysis. Energy Economics, 40: 795-803.

Watanabe M, Tanaka K. 2007. Efficiency analysis of Chinese industry: a directional distance function approach. Energy policy, 35 (12) : 6323-6331.

Wei Y M, Liao H, Fan Y. 2007. An empirical analysis of energy efficiency in China's iron and steel sector. Energy, 32 (12) : 2262-2270.

Wei C, Löschel A, Liu B. 2013. An empirical analysis of the CO_2 shadow price in Chinese thermal power enterprises. Energy Economics, 40 (18) : 22-31.

Wei C, Ni J L, Du L M. 2012. Regional allocation of carbon dioxide abatement in China. China Economic Review, 23 (3) : 552-565.

Wei Q L, Zhang J Z, Zhang X S. 2000. An inverse DEA model for inputs/outputs estimate. European Journal of Operational Research, 121 (1) : 151-163.

Wu Y. 2009. China's capital stock series by region and sector. The University of Western Australia Discussion Paper. 09.02.

Wu J X, Ma C B. 2017. The heterogeneity and determinants of marginal abatement cost of CO_2 emissions in Chinese cities. School of Agriculture and Environment Working Paper, University of Western Australia.

Wu F, Fan L W, Zhou P, et al. 2012. Industrial energy efficiency with CO_2 emissions in China: a nonparametric analysis. Energy Policy, 49 (1) : 164-172.

Xie B C, Duan N, Wang Y S. 2017. Environmental efficiency and abatement cost of China's industrial sectors based on a three-stage data envelopment analysis. Journal of Cleaner Production, 153: 626-636.

Xie B C, Fan Y, Qu Q Q. 2012. Does generation form influence environmental efficiency performance? An analysis of China's power system. Applied energy, 96 (1) : 261-271.

Xu Z S. 2001. Two methods for deriving members' weightes in group decision making. Journal of Systems Science and Systems Engineering, 10 (1) : 15-19.

Yang F, Wu D X, Liang L, et al. 2011. Supply chain DEA: production possibility set and performance evaluation model. Annals of Operations Research, 185 (1) : 195-211.

Yang H L, Pollitt M. 2009. Incorporating both undesirable outputs and uncontrollable variables into DEA: the performance of Chinese coal-fired power plants. European Journal of Operational Research, 197 (3) : 1095-1105.

Yang Y S, Ma B J, Koike M. 2000. Efficiency-measuring DEA model for production system with k independent subsystems. Journal of the Operations Research Society of Japan, 43 (3) : 343-354.

Yao S J, Han Z W, Feng G F. 2008. Ownership reform, foreign competition and efficiency of Chinese commercial banks: a non - parametric approach. The world economy, 31 (10) : 1310-1326.

Yeh T L, Chen T Y, Lai P Y. 2010. A comparative study of energy utilization efficiency between Taiwan and China. Energy Policy, 38 (5) : 2386-2394.

Yin K, Wang R S, An Q X, et al. 2014. Using eco-efficiency as an indicator for sustainable urban development: a case study of Chinese provincial capital cities. Ecological Indicators, 36 (1) : 665-671.

Yu G, Wei Q L, Brockett P. 1996a. A generalized data envelopment analysis model: a unification and extension of existing methods for efficiency analysis of decision making units. Annals of Operations Research, 66 (1) : 47-89.

Yu G, Wei Q L, Brockett P, et al. 1996b. Construction of all DEA efficient surfaces of the production possibility set under the generalized data envelopment analysis model. European Journal of Operational Research, 95 (3) : 491-510.

Zha Y, Liang L. 2010. Two-stage cooperation model with input freely distributed among the stages. European Journal of Operational Research, 205 (2) : 332-338.

Zhang X P, Cheng X M, Yuan J H, et al. 2011. Total-factor energy efficiency in developing countries. Energy Policy, 39 (2) : 644-650.

Zhou P, Ang B W, Poh K L. 2008. A survey of data envelopment analysis in energy and environmental studies. European Journal of Operational Research, 189 (1) : 1-18.

Zhou P, Ang B W, Wang H. 2012a. Energy and CO_2 emission performance in electricity generation: a non-radial directional distance function approach. European Journal of Operational Research, 221 (3) : 625-635.

Zhou P, Ang B W, Zhou D Q. 2012b. Measuring economy-wide energy efficiency performance: a parametric frontier approach. Applied Energy, 90 (1) : 196-200.

Zhu J. 1996. Data envelopment analysis with preference structure. Journal of the Operational Research Society, 47 (1) : 136-150.

Zhu J. 2001. Super-efficiency and DEA sensitivity analysis. European Journal of operational research, 129 (2) : 443-455.

Zhu J. 2003. Imprecise data envelopment analysis (IDEA) : a review and improvement with an application. European Journal of Operational Research, 144 (3) : 513-529.

Zhu J. 2007. Erratum to "Super-efficiency and DEA sensitivity analysis" [European Journal of Operational Research 129 (2) (2001) 443–455]. European Journal of Operational Research, 179 (1) : 277.

Zhu J, Chen Y. 1993. Assessing textile factory performance. Journal of System Science and System Engineering, (2) : 119-133.

Zio E. 1996. On the use of the analytic hierarchy process in the aggregation of expert judgments. Reliability Engineering & System Safety, 53 (2) : 127-138.

Zofio J L, Pastor J T, Aparicio J. 2013. The directional profit efficiency measure: on why profit inefficiency is either technical or allocative. Journal of Productivity Analysis, 40 (3) : 257-266.

后　记

作者近年来围绕综合评价和数据包络分析方法的扩展、集成与应用问题，开展了深入系统的研究，本书是作者及其科研团队在长期研究的基础上形成的总结。

全书第 1 章～第 6 章的主体内容是作者博士期间的部分研究成果，第 7 章～第 9 章的主体内容是作者博士后期间的部分研究成果，第 10 章～第 14 章的部分内容是作者与指导的研究生鲜玉娇、车莉楠、张杰明，以及作者与学者李家岩教授、马春波教授、吴杰教授、黄薇教授、魏法杰教授、黄志民教授、魏一鸣教授的合作研究成果。本书部分章节的内容曾经以中文或英文在学术期刊上发表，其中，第 3 章 DEA 系统综合评价中的公共权重和完全排序中的部分内容曾发表于北京航空航天大学学报、北京航空航天大学学报(社会科学版)、工业工程；第 4 章 DEA 中 DMU 结构分析和效率分解中的部分内容曾发表于 *Omega-International Journal of Management Science*；第 5 章基于 DEA 的系统综合评价集成问题中的部分内容曾发表于昆明理工大学学报(理工版)；第 6 章不确定信息条件下的鲁棒 DEA 方法中的部分内容曾发表于云南大学学报(自然科学版)、*Journal of Systems Engineering and Electronics*；第 7 章径向 DEA 集成效率测度方法与应用、第 8 章非径向 DEA 集成效率测度方法与应用、第 9 章基于 DEA 的资源配置和目标分解方法与应用，三章中的部分内容曾发表于 *Energy Policy*、*Applied Energy*、*Mathematical and Computer Modelling*、中国科学院院刊；第 10 章市场与环境容量约束下的 DEA 绩效评价建模与应用、第 11 章方向距离函数和影子价格估算建模与应用，两章中的部分内容取材于作者指导的研究生的硕士论文，部分内容曾发表于 *Annals of Operations Research*、*Journal of Environmental Management*、*Science of the Total Environment*；第 12 章改进的影子价格估算非参数建模方法与应用中的部分内容曾发表于 *Applied Energy*；第 13 章考虑误差项影响的半参数效率评价建模中的部分内容取材于作者指导的研究生的研究报告；第 14 章方向距离函数的方向向量选取方法中的部分内容曾发表于 *Annals of Operations Research*。具体情况均在对应章节开篇部分进行了标注说明。

本书的研究工作在开展过程中得到了国家自然科学基金项目(71471018、71521002)、霍英东教育基金会青年教师基金项目(161076)、北京社会科学基金研究基地项目(16JDGLB013)、北京市教育委员会共建项目专项资助、国家重点研发计划项目(2016YFA0602603)、北京理工大学基础研究基金项目(20152142008)的部分支持，研究的开展也得到了作者所在的北京理工大学能源与环境政策研究中心、北京经济社会可持续发展研究基地、能源经济与环境管理北京市重点实验室、北京理工大学管理与经济学院同仁的支持，以及北京航空航天大学经济管理学院同仁的帮助。本书的出版获得了北京理工大学“双一流”引导专项经费的资助。

由于作者的知识修养和学术水平有限，本书中难免存在不足与缺陷，恳请读者批评指正。